# 工程造价实训速成攻略

## （土建工程）

中建尚学建筑研究院　组织编写
肖子龙　梁　瑶　魏文彪　主编

中国建筑工业出版社

**图书在版编目（CIP）数据**

工程造价实训速成攻略（土建工程）/中建尚学建筑研究院组织编写；肖子龙，梁瑶，魏文彪主编. —北京：中国建筑工业出版社，2019.4
ISBN 978-7-112-23511-7

Ⅰ.①工… Ⅱ.①中… ②肖… ③梁… ④魏… Ⅲ.①土木工程-工程造价 Ⅳ.①TU723.3

中国版本图书馆CIP数据核字（2019）第052443号

责任编辑：牛　松　冯江晓
责任校对：李美娜

**工程造价实训速成攻略（土建工程）**
中建尚学建筑研究院　组织编写
肖子龙　梁　瑶　魏文彪　主编
*
中国建筑工业出版社出版、发行（北京海淀三里河路9号）
各地新华书店、建筑书店经销
北京佳捷真科技发展有限公司制版
北京建筑工业印刷厂印刷
*
开本：787×1092毫米　1/16　印张：21¼　字数：526千字
2019年7月第一版　2020年1月第二次印刷
定价：**55.00**元
ISBN 978-7-112-23511-7
（33803）

# 工程造价实训速成攻略（土建工程）
## 编写委员会


组织编写：中建尚学建筑研究院

主　　编：肖子龙　梁　瑶　魏文彪

副 主 编：代　印　陈巧玲　王晓芳

主　　审：计富元

委　　员：肖子龙　魏文彪　代　印　郑　洵
杨光文　陈守骏　徐　秋　漆国伟
顾谢荣　孙　敏　陈御圣　龙燕芳
张宗敏　梁　瑶　陈巧玲　王晓芳
陈　钢　马　忠　张　健　付光进
王　成

# 前　言

从近年来建筑工程行业着重于全过程管理开始，建设项目的成本管理便成为各个环节的重中之重。因此，作为全过程成本管理的执行者——工程造价专业人员便顺理成章地成为热门职业，而具备造价工程师资格的人才数量与岗位需求量的巨大落差，造就了工程造价专业人员/工程师美好的前景。

对于从事工程造价领域的人员来说，要做一个合格的造价人员已是不易，要做一个优秀的造价人员更是难上加难。下面简单介绍几点，让大家对如何做好造价从业人员有个大概的认识。

## 一、造价从业人员的成长之路

工程造价是一个专业性极强的领域，而工程造价又有建筑、装饰、安装、市政等许多专业，在一个专业有所作为已是不易，而能够一专多能就是这一行的佼佼者了。想要在工程造价领域有所建树，必须要系统学习工程造价最基本的功夫——识图。看懂设计图纸是工程造价人员工作的第一步，如果看不懂图纸，理论知识再丰富也是纸上谈兵。对同一套图纸的理解有时候各人会有不同的认识，那算出来的造价也是会有差别的。

看懂了图纸后，就要着手计算工程量，工程量的计算规则是由所使用的定额来确定的。国家的定额在使用一定的时间后就会作出调整，一般七年左右调整一次。也就是说，长期从事工程造价的人员可能每隔七年就必须把前一时期熟悉了的定额子目和计算规则要换成新实施的定额，这往往需要一个过程，尤其在新旧定额交接使用的时候，二种定额并存于脑中，很容易发生混淆。所以，工程造价人员还必须有一个清醒的大脑。对于定额的熟悉，除了平时多翻阅以外，最重要的就是在做工程中反复使用，做到熟记于心。把一本定额从头至尾地看一遍，可能会记住一些东西，但是绝大部分是印象模糊，而在实际操作过程中，会自然记住自己用过的每一个子目。对定额的熟悉程度，几乎可以衡量一个造价人员的业务熟悉程度。

工程造价工作是一个细致、一丝不苟的工作，任何马虎或粗心大意都可能引起小到元角分，大到成千上百万上千万元的差错。而这些差错无论出现在甲方、乙方、中介审计方都会产生不良后果。所以造价人员和会计人员一样对工作必须是认认真真的。最常见的小数点错误在每个造价人员身上都容易出现，所以检查复核这个程序就显得非常重要了。

工程造价工作又是一项烦琐的工作，一个建筑物要被分成一个个小构件，用体积、面积或长度等来计量，这些构件在每个具体的工程中是不一样的。工程量的计算对每个造价人员来说是一次艰苦的磨炼，尤其是在计算大型的、复杂的工程的时候。工程量的计算也是工程造价人员主要的工作量，在工程量计算出来后，套用定额和计取费用现在一般都有套价软件相助，大大提高了工作效率。而计算工程量虽说现在也有各种各样的算量软件开发出来，可以减轻他们的一些工作负担，但是，要学会熟练的操作和应用算量软件也不是一件简单的事情。现在应用算量软件已是发展的大趋势，而选择哪一款软件应用起来更得心应手，似乎也是一个艰难的抉择。

以上说的还只是一个合格的造价人员必须具备的技能，而一个优秀的造价人员除了上面这些以外，还必须对自己有更严格的要求。每一个工程的造价都只是相对而言的，没有绝对唯一的标准答案。既要做到计算精确，又要在有限的时间里计算出来，能够做到又快又好，就是一个优秀的造价人员了。这不是一天两天，一个两个工程可以练得出来的；在我们的战线上，活跃着许多优秀的造价人员，他们在各自的岗位上日复一日，年复一年，做着同样一件事情，每天把头扎在图纸中，计算底稿可以堆成一坐小山。不但如此，在长期的工作中，他们会重视对造价工作相关数据和资料的收集与积累，不同时期的工程，不同地点的工程，不同结构的工程，他们的手中都会保存资料。对以后类似工程起到参考作用。

总结起来，也不外乎几点：

（1）加强基础知识的学习。

（2）认真的工作态度。

（3）不断学习的精神。

（4）学会积累，做一个有心人。

我相信，能够做到以上几点，你早晚会成为一个优秀的工程造价人员。

## 二、造价从业人员的从业岗位

造价工程师执业覆盖面非常广，国家在建设工程造价领域实施造价工程师执业资格制度，并规定凡从事建设工程建设活动的建设、设计、施工、工程造价咨询、工程造价管理等单位和部门，必须在计价、评估、审查（核）、控制及管理等岗位配套有造价工程师执业资格的专业技术人员。造价工程师可以独立执行工程造价业务，也可发起设立工程造价咨询企业等。

### （一）可从事工程项目管理的工作

造价工程师可被建设工程管理单位聘任成为专门负责合同管理、支付控制的监理工程师，在经过数个工程项目的实践和磨炼后可以考虑是否可担任总监理工程师或在施工企业担任项目经理，全面负责工程项目的管理。造价工程师担任工程项目管理的工作是符合国际惯例也符合工程造价管理专业发展的趋势的。

造价工程师担任监理工程师在下列领域有其他执业专业人士不可比拟的优势：

（1）协助业主编制标底与审核标底，标价分析。

（2）评标，定标。

（3）谈判确定合同价，编写合同文本与推敲合同协议条款。

（4）施工中支付程序的设计与审核，进度与成本关系的分析和控制。

（5）结算文件审核。

（6）合同纠纷处理，处理索赔事项。

（7）在施工单位从事造价分析的工作。

造价工程师也可受聘为建筑施工单位提供投标竞价、建筑设计、施工提供造价分析服务。长期以来，中国建设市场都是卖方市场，众多施工企业面对相对较少的工程投资项目竞争十分激烈。在这场竞争中担负着投标竞价的造价工程师对施工企业能否中标影响重大。为了在未来的市场中保持竞争优势，造价工程师可通过学历教育或继续教育，把握一些市场营销的理论，诸如市场定位、细分市场、竞争价值链分析等理论与方法，可为施工企业争取更多的市场份额，同时也提高了自己在施工企业中的地位。

**（二）创建或在工程咨询机构工作**

造价工程师是已注册的具有执业资格的专业人士，他们可以以独立人士的名义或领办、合办工程咨询事务所，为建设工程企业提供第三方的专业服务。专业工程咨询机构的出现对促使建设市场进一步完善及成熟，在一定程度上减少经济运行中交易主体因信息不充分而导致的不公正及企业偷工减料、施工质量低劣等恶劣现象。要提供专业的工程设计咨询服务，造价工程师应熟悉国家相关的法律和规范，熟悉 FIDIC 合同条件，可以通过参加培训认证机构成为 FIDIC 工程师，最好也同时具有专业的建筑设计专业能力及实际的项目管理经验，所以同时是建造师及监理工程师的工程造价师更具有工程设计咨询业务优势。

工程设计咨询业将包括所有的执业资格及注册专业人士，他们将以独立人士或领办、合办事务所身份进入建设市场，他们的出现将促使建设市场进一步完善及成熟，有助于消除经济运行中交易主体因信息不充分而导致的不公正现象及其偷工减料、质量低劣等恶劣现象。在工程设计咨询业中，造价工程师也将是重要一员，他们的责任在现阶段更显得重要，因为在社会主义初级阶段，人们往往更注重投资数量的增减，而投资数量却直接影响着市场主体的发包、承包交易行为，影响着工程实体的质量和工期。许多工程设计单位已经看清了这一形势，在 2017 年的注册造价工程师资格考试中有相当数量的建设项目设计部门的专业人员参考，因为他们是从事工程设计咨询服务的最佳人选。

**（三）进入工程保险行业**

21 世纪初是建设市场体制改革孕育多年终将产生重大成果的重要时期，住房和城乡建设部向国务院提交的构建建设市场的方案中明确提出，要在全国工程建设领域强制实行工程保险和工程担保制度，工程保险即将成为财产保险市场中与机动车辆险并驾齐驱的第二大险种，工程保险界需要大量工程保险人才。由于工程保险需要了解工程计量与工程计价的知识，才能处理好理赔事务，因此，我们可以把工程保险构建在工程造价治理和风险分析基础之上。每个造价工程师都有深厚的工程计量与计价基础，在继续教育方案中，风险分析课程又是必修课之一，所以造价工程师成为 21 世纪初工程保险人才的最佳人选。

造价工程师可以在未来由保险公司直接聘用为工程保险专业人士，或者充当保险中介，或者为业主提供风险分析及降低或消除风险服务。

他们的工作内容包括：

（1）对工程风险进行辨识、评估，计算风险严重度，并制订对策。

（2）在风险评估的基础上，计算并提出合理的保险费率。

（3）制订保险合同，谈判并确定合同条款。

（4）提供工程风险管理、风险培训、风险控制等服务。

（5）出险后，确定损伤部位及程度，对受损工程定损，确定赔偿额。

（6）工程保险领域将为造价工程师提供大显身手的极佳舞台。

## 三、造价从业人员的能力要求

造价从业人员的能力要求是由其工作的特殊性来决定的。工程建设作为一种特殊商品，它不定型，它是根据各个不同的生产工艺和使用条件要求而设计的。一项工程少则几个月，多则几年才能建成，工程建设一次投资大，回收时间长。造价从业人员要针对这些不同的工程设计，现行规范规程和法律、法规、政策，进行各类建设项目的工程造价咨询业务。因此，造价执业人员与其他部门的工作相比较，宏观上，贯彻执行党和国家的路线、方针、政策等方面是共同的；微观上，工作任务、对象、程序、要求等又是不同的，这种特殊性决定了造价执业人员的工作特点。因此，造价执业人员必须具备良好的道德素质、专业业务素质、综合能力素质和优良的作风素养。

### （一）良好的思想修养和职业道德

造价工程师执业特点和执业范围决定了其工作中要接触许多工程项目，这些项目的工程造价往往会很高，几百万、几千万、有的甚至几亿，工程造价确定得是否准确、控制得是否合理，不仅对项目本身的投资造成影响，而且关系到多方面的经济利益。要求造价工程师具有良好的思想修养和职业道德，这是一个执业造价工程师所必须具备的基本素质，应注重以下方面：

（1）要正直、诚实、受人尊敬和有尊严。

（2）要公平、公正、诚实、守信地为客户服务。

（3）努力提高执业能力，维护职业信誉。

（4）应该建立有利于服务而不是不公平竞争的职业声誉。

（5）应该有强烈的事业心和责任感。

### （二）专业业务素质

（1）计算机知识的具备。造价工程师应该能够做到熟练应用各类工程造价软件，如工程预（决）算软件、定额管理软件、工程量计算软件、钢筋抽样软件等；网络时代的到来，能使造价管理者更便捷、灵活、及时地获取价格信息，进行造价信息及工程资料的交流，造价工程师大量的工作将依赖计算机及其信息系统来完成，尤其是网络信息与共享技术将是支持造价工程师专业服务的核心。计算机及相关软件的应用大大减少了造价工程师计算的劳动强度，提高了工作效率和准确率。

（2）专业知识：工程的计量和估价知识，工程设计与施工的技术知识，工程管理知识，现代经济学知识，有关法律知识等。造价工程师既要能进行计量、估价，又要能参与工程项目全过程的费用造价管理以及建筑市场上承发包造价管理，还要能善于进行合同谈判和处理合同纠纷。造价工程师在实际岗位上应能独立完成建设方案、设计方案的经济比较工作，项目可行性研究的投资估算、设计的概算和施工图预算，招标的标底和投标的报价、补充定额和造价指数等编制与管理工作，应能进行合同价结算和竣工结算的管理，以及对造价变动规律和趋势应具有分析和预测能力。

### （三）综合能力素质

（1）系统分析与综合思维能力：要具有复合思维和评判能力，复合思维能力是一种各种专业技术的综合作用的能力。进行多方案的比选，从中选出最经济、最有价值的方案。在工程造价方案的技术经济比选过程中，对于事物的优缺点进行扬长避短、去劣存优的评判。这种能力是对知识的一种复合加工的能力。它依赖于知识的融会贯通和整体素质的全面提高。造价工程师应能利用自己广博的学识和丰富的经验对各种各样的疑难问题进行分析和判断，从而得出高质量的咨询成果。

（2）沟通能力：工程造价工作的显著特点是技术和经济的密切结合，这种工作性质决定了复杂的人际关系。要完成一个项目的工程造价工作，往往要与十几人甚至几十人打交道，上到决策机关，下到建设施工、设计单位，横向到银行、财税、保险、物价等部门，单位内部与各相关专业互换资料。工程造价专业人员在工作中遇到的最棘手的问题是当委托方、监理方、施工单位及咨询单位等各方利益发生冲突时，如何巧妙地进行协调，这就需要造价工程师具有较强的沟通能力。

（3）快速应变能力：世界每天都在发生变化，每天都有新的情况和问题出现，对于工程造价专业产生的新生事物，要不断地进行分析和研究，并及时找到解决问题的方法。工程造价专业出现的新情况和新问题，来得快，去得也快，对解决问题时机的把握，是非常重要的。

（4）深刻而敏锐的观察力：敏锐的观察能力主要来源于长期坚持观察工程经济动态，来源于长期关注国家方针政策和法律法规的变化，来源于长期注意积累自己做过或他人做过的工程技术资料，并把有用数据输入电脑，以备随时调用、分析和参考。

（5）有创新精神：创新素质包括创新意识、创新精神、创新思维、创新能力。创新素质是知识经济时代人才素质的核心，创新是知识经济的灵魂，是高级人才适应知识经济社会生存与发展的根本所在。在知识经济社会中，由于知识的无限膨胀和迅速更新，一切事物的发展变幻无穷，社会变迁日益加剧，这就要求人对在高速变幻的社会中具有高度的适应性，只有最具创新性的人才，才能具有最大的适应性，这是一种主动的、创造性的适应。大型的建设项目投资巨大、建设条件复杂多变、不确定性很大，这非常需要造价工程师具有创新素质来适应这些变化。

**（四）良好的作风素养**

作风是人们在生活、工作、学习等活动中表现出来的一贯态度和行为。以身作则，为人表率，谦虚谨慎，团结同事，联系群众，实事求是，坚持原则，公道正派。总的来说，造价工程师应切实加强自身修养，努力提高素质。

造价工程师为了赶上时代的潮流，需要不断补充新知识，全面提高自身的素质，才能发展成为既懂工程技术，又懂经济、管理和法律并具有实践经验和良好职业道德素质的复合型人才，而且是知识、能力、素质三位一体的综合性人才。

## 四、本书对造价从业人员的帮助

工程造价到底难不难学？容易不容易懂？这里，可以告诉大家，工程造价本身并不难，之所以觉得难，是因为没有掌握正确的方法。所谓正确的方法，即熟记计价规则，多参与工程项目，不断总结经验教训，持续自我迭代升级。

做造价的基本功？

（1）识图。掌握施工图的识读方法。

（2）熟悉常用图集。11G101 图集及最新 16G101 图集，记住基础、柱、墙、梁、板等的标注方法。

(3) 熟读定额、清单工程量计价规范。需要熟悉总说明、各章节说明、工程量计算规则、章节内容、定额划分、每条定额包含的工作内容，记忆量比较大，需要下功夫。

(4) 了解常见施工工艺。这方面有条件的可以去工地上学习一下。

(5) 熟练操作软件。使用较广泛的有广联达、鲁班。

做造价的流程?

(1) 根据图纸及施工资料算出分类工程量，例如：筏板基础多少立方，C30 的柱子、C40 的柱子、梁、不同厚度的板、砌块墙各是多少立方，各级钢筋多少吨，模板、脚手架、建筑面积、防水卷材或涂料面积、保温板面积、各种抹灰、涂料、吊顶面积等。算量主要用算量软件，个别量需要手算。

(2) 在计价软件中列出各条定额，需要换算的换算一下，把工程量输入软件。

(3) 调整工料机的市场价。

(4) 选择适用的取费文件及税率。

(5) 根据个性化需要做出调整。

看到这里，大家对如何做造价已经有了一个初步的认识，但还缺少一本好用的辅导用书，在这里，推荐大家好好读一下《工程造价实训速成攻略》。本书不但对老手有所帮助，对新手也相当的友好，这也是本书的目标，将晦涩难懂的建筑工程造价知识，以实用、简练的语言和数字提炼出来，并辅以工程案例，给读者提供一个简便、快捷的自我学习参考资料。

## 五、结束语

工程造价行业相比于其他行业来说，不论从岗位发展前景，还是薪酬情况，都有着相当大的优势。所以，如果你已经在造价行业了，那你要努力学习，争取有一天做到造价工程师的岗位；如果你刚刚开始了解，还没有进入造价行业，可以认真考虑一下，造价行业是个相当不错的选择。

最后，祝大家学业顺利，早日在造价领域占有一席之地。

前言

扫码观看本视频

# 目 录

# 第一章　土建工程基础知识

学习目标　了解民用建筑构造及常用材料和施工机械。

## 第一节　土建工程的分类

### 一、民用建筑的分类

#### （一）按建筑的耐久年限划分（表 1-1）

按建筑的耐久年限划分的民用建筑类型　表 1-1

| 分类 | 耐久年限 | 适用范围 |
| --- | --- | --- |
| 一级建筑 | 100 年以上 | 适用于重要的建筑和高层建筑 |
| 二级建筑 | 50～100 年 | 适用于一般性建筑 |
| 三级建筑 | 25～50 年 | 适用于次要的建筑 |
| 四级建筑 | 15 年以下 | 适用于临时性建筑 |

#### （二）住宅建筑按层数划分（表 1-2）

按层数划分的民用建筑类型　表 1-2

| 分类 | 层数 |
| --- | --- |
| 低层住宅 | 1～3 层 |
| 多层住宅 | 4～6 层 |
| 中高层住宅 | 7～9 层 |
| 高层住宅 | 10 层及以上 |

#### （三）民用建筑按高度划分（表 1-3）

按高度划分的民用建筑类型　表 1-3

| 分类 | 高度 |
| --- | --- |
| 单层和多层建筑 | 不大于 24m |
| 高层建筑 | 大于 24m，小于 100m |
| 超高层建筑 | 大于 100m |

#### （四）按施工方法分（表 1-4）

按施工方法划分的民用建筑类型　表 1-4

| 分类 | 构件做法 |
| --- | --- |
| 现浇、现砌式 | 主要承重构件均在现场砌筑和浇筑而成 |

续表

| 分类 | 构件做法 |
|---|---|
| 部分现砌、部分装配式 | 墙体采用现场砌筑，而楼板、楼梯、屋面板均采用预制构件 |
| 部分现浇、部分装配式 | 内墙采用现浇钢筋混凝土墙体，而外墙、楼板及屋面均采用预制构件 |
| 全装配式 | 主要承重构件，如墙体、楼板、楼梯、屋面板等均为预制构件，在施工现场组装在一起 |

### （五）按建筑物的承重结构材料分（表 1-5）

按建筑物的承重结构材料划分的民用建筑类型　表 1-5

| 分类 | 适用范围 | 特点 |
|---|---|---|
| 木结构 | 多用在民用和中小型工业厂房的屋盖中 | 绿色环保、节能保温、建造周期短、抗震耐久等优点 |
| 砖木结构 | 适用于低层建筑 | 建造简单，材料容易准备，费用较低 |
| 砖混结构 | 适合开间进深较小、房间面积小、多层或低层的建筑 | 造价便宜、就地取材、施工难度低、自身抗震能力差 |
| 钢筋混凝土结构 | 适合各种建筑 | 各项性能均好 |
| 钢结构 | 适用于建造大跨度和超高、超重型的建筑物 | 强度高、自重轻、整体刚性好、变形能力强、抗震性能好 |
| 型钢混凝土组合结构 | 应用于大型结构中 | 承载力大、刚度大、抗震性能好、防火性能好、整体稳定性好 |

### （六）按承重体系分（表 1-6）

按承重体系划分的民用建筑类型　表 1-6

| 分类 | 适用范围 |
|---|---|
| 混合结构体系 | 大多用在住宅、办公楼、教学楼建筑中 |
| 框架结构体系 | 非地震区，框架结构一般不超过 15 层 |
| 剪力墙体系 | 适用于小开间的住宅和旅馆等 |
| 框架—剪力墙结构体系 | 一般宜用于 10～20 层的建筑 |
| 筒体结构体系 | 适用于 30～50 层的房屋 |
| 网架结构体系 | 适于工业化生产 |
| 拱式结构体系 | 在建筑和桥梁中被广泛应用，适用于体育馆、展览馆等建筑中 |
| 悬索结构体系 | 主要用于体育馆、展览馆中 |
| 薄壁空间结构体系 | 常用于大跨度的屋盖结构，如展览馆、俱乐部、飞机库等 |

## 二、工业建筑的分类

### （一）按厂房层数分（表 1-7）

按厂房层数划分的工业建筑类型　表 1-7

| 分类 | 适用范围 |
|---|---|
| 单层厂房 | 适用于有大型机器设备或有重型起重运输设备的厂房 |

续表

| 分类 | 适用范围 |
| --- | --- |
| 多层厂房 | 适用于生产设备及产品较轻，可沿垂直方向组织生产的厂房，如食品、电子精密仪器工业等用厂房 |
| 混合层数厂房 | 多用于化学工业、热电站的主厂房等 |

### （二）按工业建筑用途分（表 1-8）

按工业建筑用途划分的工业建筑类型　　表 1-8

| 分类 | 具体范围 |
| --- | --- |
| 生产厂房 | 如机械制造厂中有铸工车间、电镀车间、热处理车间、机械加工车间和装配车间等 |
| 生产辅助厂房 | 如机械制造厂房的修理车间、工具车间等 |
| 动力用厂房 | 如发电站、变电所、锅炉房等 |
| 仓储建筑 | 贮存原材料、半成品、成品的房屋 |
| 仓储用建筑 | 如汽车库、机车库、起重车库、消防车库等 |
| 其他建筑 | 如水泵房、污水处理建筑等 |

### （三）按主要承重结构的形式分（表 1-9）

按主要承重结构的形式划分的工业建筑类型　　表 1-9

| 分类 | 适用范围 |
| --- | --- |
| 排架结构型 | 是目前单层厂房中最基本、应用最普遍的结构形式 |
| 刚架结构型 | 一般重型单层厂房多采用刚架结构，门式刚架结构适用于轻型厂房、物流中心等 |
| 空间结构型 | 一般常见的有膜结构、网架结构、薄壳结构、悬索结构等 |

### （四）按车间生产状况分（表 1-10）

按车间生产状况划分的工业建筑类型　　表 1-10

| 分类 | 具体范围 |
| --- | --- |
| 冷加工车间 | 如机械制造类的金工车间、修理车间等 |
| 热加工车间 | 如机械制造类的铸造、锻压、热处理等车间 |
| 恒温湿车间 | 如精密仪器、纺织等车间 |
| 洁净车间 | 如药品、集成电路车间等 |
| 其他特种车间 | 如防放射性物质、防电磁波干扰等车间 |

# 第二节　民用建筑结构的构造

## 一、民用建筑的组成

建筑物一般都由基础、墙或柱、楼梯、屋顶和门窗等六大部分组成。这些构件处在不同的部位，发挥各自的作用。建筑物还有一些附属部分，如阳台、雨篷、散水、勒脚、防潮层等，有的还有特殊要求，如楼层之间要设置电梯、自动扶梯或坡道等。建筑物的组成如图 1-1 所示。

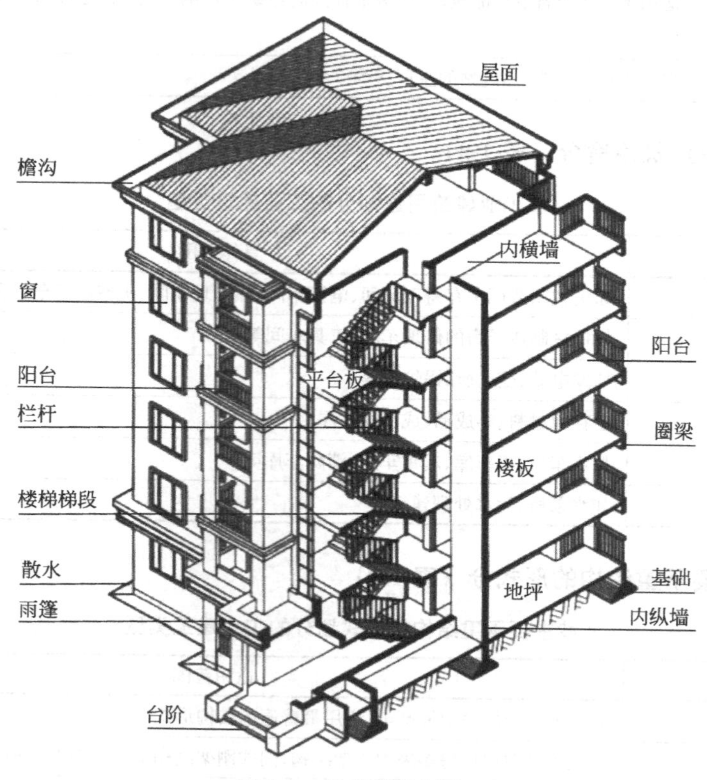


图 1-1　建筑物的组成

## 二、地基

### （一）地基及其分类

地基是指支承基础的土体或岩体，承受由基础传来的建筑物的荷载，地基不是建筑物的组成部分。地基基础的设计使用年限不应小于建筑结构的设计使用年限。加固便可作为建筑的承载层，如岩土地基分为天然地基和人工地基两大类。天然地基是指天然土层具有足够的承载能力，不需经过人工、砂土、黏土等。人工地基是指天然土层的承载力不能满足荷载要求，经过人工处理的土层。

### （二）人工地基的处理方法

人工地基处理的方法主要有：压实法、换土法、化学处理法、打桩法等。天然地基施工简单、造价较低，而人工地基比天然地基施工复杂，造价也高。因此在一般情况下，应尽量采用天然地基。

## 三、基础

### （一）基础的含义

基础是指建筑物地面以下的承重结构，如基坑、承台、框架柱、地梁等。是建筑物的墙或柱子在地下的扩大部分，其作用是承受建筑物上部结构传下来的荷载，并把它们连同自重一起传给地基。

**（二）基础的类型及特性**

1. 按材料及受力特点分类（表1-11）

**按材料及受力特点分类的基础类型** **表1-11**

| 分类 | 类型 |
|---|---|
| 刚性基础 | 包括砖基础、灰土基础、三合土基础、毛石基础、混凝土基础、毛石混凝土基础等 |
| 柔性基础 | 钢筋混凝土基础 |

2. 按基础的构造形式分类（表1-12）

**按基础的构造形式分类的基础或适用范围** **表1-12**

| 分类 | 类型或适用范围 |
|---|---|
| 独立基础 | 包括柱下单独基础、墙下单独基础 |
| 条形基础 | 包括墙下条形基础、柱下钢筋混凝土条形基础 |
| 柱下十字交叉基础 | 沿柱网纵横方向设置钢筋混凝土条形基础，形成十字交叉基础 |
| 片筏基础 | 按构造不同可分为平板式和梁板式两类 |
| 箱形基础 | 适用于地基软弱土层厚、荷载大和建筑面积不太大的一些重要建筑物，目前高层建筑中多采用箱形基础 |
| 桩基础 | 当建筑物荷载较大，地基的软弱土层厚度在5m以上，基础不能埋在软弱土层内，或对软弱土层进行人工处理困难和不经济时，常采用桩基础 |

**（三）基础的构造**

1. 独立基础（图1-2）

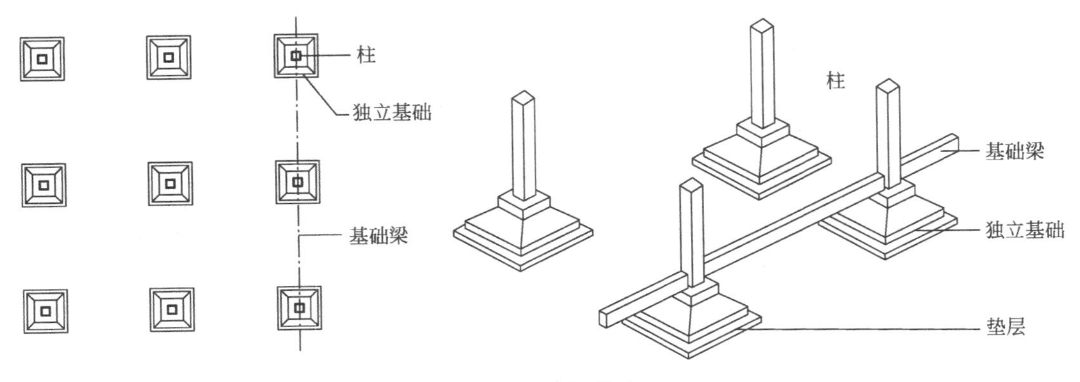


图1-2　独立基础

2. 条形基础（图1-3）

3. 十字形基础（图1-4）

4. 筏形基础（图1-5）

5. 箱形基础（图1-6）

6. 桩基础（图1-7、图1-8）

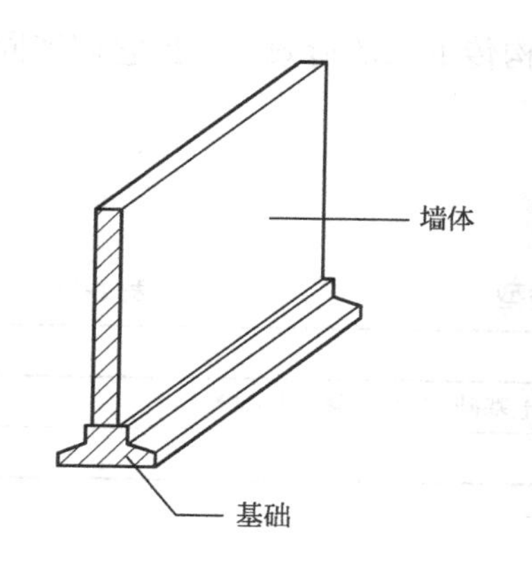

图 1-3　条形基础

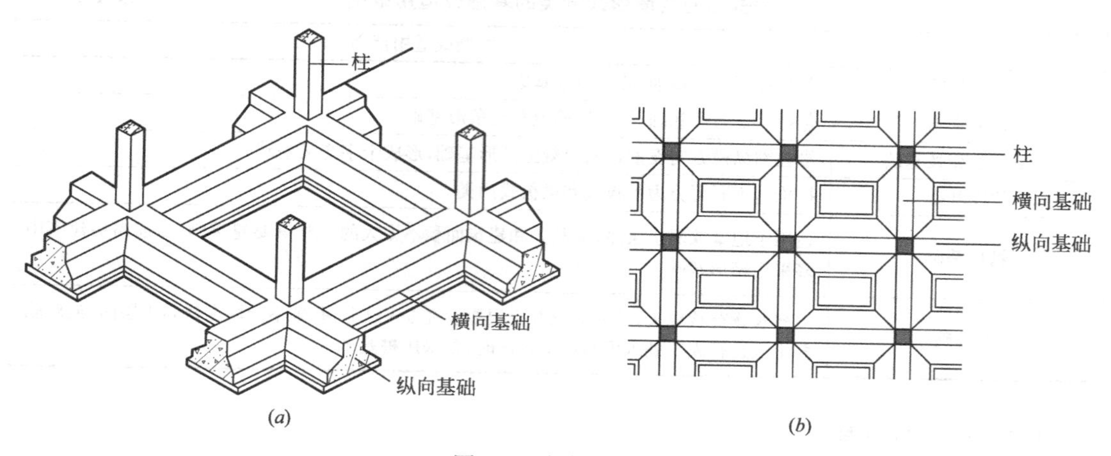


图 1-4　十字形基础

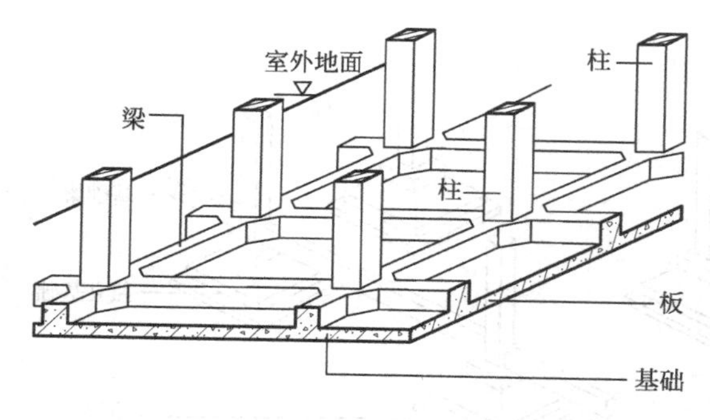

图 1-5　筏形基础

桩的构成如图 1-7 所示，端承桩和摩擦桩如图 1-8 所示。

## 四、墙

在一般砖混结构房屋中，墙体是主要的承重构件。墙体的重量占建筑物总重量的 40%～45%，墙的造价占全部建筑造价的 30%～40%。在其他类型的建筑中，墙体可能是承重构件，也可能是围护构件，所占的造价比重也较大。

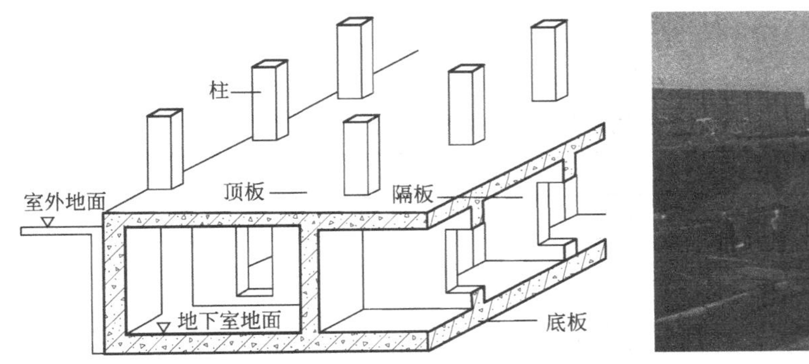

图 1-6　箱形基础

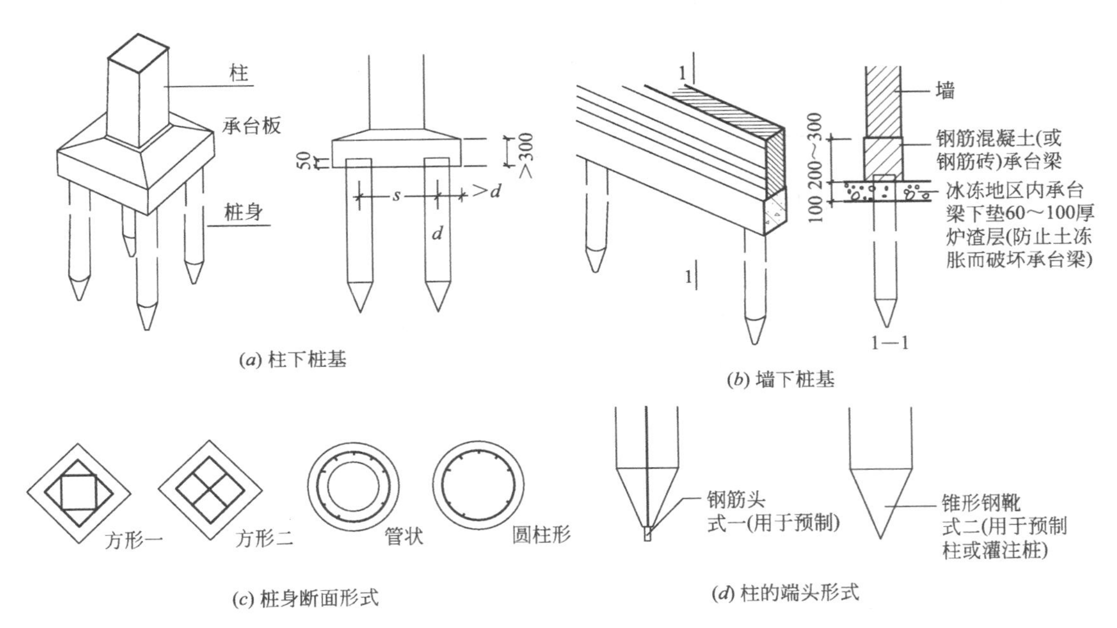


图 1-7　桩的构成

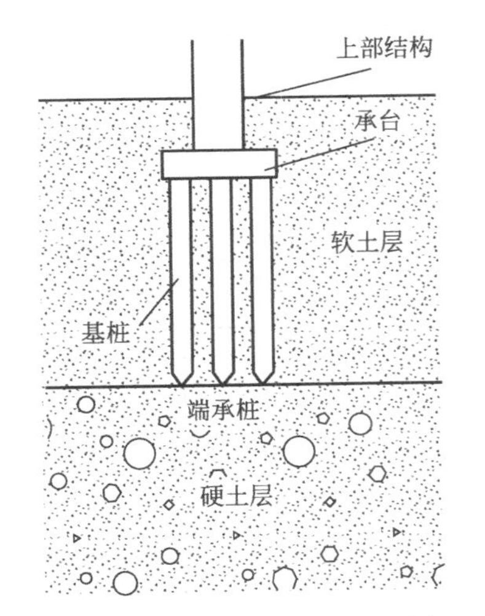


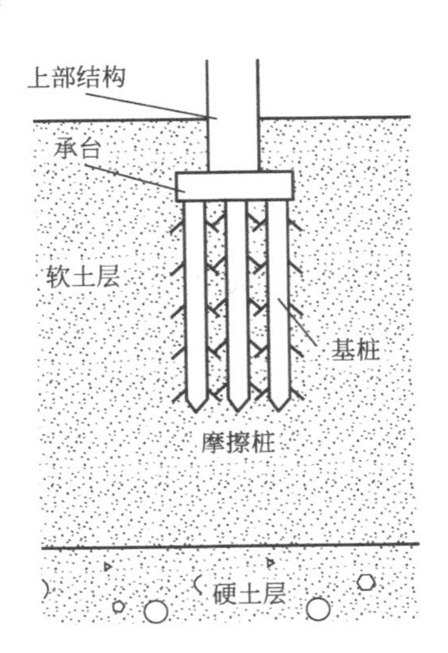


图 1-8　端承桩和摩擦桩

## （一）墙的类型

1. 根据不同划分方法的类型（表 1-13）

根据不同划分方法的类型 表 1-13

| 划分方法 | 类型 |
|---|---|
| 按墙在建筑物中的位置 | 分为内墙、外墙、横墙和纵墙 |
| 按受力不同 | 分为承重和非承重墙 |
| 按构造方式不同 | 分为实体墙、空体墙和组合墙 |
| 按所用材料不同 | 分为砖墙、石墙、土墙、混凝土以及各种天然的、人工的或工业废料制成的砌块墙、板材墙等 |

2. 几种特殊材料墙体及适用范围（表 1-14）

几种特殊材料墙体及适用范围 表 1-14

| 类型 | 适用范围 |
|---|---|
| 预制混凝土外墙 | 适用于一般办公楼、旅馆、医院、教学、科研楼等民用建筑 |
| 加气混凝土墙 | 不得在建筑物±0.00 以下，或长期浸水、干湿交替部位，以及受化学侵蚀的环境，制品表面经常处于 80℃以上的高温环境 |
| 压型金属板墙 | 是一种轻质高强的建筑材料 |
| 石膏板墙 | 适用于中低档民用和工业建筑中的非承重内隔墙 |
| 舒乐舍板墙 | 适用于框架建筑的围护外墙及轻质内墙、承重的外保温复合外墙的保温层、低层框架的承重墙和屋面板等 |

## （二）墙体构造组成

复合墙构造如图 1-9 所示。

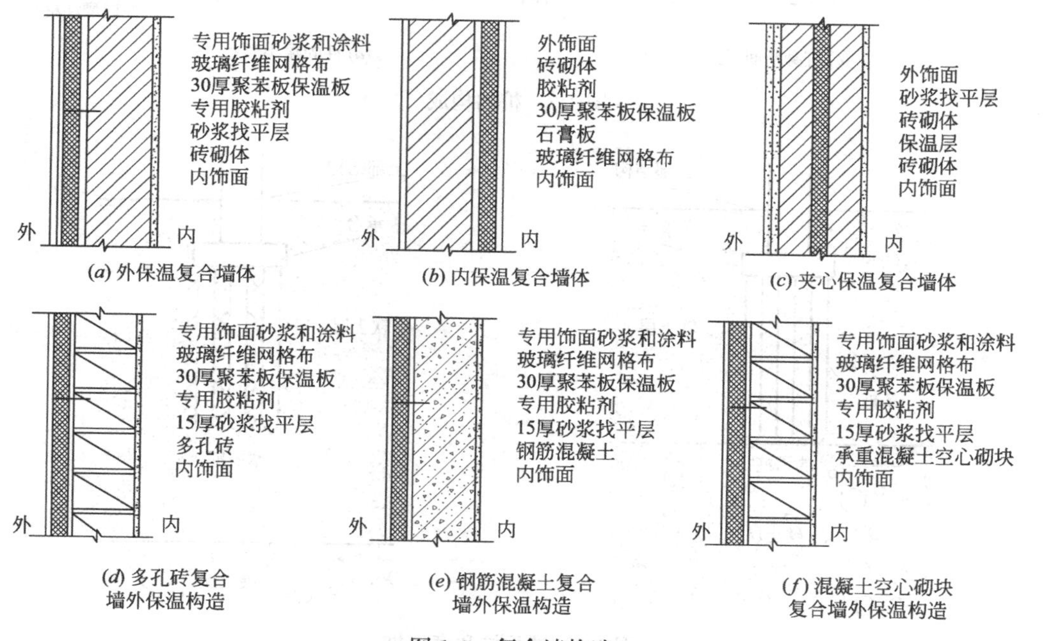


(*a*) 外保温复合墙体 (*b*) 内保温复合墙体 (*c*) 夹心保温复合墙体

(*d*) 多孔砖复合墙外保温构造 (*e*) 钢筋混凝土复合墙外保温构造 (*f*) 混凝土空心砌块复合墙外保温构造

图 1-9 复合墙构造

## 五、楼板

楼板是多层建筑中沿水平方向分隔上下空间的结构构件，除了承受并传递竖向荷载和水平荷载外，还应具有一定程度的隔声、防火、防水等功能，同时，建筑物中的各种水平设备管线，也将在楼板内安装。楼板主要由楼板结构层、楼面面层、板底天棚三个部分组成。

### （一）楼板的类型

1. 根据楼板结构层所采用材料的不同的划分（表 1-15）

**根据楼板结构层所采用材料的不同的划分　　表 1-15**

| 类型 | 特性及适用范围 |
|---|---|
| 木楼板 | 具有自重轻、表面温暖、构造简单等优点，但不耐火、隔声，且耐久性较差 |
| 砖拱楼板 | 不宜用于有振动和地震烈度较高的地区，现已趋于不用 |
| 钢筋混凝土楼板 | 具有强度高、刚度好、耐久、防火，并有良好的可塑性，是目前我国工业与民用建筑楼板的基本形式 |
| 压型钢板与钢梁组合楼板 | 在多高层建筑中采用压型钢板，有利推广多层作业 |

2. 钢筋混凝土楼板的类型（表 1-16）

**钢筋混凝土楼板的类型　　表 1-16**

| 类型 | | 特性及适用范围 |
|---|---|---|
| 现浇钢筋混凝土板 | 板式楼板 | 房屋中跨度较小的房间（如厨房、厕所、贮藏室、走廊）及雨篷、遮阳等，常采用现浇钢筋混凝土板式楼板 |
| | 梁板式肋形楼板 | 当房屋的开间、进深较大，楼面承受的弯矩较大时，常采用这种楼板 |
| | 井字形肋楼板 | 当房间的平面形状近似正方形，跨度在 10m 以内时，常采用这种楼板 |
| | 无梁楼板 | 适用于荷载较大、管线较多的商店和仓库等 |
| 预制钢筋混凝土板 | 实心平板 | 常被用做走道板、贮藏室隔板或厨房、厕所板等 |
| | 槽形板 | 具有保温、隔声等特点，常用于有特殊隔声、保温要求的建筑 |
| | 空心板 | 具有自重小、用料少、强度高、经济等优点，因而在建筑中被广泛采用 |
| 装配整体式钢筋混凝土楼板 | 叠合楼板 | 可以采用预应力实心薄板，也可采用钢筋混凝土空心板 |
| | 密肋填充块楼板 | 底面平整，隔声效果好，能充分利用不同材料的性能，节约模板，且整体性好 |

### （二）楼板的构造

1. 现浇钢筋混凝土楼板构造（图 1-10）
2. 预制钢筋混凝土楼板构造（图 1-11）
3. 装配整体式钢筋混凝土楼板构造（图 1-12）

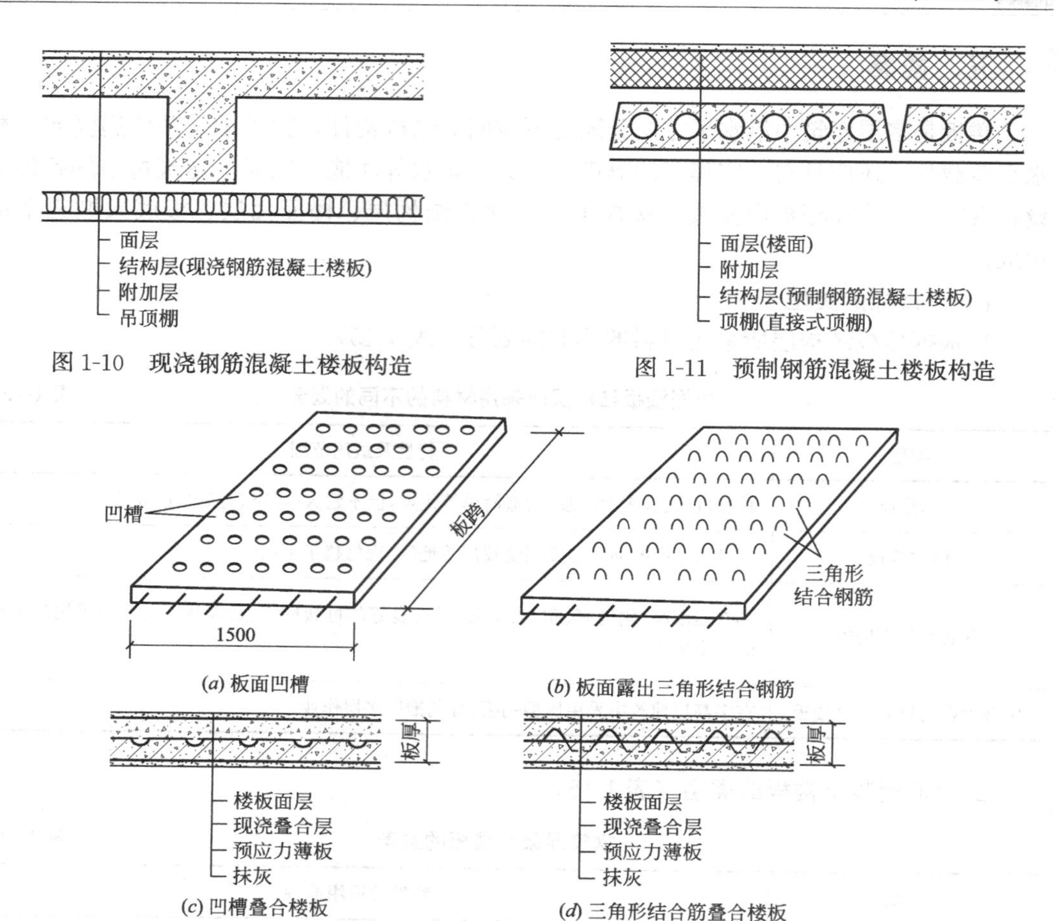


图 1-10 现浇钢筋混凝土楼板构造

图 1-11 预制钢筋混凝土楼板构造

(a) 板面凹槽

(b) 板面露出三角形结合钢筋

(c) 凹槽叠合楼板

(d) 三角形结合筋叠合楼板

图 1-12 装配整体式钢筋混凝土楼板构造

## 六、地面

### (一) 地面组成

地面主要由面层、垫层和基层三部分组成，当它们不能满足使用或构造要求时，可考虑增设结合层、隔离层、找平层、防水层、隔声层等附加层。如图 1-13 所示。

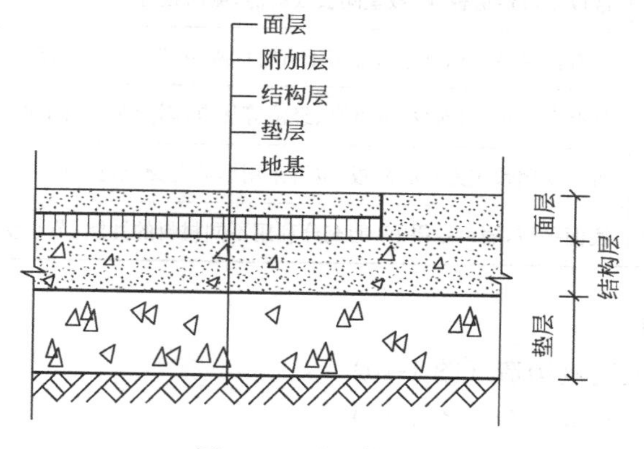


图 1-13 地面的组成

## （二）地面构造

1.水磨石地面构造（图 1-14）

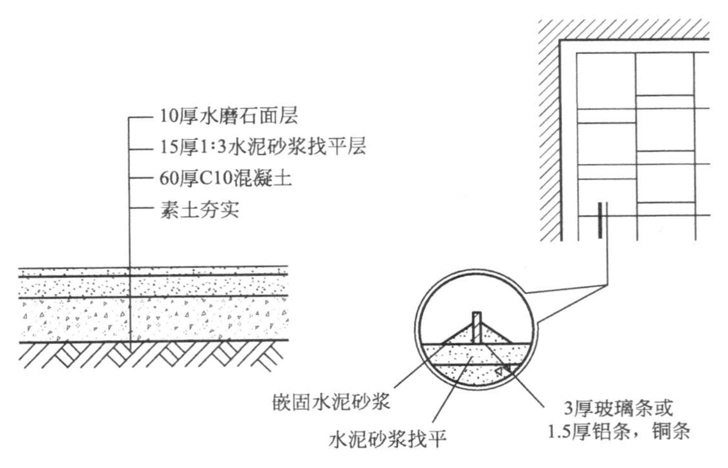


图 1-14　水磨石地面构造

2.水泥制品块地面构造（图 1-15）

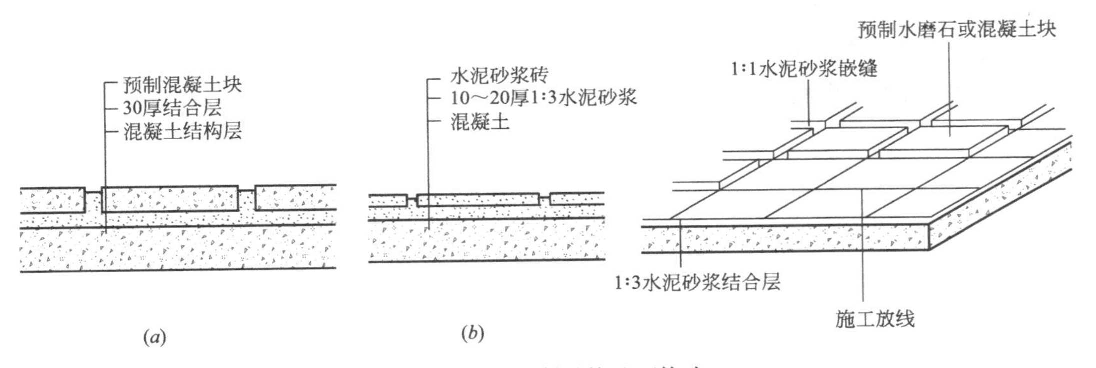


图 1-15　水泥制品块地面构造

3.缸砖地面构造（图 1-16）

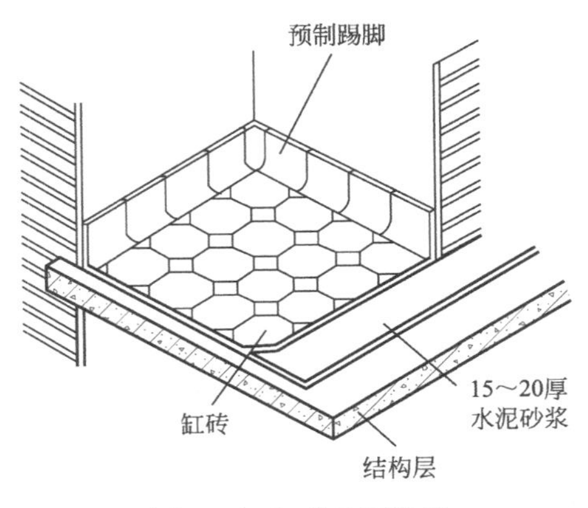


图 1-16　缸砖地面构造

4. 保温防潮地面构造（图 1-17）

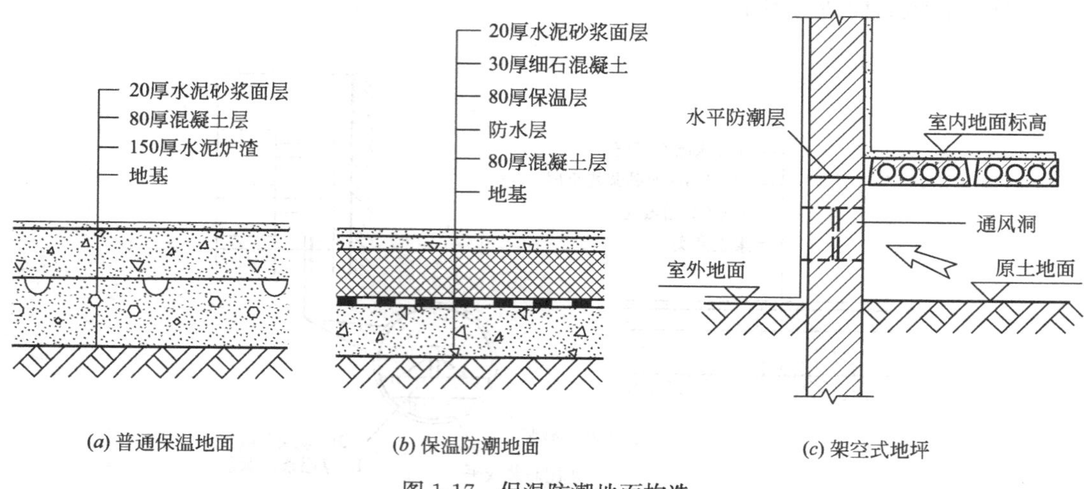

(a) 普通保温地面　(b) 保温防潮地面　(c) 架空式地坪

图 1-17　保温防潮地面构造

## 七、阳台

阳台是楼房中人们与室外接触的场所。阳台主要由阳台板和栏杆扶手组成，阳台板是承重结构，栏杆扶手是围护安全的构件。

### （一）阳台的类型（图 1-18）

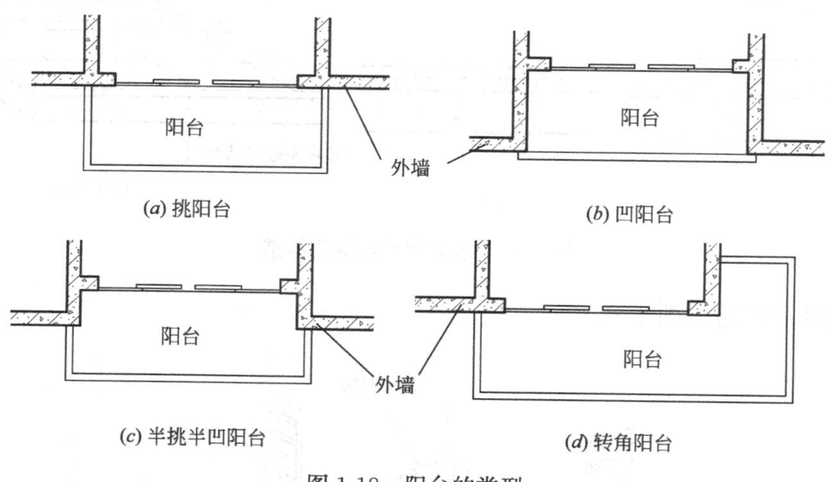

(a) 挑阳台　(b) 凹阳台　(c) 半挑半凹阳台　(d) 转角阳台

图 1-18　阳台的类型

### （二）阳台的构造（图 1-19）

## 八、雨篷

雨篷是设置在建筑物外墙出入口的上方用以挡雨并有一定装饰作用的水平构件。

### （一）雨篷的类型

按结构形式不同，雨篷可分为板式和梁板式两种。

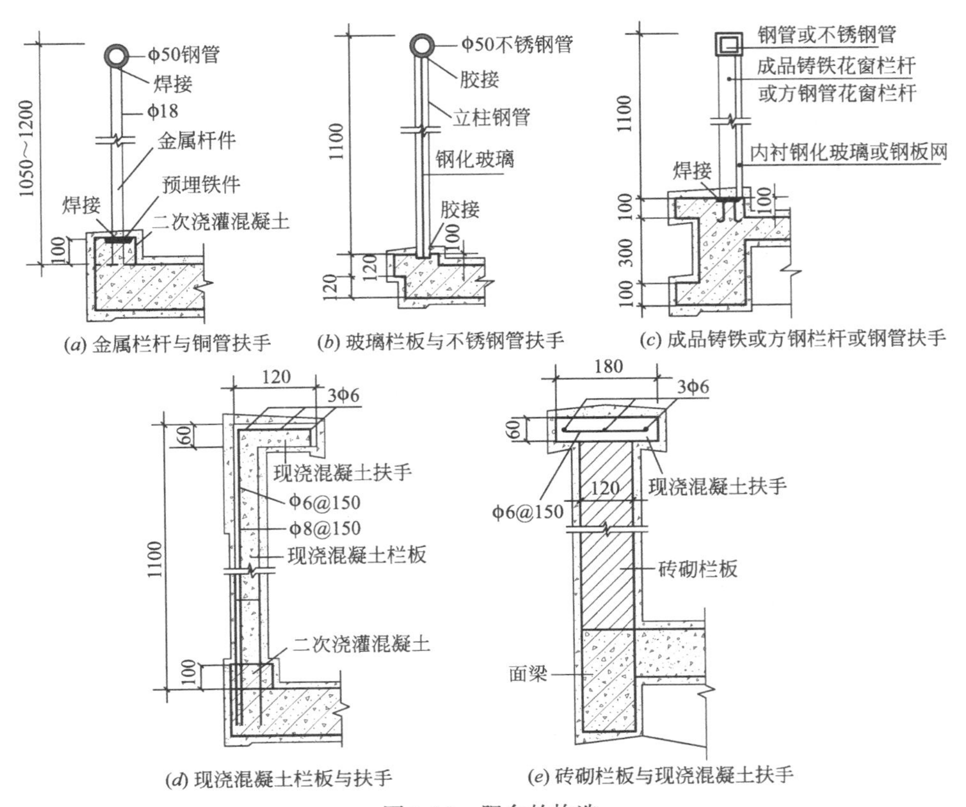


(*a*) 金属栏杆与铜管扶手 (*b*) 玻璃栏板与不锈钢管扶手 (*c*) 成品铸铁或方钢栏杆或钢管扶手

(*d*) 现浇混凝土栏板与扶手 (*e*) 砖砌栏板与现浇混凝土扶手

图 1-19 阳台的构造

## (二) 雨篷的构造 (图 1-20)

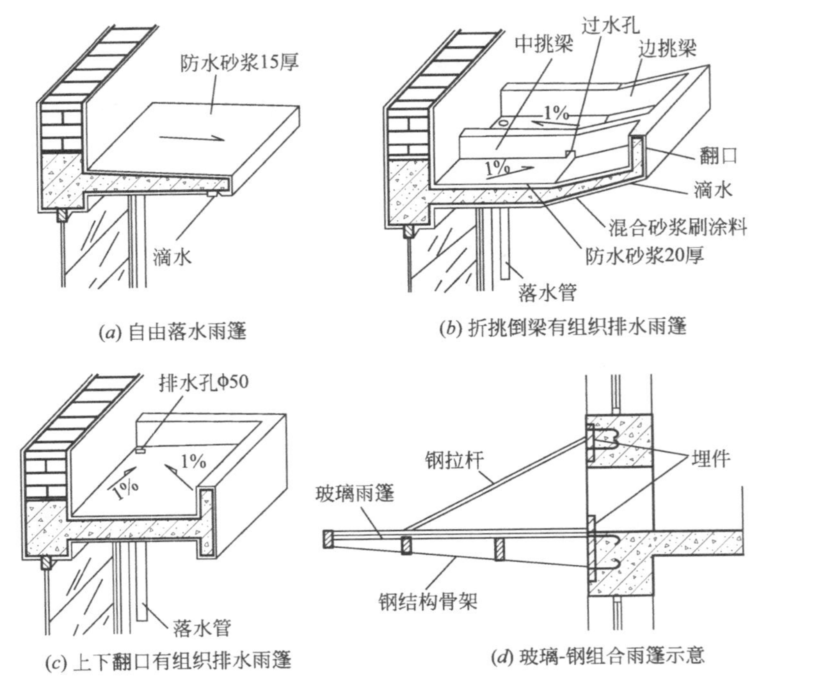


(*a*) 自由落水雨篷 (*b*) 折挑倒梁有组织排水雨篷

(*c*) 上下翻口有组织排水雨篷 (*d*) 玻璃-钢组合雨篷示意

图 1-20 雨篷的构造

## 九、楼梯

建筑空间的竖向交通联系，主要依靠楼梯、电梯、自动扶梯、台阶、坡道以及爬梯等设施。其中，楼梯作为竖向交通和人员紧急疏散的主要交通设施，使用最为广泛。

### （一）楼梯的类型（表 1-17）

楼梯的类型 表 1-17

| 划分方法 | 类型 |
|---|---|
| 按所在位置 | 分为室外楼梯和室内楼梯 |
| 按使用性质 | 分为主要楼梯、辅助楼梯、疏散楼梯、消防楼梯 |
| 按所用材料 | 分为木楼梯、钢楼梯、钢筋混凝土楼梯等 |
| 按形式 | 直跑式、双跑式、双分式、双合式、三跑式、四跑式、曲尺式、螺旋式、圆弧形、桥式、交叉式等 |

### （二）钢筋混凝土楼梯构造

1. 现浇钢筋混凝土楼梯构造（图 1-21）

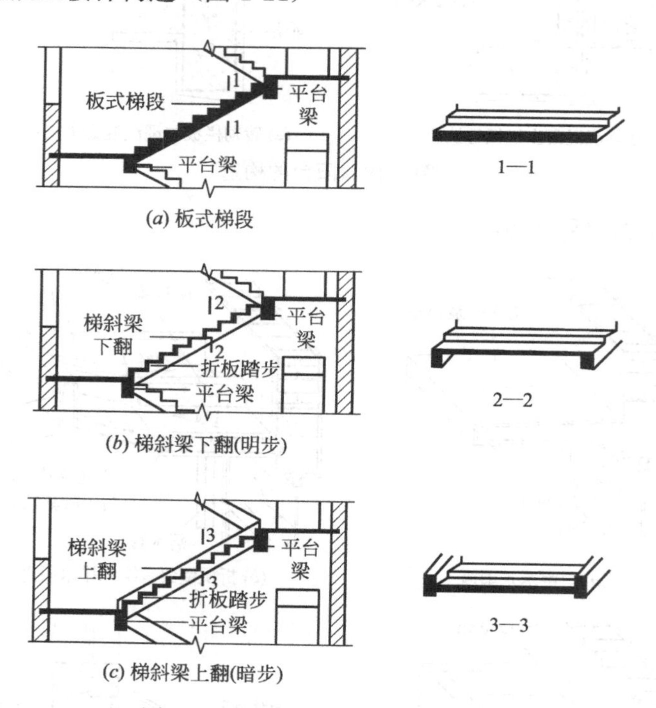


图 1-21 现浇钢筋混凝土楼梯构造

2. 预制装配梁承式楼梯构造（图 1-22）

## 十、台阶与坡道

因建筑物构造及使用功能的需要，建筑物的室内外地坪有一定的高差，在建筑物的入口处，可以选择台阶或坡道来衔接。

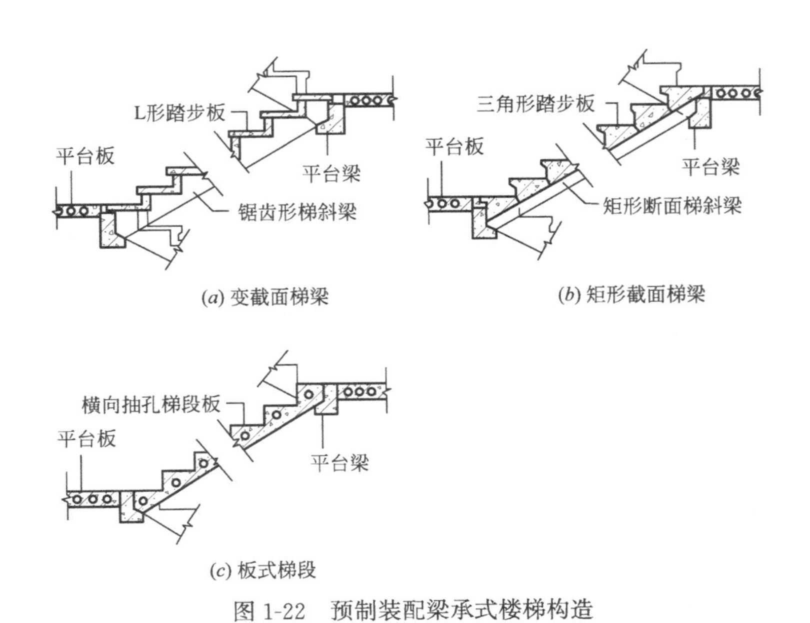


图 1-22 预制装配梁承式楼梯构造

## (一) 室外台阶构造 (图 1-23)

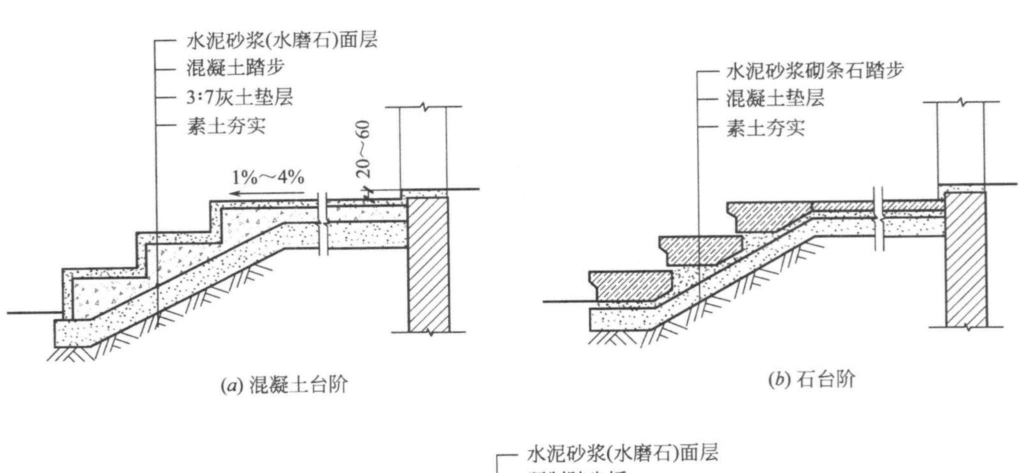


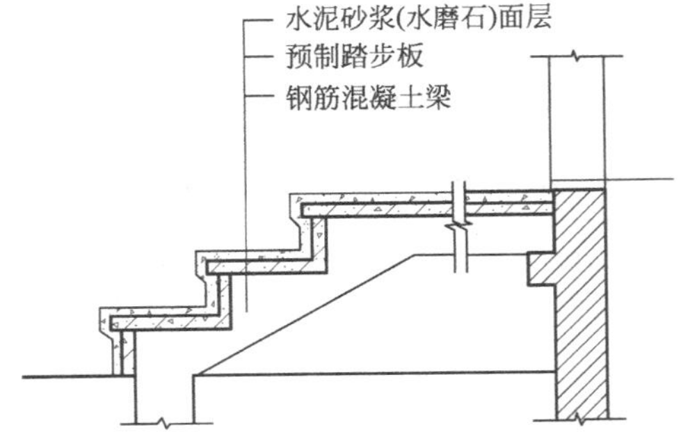


(c) 钢筋混凝土架空台阶

图 1-23 室外台阶构造

### （二）坡道构造（图 1-24）

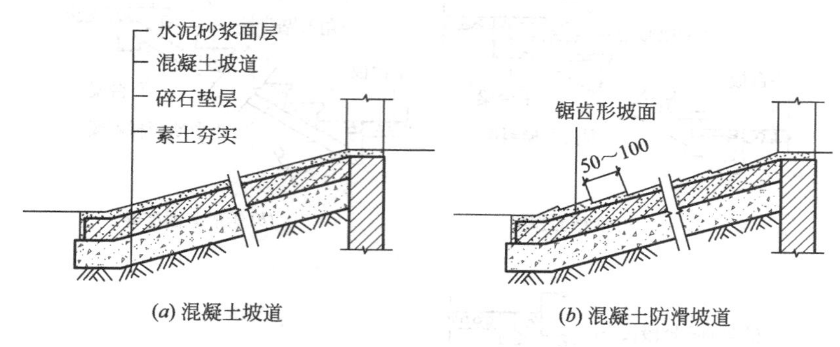


(a) 混凝土坡道　　(b) 混凝土防滑坡道

图 1-24　坡道构造

## 十一、门与窗

门和窗是建筑物中的围护构件。门在建筑中的作用主要是交通联系，并兼有采光、通风之用，窗的作用主要是采光和通风。

### （一）门、窗的类型（表 1-18）

门、窗的类型　　表 1-18

| 分类 | | 内容 |
| --- | --- | --- |
| 按所用的材料 | 木门窗 | 具有自重轻、加工制作简单、造价低、便于安装等优点，但耐腐蚀性能一般，且耗用木材，目前采用较少 |
| | 钢门窗 | 可大批生产，成本较低，又可节约木材，具有强度大、透光率大、便于拼接组合等优点，但易锈蚀，且自重大，目前采用较少 |
| | 铝合金门窗 | 具有质量轻、强度高、安装方便、密封性好、耐腐蚀、坚固耐用及色泽美观的特点 |
| | 塑料门窗 | 具有轻质、耐腐蚀、密闭性好、隔热、隔声、美观新颖的特点。塑料门窗的缺点是变形较大，刚度较差 |
| | 钢筋混凝土门窗 | 具有耐久性好、价格低、耐潮湿等优点，但密闭性及表面光洁度较差 |
| 按开启方式 | | 门分为平开门、弹簧门、推拉门、转门、折叠门、卷门、自动门等<br>窗分为平开窗、推拉窗、悬窗、固定窗等 |
| 按镶嵌材料 | | 窗分为玻璃窗、百叶窗、纱窗、防火窗、防爆窗、保温窗、隔声窗等 |
| 按门板的材料 | | 门分为镶板门、拼板门、纤维板门、胶合板门、百叶门、玻璃门、纱门等 |

### （二）门的构造

一般门主要由门樘和门扇两部分组成。导轨式推拉门构造如图 1-25 所示。玻璃推拉门构造如图 1-26 所示。下滑式推拉门构造如图 1-27 所示。

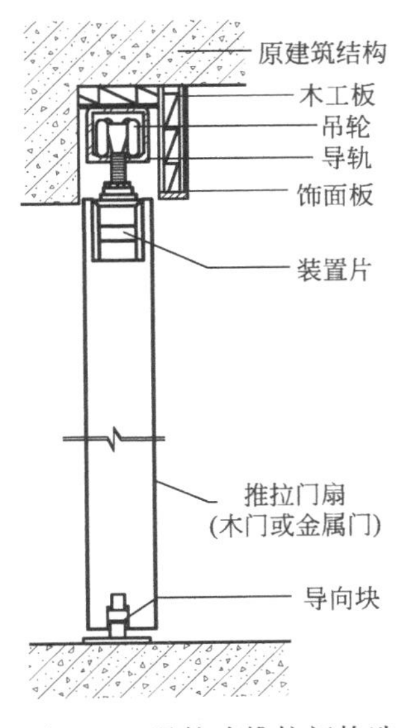


图 1-25 导轨式推拉门构造

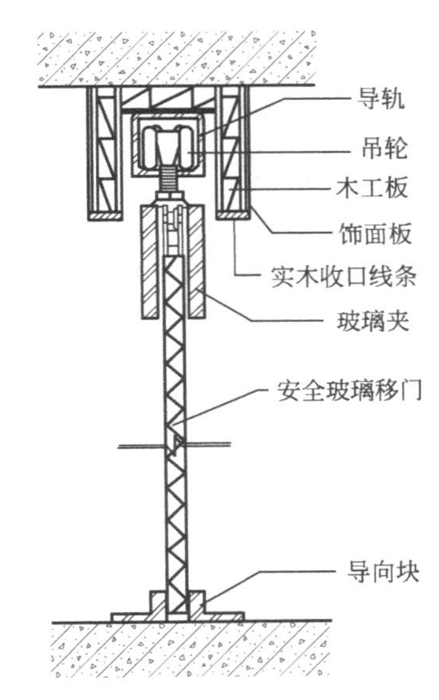


图 1-26 玻璃推拉门构造

## （三）窗的构造（图 1-28）

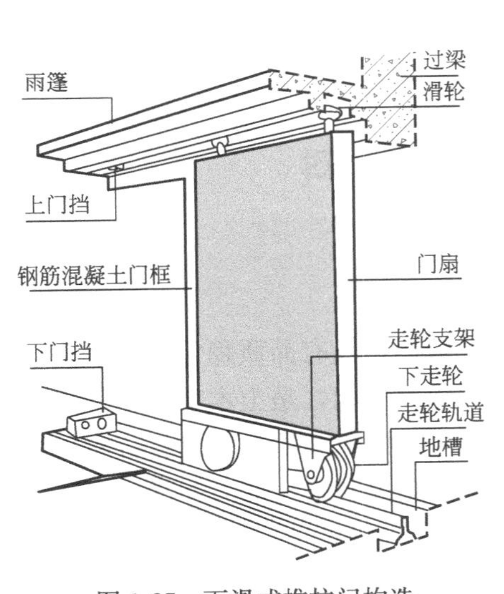


图 1-27 下滑式推拉门构造

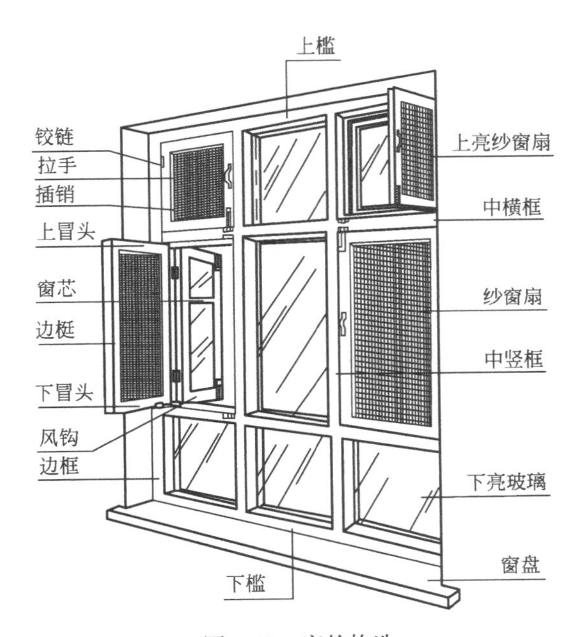


图 1-28 窗的构造

## 十二、屋顶

屋顶是房屋最上层起承重和覆盖作用的构件，屋顶（从下到上）主要由结构层、找坡层、隔热层（保温层）、找平层、结合层、防水层、保护层等部分组成。

### （一）屋顶的类型

由于地域不同、自然环境不同、屋面材料不同、承重结构不同，屋顶的类型也很多，归纳起来大致可分为三大类：平屋顶、坡屋顶和曲面屋顶。

### （二）屋顶的构造

1. 平屋顶的构造（图 1-29）

2. 坡屋顶的构造（图 1-30）

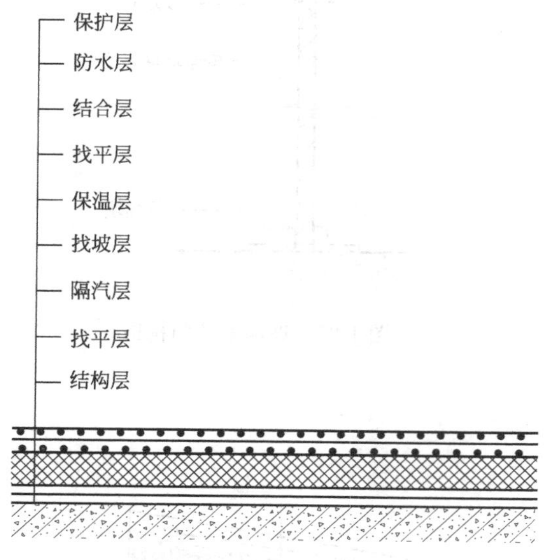


图 1-29　平屋顶的构造

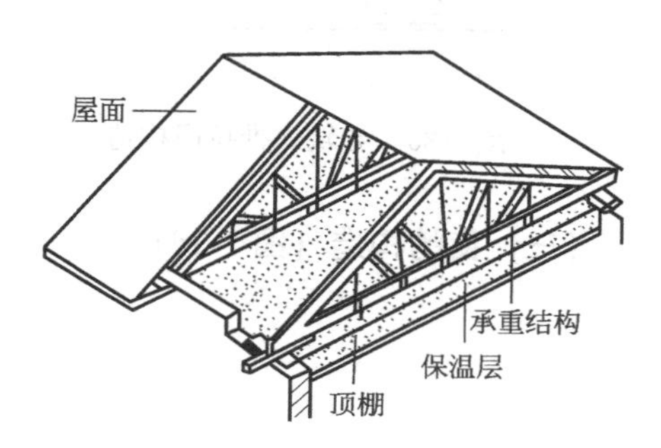


图 1-30　坡屋顶的构造

## 第三节　土建工程常用工程材料

### 一、建筑钢材

钢材按照化学成分可分为非合金钢、低合金钢和合金钢，具有品质稳定、强度高、塑性和韧性好、可焊接和铆接、能承受冲击和振动荷载等优异性能，是土木工程中使用量最大的材料品种之一。土木工程中常用的钢材可分为钢结构用钢和钢筋混凝土结构用钢两类，常用钢种有普通碳素结构钢、优质碳素结构钢和低合金高强结构钢。

#### （一）热轧钢筋

热轧光圆钢筋分 HPB235、HPB300 两种牌号，普通热轧钢筋分 HRB335、HRB400、HRB500 三种牌号，细晶粒热轧钢筋分 HRBF335、HRBF400、HRBF500 三种牌号。综合钢筋的强度、塑性、工艺性和经济性等因素，非预应力钢筋混凝土可选用 HPB235、HRB335 和 HRB400 钢筋，而预应力钢筋混凝土则宜选用 HRB500、HR13400 和 HRB335 钢筋。

#### （二）冷加工钢筋

冷加工钢筋是在常温下对热轧钢筋进行机械加工（冷拉、冷拔、冷轧、冷扭、冲压等）而成。常见的品种有冷拉热轧钢筋、冷轧带肋钢筋和冷拔低碳钢丝。

1.冷拉热轧钢筋

在常温下将热轧钢筋拉伸至超过屈服点小于抗拉强度的某一应力，然后卸荷，即制成了冷拉热轧钢筋。实践中，可将冷拉、除锈、调直、切断合并为一道工序，这样可简化流程，提高效率。

2.冷轧带肋钢筋

用低碳钢热轧盘圆条直接冷轧或经冷拔后再冷轧，形成三面或两面横肋的钢筋。冷轧带肋钢筋克服了冷拉、冷拔钢筋握裹力低的缺点，具有强度高、握裹力强、节约钢材、质量稳定等优点，CRB650级、CRB800级和CRB970级钢筋宜用作中、小型预应力钢筋混凝土结构构件中的受力主筋，CRB550级钢筋宜用作普通钢筋混凝土结构构件中的受力主筋、架立筋、箍筋和构造箍筋。

3.冷拔低碳钢丝

将直径6.5～8mm的Q235或Q215盘圆条通过小直径的拔丝孔逐步拉拔成直径3～5mm。冷拔低碳钢丝分为两级，甲级用于预应力混凝土结构构件中，乙级用于非预应力混凝土结构构件中。

**（三）热处理钢筋**

热处理钢筋是钢厂将热轧的带肋钢筋（中碳低合金钢）经淬火和高温回火调质处理而成的，即以热处理状态交货，成盘供应，每盘长约200m。热处理钢筋强度高，用材省，锚固性好，预应力稳定，主要用作预应力钢筋混凝土轨枕，也可以用于预应力混凝土板、吊车梁等构件。

**（四）预应力混凝土用钢丝**

预应力混凝土钢丝是用优质碳素结构钢经冷加工及时效处理或热处理等工艺过程制得，具有很高的强度，安全可靠，且便于施工。预应力混凝土用钢丝强度高，柔性好，适用于大跨度屋架、薄腹梁、吊车梁等大型构件的预应力结构。

**（五）预应力混凝土钢绞线**

钢绞线是将碳素钢丝若干根，经绞捻及消除内应力的热处理后制成。预应力混凝土用钢绞线强度高、柔性好，与混凝土黏结性能好，多用于大型屋架、薄腹梁、大跨度桥梁等大负荷的预应力混凝土结构。

**（六）钢结构用钢**

结构用钢常用的有热轧型钢、冷弯薄壁型钢、热（冷）扎钢板和钢管等。

1.轧型钢

常用的热轧型钢有工字钢、槽钢、角钢、L型钢、H型钢及T型钢等。处于低温环境的结构，应选择韧性好、脆性临界温度低、疲劳极限较高的钢材。

2.冷弯薄壁型钢

冷弯薄壁型钢通常采用2～6mm厚度的薄钢板经冷弯和模压而成，有空心薄壁型钢和开口薄壁型钢。冷弯薄壁型钢由于壁薄，刚度好，能高效地发挥材料的作用，在同样的负荷下，可减轻构件质量、节约材料，通常用于轻型钢结构。

3.钢板材

钢板材包括钢板、花纹钢板、建筑用压型钢板和彩色涂层钢板等。

（1）钢板和钢带。在钢结构中，单块钢板一般较少使用，而是用多块钢板组合成工字钢、箱形等结构来承受荷载。钢带可用作装配各种类型的石膏板、钙塑板、吸声板等，用作墙体和吊顶的龙骨支架。

（2）花纹钢板。花纹钢板主要用于平台、过道及楼梯等的铺板。

（3）压型钢板。压型钢板曲折的板形大大增加了钢板在其平面外的惯性矩、刚度和抗弯能力，具有重量轻、强度刚度大、施工简便和美观等优点。在建筑上，压型钢板主要用作屋面板、墙板、楼板和装饰板等。

（4）彩色涂层钢板。彩色涂层钢板主要用于建筑物的围护和装饰。

**（七）钢管和棒材**

（1）钢管。钢管有轧制无缝钢管及冷弯成型的高频焊接钢管。钢管大多用于制作桁架、塔桅等构件，也可用于网架、网壳结构和制作钢管混凝土。

（2）棒材。棒材指的是横截面形状为圆形、方形、六角形、八角形或其他异形的直条钢材。热轧六角钢和八角钢常用作钢结构螺栓的坯材，热轧扁钢一般用作屋架构件、扶梯、桥梁和栅栏等，圆钢可用于轻型钢结构的一般杆件和连接件。

## 二、木材

建筑工程中常用木材按其用途和加工程度有原条、原木、锯材等类别，主要用于脚手架、木结构构件和家具等。为了提高木材利用率，充分利用木材的性能，经过深加工和人工合成，可以制成各种装饰材料和人造板材。

**（一）旋切微薄木**

有色木、桦木或树根瘤多的木段，经水蒸软化后，旋切成 0.1mm 左右的薄片，与坚韧的纸胶合而成。可压贴在胶合板或其他板材表面，作墙、门和各种柜体的面板。

**（二）软木壁纸**

软木壁纸是由软木纸与基纸复合而成。保持了原软木的材质，手感好、隔声、吸声、典雅舒适，特别适用于室内墙面和顶棚的装修。

**（三）木质合成金属装饰材料**

木质合成金属装饰材料是以木材、木纤维作芯材，再合成金属层（铜和铝），在金属层上进行着色氧化、电镀贵重金属，再涂膜养护等工序加工制成。木质芯材金属化后克服了木材易腐烂、虫蛀、易燃等缺点，又保留了木材易加工、易安装的优良工艺性能，主要用于装饰门框、墙面、柱面和顶棚等。

**（四）木地板**

木地板可分为实木地板、强化木地板、实木复合地板和软木地板。实木地板是由天然木材经锯解、干燥后直接加工而成，其断面结构为单层。强化木地板是多层结构地板，由表面耐磨层、装饰层、缓冲层、人造板基材和平衡层组成，具有很高的耐磨性，力学性能较好，安装简便，维护保养简单。实木复合地板是利用珍贵木材或木材中的优质部分以及其他装饰性强的材料作表层，材质较差或质地较差部分的竹、木材料作中层或底层，经高温高压制成的多层结构的地板。

**（五）人造木材**

人造木材是将木材加工过程中的大量边角、碎料、刨花、木屑等，经过再加工处理，制成各种人造板材。

（1）胶合板。胶合板又称层压板，是将原木旋切成大张薄片，各片纤维方向相互垂直交错，用胶粘剂加热压制而成。胶合板一般是 3～13 层的奇数，并以层数取名，如三合板、五合板等。胶合板可用于隔墙板、天花板、门芯板、室内装修和家具等。

（2）纤维板。纤维板是将树皮、刨花、树枝等木材废料经切片、浸泡、磨浆、施胶、成型及干燥或热压等工序制成。硬质纤维板密度大、强度高，主要用作壁板、门板、地板、家具和室内装修等。中密度纤维板是家具制造和室内装修的优良材料。软质纤维板表观密度小、吸声绝热性能好，可作为吸声或绝热材料使用。

（3）胶板夹合板（细木工板）。胶合夹心板分为实心板和空心板两种。细木工板具有吸声、绝热、易加工等特点，主要适用于家具制作、室内装修等。

（4）刨花板。刨花板是利用木材或木材加工剩余物作原料，加工成刨花（或碎料），再加入一定数量的合成树脂胶粘剂，在一定温度和压力作用下压制而成的一种人造板材，简称刨花板，又称碎料板。普通刨花板由于成本低，性能优，用作芯材比木材更受欢迎，而饰面刨花板则由于材质均匀、花纹美观、质量较小等原因，大量应用在家具制作、室内装修、车船装修等方面。

## 三、石灰

石灰（生石灰 CaO）是在土木建筑工程中使用很早的矿物胶凝材料之一。

### （一）石灰的原料

石灰是由含碳酸钙（$CaCO_3$）较多的石灰石经过高温锻炼生成的气硬性胶凝材料，其主要成分是氧化钙。

### （二）石灰的应用

（1）制作石灰乳涂料。石灰乳是一种廉价易得的传统涂料，主要用于室内墙面和顶棚粉刷。石灰乳中加入各种耐碱颜料，可形成彩色石灰乳。

（2）配制砂浆。用熟化并“陈伏”好的石灰膏和水泥、砂配制而成的水泥石灰混合砂浆是目前用量最大、用途最广的砌筑砂浆；用石灰膏和砂或麻刀或纸筋配制成的石灰砂浆、麻刀灰、纸筋灰，广泛用作内墙、天棚的抹面砂浆。

（3）拌制灰土或三合土。将消石灰粉和黏土按一定比例拌和均匀、夯实而形成灰土，如一九灰土、二八灰土及三七灰土。若将消石灰粉、黏土和集料（砂、碎、砖块、炉渣等）按一定比例混合均匀并夯实，即为三合土。灰土和三合土广泛用作基础、路面或地面的垫层，它的强度和耐水性远远高出石灰或黏土。

（4）生产硅酸盐制品。以磨细生石灰（或消石灰粉）或硅质材料（如石英砂、粉煤灰、矿渣等）为原料，加水拌和，经成型、蒸压处理等工序而成的材料统称为硅酸盐制品，多用作墙体材料。

## 四、石膏

石膏是以硫酸钙为主要成分的气硬性胶凝材料。由于石膏胶凝材料及其制品具有许多优良性质，原料来源丰富，生产能耗低，因而在土木建筑工程中得到广泛应用。

### （一）石膏的原料

生产石膏的主要原料是天然二水石膏，又称软石膏，含有二水石膏（$CaSO_4 \cdot 2H_2O$）或含有 $CaSO_4 \cdot 2H_2O$ 与 $CaSO_4$ 的混合物的化工副产品及废渣（如磷石膏、氟石膏、硼石膏等）也可作为生产石膏的原料。

生产石膏的主要工序为破碎、加热煅烧与磨细。由于加热方式和温度不同，可生产不同性质的石膏品种，统称熟石膏。

### （二）建筑石膏的应用

建筑石膏在土木建筑工程中的主要用途有：制成石膏抹灰材料、各种墙体材料（如纸面石膏板、石膏空心条板、石膏砌块等），各种装饰石膏板、石膏浮雕花饰、雕塑制品等。

## 五、水玻璃

水玻璃是由碱金属氧化物和二氧化硅结合而成的可溶性碱金属硅酸盐材料，又称泡花碱。根据碱金属的种类不同，水玻璃分为钠水玻璃和钾水玻璃。

### （一）水玻璃的性质

（1）具有较高的粘结力和强度。

（2）具有良好的耐酸性。

（3）不能在碱性环境中使用。

### （二）水玻璃的应用

（1）配制特种混凝土和砂浆。可用于有耐酸和防火要求的工程，如硫酸池、高炉基础等结构。

（2）涂刷材料表面。用水玻璃浸渍或涂刷砖、水泥混凝土、石材等多孔材料，可使这些材料的密实度、强度、抗渗性、抗冻性和耐腐蚀性有不同程度的提高。

（3）配制速凝防水剂。水玻璃可与多种矾配制成速凝防水剂，这种多矾防水剂的凝结速度很快，多用于堵漏、填缝等局部抢修，但不宜用于配制防水砂浆。

（4）加固地基基础。将水玻璃与氯化钙溶液交替注入土壤中，两种溶液迅速反应生成硅胶和硅酸钙凝胶，起到胶结和填充孔隙的作用。常用于粉土、砂土和填土的地基加固。

（5）应用于防腐工程。可拌和成耐酸胶泥、耐酸砂浆和耐酸混凝土，适用于化工、冶金、电力、煤炭等行业各种结构的防腐工程。

## 六、水泥

水泥是一种良好的矿物胶凝材料。水泥浆体不但能在空气中硬化，还能更好地在水中硬化，保持并继续增长其强度，故水泥属于水硬性胶凝材料。水泥品种很多，工程中最常用的是硅酸盐系列水泥。

### （一）硅酸盐水泥、普通硅酸盐水泥的应用

（1）水泥强度等级较高，主要用于重要结构的高强度混凝土、钢筋混凝土和预应力混凝土工程。

（2）凝结硬化较快、抗冻性好，适用于早期强度要求高、凝结快，冬期施工及严寒地区受反复冻融的工程。

（3）水泥中含有较多的氢氧化钙，抗软水侵蚀和抗化学腐蚀性差，所以不宜用于经常

与流动软水接触及有水压作用的工程，也不宜用于受海水和矿物等作用的工程。

（4）因水化过程放出大量的热，故不宜用于大体积混凝土构筑物。

### （二）掺混合材料的硅酸盐水泥的主要特性及适用范围

五种水泥的主要特性及适用范围见表 1-19。

**五种水泥的主要特性及适用范围** **表 1-19**

| 水泥种类 | 硅酸盐水泥 | 普通硅酸盐水泥 | 矿渣硅酸盐水泥 | 火山灰质硅酸盐水泥 | 粉煤灰硅酸盐水泥 |
|---|---|---|---|---|---|
| 强度等级 | 42.5,42.5R<br>52.5,52.5R<br>62.5,62.5R | 42.5,42.5R<br>52.5,52.5R | 32.5,32.5R<br>42.5,42.5R<br>52.5,52.5R | 32.5,32.5R<br>42.5,42.5R<br>52.5,52.5R | 32.5,32.5R<br>42.5,42.5R<br>52.5,52.5R |
| 主要特性 | 1.早期强度较高，凝结硬化快；<br>2.水化热较大；<br>3.耐冻性好；<br>4.耐热性较差；<br>5.耐腐蚀及耐水性较差 | 1.早期强度较高；<br>2.水化热较大；<br>3.耐冻性较好；<br>4.耐热性较差；<br>5.耐腐蚀及耐水性较差 | 1.早期强度低，后期强度增长较快；<br>2.水化热较小；<br>3.耐热性较好；<br>4.耐硫酸盐侵蚀和耐水性较好；<br>5.抗冻性较差；<br>6.干缩性较大；<br>7.抗碳化能力差 | 1.早期强度低，后期强度增长较快；<br>2.水化热较小；<br>3.耐热性较差；<br>4.耐硫酸盐侵蚀和耐水性较好；<br>5.抗冻性较差；<br>6.干缩性较大；<br>7.抗渗性较好；<br>8.抗碳化能力差 | 1.早期强度低，后期强度增长较快；<br>2.水化热较小；<br>3.耐热性较差；<br>4.耐硫酸盐侵蚀和耐水性较好；<br>5.抗冻性较差；<br>6.干缩性较小；<br>7.抗碳化能力较差 |
| 适用范围 | 适用于快硬早强的工程、配制高强度等级混凝土 | 适用于制造地上、地下及水中的混凝土、钢筋混凝土及预应力钢筋混凝土结构，包括受反复冰冻的结构；也可配制高强度等级混凝土及早期强度要求高的工程 | 1.适用于高温车间和有耐热、耐火要求的混凝土结构；<br>2.大体积混凝土结构；<br>3.蒸汽养护的混凝土结构；<br>4.一般地上、地下和水中混凝土结构；<br>5.有抗硫酸盐侵蚀要求的一般工程 | 1.适用于大体积工程；<br>2.有抗渗要求的工程；<br>3.蒸汽养护的混凝土构件；<br>4.可用于一般混凝土结构；<br>5.有抗硫酸盐侵蚀要求的一般工程 | 1.适用于地上、地下水中及大体积混凝土工程；<br>2.蒸汽养护的混凝土构件；<br>3.可用于一般混凝土工程；<br>4.有抗硫酸盐侵蚀要求的一般工程 |
| 不适用范围 | 1.不宜用于大体积混凝土工程；<br>2.不宜用于受化学侵蚀、压力水（软水）作用及海水侵蚀的工程 | 1.不适用于大体积混凝土工程；<br>2.不宜用于化学侵蚀，压力水（软水）作用及海水侵蚀的工程 | 1.不适用于早期强度要求较高的工程；<br>2.不适用于严寒地区并处在水位升降范围内的混凝土工程 | 1.不适用于处在干燥环境的混凝土工程；<br>2.不宜用于耐磨性要求高的工程；<br>3.其他同矿渣硅酸盐水泥 | 1.不适用于有抗碳化要求的工程；<br>2.其他同矿渣硅酸盐水泥 |

### （三）铝酸盐水泥的应用

铝酸盐水泥可用于配制不定型耐火材料；与耐火粗细集料（如铬铁矿等）可制成耐高

温的耐热混凝土；用于工期紧急的工程，如国防、道路和特殊抢修工程等；也可用于抗硫酸盐腐蚀的工程和冬期施工的工程。

铝酸盐水泥不宜用于大体积混凝土工程；不能用于与碱溶液接触的工程；不得与未硬化的硅酸盐水泥混凝土接触使用，更不得与硅酸盐水泥或石灰混合使用；不能蒸汽养护，不宜在高温季节施工。

**（四）白色和彩色硅酸盐水泥的应用**

白色和彩色硅酸盐水泥主要用于建筑物内外的表面装饰工程，如地画、楼面、墙、柱及台阶等。可做成水泥拉毛、彩色砂浆、水磨石、水刷石、斩假石等饰面。

**（五）硫铝酸盐水泥的应用**

硫铝酸盐水泥具有快凝、早强、不收缩的特点，宜用于配制早强、抗渗和抗硫酸盐侵蚀等混凝土，适用于浆锚、喷锚支护、抢修、抗硫酸盐腐蚀、海洋建筑等工程。由于硫铝酸盐水泥水化硬化后生成的钙矾石在150℃高温下易脱水发生晶形转变，引起强度大幅下降，所以硫铝酸盐水泥不宜用于高温施工及处于高温环境的工程。

**（六）膨胀水泥和自应力水泥的应用**

膨胀水泥适用于补偿收缩混凝土，用作防渗混凝土；填灌混凝土结构或构件的接缝及管道接头，结构的加固与修补，浇筑机器底座及固结地脚螺丝等。自应力水泥适用于制作自应力钢筋混凝土压力管及配件。

**（七）道路硅酸盐水泥的应用**

道路硅酸盐水泥主要用于公路路面、机场跑道等工程结构，也可用于要求较高的工厂地面和停车场等工程。

## 七、混凝土

混凝土是指以胶凝材料、粗细集料、水（或不加水）及其他材料为原料，按适当比例配制而成的混合物再经硬化而成的复合材料。按所用胶凝材料的种类不同，混凝土可分为水泥混凝土（也称普通混凝土）、沥青混凝土、树脂混凝土、聚合物混凝土、水玻璃混凝土、石膏混凝土等，其中水泥混凝土是土木工程中最常用的混凝土。按照混凝土来源可以分为现场搅拌混凝土和预拌（商品）混凝土。预拌（商品）混凝土是由水泥、集料、水及根据需要掺入的外加剂、矿物掺和料等组分按照一定比例，在搅拌站经计量、拌制后出售并采用运输车，在规定时间内运送到使用地点的混凝土拌合物。

**（一）普通混凝土**

普通混凝土是由水泥、砂、石子、水和外加剂拌制而成。混凝土的强度主要取决于水泥石强度及其与集料表面的粘结强度，而水泥石强度及其与集料的粘结强度又与水泥强度等级、水灰比及集料性质有密切关系。此外混凝土的强度还受施工质量、养护条件及龄期的影响。

**（二）特种混凝土**

1. 轻集料混凝土

轻集料混凝土是用轻粗集料、轻细集料（或普通砂）和水泥配制而成的干表观密度小于2000kg/m$^3$ 的混凝土。工程中使用轻集料混凝土可以大幅度降低建筑物的自重，降低地基基础工程费用和材料运输费用；可使建筑物绝热性改善，节约能源，降低建筑产品的使用费用；可减小构件或结构尺寸，节约原料，使使用面积增加等。

2.防水混凝土

防水混凝土又叫抗渗混凝土，防水混凝土的抗渗性能不得小于P6，一般通过对混凝土组成材料质量改善，合理选择配合比和集料级配，以及掺加适量外加剂，达到混凝土内部密实或是堵塞混凝土内部毛细管通路，使混凝土具有较高的抗渗性能，可提高混凝土结构自身的防水能力，节省外用防水材料，简化防水构造，对地下结构、高层建筑的基础以及贮水结构具有重要意义。结构混凝土抗渗等级是根据其工程埋置深度来确定的，按《地下工程防水技术规范》GB 50108 的规定，设计抗渗等级有P6、P8、P10、P12。

3.碾压混凝土

碾压混凝土是由级配良好的集料、较低的水泥用量和用水量、较多的混合材料（往往加入适量的缓凝剂、减水剂或引气剂）制成的超干硬性混凝土拌合物，经振动碾压等工艺达到高密度、高强度的混凝土，是道路工程、机场工程和水利工程中性能好、成本低的新型混凝土材料。

4.高强混凝土

高强混凝土是用普通水泥、砂石作为原料，采用常规制作工艺，主要依靠高效减水剂，或同时外加一定数量的活性矿物掺和料，使硬化后强度等级不低于C60的混凝土。

5.纤维混凝土

纤维混凝土是以混凝土为基体，外掺各种纤维材料而成，掺入纤维的目的是提高混凝土的抗拉强度与降低其脆性。纤维混凝土目前已逐渐地应用在高层建筑楼面、高速公路路面、荷载较大的仓库地面、停车场、贮水池等处。

## 八、砌筑材料

### （一）砖

1.烧结砖

（1）烧结普通砖，包括黏土砖（N）、页岩砖（Y）、煤矸石砖（M）、粉煤灰砖（F）等多种。烧结普通砖具有较高的强度，良好的绝热性、耐久性、透气性和稳定性，且原料广泛，生产工艺简单，因而可用作墙体材料，砌筑柱、拱、窑炉、烟囱、沟道及基础等。

（2）烧结多孔砖。烧结多孔砖是以黏土、页岩或煤矸石为主要原料烧制的主要用于结构承重的多孔砖。多孔砖大面有孔，孔多而小，孔洞垂直于大面（即受压面），孔洞率在15%以上，有190mm×190mm×90mm（M型）和240mm×115mm×90mm（P型）两种规格。烧结多孔砖主要用于六层以下建筑物的承重墙体。

（3）烧结空心砖。烧结空心砖是以黏土、页岩、煤矸石或粉煤灰为主要原料烧制的主要用于非承重部位的空心砖。多用于非承重墙，如多层建筑内隔墙或框架结构的填充墙等。

2.蒸养（压）砖

蒸养（压）砖属于硅酸盐制品，是以石灰和含硅原料（砂、粉煤灰、炉渣、矿渣、煤矸石等）加水拌合，经成型、蒸养（压）而制成的。目前使用的主要有粉煤灰砖、灰砂砖和炉渣砖。灰砂砖不得用于长期经受200℃高温、急冷急热或有酸性介质侵蚀的建筑部位。

**（二）砌块**

砌块建筑是墙体技术改革的一条有效途径，可使墙体自重减轻，建筑功能改善，造价降低。

（1）粉煤灰砌块。以粉煤灰、石类、石膏为原料，经加水搅拌、振动成型、蒸汽养护制成。

（2）中型空心砌块。按胶结料不同分为水泥混凝土型及煤矸石硅酸盐型两种。空心率大于等于25%。

（3）混凝土小型空心砌块。以水泥或无熟料水泥为胶结料，配以砂、石或轻集料（浮石、陶粒等），经搅拌、成型、养护而成。

（4）蒸压加气混凝土砌块。以钙质或硅质材料，如水泥，石灰、矿渣、粉煤灰等为基本材料，以铝粉为发气剂，经蒸压养护而成，是一种多孔轻质的块状墙体材料，也可作绝热材料。

**（三）石材**

1.天然石材

天然石材资源丰富、强度高、耐久性好、色泽自然，在土木建筑工程中常用作砌体材料、装饰材料及混凝土的集料。常见石种、技术性质及用途见表1-20。

**常用岩石的技术性质及用途** **表1-20**

| 岩石种类 | 常用石种 | 特性 | | | 用途 |
|---|---|---|---|---|---|
| | | 表现密度（$t/m^3$） | 抗压强度（MPa） | 其他 | |
| 岩浆岩（火成岩） | 花岗石 | 2.5～2.8 | 120～250 | 孔隙率小，吸水率低，耐磨、耐酸、耐久，但不耐火，磨光性好 | 基础、地面、路面、室内外装饰、混凝土集料 |
| | 玄武岩 | 2.909～3.3 | 250～500 | 硬度大、细密、耐冻性好，抗风化性强 | 高强度混凝土集料、道路路面 |
| 沉积岩（水成岩） | 石灰岩 | 2.6～2.8 | 80～160 | 耐久性及耐酸性均较差，力学性质随组成不同变化范围很大 | 基础、墙体、桥墩、路面、混凝土集料 |
| | 砂岩 | 1.8～2.5 | 约200 | 硅质砂岩（以氧化硅胶结），坚硬、耐久，耐酸性与花岗岩相近 | 基础、墙体、衬面、踏步、纪念碑石 |
| 变质岩 | 大理石 | 2.6～2.7 | 100～300 | 质地致密，硬度不高，易加工，磨光性好，易风化，不耐酸 | 室内墙面、地面、柱面、栏杆等装修 |
| | 石英岩 | 2.65～2.75 | 250～400 | 硬度大，加工困难，耐酸、耐久性好 | 基础、栏杆、踏步、饰面材料、耐酸材料 |

2.人造石材

常用的人造石材有人造花岗石、大理石和水磨石三种。具有天然石材的花纹、质感和装饰效果，而且花色、品种、形状等多样化，并具有质量轻、强度高、耐腐蚀、耐污染、施工方便等优点。目前常用的人造石材有四类。

（1）水泥型人造石材。例如，各种水磨石制品。

（2）聚酯型人造石材。具有强度高、密度小、厚度薄、耐酸碱腐蚀及美观等优点，但其耐老化性能不及天然花岗石，故多用于室内装饰。

（3）复合型人造石材。是由无机胶结料和有机胶结料共同组合而成。

（4）烧结型人造石材。如仿花岗石瓷砖、仿大理石陶瓷艺术板等。

**（四）砌筑砂浆**

1.种类

砌筑砂浆根据组成材料的不同，分为水泥砂浆、石灰砂浆、水泥石灰混合砂浆等。一般砌筑基础采用水泥砂浆；砌筑主体及砖柱常采用水泥石灰混合砂浆；石灰砂浆有时用于砌筑简易工程。

2.预拌（商品）砂浆

预拌（商品）砂浆是指由专业化厂家生产的，用于建设工程中的各种砂浆拌合物，是我国近年发展起来的一种新型建筑材料。随着国家对建筑节能减排的要求，国内许多城市也在逐步禁止现场搅拌砂浆，推广使用预拌砂浆。

## 九、装饰材料

### （一）饰面材料

常用的饰面材料有天然石材、人造石材、陶瓷与玻璃制品、塑料制品、石膏制品、木材以及金属材料等。其特点和用途见表1-21。

**饰面材料特点和用途** **表1-21**

| 类型 | | 特点和用途 |
|---|---|---|
| 天然饰面石材 | 花岗石板材 | 质地坚硬密实，抗压强度高，具有优异的耐磨性及良好的化学稳定性，不易风化变质，耐久性好，耐火性差。常用的剁斧板主要用于室外地面、台阶、基座等处；机刨板材一般用于地面、踏步、檐口、台阶等处；花岗石粗磨板则用于墙面、柱面、纪念碑等；磨光板材主要用于室内外墙面、地面、柱面等 |
| | 大理石板 | 结构致密，抗压强度高，但硬度不大，因此大理石相对较易锯解、雕琢和磨光等加工。用于宾馆、展览馆、影剧院、商场、图书馆、机场、车站等公共建筑工程的室内柱面、地面、窗台板、服务台、电梯间门脸的饰面等 |
| 人造饰面石材 | 建筑水磨石板材 | 可制成各种形状的饰面板，用于墙面、地面、窗台、踢脚、台面、踏步、水池等 |
| | 合成石面板 | 用于室内外立面、柱面装饰，作室内墙面与地面装饰材料，还可作楼梯面板、窗台板等 |
| 饰面陶瓷 | 釉面砖 | 表面平整、光滑，坚固耐用，色彩鲜艳，易于清洁，防火、防水、耐磨、耐腐蚀等。但不应用于室外 |
| | 墙地砖 | 可制成平面、麻面、仿花岗石面、无光釉面、有光釉面、防滑面、耐磨面等多种产品 |
| | 陶瓷锦砖 | 色泽稳定、美观、耐磨、耐污染、易清洗，抗冻性能好，坚固耐用，且造价较低，主要用于室内地面铺装 |
| | 瓷质砖 | 装饰在建筑物外墙壁上能起到隔声、隔热的作用 |

续表

| 类型 | | 特点和用途 |
|---|---|---|
| 其他饰面材料 | 石膏饰面材料 | 包括石膏花饰、装饰石膏板及嵌装式装饰石膏板等 |
| | 塑料饰面材料 | 包括各种塑料壁纸、塑料装饰板材(塑料贴面装饰、硬质 PVC 板、玻璃钢板、钙塑泡沫装饰吸声板等)、塑料卷材地板、块状塑料地板、化纤地毯等 |
| | 木材、金属等饰面材料 | 有薄木贴面板、胶合板、木地板、铝合金装饰板、彩色不锈钢板等 |

### (二)建筑玻璃

在土木建筑工程中，玻璃是一种重要的建筑材料，除了能采光和装饰外，还有控制光线、调节热量、节约能源、控制噪声、降低建筑物自重、改善建筑环境、提高建筑艺术水平等功能。其特点和用途见表 1-22。

**建筑玻璃特点和用途** **表 1-22**

| 类型 | | 特点和用途 |
|---|---|---|
| 平板玻璃 | 普通平板玻璃 | 透光度很高，耐酸能力强，但不耐碱 |
| | 磨砂玻璃 | 表面粗糙，能透光但不透视，多用于卫生间、浴室等的门窗 |
| | 压花玻璃 | 具有透光不透视的特点，常用于办公楼、会议室、卫生间等的门窗 |
| | 彩色玻璃 | 适用于建筑物内外墙面、门窗装饰等 |
| 安全玻璃 | 钢化玻璃 | 主要用于高层建筑门窗、隔墙等处。钢化玻璃不能切割磨削，边角不能碰击 |
| | 夹丝玻璃 | 适用于公共建筑的走廊、防火门、楼梯间、厂房天窗等 |
| | 夹层玻璃 | 适用于高层建筑门窗、工业厂房天窗及一些水下工程等 |
| 其他玻璃 | 热反射玻璃 | 广泛用作高层建筑的幕墙玻璃 |
| | 吸热玻璃 | 适用于商品陈列窗、冷库、仓库、炎热地区的大型公共建筑物等 |
| | 光致变色玻璃 | 适用于对光线有特殊要求的高档装修的建筑物 |
| | 中空玻璃 | 具有优良的保温、绝热、吸声等性能，在建筑上应用较多 |
| | 玻璃空心砖 | 具有强度高、绝热性能好、隔声性能好、耐火性好等优点，常用来砌筑透光墙体或彩灯地面等 |
| | 镭射玻璃 | 多用于某些高档建筑及娱乐建筑的墙面或装饰 |

### (三)建筑装饰涂料

涂料最早是以天然植物油脂、天然树脂如亚麻子油、桐油、松香、生漆等为主要原料的植物油脂，以前称为油漆。目前，合成树脂在很大程度上已取代了天然树脂，正式命名为涂料，所以油漆仅是一类油性涂料。常用的涂料类型见表 1-23。

**建筑装饰涂料的特点和用途** **表 1-23**

| 部位 | 类型 |
|---|---|
| 外墙 | 苯乙烯—丙烯酸酯乳液涂料、丙烯酸酯系外墙涂料、聚氨酯系外墙涂料、合成树脂乳液砂壁状涂料等 |

续表

| 部位 | 类型 |
|---|---|
| 内墙 | 聚乙烯醇水玻璃涂料(106内墙涂料)、聚醋酸乙烯乳液涂料、醋酸乙烯—丙烯酸酯有光乳液涂料、多彩涂料等 |
| 地面 | 一是用于木质地面的涂饰,如常用的聚氨酯漆、钙酯地板漆和酚醛树脂地板漆等;<br>二是用于地面装饰,做成无缝涂布地面等,如常用的过氯乙烯地面涂料、聚氨酯地面涂料、环氧树脂厚质地面涂料等 |

### (四) 建筑塑料

建筑塑料常用作装饰材料、绝热材料、吸声材料、防水材料、管道及卫生洁具等。其特点和用途见表 1-24。

**建筑塑料的特点和用途** **表 1-24**

| 类型 | | 特点和用途 |
|---|---|---|
| 塑料门窗 | | 具有良好的气密性、水密性、装饰性和隔声性能。在节约能耗、保护环境方面,塑料门窗比木、钢、铝合金门窗有明显的优越性 |
| 塑料地板 | | 常用的主要有聚氯乙烯塑料地板,其具有较好的耐燃性,且价格便宜 |
| 塑料墙纸 | | 具有装饰效果好、粘贴方便、使用寿命长、易维修保养、物理性能好等优点。广泛用于室内墙面装饰装修,也可用于顶棚、梁、柱以及车辆、船舶、飞机的内部装饰 |
| 玻璃钢制品 | | 质量轻,强度接近钢材。常见的玻璃钢建筑制品有玻璃钢波形瓦、玻璃钢采光罩、玻璃钢卫生洁具等 |
| 塑料管材及配件 | 硬聚氯乙烯(PVC—U)管 | 抗老化性能好、难燃,可采用橡胶圈柔性接口安装。主要应用于给水管道(非饮用水)、排水管道、雨水管道 |
| | 氯化聚氯乙烯(PVC—C)管 | 具有高温机械强度高的特点,适于受压的场合。主要应用于冷热水管、消防水管系统、工业管道系统 |
| | 无规共聚聚丙烯管(PP—R管) | 主要应用于饮用水管、冷热水管,不得用于消防给水系统 |
| | 丁烯管(PB管) | 主要应用于饮用水、冷热水管,特别适用于薄壁小口径压力管道,如地板辐射采暖系统的盘管 |
| | 交联聚乙烯管(PEX管) | 主要应用于地板辐射采暖系统的盘管 |

## 十、防水材料

### (一) 聚合物改性沥青防水卷材

聚合物改性沥青防水卷材是以合成高子聚合物改性沥青为涂盖层,纤维织物或纤维毡为胎体,粉状、粒状、片状或薄膜材料为覆面材料制成的可卷曲片状防水材料。其类型和用途见表 1-25。

**聚合物改性沥青防水卷材的类型和用途　　表 1-25**

| 类型 | 用途 |
| --- | --- |
| SBS 改性沥青防水卷材 | 广泛适用于各类建筑防水、防潮工程，尤其适用于寒冷地区和结构变形频繁的建筑物防水，并可采用热熔法施工 |
| APP 改性沥青防水卷材 | 广泛适用于各类建筑防水、防潮工程，尤其适用于高温或有强烈太阳辐射地区的建筑物防水 |
| 沥青复合胎柔性防水卷材 | 适用于工业与民用建筑的屋面、地下室、卫生间等的防水防潮，也可用桥梁、停车场、隧道等建筑物的防水 |

## （二）合成高分子防水卷材

合成高分子防水卷材是以合成橡胶、合成树脂或两者的共混体为基料，加入适量的化学助剂和填充料等，经混炼、压延或挤出等工序加工而制成的可卷曲的片状防水材料。其类型和用途见表 1-26。

**合成高分子防水卷材的类型和用途　　表 1-26**

| 类型 | 用途 |
| --- | --- |
| 三元乙丙橡胶防水卷材 | 广泛适用于防水要求高、耐用年限长的土木建筑工程的防水 |
| 聚氯乙烯防水卷材 | 适用于各类建筑的屋面防水工程和水池、堤坝等防水抗渗工程 |
| 氯化聚乙烯防水卷材 | 适用于各类工业、民用建筑的屋面防水、地下防水、防潮隔气、室内墙地面防潮，地下室卫生间的防水，及冶金、化工、水利、环保，采矿业防水防渗工程 |
| 氯化聚乙烯—橡胶共混型防水卷材 | 特别适用于寒冷地区或变形较大的土木建筑防水工程 |

## （三）刚性防水材料

刚性防水材料的类型、特点和用途见表 1-27。

**刚性防水材料的类型、特点和用途　　表 1-27**

| 类型 | 特点和用途 |
| --- | --- |
| 防水混凝土 | 适用于需要结构自身具备抗渗、防水性能的建筑物或构筑物 |
| 沥青油毡瓦 | 具有轻质、美观的特点，适用于各种形式的屋面 |
| 混凝土屋面瓦 | 以水泥为基料，加入金属氧化物、化学增强剂并涂饰透明外层涂料制成的屋面瓦材 |
| 金属屋面 | 具有自重轻、构造简单、材料单一、构件标准定型装配化程度高、现场安装快、施工期短等优点 |
| 聚氯乙烯瓦 | 以硬质聚氯乙烯（UPVC）为主体材料并分别加以热稳定剂、润滑剂、填料以及光屏蔽剂、紫外线吸收剂、发泡剂等，经混合、塑化并经挤出成型 |
| 铅合金防水卷材 | 防水性能好，耐腐蚀并有良好的延展性、可焊性，性能稳定，抗 X 射线、抗老化能力 |
| 阳光板 | 综合性能好，既能起到防水作用，又有很好的装饰效果，应用范围广泛 |
| “膜结构”防水屋面 | 建筑造型美观、独特，结构形式简单，表现效果好，目前已被广泛用于体育场馆、展厅等 |

## （四）防水涂料

防水涂料是一种流态或半流态物质，可用刷、喷等工艺涂布在基层表面，经溶剂或水分挥发或各组分间的化学反应，形成具有一定弹性和一定厚度的连续薄膜，使基层表面与水隔绝，起到防水、防潮作用。防水涂料广泛适用于工业与民用建筑的屋面防水工程、地下室防水工程和地面防潮、防渗等，特别适合于各种不规则部位的防水。

### （五）建筑密封材料

建筑密封材料是能承受接缝位移已达到气密、水密目的而嵌入建筑接缝中的材料。其类型和用途见表 1-28。

建筑密封材料的类型和用途　　表 1-28

| 类型 | | 用途 |
|---|---|---|
| 不定形密封材料 | 沥青嵌缝油膏 | 主要作为屋面、墙面、沟槽的防水嵌缝材料 |
| | 聚氯乙烯接缝膏和塑料油膏 | 有良好的粘结性、防水性、弹塑性，耐热、耐寒、耐腐蚀和抗老化性能。这种密封材料适用于各种屋面嵌缝或表面涂布作为防水层，也可用于水渠、管道等接缝，用于工业厂房自防水屋面嵌缝、大型屋面板嵌缝等 |
| | 丙烯酸类密封膏 | 具有良好的粘结性能、弹性和低温柔性，无溶剂污染，无毒，具有优异的耐候性和抗紫外线性能。主要用于屋面、墙板、门、窗嵌缝 |
| | 聚氨酯密封膏 | 尤其适用于游泳池工程，还是公路及机场跑道的补缝、接缝的好材料，也可用于玻璃、金属材料的嵌缝 |
| | 硅酮密封膏 | 建筑接缝用密封膏适用于预制混凝土墙板、水泥板、大理石板的外墙接缝，混凝土和金属框架的粘结，卫生间和公路缝的防水密封等；镶装玻璃用密封膏，主要用于镶嵌玻璃和建筑门、窗的密封 |
| 定形密封材料 | | 包括密封条带和止水带，如铝合金门窗橡胶密封条、丁腈胶—PVC 门窗密封条、自黏性橡胶、橡胶止水带、塑料止水带等 |

## 十一、功能材料

### （一）保温隔热材料

在建筑工程中，常把用于控制室内热量外流的材料称为保温材料，将防止室外热量进入室内的材料称为隔热材料，两者统称为绝热材料。绝热材料主要用于墙体及屋顶、热工设备及管道、冷藏库等工程或冬期施工的工程。其类型和用途见表 1-29。

保温隔热材料的类型和用途　　表 1-29

| 类型 | 用途 |
|---|---|
| 岩棉及矿渣棉 | 可用作建筑物的墙体、屋顶、天花板等处的保温隔热和吸声材料，以及热力管道的保温材料 |
| 石棉 | 主要用于工业建筑的隔热、保温及防火覆盖等 |
| 玻璃棉 | 广泛用在温度较低的热力设备和房屋建筑中的保温隔热 |
| 膨胀蛭石 | 可以呈松散状铺设于墙壁、楼板、屋面等夹层中，作为绝热、隔声材料，也可与水泥、水玻璃等胶凝材料配合，浇筑成板，用于墙、楼板和屋面板等构件的绝热 |
| 玻化微珠 | 广泛应用于外墙内外保温砂浆、装饰板、保温板的轻质集料 |
| 聚苯乙烯板 | 广泛应用于墙体保温，平面混凝土屋顶及钢结构屋顶的保温、低温储藏、地面、泊车平台、机场跑道、高速公路等领域的防潮保温及控制地面膨胀等方面 |

### （二）吸声隔声材料

吸声隔声材料的类型和用途见表 1-30。

**吸声隔声材料的类型和用途** **表 1-30**

| 类型 | | 用途 |
|---|---|---|
| 吸声材料 | 薄板振动吸声结构 | 常用胶合板、薄木板、硬质纤维板、石膏板、石棉水泥板或金属板等，将其固定在墙或顶棚的龙骨上，并在背后留有空气层，即成薄板振动吸声结构 |
| | 柔性吸声结构 | 吸声特性是在一定的频率范围内出现一个或多个吸收频率 |
| | 悬挂空间吸声结构 | 空间吸声体有平板形、球形、椭圆形和棱锥形等 |
| | 帘幕吸声结构 | 对中、高频都有一定的吸声效果 |
| 隔声材料 | | 必须选用密实、质量大的材料作为隔声材料，如黏土砖、钢板、混凝土和钢筋混凝土等 |

# 第四节　土建工程主要施工工艺与方法

## 一、土石方工程施工技术

土石方工程是建设工程施工的主要工程之一，包括土石方的开挖、运输、填筑、平整与压实等主要施工过程，以及场地清理、测量放线、排水、降水、土壁支护等准备工作和辅助工作。

### （一）土木工程中常见的土石方工程

（1）场地平整。场地平整前必须确定场地设计标高，计算挖方和填方的工程量，确定挖方、填方的平衡调配，选择土方施工机械，拟定施工方案。

（2）基坑（槽）开挖。一般开挖深度在 5m 及其以内的称为浅基坑（槽），挖深超过 5m 的称为深基坑（槽）。应根据建筑物、构筑物的基础形式，坑（槽）底标高及边坡坡度要求开挖基坑（槽）。

（3）基坑（槽）回填。为了确保填方的强度和稳定性，必须正确选择填方土料与填筑方法。填土必须具有一定的密实度，以避免建筑物产生不均匀沉陷。填方应分层进行，并尽量采用同类土填筑。

（4）地下工程大型土石方开挖。对人防工程、大型建筑物的地下室、深基础施工等进行的地下大型土石方开挖涉及降水、排水、边坡稳定与支护地面沉降与位移等问题。

（5）路基修筑。建设工程所在地的场内外道路，以及公路、铁路专用线，均需修筑路基，路基挖方称为路堑，填方称为路堤。路基施工涉及面广，影响因素多，是施工中的重点与难点。

### （二）土石方工程机械化施工

1. 推土机施工

推土机的特点是操作灵活、运输方便，所需工作面较小，行驶速度较快，易于转移。推土机可以单独使用，也可以卸下铲刀牵引其他无动力的土方机械，如拖式铲运机、松土机、羊足碾等。推土机的经济运距在 100m 以内，以 30～60m 为最佳运距。

2. 铲运机施工

铲运机的特点是能独立完成铲土、运土、卸土、填筑、压实等工作，对行驶道路要求较低，行驶速度快，操纵灵活，运转方便，生产效率高。常用于坡度在20°以内的大面积场地平整，开挖大型基坑、沟槽，以及填筑路基等土方工程。铲运机可在Ⅰ～Ⅲ类土中直接挖土、运土，适宜运距为600～1500m，当运距为200～350m时效率最高。

3. 单斗挖掘机施工

单斗挖掘机是基坑（槽）土方开挖常用的一种机械。按其行走装置的不同，分为履带式和轮胎式两类；按其工作装置的不同，可以分为正铲、反铲、拉铲和抓铲四种；按其传动装置又可分为机械传动和液压传动两种。

当场地起伏高差较大、土方运输距离超过1000m，且工程量大而集中时，可采用挖掘机挖土，配合自卸汽车运土，并在卸土区配备推土机平整土堆。

## 二、地基与基础工程施工

### （一）地基加固处理

1. 夯实地基法

夯实地基法主要有重锤夯实法和强夯法两种。重锤夯实法是利用起重机械将夯锤提升到一定的高度，然后自由下落产生较大的冲击能来挤密地基、减少孔隙、提高强度，经不断重复夯击，使地基得以加固，达到满足建筑物对地基承载力和变形要求。强夯法是用起重机械（起重机或起重机配三脚架、龙门架）将大吨位（一般8～30t）夯锤起吊到6～30m高度后，自由落下，给地基土以强大的冲击能量的夯击，使土中出现冲击波和很大的冲击应力，迫使土层孔隙压缩，土体局部液化，在夯击点周围产生裂隙，形成良好的排水通道，孔隙水和气体逸出，使土料重新排列，经时效压密达到固结，从而提高地基承载力，降低其压缩性的一种有效的地基加固方法。

2. 砂桩、碎石桩和水泥粉煤灰碎石桩

碎石桩和砂桩合称为粗颗粒土桩；是指用振动、冲击或振动水冲等方式在软弱地基中成孔，再将碎石或砂挤压入孔，形成大直径的由碎石或砂所构成的密实桩体，具有挤密、置换、排水、垫层和加筋等加固作用。

水泥粉煤灰碎石桩是在碎石桩基础上加进一些石屑、粉煤灰和少量水泥，加水拌和制成的具有一定粘结强度的桩。

3. 土桩和灰土桩

土桩和灰土桩挤密地基是由桩间挤密土和填夯的桩体组成的人工“复合地基”。适用于处理地下水位以上，深度5～15m的湿陷性黄土或人工填土地基。土桩主要适用于消除湿陷性黄土地基的湿陷性，灰土桩主要适用于提高人工填土地基的承载力。地下水位以下或含水量超过25%的土，不宜采用。

4. 深层搅拌法施工

深层搅拌法是利用水泥、石灰等材料作为固化剂的主剂，通过特制的深层搅拌机械，在地基深处就地将软土和固化剂（浆液或粉体）强制搅拌，利用固化剂和软土之间所产生的一系列物理—化学反应，使软土硬结成具有整体性的并具有一定承载力的复合地基。

5. 高压喷射注浆桩

高压喷射注浆桩是以高压旋转的喷嘴将水泥浆喷入土层与土体混合，形成连续搭接的水泥加固体。

### （二）桩基础施工

1. 钢筋混凝土预制桩施工

钢筋混凝土桩坚固耐久，不受地下水和潮湿变化的影响，可做成各种需要的断面和长度，而且能承受较大的荷载，在建筑工程中广泛应用。

常用的钢筋混凝土预制桩断面有实心方桩与预应力混凝土空心管桩两种。方形桩边长通常为200～550mm，桩内设纵向钢筋或预应力钢筋和横向钢筋，在尖端设置桩靴。预应力混凝土管桩直径为400～600mm，在工厂内用离心法制成。

2. 混凝土灌注桩施工

灌注桩是直接在桩位上就地成孔，然后在孔内安放钢筋笼（也有直接插筋或省缺钢筋的），再灌注混凝土而成。根据成孔工艺不同，分为泥浆护壁成孔、干作业成孔、人工挖孔、套管成孔和爆扩成孔等。

灌注桩能适应地层的变化，无须接桩，施工时无振动、无挤土和噪声小，适宜于在建筑物密集地区使用。但其操作要求严格，施工后需一定的养护期方可承受荷载，成孔时有大量土基或泥浆排出。

## 三、建筑工程主体结构施工技术

### （一）砌筑工程施工

砌筑工程是一个综合施工过程，包括砂浆制备、材料运输、搭设脚手架及砌块砌筑等施工过程。

砌砖施工通常包括抄平、放线、摆砖样、立皮数杆、挂准线、铺灰、砌砖等工序。如果是清水墙，则还要进行勾缝。

砌块砌筑的主要工序：铺灰、砌块安装就位、校正、灌缝、镶砖。

### （二）钢筋混凝土工程施工

1. 钢筋工程

混凝土结构和预应力混凝土结构应用的钢筋有普通钢筋、预应力钢绞线、钢丝和热处理钢筋四种，其中后三种用作预应力钢筋。

2. 模板工程

模板是保证混凝土浇筑成型的模型，钢筋混凝土结构的模板系统是由模板、支撑及紧固件等组成。模板是新浇混凝土结构或构件成型的模具，使硬化后的混凝土具有设计所要求的形状和尺寸；支架部分的作用是保证模板形状和位置。

3. 混凝土工程

混凝土工程是钢筋混凝土工程中的重要组成部分，混凝土工程的施工过程有混凝土的制备、运输、浇筑和养护等。

### （三）预应力混凝土工程施工

预应力混凝土是在构件承受外荷载前，预先在构件的受拉区对混凝土施加预压力，这种压力通常称为预应力。构件在使用阶段的外荷载作用下产生的拉应力，首先要抵消预压应力，这就推迟了混凝土裂缝的出现，同时也限制了裂缝的开展，从而提高了构件的抗裂度和刚度。对混凝土构件受拉区施加预压应力的方法，是张拉受拉区中的预应力钢筋，通过预应力钢筋和混凝土间的粘结力或锚具，将预应力钢筋的弹性收缩力传递到混凝土构件中，并产生预压应力。

**（四）钢结构工程施工**

结构设计和施工对钢材均有要求，必须根据需要，对钢材的强度、塑性、韧性、耐疲劳性能、焊接性能、耐腐蚀性能等综合考虑优化选用。对厚钢板结构、焊接结构、低温结构和采用含碳量高的钢材制作的结构，应防止脆性破坏。

承重结构的钢材，应保证抗拉强度、伸长率、屈服点和硫、磷的极限含量。焊接结构应保证碳的极限含量。必要时还应有冷弯试验的合格证。

**（五）结构吊装工程施工**

将建筑物设计成许多单独的构件，分别在施工现场或工厂预制结构构件或构件组合，然后在施工现场用起重机械把它们吊起并安装在设计位置上去的全部施工过程，称为结构吊装工程，用这种施工方式形成的结构称为装配式结构。

## 四、建筑装饰装修工程施工技术

**（一）抹灰工程**

抹灰用的水泥宜为硅酸盐水泥、普通硅酸盐水泥，其强度等级不应小于32.5MPa。

用水泥砂浆和水泥混合砂浆抹灰时，应待前一抹灰层凝结后方可抹后一层；用石灰砂浆抹灰时，应待前一抹灰层七八成干后方可抹后一层。

**（二）吊顶工程**

（1）后置埋件、金属吊杆、龙骨应进行防腐处理。木吊杆、木龙骨、造型木板和木饰面板应进行防腐、防火、防蛀处理。

（2）重型灯具、电扇及其他重型设备严禁安装在吊顶龙骨上。

（3）龙骨的安装应符合相关要求。

（4）纸面石膏板和纤维水泥加压板安装应符合相关规定。

（5）石膏板、钙塑板的安装应符合相关规定。

**（三）墙面铺装工程**

（1）湿作业施工现场环境温度宜在5℃以上，裱糊时空气相对湿度不得大于85%，应防止湿度及温度剧烈变化。

（2）墙面砖铺贴、墙面石材铺装、木装饰装修墙制作安装应符合相关规定。

**（四）涂饰工程**

涂饰施工一般方法：

（1）滚涂法：将蘸取漆液的毛辊先按W方式运动将涂料大致涂在基层上，然后用不蘸取漆液的毛辊紧贴基层上下、左右来回滚动，使漆液在基层上均匀展开，最后用蘸取漆液的毛辊按一定方向满滚一遍。阴角及上下口宜采用排笔刷涂找齐。

（2）喷涂法：喷枪压力宜控制在0.4～0.8MPa范围内。喷涂时喷枪与墙面应保持垂直，距离宜在500mm左右，匀速平行移动。两行重叠宽度宜控制在喷涂宽度的1/3。

（3）刷涂法：按先左后右、先上后下、先难后易、先边后面的顺序进行。

### （五）地面铺装工程

石材、地面砖铺贴，竹、实木地板铺装，强化复合地板铺装，地毯铺装应符合相关规定。

### （六）玻璃幕墙

建筑幕墙是建筑物主体结构外围的围护结构，具有防风、防雨、隔热、保温、防火、抗震和避雷等多种功能。按幕墙材料可分为玻璃幕墙、石材幕墙、金属幕墙、混凝土幕墙和组合幕墙。建筑幕墙材料及技术要求高，相关构造特殊，工程造价要高于一般做法的外墙。具有新颖耐久、美观时尚、装饰感强、施工快捷、便于维修等特点，是一种广泛运用于现代建筑的结构构件。

玻璃幕墙是国内外目前最常用的一种幕墙，广泛运用于现代化高档公共建筑的外墙装饰，是用玻璃板片做墙面板材与金属构件组成悬挂在建筑物主体结构上的非承重连续外围护墙体。

## 五、建筑工程防水工程施工技术

### （一）屋面防水工程施工

1.卷材防水屋面施工

卷材防水屋面是采用沥青油毡、再生橡胶、合成橡胶或合成树脂类等柔性材料粘贴而成的一整片能防水的屋面覆盖层。一般屋面铺三层沥青两层油毡，通称“二毡三油”，表面还粘有小石子，通称绿豆砂，作为保护层。重要部位及严寒地区须做“三毡四油”。

2.涂膜防水屋面施工

涂膜防水屋面是在屋面基层上涂刷防水涂料，经固化后形成一层有一定厚度和弹性的整体结膜，从而达到防水的目的。

3.刚性防水屋面施工

刚性防水屋面一般是用普通细石混凝土、补偿收缩混凝土、块体刚性材料、钢纤维混凝土作屋面的防水层。

### （二）地下防水工程施工

地下工程防水方案主要有以下三类：

（1）结构自防水。它是以地下结构本身的密实性（即防水混凝土）实现防水功能，使结构承重和防水合为一体。

（2）表面防水层防水，即在结构的外表面加设防水层，以达到防水的目的。常用的防水层有水泥砂浆防水层、卷材防水层、涂膜防水层等。

（3）防排结合，即采用防水加排水措施，排水方案可采用盲沟排水、渗排水、内排水等。

# 第五节　土建工程常用施工机械

## 一、施工机械设备的配置

编制施工方案时，施工机械的选择，多使用单位工程量成本比较法，即依据施工机械的额定台班产量和规定的台班单价，计算单位工程量成本，以选择成本最低的方案。

在施工中，不同的施工机械必须配套使用，以满足施工进度要求，并进行施工成本计算。

## 二、大型施工机械设备管理

### （一）土方机械的生产能力与选择

土方机械化施工常用机械有：推土机、铲运机、挖掘机（包括正铲、反铲、拉铲、抓铲等）、装载机等，一般常用土方机械的生产能力选择可参考表 1-31。

常用土方机械的生产能力与选择表　　表 1-31

| 机械名称 | 特性 | 作业特点及辅助机械 | | 适用范围 |
|---|---|---|---|---|
| 推土机 | 操作灵活、运转方便，需工作面小，可挖土、运土，易于转移，行驶速度快，应用广泛 | 作业特点 | (1)推平；<br>(2)运距 100m 内的堆土(效率最高为 60m)；<br>(3)开挖浅基坑；<br>(4)推送松散的硬土、岩石；<br>(5)回填、压实；<br>(6)配合铲运机助铲；<br>(7)牵引；<br>(8)下坡坡度最大 35°，横坡最大为 10°，几台同时作业，前后距离应大于 8m | (1)推一至四类土；<br>(2)找平表面，场地平整；<br>(3)短距离移挖作填，回填基坑(槽)、管沟并压实；<br>(4)开挖深不大于 1.5m 的基坑(槽)；<br>(5)堆筑高 1.5m 内的路基、堤坝；<br>(6)拖羊足碾；<br>(7)配合挖土机从事集中土方、清理场地、修路开道等 |
| | | 辅助机械 | 土方挖后运出需配备装土、运土设备，推挖三至四类土，应用松土机预先翻松 | |
| 铲运机 | 操作简单灵活，不受地形限制，不需特设道路，准备工作简单，能独立工作，不需其他机械配合能完成铲土、运土、卸土、填筑、压实等工序，行驶速度快，易于转移，需用劳力少，动力少，生产效率高 | 作业特点 | (1)大面积整平；<br>(2)开挖大型基坑、沟渠；<br>(3)运距 800m 内的挖运土(效率最高 200～350m)；<br>(4)填筑路基、堤坝；<br>(5)回填压实土方；<br>(6)坡度控制在 20°以内 | (1)开挖含水率 27%以下的一至四类土；<br>(2)大面积场地平整、压实；<br>(3)运距 800m 内的挖运土方；<br>(4)开挖大型基坑(槽)、管沟、填筑路基等。但不适于在砂石、冻土地带及沼泽地区使用 |
| | | 辅助机械 | 开挖坚土时需用推土机助铲，开挖三至四类土宜先用松土机预先翻松 20～40cm；自行式铲运机用轮胎行驶，适合于长距离，但开挖亦须用助铲 | |
| 正铲挖掘机 | 装车轻便灵活，回转速度快，移位方便；能挖掘坚硬土层，易控制开挖尺寸，工作效率高 | 作业特点 | (1)开挖停机面以上土方；<br>(2)工作面应在 1.5m 以上；<br>(3)开挖高度超过挖土机挖掘高度时，可采取分层开挖；<br>(4)装车外运 | (1)开挖含水量不大于 27%的一至四类土和经爆破后的岩石与冻土碎块；<br>(2)大型场地整平土方；<br>(3)工作面狭小且较深的大型管沟和基槽路堑；<br>(4)独立基坑；<br>(5)边坡开挖 |
| | | 辅助机械 | 土方外运应配备自卸汽车，工作面应有推土机配合平土、集中土方进行联合作业 | |

续表

| 机械名称 | 特性 | 作业特点及辅助机械 | | 适用范围 |
|---|---|---|---|---|
| 反铲挖掘机 | 操作灵活，挖土、卸土均在地面作业，不用开运输道 | 作业特点 | (1)开挖地面以下深度不大的土方；<br>(2)最大挖土深度4～6m，经济合理深度为1.5～3m；<br>(3)甩土、堆放；<br>(4)较大较深基坑可用多层接力挖土 | (1)开挖含水量大的一至三类的砂土或黏土；<br>(2)管沟和基槽；<br>(3)独立基坑；<br>(4)边坡开挖 |
| | | 辅助机械 | 土方外运应配备自卸汽车，工作面应有推土机配合推到附近堆放 | |
| 拉铲挖掘机 | 可挖深坑，挖掘半径及卸载半径大，操纵灵活性较差 | 作业特点 | (1)开挖停机面以下土方；<br>(2)可装车和甩土；<br>(3)开挖截面误差较大；<br>(4)可将土甩在基坑(槽)两边较远处堆放 | (1)挖掘一至三类土，开挖较深较大的基坑(槽)，管沟；<br>(2)大量外运土方；<br>(3)填筑路基、堤坝；<br>(4)挖掘河床；<br>(5)不排水挖取水中泥土 |
| | | 辅助机械 | 土方外运需配备自卸汽车、推土机，创造施工条件 | |
| 抓铲挖掘机 | 钢绳牵拉灵活性较差，工效不高，不能挖掘坚硬土；可以装在简易机械上工作，使用方便 | 作业特点 | (1)开挖直井或沉井土方；<br>(2)可装车或甩土；<br>(3)排水不良也能开挖；<br>(4)吊杆倾斜角度应在45°以上，距边坡应不小于2m | (1)土质比较松软，施工面较狭窄的深基坑，基槽；<br>(2)水中挖取土，清理河床；<br>(3)桥基、桩孔挖土；<br>(4)装卸散装材料 |
| | | 辅助机械 | 土方外运时，按运距配备自卸汽车 | |
| 装载机 | 操作灵活，回转移位方便、快速；可装卸土方和散料，行驶速度快 | 作业特点 | (1)开挖停机面以上土方；<br>(2)轮胎式只能装松散土方，履带式可装较实土方；<br>(3)松散材料装车；<br>(4)吊运重物，用于铺设管道 | (1)外运多余土方；<br>(2)履带式改换挖斗时，可用于开挖；<br>(3)装卸土方和散料；<br>(4)松散土的表面剥离；<br>(5)地面平整和场地清理等工作；<br>(6)回填土；<br>(7)拔除树根 |
| | | 辅助机械 | 土方外运需配备自卸汽车，作业面需经常用推土机平整并推松土方 | |

## (二) 垂直运输机械与设备的生产能力与选择

### 1. 塔式起重机

塔式起重机的分类见表1-32。

**塔式起重机的分类** **表1-32**

| 分类方式 | 类别 |
|---|---|
| 按固定方式划分 | 固定式、轨道式、附墙式、内爬式 |
| 按架设方式划分 | 自升、分段架设、整体架设、快速拆装 |
| 按塔身构造划分 | 非伸缩式、伸缩式 |
| 按臂构造划分 | 整体式、伸缩式、折叠式 |
| 按回转方式划分 | 上回转式、下回转式 |
| 按变幅方式划分 | 小车移动、臂杆仰俯、臂杆伸缩 |

续表

| 分类方式 | 类别 |
|---|---|
| 按控速方式划分 | 分级变速、无级变速 |
| 按操作控制方式划分 | 手动操作、电脑自动监控 |
| 按起重能力划分 | 轻型(≤80t·m)、中型(＞80t·m,≤250t·m);<br>重型(＞250t·m,≤1000t·m)、超重型(＞1000t·m) |

2.施工电梯

多数施工电梯为人货两用，少数为仅供货用。电梯按其驱动方式可分为齿条驱动和绳轮驱动两种：齿条驱动电梯又有单吊箱（笼）式和双吊箱（笼）式两种，并装有可靠的限速装置，适于20层以上建筑工程使用；绳轮驱动电梯为单吊箱（笼），无限速装置，轻巧便宜，适于20层以下建筑工程使用。

3.物料提升架

物料提升架包括井式提升架（简称“井架”）、龙门式提升架（简称“龙门架”）、塔式提升架（简称“塔架”）和独杆升降台等。

4.混凝土泵

它是水平和垂直输送混凝土的专用设备，用于超高层建筑工程时更显示出它的优越性。按工作方式混凝土泵分为固定式和移动式两种；按泵的工作原理则分为挤压式和柱塞式两种。目前，我国已使用混凝土泵施工高度超过300m以上的电视塔等超高层建筑。

5.采用葫芦式起重机或其他小型起重机具的物料提升设施

这类物料提升设施由小型（一般起重量在1.0t以内）起重机具如电动葫芦、手扳葫芦、捯链、滑轮、小型卷扬机等与相应的提升架、悬挂架等构成，形成墙头吊、悬臂吊、摇头把杆吊、台灵架等。常用于多层建筑施工或作为辅助垂直运输设施。

垂直运输设施的总体情况见表1-33。

**垂直运输设施的总体情况** **表1-33**

| 序次 | 设备(施)名称 | 形式 | 安装方式 | 工作方式 | 设备能力 | |
|---|---|---|---|---|---|---|
| | | | | | 起重能力 | 提升高度 |
| 1 | 塔式起重机 | 整装式 | 行走 | 在不同的回转半径内形成作业覆盖区 | 60～10000kN·m | 80m内 |
| | | 自升式 | 固定 | | | 250m内 |
| | | | 附着 | | | |
| | | 内爬式 | 装于天井道内、附着爬升 | | 3500kN·m内 | 一般在300m内 |
| 2 | 施工升降机(施工电梯) | 单笼、双笼 | 附着 | 吊笼升降 | 一般2t以内,高者达2.8t | 一般100m内,最高已达645m |
| 3 | 井字提升架 | 定型钢管搭设 | 缆风固定 | 吊笼(盘、斗)升降 | 3t以内 | 60m内 |
| | | 定型 | 附着 | | | 可达200m以上 |
| | | 钢管搭设 | | | | 100m以内 |

续表

| 序次 | 设备(施)名称 | 形式 | 安装方式 | 工作方式 | 设备能力 | |
|---|---|---|---|---|---|---|
| | | | | | 起重能力 | 提升高度 |
| 4 | 龙门提升架（门式提升机） | | 缆风固定 | 吊笼(盘、斗)升降 | 2t 以内 | 500m 内 |
| | | | 附着 | | | 100m 内 |
| 5 | 塔架 | 自升 | 附着 | 吊盘(斗)升降 | 2t 以内 | 100m 以内 |
| 6 | 独杆提升机 | 定型产品 | 缆风固定 | 吊盘(斗)升降 | 1t 以内 | 一般在 25m 内 |
| 7 | 墙内吊 | 定型产品 | 固定在结构上 | 回转起吊 | 0.5t 以内 | 高度视配绳和吊物稳定而定 |
| 8 | 屋顶起重机 | 定型产品 | 固定式、移动式 | 葫芦沿轨道移动 | 0.5t 以内 | |
| 9 | 自立式起重架 | 定型产品 | 移动式 | 同独杆提升机 | 1t 以内 | 10m 内 |
| 10 | 混凝土输送泵 | 固定式、拖式 | 固定并设置输送管道 | 压力输送 | 输送能力为 $30\sim50m^3/h$ | 垂直输送高度一般为 100m，可达 300m 以上 |
| 11 | 可倾斜塔式起重机 | 履带式 | 移动式 | 为履带吊和塔吊结合的产品，塔身可倾斜 | | 50m 内 |
| | | 汽车式 | | | | |
| 12 | 小型起重设备 | | | 配合垂直提升架使用 | 0.5～1.5t | 高度视配绳和吊物稳定而定 |

# 第六节　施工组织设计的编制

## 一、施工组织总设计的内容

施工组织总设计即以若干单位工程组成的群体工程或特大型项目为主要对象编制的施工组织设计，对整个项目的施工过程起统筹规划、重点控制的作用。施工组织总设计的主要内容如下：

（1）工程概况。

（2）总体施工部署。

（3）施工总进度计划。

（4）总体施工准备与主要资源配置计划。

（5）主要施工方法。

（6）施工总平面布置。

## 二、单位工程施工组织设计的内容

单位工程施工组织设计即以单位（子单位）工程为主要对象编制的施工组织设计，对单位（子单位）工程的施工过程起指导和制约作用。单位工程施工组织设计的主要内容如下：

（1）工程概况。

(2) 施工部署。
(3) 施工进度计划。
(4) 施工准备与资源配置计划。
(5) 主要施工方案。
(6) 施工现场平面布置。

## 三、施工方案的内容

施工方案即以分部（分项）工程或专项工程为主要对象编制的施工技术与组织方案，用以具体指导其施工过程。施工方案的主要内容如下：

(1) 工程概况。
(2) 施工安排。
(3) 施工进度计划。
(4) 施工准备与资源配置计划。
(5) 施工方法及工艺要求。

# 第二章　土建工程施工图识图

学习目标　读懂土建施工图和各细部构造的做法。

## 第一节　土建工程施工图基本规定

### 一、图线

#### （一）图线的宽度

图线的宽度 $b$，应根据图样的复杂程度和比例，并按现行国家标准《房屋建筑制图统一标准》GB/T 50001—2010 的相关规定选用。图线的宽度 $b$，宜从 1.4mm、1.0mm、0.7mm、0.5mm、0.35mm、0.25mm、0.18mm、0.13mm 线宽系列中选取。图线宽度不应小于 0.1mm。图线的宽度见表 2-1。

线宽组（单位：mm）　　表 2-1

| 线宽比 | 线宽组 | | | |
|---|---|---|---|---|
| $b$ | 1.4 | 1.0 | 0.7 | 0.5 |
| $0.7b$ | 1.0 | 0.7 | 0.5 | 0.35 |
| $0.5b$ | 0.7 | 0.5 | 0.35 | 0.25 |
| $0.25b$ | 0.35 | 0.25 | 0.18 | 0.13 |

注：1. 需要缩微的图纸，不宜采用 0.18mm 及更细的线宽。
2. 同一张图纸内，各不同线宽中的细线，可统一采用较细的线宽组的细线。

#### （二）工程建设制图图线

（1）图线的宽度 $b$，应根据图样的复杂程度和比例，并按现行国家标准《房屋建筑制图统一标准》GB/T 50001—2010 的有关规定选用图 2-1～图 2-3。绘制比较简单的图样时，可采用两种线宽的线宽组，其线宽比宜为 $b:0.25b$。

（2）工程建设制图应选表 2-2 所示的图线。

### 二、字体

图纸上所需书写的文字、数字或符号等，均应笔画清晰、字体端正、排列整齐；标点符号应清楚正确。

#### （一）文字的字高

文字的字高应从表 2-3 中选用。字高大于 10mm 的文字宜采用 True type 字体，如需书写更大的字，其高度应按$\sqrt{2}$的倍数递增。

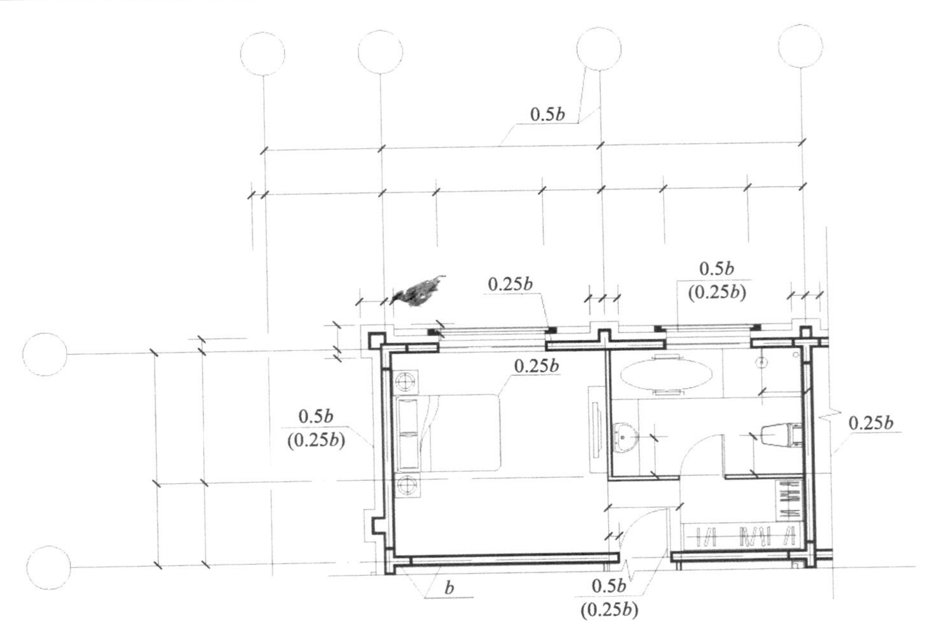


图 2-1　平面图图线宽度选用示例

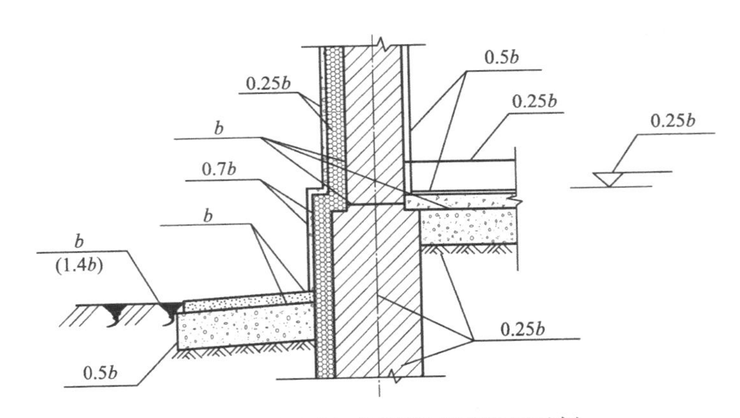


图 2-2　墙身剖面图图线宽度选用示例

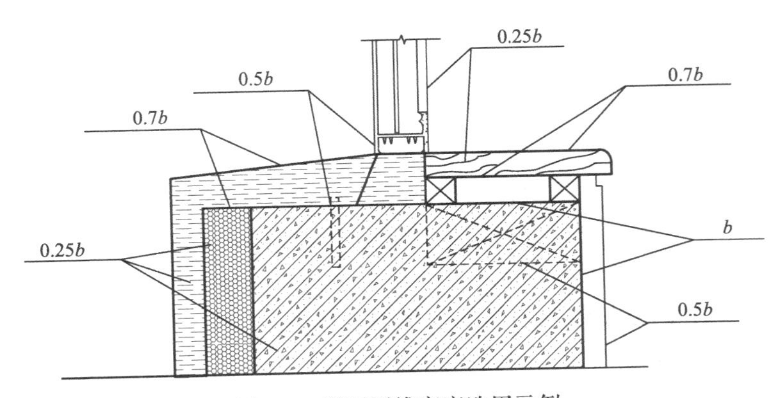


图 2-3　详图图线宽度选用示例

图线 表 2-2

| 名称 | | 线型 | 线宽 | 一般用途 |
| --- | --- | --- | --- | --- |
| 实线 | 粗 | | $b$ | 螺栓、钢筋线、结构平面图中的单线结构构件线、钢木支撑及系杆线，图名下横线、剖切线 |
| | 中粗 | | $0.7b$ | 结构平面图及详图中剖到或可见的墙身轮廓线、基础轮廓线、钢、木结构轮廓线、钢筋线 |
| | 中 | | $0.5b$ | 结构平面图及详图中剖到或可见的墙身轮廓线、基础轮廓线、可见的钢筋混凝土构件轮廓线、钢筋线 |
| | 细 | | $0.25b$ | 标注引出线、标高符号线、索引符号线、尺寸线 |
| 虚线 | 粗 | | $b$ | 不可见的钢筋线、螺栓线、结构平面图中不可见的单线结构构件线及钢、木支撑线 |
| | 中粗 | | $0.7b$ | 结构平面图中的不可见构件、墙身轮廓线及不可见钢、木结构构件线、不可见的钢筋线 |
| | 中 | | $0.5b$ | 结构平面图中的不可见构件、墙身轮廓线及不可见钢、木结构构件线、不可见的钢筋线 |
| | 细 | | $0.25b$ | 基础平面图中的管沟轮廓线、不可见的钢筋混凝土构件轮廓线 |
| 单点长画线 | 粗 | | $b$ | 柱间支撑、垂直支撑、设备基础轴线图中的中心线 |
| | 细 | | $0.25b$ | 定位轴线、对称线、中心线、重心线 |
| 双点长画线 | 粗 | | $b$ | 预应力钢筋线 |
| | 细 | | $0.25b$ | 原有结构轮廓线 |
| 折断线 | | | $0.25b$ | 断开界线 |
| 波浪线 | | | $0.25b$ | 断开界线 |

注：1. 在同一张图纸内，相同比例的各图样应采用相同的线宽组。
2. 相互平行的图线，其间隙不宜小于其中的粗线宽度，且不宜小于 0.7mm。
3. 虚线、单点长画线或双点长画线的线段长度和间隔宜各自相等。
4. 单点长画线或双点长画线的两端不应是点。点画线与点画线或点画线与其他图线交接时，应是线段交接。

文字的字高（单位：mm） 表 2-3

| 字体种类 | 中文矢量字体 | True type 字体及非中文矢量字体 |
| --- | --- | --- |
| 字高 | 3.5、5、7、10、14、20 | 3、4、6、8、10、14、20 |

### （二）文字的高宽关系

图样及说明中的汉字，宜采用长仿宋体（矢量字体）或黑体，同一图纸字体种类不应超过两种。长仿宋体的宽度与高度的关系应符合表 2-4 的规定，黑体字的宽度与高度应相同。大标题、图册封面、地形图等的汉字，也可书写成其他字体，但应易于辨认。

### （三）拉丁字母、阿拉伯数字与罗马数字的书写规则

（1）图样及说明中的拉丁字母、阿拉伯数字与罗马数字，宜采用单线简体或 ROMAN 字体。

文字的高宽关系（单位：mm） 表 2-4

| 字高 | 20 | 14 | 10 | 7 | 5 | 3.5 |
|---|---|---|---|---|---|---|
| 字宽 | 14 | 10 | 7 | 5 | 3.5 | 2.5 |

拉丁字母、阿拉伯数字与罗马数字的书写规则，应符合表 2-5 的规定。

拉丁字母、阿拉伯数字与罗马数字的书写规则 表 2-5

| 书写格式 | 字体 | 窄字体 |
|---|---|---|
| 大写字母高度 | $h$ | $h$ |
| 小写字母高度(上下均无延伸) | $7/10h$ | $10/14h$ |
| 小写字母伸出的头部或尾部 | $3/10h$ | $4/14h$ |
| 笔画宽度 | $1/10h$ | $1/14h$ |
| 字母间距 | $2/10h$ | $2/14h$ |
| 上下行基准线的最小间距 | $15/10h$ | $21/14h$ |
| 词间距 | $6/10h$ | $6/14h$ |

（2）拉丁字母、阿拉伯数字与罗马数字，如需写成斜体字，其斜度应是从字的底线逆时针向上倾斜 75°，斜体字的高度和宽度应与相应的直体字相等。

（3）拉丁字母、阿拉伯数字与罗马数字的字高，不应小于 2.5mm。

（4）数量的数值注写，应采用正体阿拉伯数字。各种计量单位凡前面有量值的，均应采用国家颁布的单位符号注写。单位符号应采用正体字母。

（5）分数、百分数和比例数的注写，应采用阿拉伯数字和数学符号。

（6）当注写的数字小于 1 时，应写出各位的“0”，小数点应采用圆点，齐基准线书写。

## 三、比例

### （一）比例的选取

图样的比例，应为图形与实物相对应的线性尺寸之比。

### （二）比例的书写

（1）比例的符号为“：”，比例应以阿拉伯数字表示，如图 2-4 所示。

平面图 1：100　　⑥1：20

图 2-4　比例的注写

（2）比例宜注写在图名的右侧，字的基准线应取平；比例的字高宜比图名的字高小一号或二号，如图 2-4 所示。

### （三）比例的选用（表 2-6）

绘图所用的比例 表 2-6

| 常用比例 | 1：1、1：2、1：5、1：10、1：20、1：30、1：50、1：100、1：150、1：200、1：500、1：1000、1：2000 |
|---|---|
| 可用比例 | 1：3、1：4、1：6、1：15、1：25、1：40、1：60、1：80、1：250、1：300、1：400、1：600、1：5000、1：10000、1：20000、1：50000、1：100000、1：200000 |

（1）一般情况下，一个图样应选用一种比例。根据专业制图需要，同一图样可选用两种比例。

（2）特殊情况下也可自选比例，这时除应注出绘图比例外，还必须在适当位置绘制出相应的比例尺。

## 四、符号

### （一）剖切符号

（1）剖视的剖切符号应由剖切位置线及剖视方向线组成，均应以粗实线绘制。剖视的剖切符号应符合下列规定。

① 剖切位置线的长度宜为 6～10mm；剖视方向线应垂直于剖切位置线，长度应短于剖切位置线，宜为 4～6mm，如图 2-5 所示，也可采用国际统一和常用的剖视方法，如图 2-6 绘制时，剖视剖切符号不应与其他图线相接触。

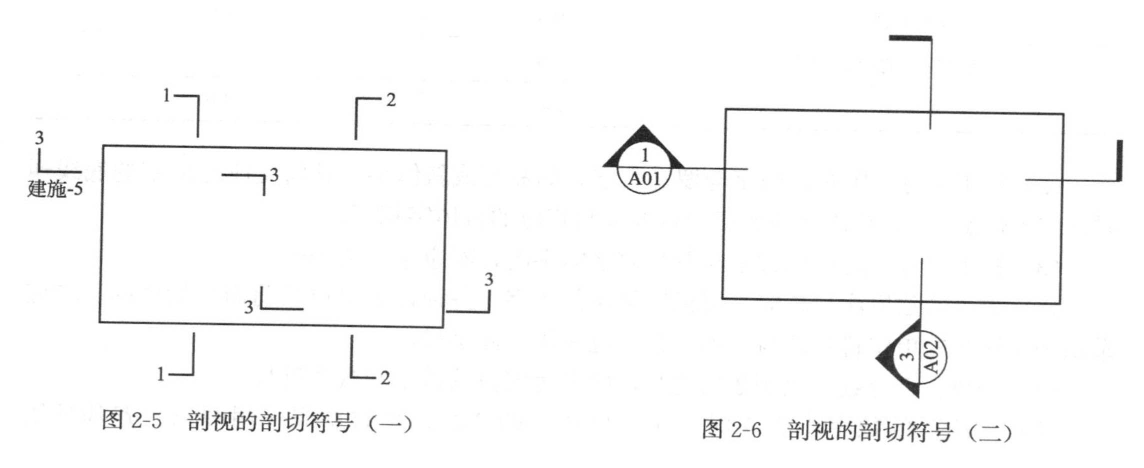


图 2-5　剖视的剖切符号（一）　　图 2-6　剖视的剖切符号（二）

② 剖视剖切符号的编号宜采用粗阿拉伯数字，按剖切顺序由左至右、由下向上连续编排，并应注写在剖视方向线的端部。

③ 需要转折的剖切位置线，应在转角的外侧加注与该符号相同的编号。

④ 建（构）筑物剖面图的剖切符号应注在±0.000 标高的平面图或首层平面图上。

⑤ 局部剖面图（不含首层）的剖切符号应注在包含剖切部位的最下面一层的平面图上。

（2）断面的剖切符号应符合下列规定。

① 断面的剖切符号应只用剖切位置线表示，并应以粗实线绘制，长度宜为 6～10mm。

② 断面剖切符号的编号宜采用阿拉伯数字，按顺序连续编排，并应注写在剖切位置线的一侧；编号所在的一侧应为该断面的剖视方向，如图 2-7 所示。

③ 剖面图或断面图，如与被剖切图样不在同一张图内，应在剖切位置线的另一侧注明其所在图纸的编号，也可以在图上集中说明。

### （二）索引符号与详图符号

（1）图样中的某一局部或构件，如需另见详图，应以索引符号索引，如图 2-8（*a*）所示。索引符号是由直径为 8～10mm 的圆和水平直径组成，圆及水平直径应以细实线绘制。

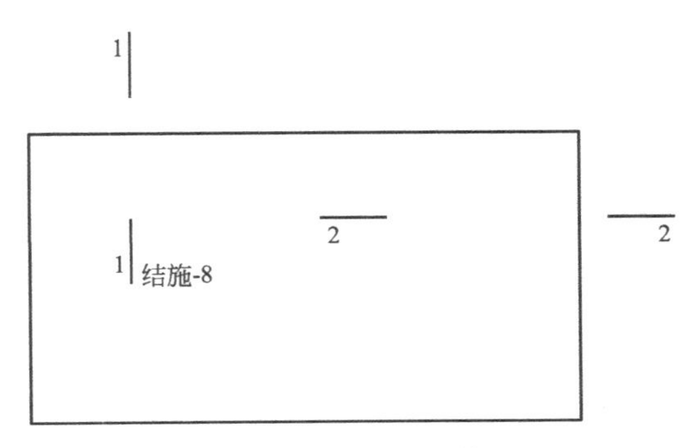

图 2-7 断面的剖切符号

索引符号应按下列规定编写：

① 索引出的详图，如与被索引的详图同在一张图纸内，应在索引符号的上半圆中用阿拉伯数字注明该详图的编号，并在下半圆中间画一段水平细实线，如图 2-8（*b*）所示。

② 索引出的详图，如与被索引的详图不在同一张图纸内，应在索引符号的上半圆中用阿拉伯数字注明该详图的编号，在索引符号的下半圆用阿拉伯数字注明该详图所在图纸的编号如图 2-8（*c*）所示。数字较多时，可加文字标注。

③ 索引出的详图，如采用标准图，应在索引符号水平直径的延长线上加注该标准图册的编号，如图 2-8（*d*）所示。需要标注比例时，文字在索引符号右侧或延长线下方，与符号下对齐。

图 2-8 索引符号

（2）索引符号如用于索引剖视详图，应在被剖切的部位绘制剖切位置线，并以引出线引出索引符号，引出线所在的一侧应为剖视方向。如图 2-9 所示。

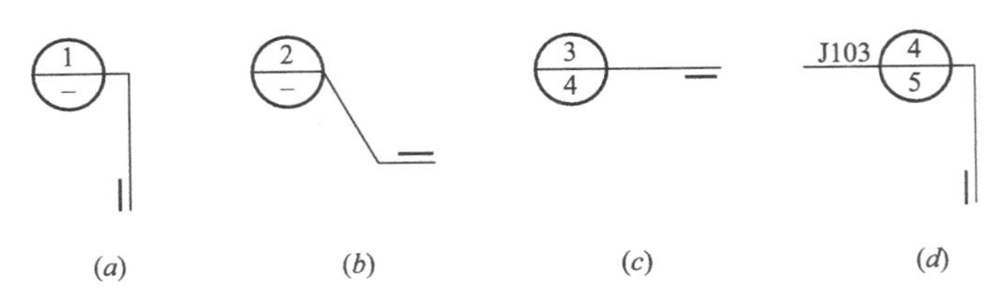

图 2-9 用于索引剖面详图的索引符号

（3）零件、钢筋、杆件、设备等的编号直径宜以 5～6mm 的细实线圆表示，同一图样应保持一致，其编号应用阿拉伯数字按顺序编写，如图 2-10 所示。消火栓、配电箱、管井等的索号，直径宜以 4～6mm 为宜。

（4）详图的位置和编号，应以详图符号表示。详图符号的圆应以直径为 14mm 粗实线绘制。详图应按下列规定编号：

① 详图与被索引的图样同在一张图纸内时，应在详图符号内用阿拉伯数字注明详图

的编号，如图 2-11 所示。

图 2-10　零件、钢筋等的编号

图 2-11　与被索引图样同在一张图纸内的详图符号

② 详图与被索引的图样不在同一张图纸内时，应用细实线在详图符号内画一水平直径，在上半圆中注明详图编号，在下半圆中注明被索引的图纸的编号，如图 2-12 所示。

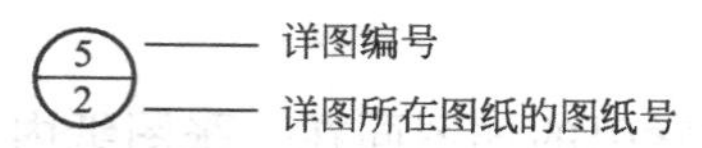

图 2-12　与被索引图样不在同一张图纸内的详图符号

**（三）引出线**

（1）引出线应以细实线绘制，宜采用水平方向的直线，与水平方向成 30°、45°、60°、90°的直线，或经上述角度再折为水平线。文字说明宜注写在水平线的上方，如图 2-13（*a*）所示，也可注写在水平线的端部，如图 2-13（*b*）所示。索引详图的引出线，应与水平直径线相连接，如图 2-13（*c*）所示。

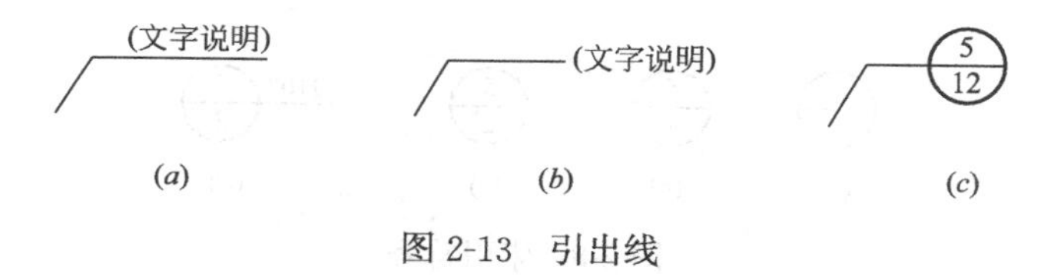

图 2-13　引出线

（2）同时引出的几个相同部分的引出线，宜互相平行，如图 2-14（*a*）所示，也可画成集中于一点的放射线，如图 2-14（*b*）所示。

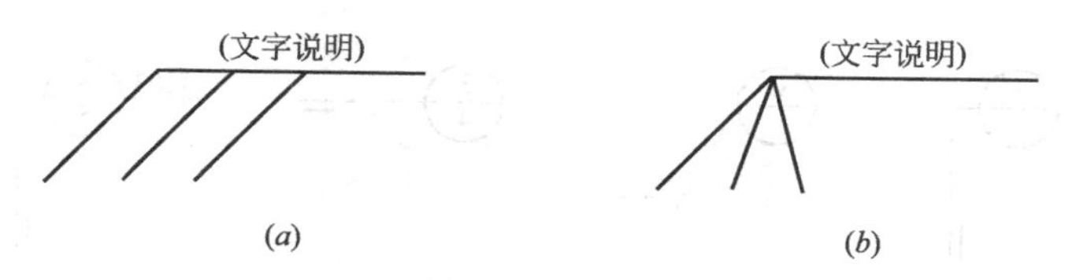

图 2-14　共同引出线

（3）多层构造或多层管道共用引出线，应通过被引出的各层，并用圆点示意对应各层次。文字说明宜注写在水平线的上方，或注写在水平线的端部，说明的顺序应由上至下，并应与被说明的层次对应一致；如层次为横向排序，则由上至下的说明顺序应与由左至右的层次对应一致，如图 2-15 所示。

**（四）其他符号**

（1）对称符号由对称线和两端的两对平行线组成。对称线用细单点长画线绘制；平行线用细实线绘制，其长度宜为 6～10mm，每对的间距宜为 2～3mm；对称线垂直平分于

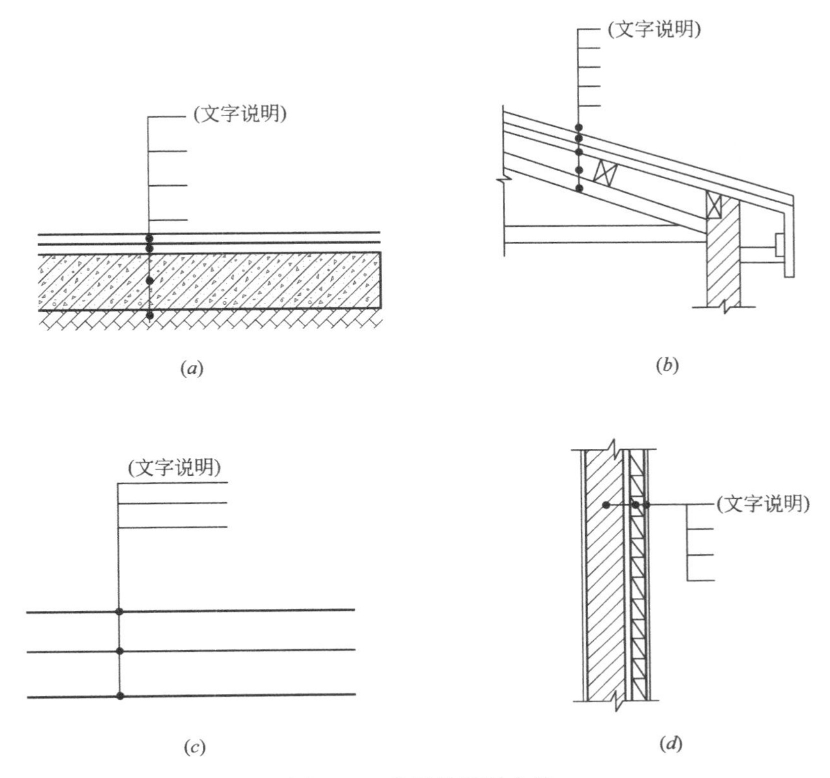


图 2-15　多层共用引出线

两对平行线，两端超出平行线宜为 2～3mm，如图 2-16 所示。

（2）连接符号应以折断线表示需连接的部位。两部位相距过远时，折断线两端靠图样一侧应标注大写拉丁字母表示连接编号。两个被连接的图样应用相同的字母编号，如图 2-17 所示。

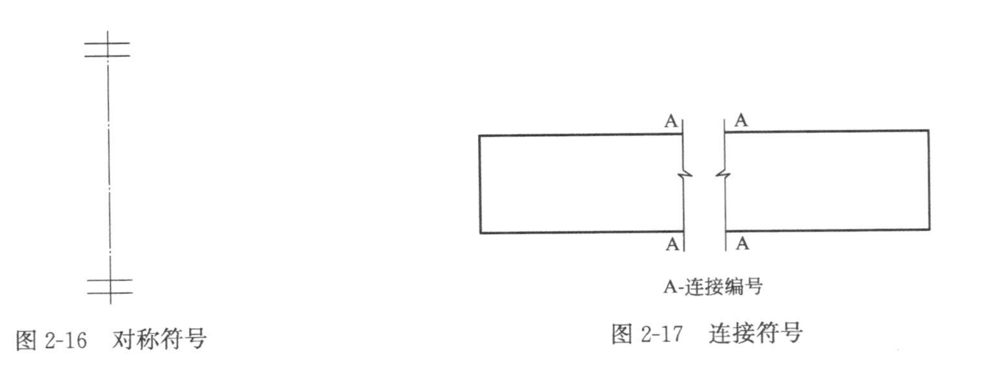


图 2-16　对称符号

图 2-17　连接符号

（3）指北针的形状符合图 2-18 的规定，其圆的直径宜为 24mm，用细实线绘制；指针尾部的宽度宜为 3mm，指针头部应注“北”或“N”字。需用较大直径绘制指北针时，指针尾部的宽度宜为直径的 1/8。

（4）对图纸中局部变更部分宜采用云线，并宜注明修改版次，如图 2-19 所示。

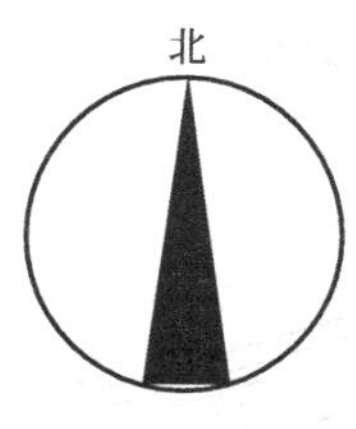


图 2-18 指北针

图 2-19 变更云线（注：1 为修改次数）

## 五、定位轴线与尺寸标注

### （一）定位轴线

（1）定位轴线应用细单点长画线绘制。

（2）定位轴线应编号，编号应注写在轴线端部的圆内。圆应用细实线绘制，直径为 8～10mm。定位轴线圆的圆心应在定位轴线的延长线或延长线的折线上。

（3）除较复杂需采用分区编号或圆形、折线形外，一般平面上定位轴线的编号，宜标注在图样的下方或左侧。横向编号应用阿拉伯数字，从左至右顺序编写；竖向编号应用大写拉丁字母，从下至上顺序编写，如图 2-20 所示。

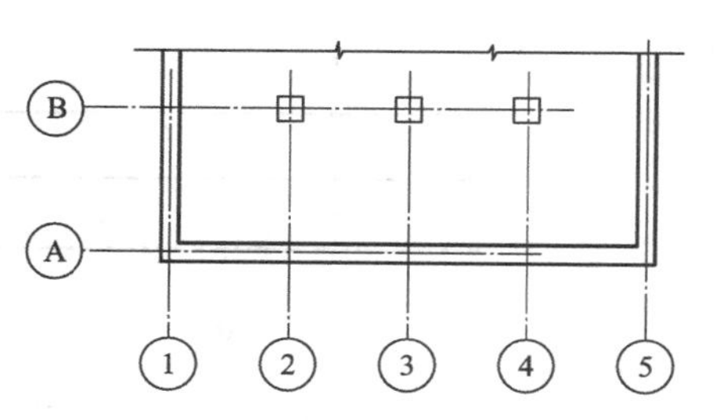


图 2-20 定位轴线的编号顺序

（4）拉丁字母作为轴线号时，应全部采用大写字母，不应用同一个字母的大小写来区分轴线号。拉丁字母的 I、O、Z 不得用做轴线编号。当字母数量不够使用，可增用双字母或单字母加数字注脚。

（5）组合较复杂的平面图中定位轴线也可采用分区编号，如图 2-21 所示。编号的注写形式应为“分区号—该分区编号”。“分区号—该分区编号”采用阿拉伯数字或大写拉丁字母表示。

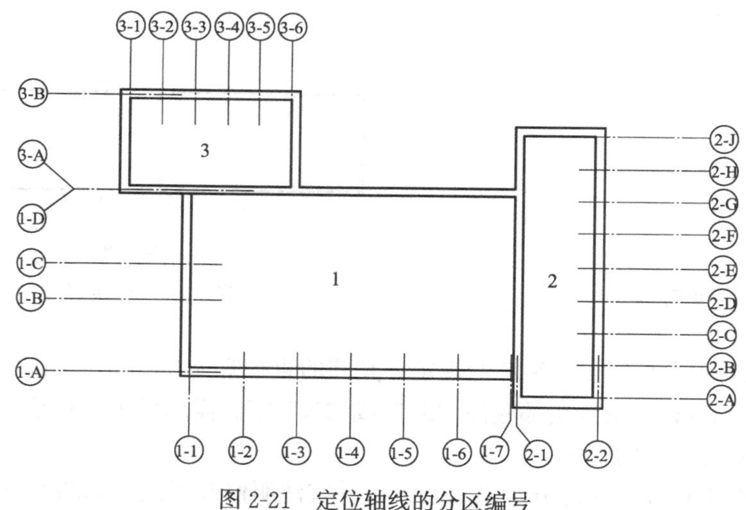


图 2-21 定位轴线的分区编号

（6）附加定位轴线的编号，应以分数形式表示，并应符合下列规定：

① 两根轴线的附加轴线，应以分母表示前一轴线的编号，分子表示附加轴线的编号。编号宜用阿拉伯数字顺序编写。

② 1 号轴线或 A 号轴线之前的附加轴线的分母应以 01 或 0A 表示。

（7）一个详图适用于几根轴线时，应同时注明各有关轴线的编号，如图 2-22 所示。

（8）通用详图中的定位轴线，应只画圆，不注写轴线编号。

（9）圆形与弧形平面图中的定位轴线，其径向轴线应以角度进行定位，其编号宜用阿拉伯数字表示，从左下角或－90°（若径向轴线很密，角度间隔很小）开始，按逆时针顺序编写；其环向轴线宜用大写拉丁字母表示，从外向内顺序编写，如图 2-23、图 2-24 所示。

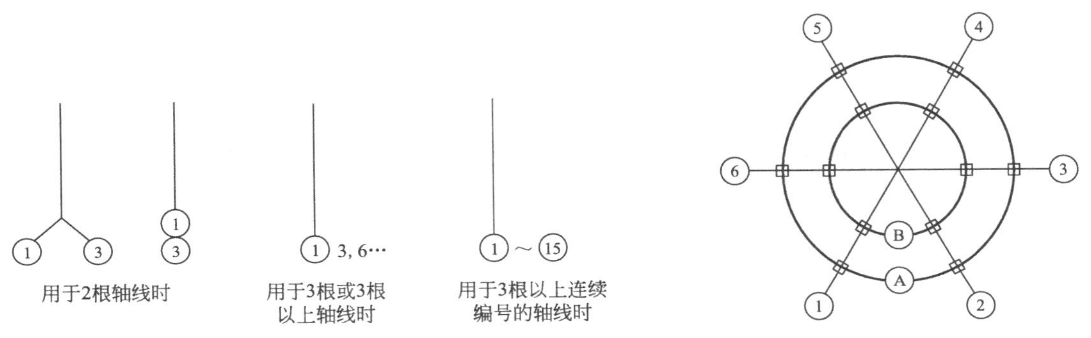


图 2-22　详图的轴线编号　　图 2-23　圆形平面定位轴线的编号

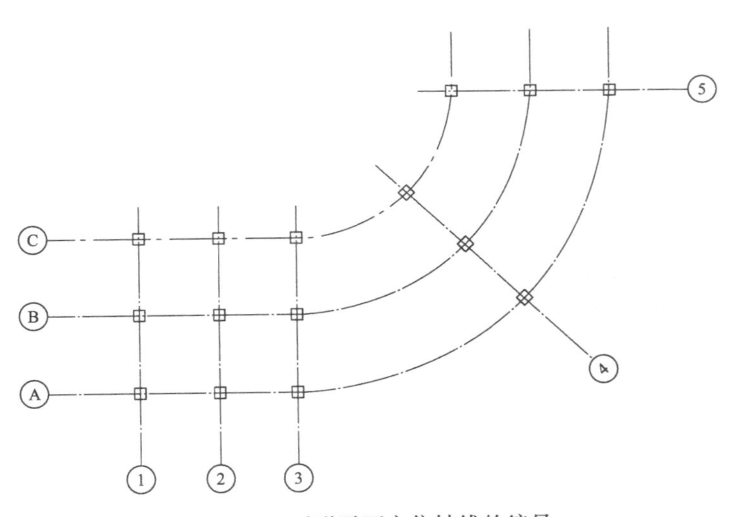


图 2-24　弧形平面定位轴线的编号

（10）折线形平面图中定位轴线的编号可按图 2-25 的形式编写。

**（二）尺寸标注**

（1）尺寸标注的基本规则

① 尺寸界线：用细实线绘制，与被注长度垂直，其一端应离开图样的轮廓线不小于 2mm，另一端应超出尺寸线 2～3mm。必要时可利用图样轮廓线、中心线及轴线作为尺寸界线。

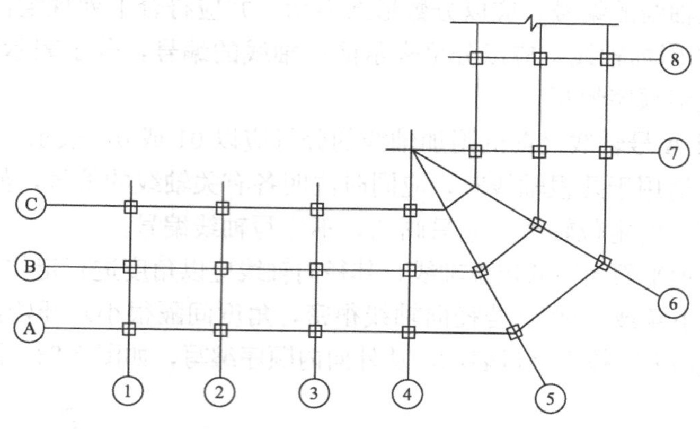


图 2-25 折线形平面定位轴线的编号

② 尺寸线：用细实线绘制，并与被注长度平行，与尺寸界线垂直相交，但不宜超出尺寸界线外。图样轮廓线以外的尺寸线，距图样最外轮廓线之间距离不宜小于 10mm，平行排列的尺寸线的间距为 7～10mm，并应保持一致。图样上任何图线都不得用作尺寸线，如图 2-26 所示。

③ 尺寸起止符号：用中粗短斜线绘制，并画在尺寸线与尺寸界线的相交处。其倾斜方向应与尺寸界线成顺时针 45°角，长度宜为 2～3mm，在轴测图中标注尺寸时，其起止符号宜用小圆点。

④ 尺寸数字：用阿拉伯数字标注图样的实际尺寸，一律以毫米（mm）为单位，图上尺寸数字都不再注写单位，如图 2-26 所示。

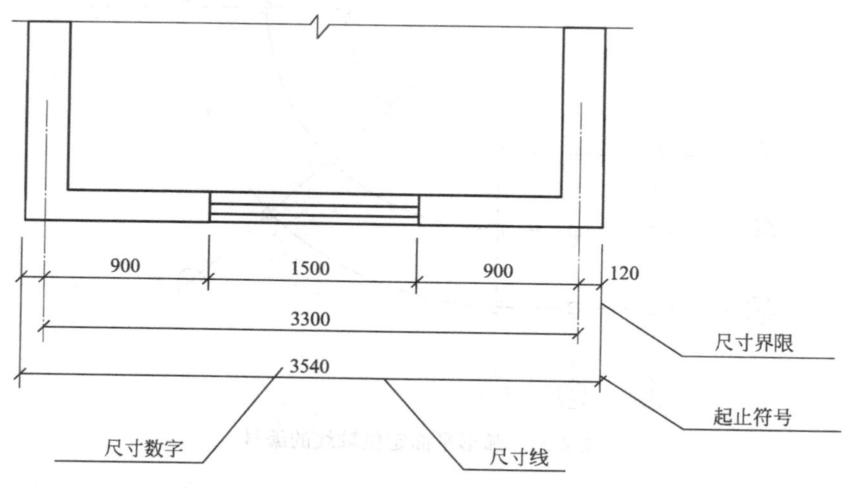


图 2-26 尺寸线的组成

⑤ 尺寸数字一般注写在尺寸线的中部，如图 2-27 所示。水平方向的尺寸，尺寸数字要写在尺寸线的上面，字头朝上；竖直方向的尺寸，尺寸数字要写在尺寸线的左侧，字头朝左；倾斜方向的尺寸，尺寸数字的方向应按图（*a*）的规定注写，尺寸数字在图中所示 30°影线范围内时可按图（*b*）的形式注写，如图 2-28 所示。

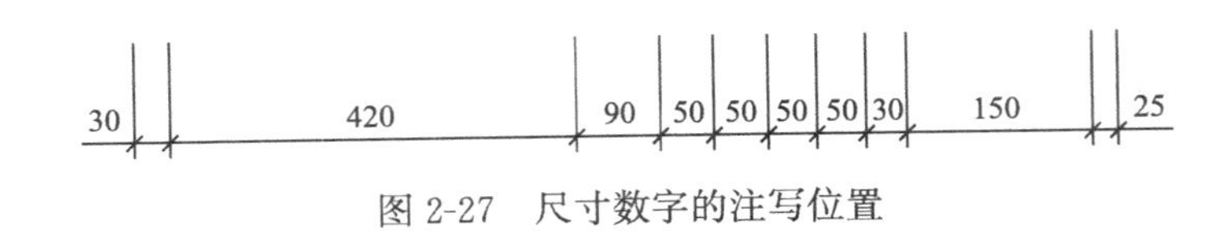


图 2-27 尺寸数字的注写位置

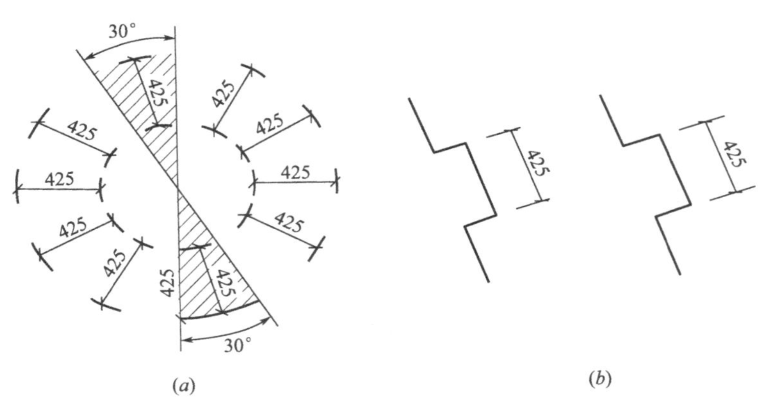


图 2-28 尺寸数字的注写方向

尺寸数字如果没有足够的注写位置时，两边的尺寸可以注写在尺寸界线的外侧，中间相邻的尺寸可以错开注写。尺寸宜标注在图样轮廓之外，不宜与图线、文字及符号等相交。

（2）标高

① 标高符号应以直角等腰三角形表示，按图 2-29（*a*）所示形式用细实线绘制，如标注位置不够，也可按图 2-29（*b*）所示形式绘制。标高符号的具体画法如图 2-29（*c*）、图 2-29（*d*）所示。

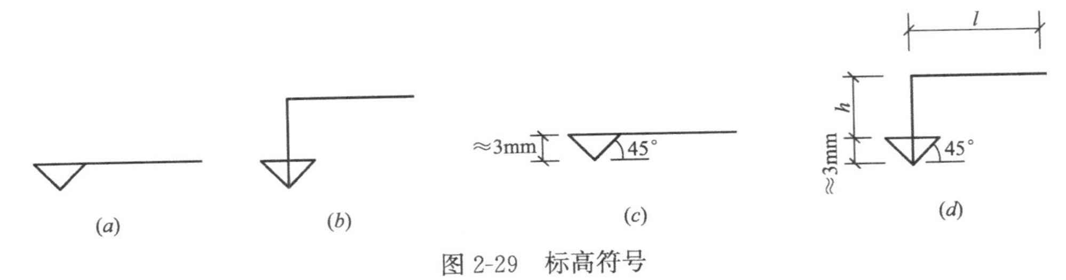


图 2-29 标高符号

*l*-取适当长度注写标高数字；*h*-根据需要取适当高度

② 总平面图室外地坪标高符号，宜用涂黑的三角形表示，具体画法如图 2-30 所示。

③ 标高符号的尖端应指至被注高度的位置。尖端宜向下，也可向上。标高数字应注写在标高符号的上侧或下侧，如图 2-31 所示。

图 2-30 总平面图室外地坪标高符号

图 2-31 标高的指向

④ 标高数字应以米为单位，注写到小数点以后第三位。在总平面图中，可注写到小数字点以后第二位。

⑤ 零点标高应注写成±0.000，正数标高不注“+”，负数标高应注“-”，例如 3.000、-0.600。

⑥ 在图样的同一位置需表示几个不同标高时，标高数字可按图 2-32 的形式注写。

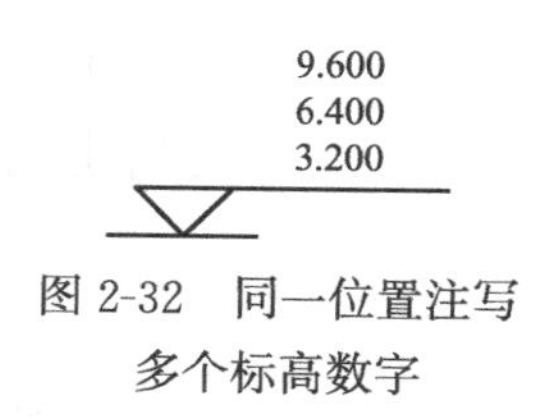

图 2-32　同一位置注写多个标高数字

# 第二节　土建工程施工常用图例

## 一、总平面图表示方法

总平面图的表示方法见表 2-7。

总平面图表示方法　　表 2-7

| 序号 | 名称 | 图例 | 备注 |
|---|---|---|---|
| 1 | 新建建筑物 | X= Y= ① 12F/2D H=59.00m | 新建建筑物以粗实线表示与室外地坪相接处±0.000 外墙定位轮廓线；建筑物一般以±0.000 高度处的外墙定位轴线交叉点坐标定位，轴线用细实线表示，并标明轴线号；根据不同设计阶段标注建筑编号，地上、地下层数，建筑高度，建筑出入口位置（两种表示方法均可，但同一图纸采用一种表示方法）；地下建筑物以粗虚线表示其轮廓；建筑上部（±0.000 以上）外挑建筑用细实线表示；建筑物上部轮廓用细虚线表示并标注位置 |
| 2 | 原有建筑物 |  | 用细实线表示 |
| 3 | 计划扩建的预留地或建筑物 |  | 用中粗虚线表示 |
| 4 | 拆除的建筑物 |  | 用细实线表示 |

续表

| 序号 | 名称 | 图例 | 备注 |
| --- | --- | --- | --- |
| 5 | 建筑物下面的通道 | 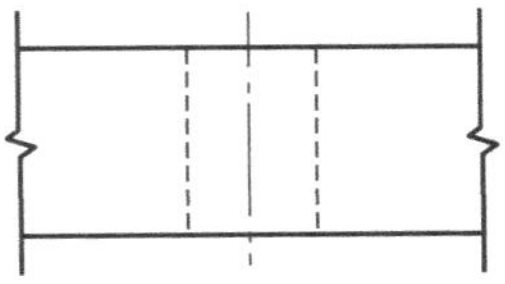  | — |
| 6 | 散状材料露天堆场 | 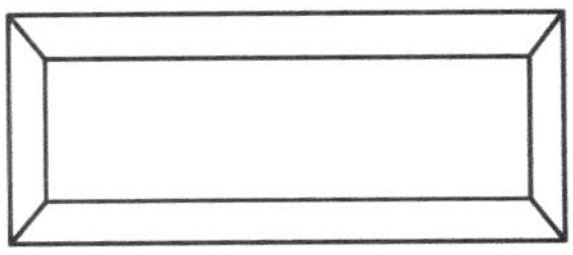  | 需要时可注明材料名称 |
| 7 | 其他材料露天堆场或露天作业场 | 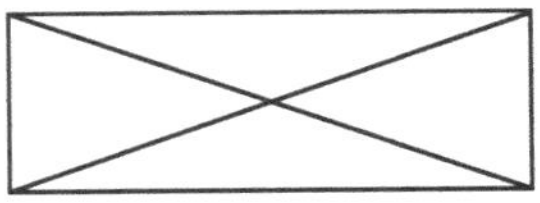  | 需要时可注明材料名称 |
| 8 | 铺砌场地 | 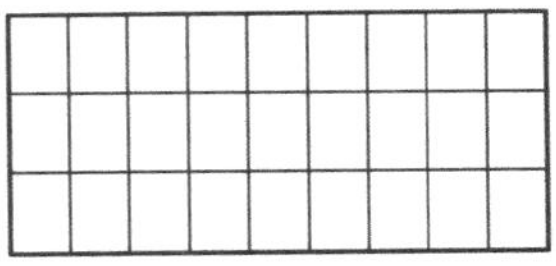  | — |
| 9 | 敞棚或敞廊 | 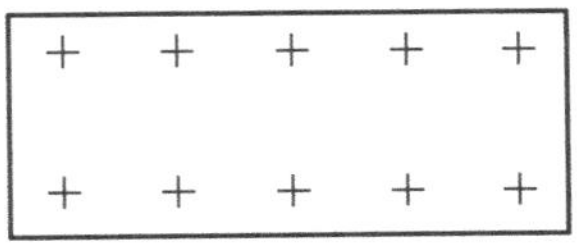  | — |
| 10 | 高架式料仓 | 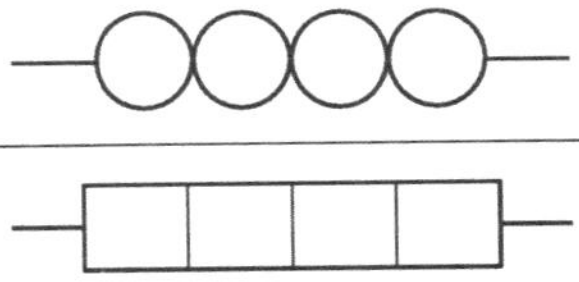  | — |
| 11 | 漏斗式贮仓 | 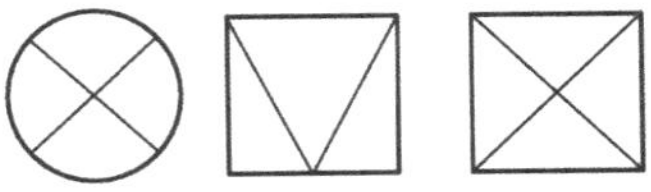  | 左、右图为底卸式；<br>中图为侧卸式 |
| 12 | 冷却塔(池) | 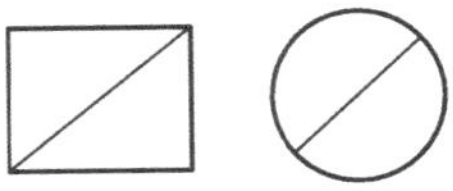  | 应注明冷却塔或冷却池 |
| 13 | 水塔、贮罐 | 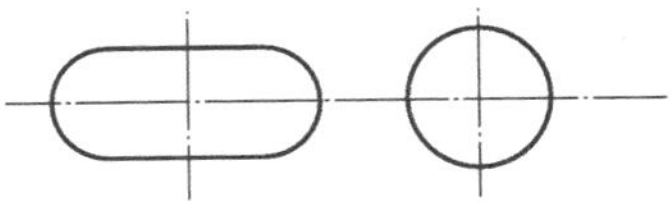  | 左图为卧式贮罐；<br>右图为水塔或立式贮罐 |
| 14 | 水池、坑槽 |  | 也可以不涂黑 |

续表

| 序号 | 名称 | 图例 | 备注 |
| --- | --- | --- | --- |
| 15 | 明溜矿槽(井) | | — |
| 16 | 斜井或平硐 | | — |
| 17 | 烟囱 | | 实线为烟囱下部直径、虚线为基础，必要时可注写烟囱高度和上、下口直径 |
| 18 | 围墙及大门 | | — |
| 19 | 挡土墙 | 5.00<br>1.50 | 挡土墙根据不同设计阶段的需要标注；<br>墙顶标高<br>墙底标高 |
| 20 | 挡土墙上设围墙 | | — |
| 21 | 台阶及无障碍坡道 | (1)<br>(2) | (1)表示台阶(级数仅为示意)；<br>(2)表示无障碍坡道 |
| 22 | 露天桥式起重机 | $G_n$= (t) | 起重机起重量 $G_n$，以吨计算；<br>“+”为柱子位置 |
| 23 | 露天电动葫芦 | $G_n$= (t) | 起重机起重量 $G_n$，以吨计算；<br>“+”为支架位置 |
| 24 | 门式起重机 | $G_n$= (t)<br>$G_n$= (t) | 起重机起重量 $G_n$，以吨计算；<br>上图表示有外伸臂；<br>下图表示无外伸臂 |

续表

| 序号 | 名称 | 图例 | 备注 |
|---|---|---|---|
| 25 | 架空索道 | | "I"为支架位置 |
| 26 | 斜坡卷扬机道 | | — |
| 27 | 斜坡栈桥（皮带廊等） | | 细实线表示支架中心线位置 |

## 二、钢筋混凝土结构表示方法

### （一）钢筋的一般表示方法

（1）普通钢筋的一般表示方法应符合表 2-8 的规定。预应力钢筋的表示方法应符合表 2-9 的规定。钢筋网片的表示方法应符合表 2-10 的规定。钢筋的焊接接头的表示方法应符合表 2-11 规定。

**普通钢筋** **表 2-8**

| 名称 | 图例 | 说明 |
|---|---|---|
| 钢筋横断面 | • | — |
| 无弯钩的钢筋端部 | | 下图表示长、短钢筋投影重叠时，短钢筋的端部用45°斜画线表示 |
| 带半圆形弯钩的钢筋端部 | | — |
| 带直钩的钢筋端部 | | — |
| 带丝扣的钢筋端部 | | — |
| 无弯钩的钢筋搭接 | | — |
| 带半圆弯钩的钢筋搭接 | | — |
| 带直钩的钢筋搭接 | | — |
| 花篮螺栓钢筋接头 | | — |
| 机械连接的钢筋接头 | | 用文字说明机械连接的方式（如冷挤压或直螺纹等） |

预应力钢筋 表 2-9

| 名称 | 图例 |
|---|---|
| 预应力钢筋或钢绞线 | |
| 后张法预应力钢筋断面<br>无粘结预应力钢筋断面 | |
| 单根预应力钢筋断面 | |
| 张拉端锚具 | |
| 固定端锚具 | |
| 锚具的端视图 | |
| 可动连接件 | |
| 固定连接件 | |

钢筋网片 表 2-10

| 名称 | 图例 |
|---|---|
| 一片钢筋网平面图 | W-1 |
| 一行相同的钢筋网平面图 | 3W-1 |

注：用文字注明焊接网或绑扎网片。

钢筋的焊接接头 表 2-11

| 名称 | 接头形式 | 标注方法 |
|---|---|---|
| 单面焊接的钢筋接头 | | |
| 双面焊接的钢筋接头 | | |
| 用帮条单面焊接的钢筋接头 | | |
| 用帮条双面焊接的钢筋接头 | | |

续表

| 名称 | 接头形式 | 标注方法 |
|---|---|---|
| 接触对焊的钢筋接头（闪光焊、压力焊） | 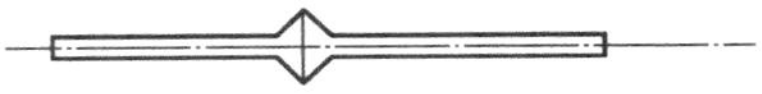 |  |
| 坡口平焊的钢筋接头 | 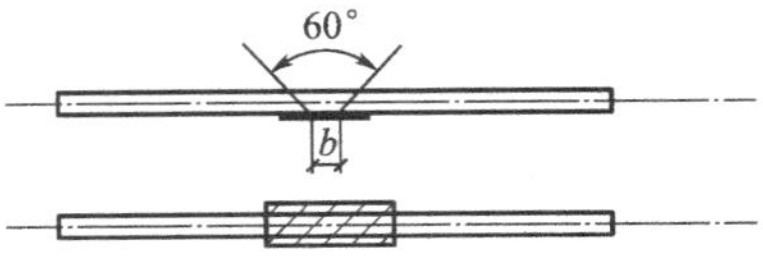 60° b | 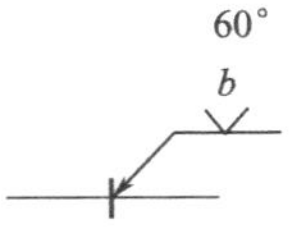 60° b |
| 坡口立焊的钢筋接头 | 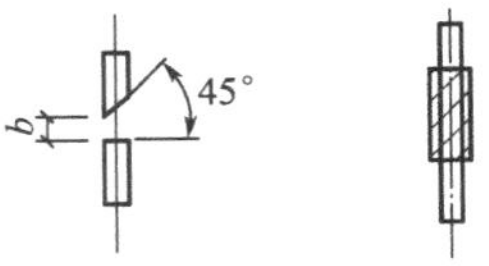 b 45° | 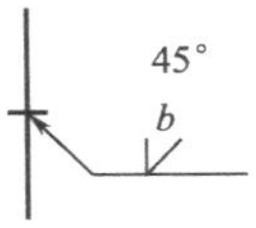 45° b |
| 用角钢或扁钢做连接板焊接的钢筋接头 | 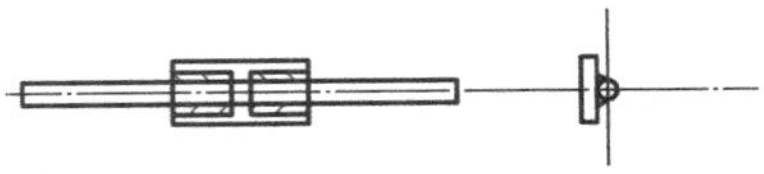 | 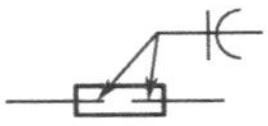 |
| 钢筋或螺（锚）栓与钢板穿孔塞焊的接头 | 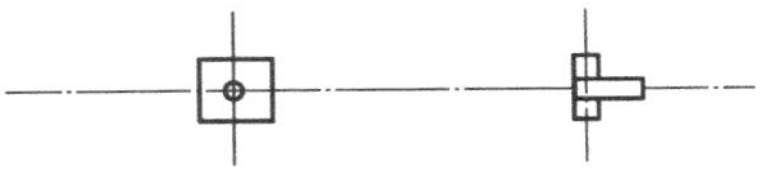 | 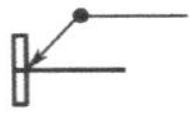 |

（2） 钢筋的画法应符合表 2-12 的规定。

**钢筋的画法　　表 2-12**

| 说明 | 图例 |
|---|---|
| 在结构楼板中配置双层钢筋时，底层钢筋的弯钩应向上或向左，顶层钢筋的弯钩侧向下或向右 | 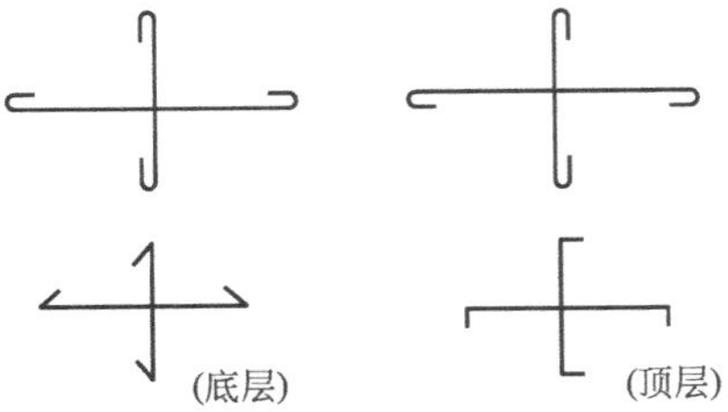 （底层） （顶层） |
| 钢筋混凝土墙体配双层钢筋时，在配筋立面图中，远面钢筋的弯钩应向上或向左，而近面钢筋的弯钩向下或向右（JM 近面，YM 远面） | 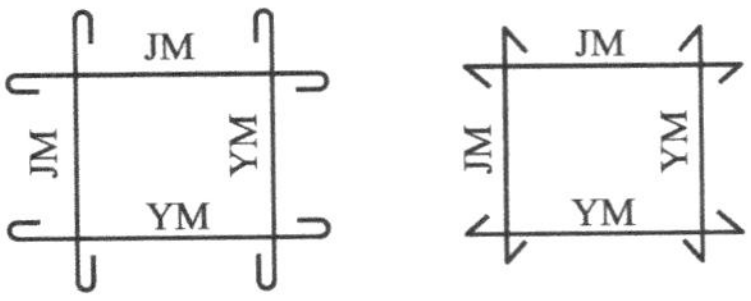 JM JM YM YM　JM JM YM YM |
| 若在断面图中不能表达清楚的钢筋布置，应在断面图外增加钢筋大样图（如钢筋混凝土墙、楼梯等） | 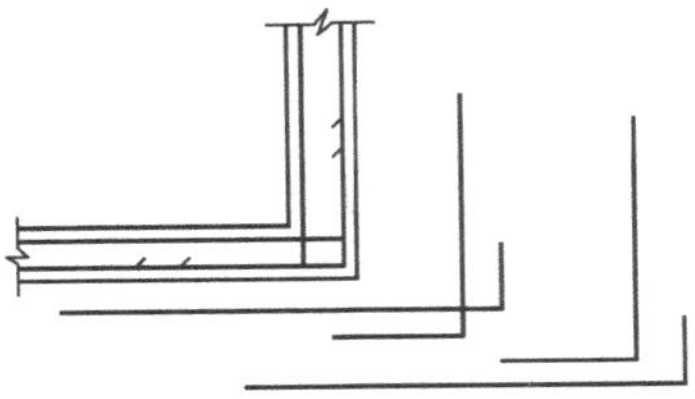 |

续表

| 说明 | 图例 |
| --- | --- |
| 图中所表示的箍筋、环筋等若布置复杂时，可加画钢筋大样及说明 | |
| 每组相同的钢筋、箍筋或环筋，可用一根粗实线表示，同时用一根两端带斜短画线的横穿细线，表示其钢筋及起止范围 | |

### （二）钢筋混凝土构件表示方法

为了方便地表示结构中各构件，国标中规定了各构件的代号，一般情况下以各构件名称汉语拼音名称的第一个字母表示，如表 2-13 所示。

**钢筋混凝土构件表示方法** 　　**表 2-13**

| 序号 | 名称 | 代号 | 序号 | 名称 | 代号 | 序号 | 名称 | 代号 |
| --- | --- | --- | --- | --- | --- | --- | --- | --- |
| 1 | 板 | B | 19 | 圈梁 | QL | 37 | 承台 | CT |
| 2 | 屋面板 | WB | 20 | 过梁 | GL | 38 | 设备基础 | SJ |
| 3 | 空心板 | KB | 21 | 过系梁 | LL | 39 | 桩 | ZH |
| 4 | 槽形板 | CB | 22 | 基础梁 | JL | 40 | 挡土墙 | DQ |
| 5 | 折板 | ZB | 23 | 楼梯梁 | TL | 41 | 地沟 | DG |
| 6 | 密肋板 | MB | 24 | 框架梁 | KL | 42 | 柱间支撑 | ZC |
| 7 | 楼梯板 | TB | 25 | 框支梁 | KZL | 43 | 垂直支撑 | CC |
| 8 | 盖板 | GB | 26 | 屋面框架梁 | WKL | 44 | 水平支撑 | SC |
| 9 | 挡雨板 | YB | 27 | 檩条 | LT | 45 | 梯 | T |
| 10 | 吊车安全道板 | DB | 28 | 屋架 | WJ | 46 | 雨篷 | YP |
| 11 | 墙板 | QB | 29 | 托架 | TJ | 47 | 阳台 | YT |
| 12 | 天沟板 | TGB | 30 | 天窗架 | CJ | 48 | 梁垫 | LD |
| 13 | 梁 | L | 31 | 框架 | KJ | 49 | 预埋件 | M |
| 14 | 屋面梁 | WL | 32 | 钢架 | GJ | 50 | 天窗端壁 | TD |
| 15 | 吊车梁 | DL | 33 | 支架 | ZJ | 51 | 钢筋网 | W |
| 16 | 单轨吊车梁 | DDL | 34 | 柱 | Z | 52 | 钢筋骨架 | G |
| 17 | 轨道连接 | DGL | 35 | 框架柱 | KZ | 53 | 基础 | J |
| 18 | 车挡 | CD | 36 | 构造柱 | GZ | 54 | 暗装 | AZ |

## 三、钢结构表示方法

### （一）常用钢结构的标注方法

常用型钢的标注方法应符合表 2-14 中的规定。

**常用型钢的标注方法　　表 2-14**

| 名称 | 截面 | 标注 | 说明 |
|---|---|---|---|
| 等边角钢 | ∟ | ∟$b \times t$ | $b$ 为肢宽；<br>$t$ 为肢厚 |
| 不等边角钢 |  $B$ ∟ | ∟$B \times b \times t$ | $B$ 为长肢宽<br>$b$ 为短肢宽；<br>$t$ 为肢厚 |
| 工字钢 |  I | I N　　Q I N | 轻型工字钢加注“Q”字 |
| 槽钢 | [ | [ N　　Q [ N | 轻型槽钢加注“Q”字 |
| 方钢 |  $b$ | □$b$ | — |
| 扁钢 | 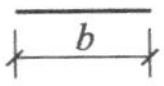 $b$ | $-b \times t$ | — |
| 钢板 |  — | $-\frac{-b \times t}{L}$ | 宽×厚<br>板长 |
| 圆钢 | ⊘ | $\phi d$ | — |
| 钢管 | ○ | $\phi d \times t$ | $d$ 为外径；<br>$t$ 为壁厚 |
| 薄壁方钢管 | □ | B□$b \times t$ | 薄壁型钢加注“B”字，<br>$t$ 为壁厚 |
| 薄壁等肢角钢 | ∟ | B∟$b \times t$ | |
| 薄壁等肢卷边角钢 | 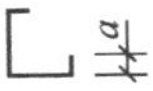 $a$ | B∟$b \times a \times t$ | |
| 薄壁槽钢 |  $h$ | B[$h \times b \times t$ | |
| 薄壁卷边槽钢 |  $a$ | B[$h \times b \times a \times t$ | |
| 薄壁卷边 Z 型钢 | 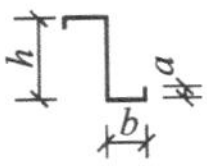 $h$　$a$　$b$ | B Z $h \times b \times a \times t$ | |
| T 型钢 | T | TW××<br>TM××<br>TN×× | TW 为宽翼缘 T 型钢；<br>TM 为中翼缘 T 型钢；<br>TN 为窄翼缘 T 型钢 |
| H 型钢 | H | HW××<br>HM××<br>HN×× | HW 为宽翼缘 H 型钢；<br>HM 为中翼缘 H 型钢；<br>HN 为窄翼缘 H 型钢 |

续表

| 名称 | 截面 | 标注 | 说明 |
| --- | --- | --- | --- |
| 起重机钢轨 |  | QU×× | 详细说明产品规格型号 |
| 轻轨及钢轨 |  | ××kg/m 钢轨 |  |

## (二) 螺栓、孔、电焊铆钉的表示方法

螺栓、孔、电焊铆钉的表示方法应符合表 2-15 中的规定。

**螺栓、孔、电焊铆钉的表示方法** **表 2-15**

| 名称 | 图例 | 说明 |
| --- | --- | --- |
| 永久螺栓 | M φ | (1)细"+"线表示定位线;<br>(2)M 表示螺栓型号;<br>(3)$\phi$ 表示螺栓孔直径;<br>(4)$d$ 表示膨胀螺栓、电焊铆钉直径;<br>(5)采用引出线标注螺栓时,横线上标注螺栓规格,横线下标注螺栓孔直径 |
| 高强螺栓 | M φ |  |
| 安装螺栓 | M φ |  |
| 膨胀螺栓 | d |  |
| 圆形螺栓孔 | φ |  |
| 长圆形螺栓孔 | φ b |  |
| 电焊铆钉 | d |  |

## (三) 常用焊缝的表示方法

建筑钢结构常用焊缝符号及符号尺寸应符合表 2-16 的规定。

**建筑钢结构常用焊缝符号及符号尺寸** **表 2-16**

| 焊缝名称 | 形式 | 标注法 | 符号尺寸(mm) |
| --- | --- | --- | --- |
| V 形焊缝 | b | b | 1~2<br>4 |
| 单边 V 形焊缝 | β<br>b | β<br>b<br>注:箭头指向剖口 | 45°<br>4 |

续表

| 焊缝名称 | 形式 | 标注法 | 符号尺寸(mm) |
|---|---|---|---|
| 带钝边单边V形焊缝 | 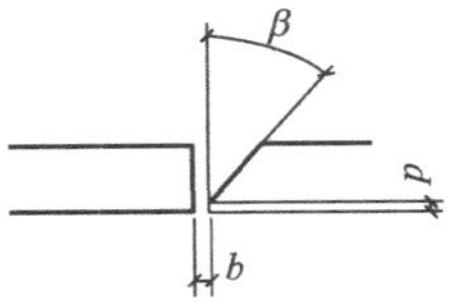 β, p, b | 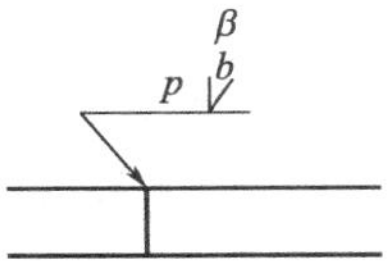 β, b, p | 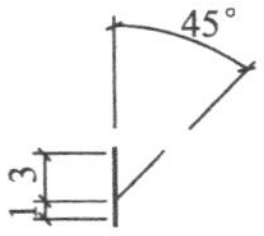 45°, 1, 3 |
| 带垫板带钝边单边V形焊缝 | 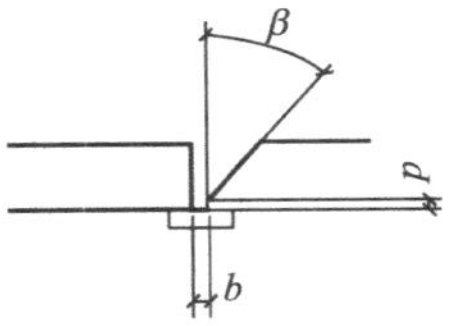 β, p, b | 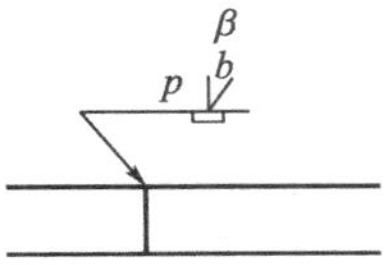 β, b, p<br>注：箭头指向剖口 | 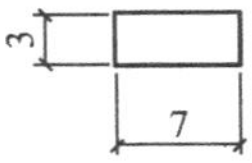 3, 7 |
| 带垫板V形焊缝 | 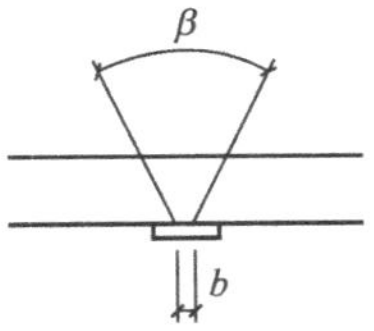 β, b | 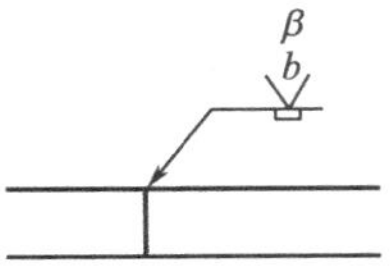 β, b | 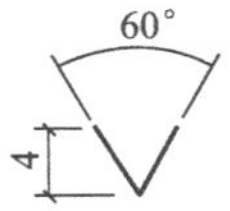 60°, 4 |
| Y形焊缝 | 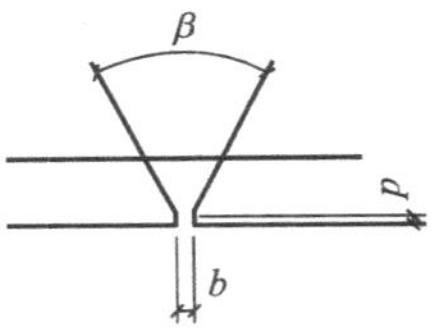 β, p, b | 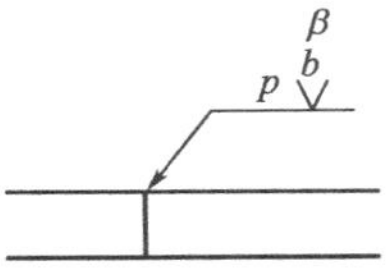 β, b, p | 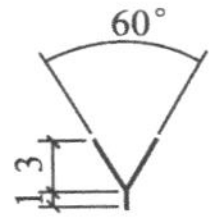 60°, 1, 3 |
| 带垫板Y形焊缝 | 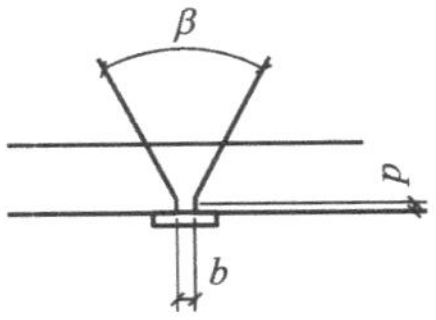 β, p, b | 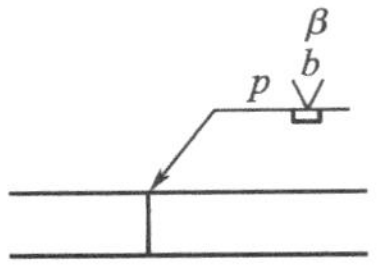 β, b, p | — |
| 双单边V形焊缝 | 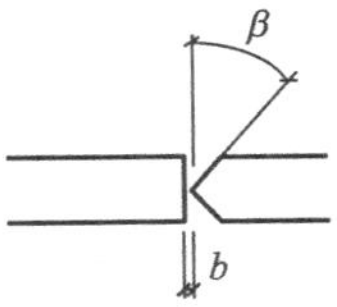 β, b | 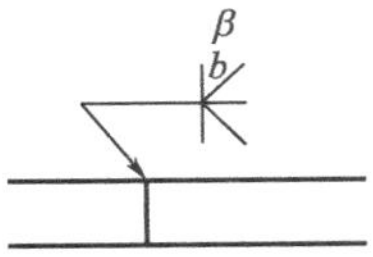 β, b | — |
| 双V形焊缝 | 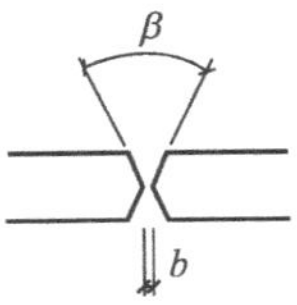 β, b | 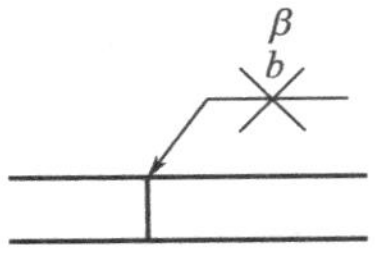 β, b | — |
| 带钝边U形焊缝 | 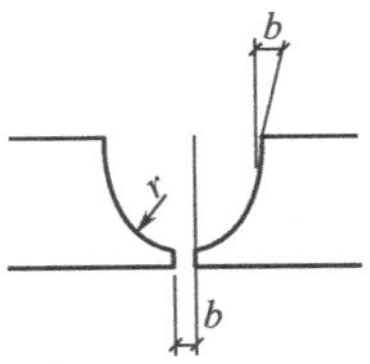 b, r, b | 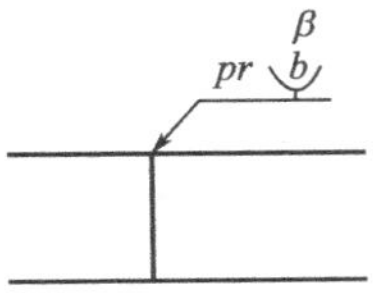 β, b, pr |  1, 3, r3 |

续表

| 焊缝名称 | 形式 | 标注法 | 符号尺寸(mm) |
| --- | --- | --- | --- |
| 带钝边<br>双U形焊缝 | 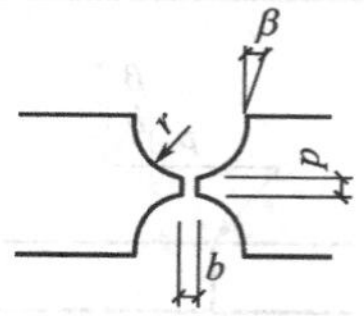 β r p b | 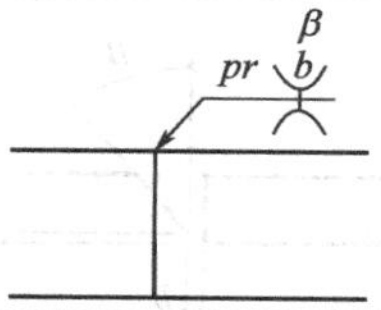 β pr b | — |
| 带钝边<br>J形焊缝 | 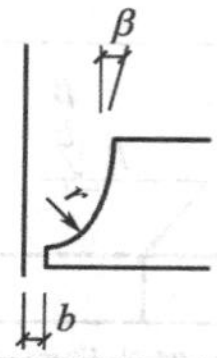 β r b | 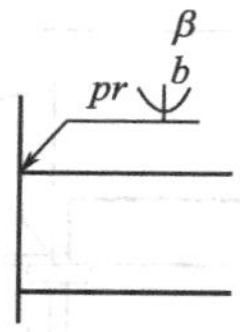 β pr b | 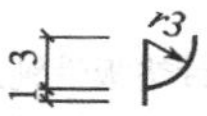 3 r3 |
| 带钝边<br>双J形焊缝 | 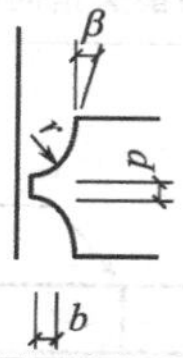 β r p b | 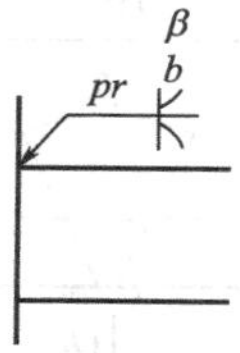 β pr b | — |
| 角焊缝 | 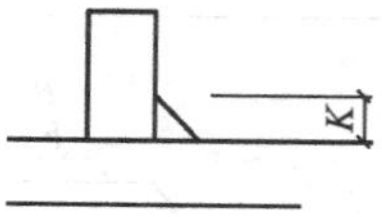 K | 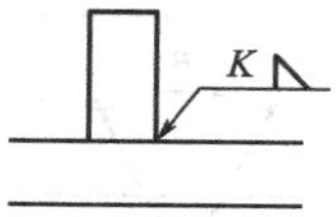 K | 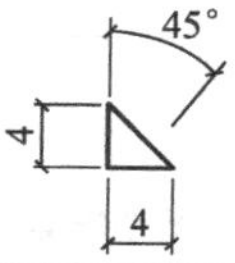 45° 4 4 |
| 双面角焊缝 | 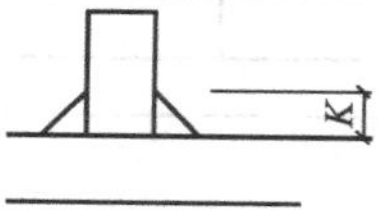 K | 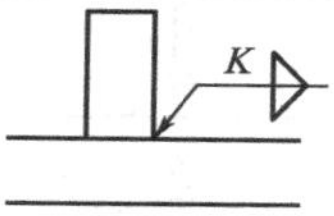 K | — |
| 剖口角焊缝 | 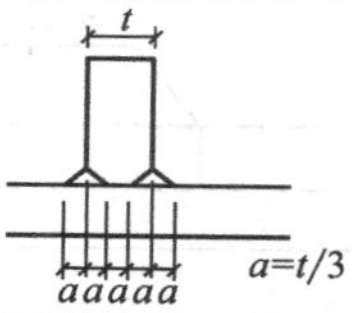 t aaaaa a=t/3 | 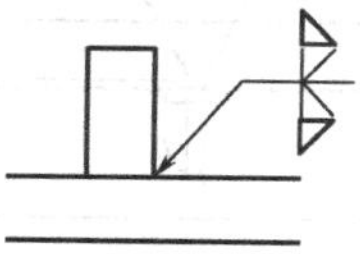  | 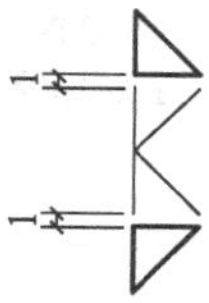 1 1 |
| 喇叭形焊缝 | 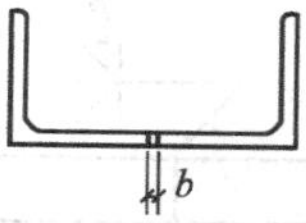 b | 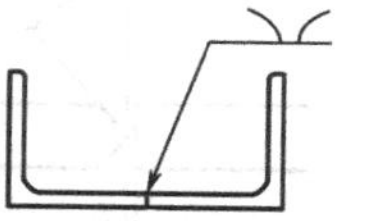  | 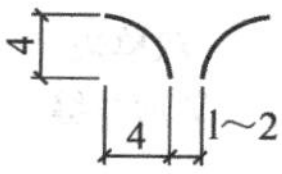 4 4 1～2 |
| 双面半喇叭形焊缝 | 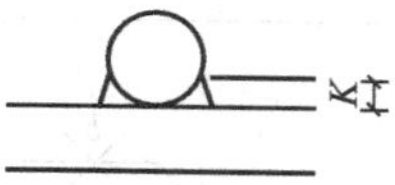 K | 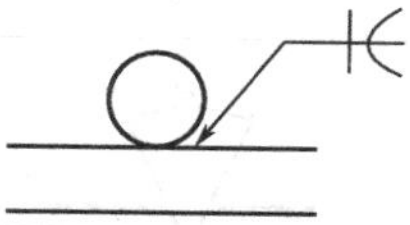  | 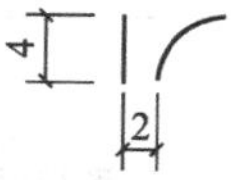 4 2 |
| 塞焊 | 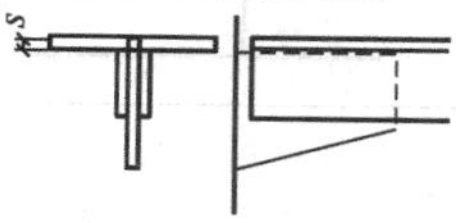 s 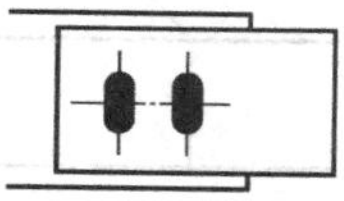 | 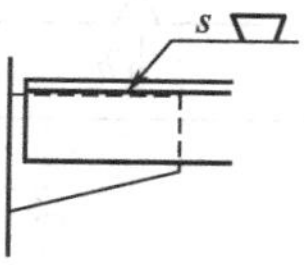 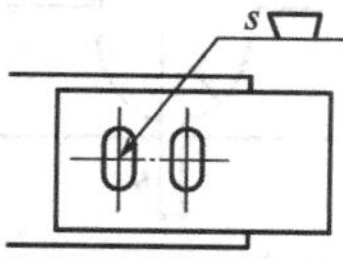 s | 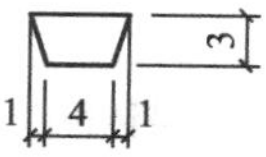 3 1 4 1 |
|  |  | s |  |

## 四、常用建筑材料的标准图例

建筑常用材料图例见表 2-17，使用时应根据图样大小而定，并应注意下列事项。

**建筑常用材料图例** **表 2-17**

| 名称 | 图例 | 备注 |
| --- | --- | --- |
| 自然土壤 |  | 包括各种自然土壤 |
| 夯实土壤 | 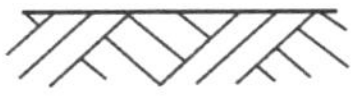 | |
| 砂、灰土 |  | 靠近轮廓线绘较密的点 |
| 砂砾石、碎砖三合土 | 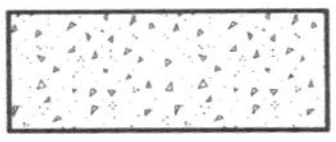 | |
| 石材 | 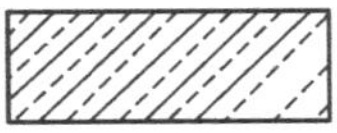 | |
| 毛石 | 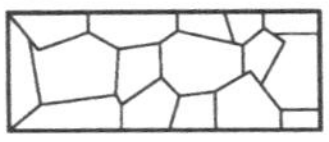 | |
| 普通砖 | 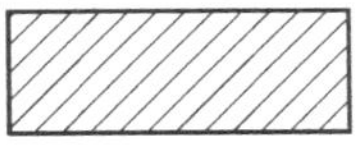 | 包括实心砖、多孔砖、砌块等砌体，当断面较窄不易绘出图例线时，可涂红 |
| 耐火砖 | 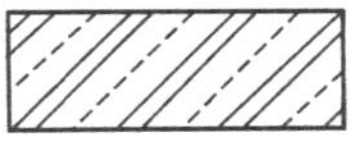 | 包括耐酸砖等砌体 |
| 空心砖 |  | 指非承重砖砌体 |
| 饰面砖 | 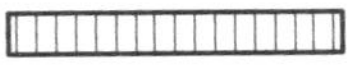 | 包括铺地砖、马赛克、陶瓷锦砖、人造大理石等 |
| 焦渣、矿渣 | 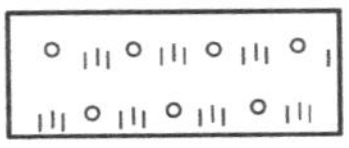 | 包括与水泥、石灰等混合而成的材料 |
| 混凝土 | 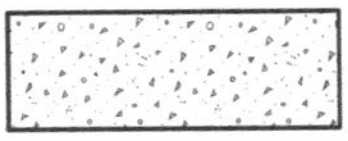 | 本图例指能承重的混凝土及钢筋混凝土 |
| 钢筋混凝土 | 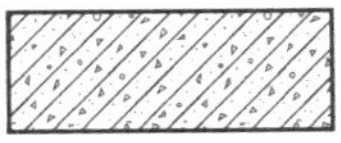 | |
| 多孔材料 | 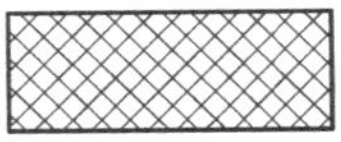 | 包括水泥珍珠岩、泡沫混凝土、非承重加气混凝土等 |
| 纤维材料 | 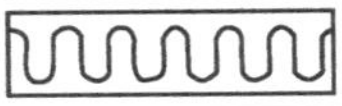 | 包括玻璃棉、麻丝等 |
| 泡沫塑料材料 | 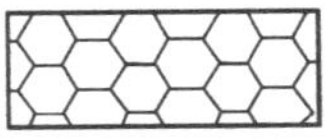 | 包括聚乙烯等多孔化合物 |
| 木材 | 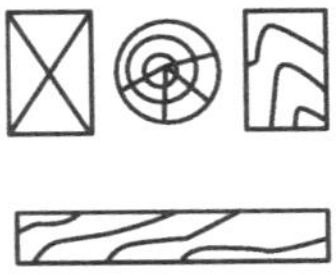 | 上图为横断面，下图为纵断面 |

续表

| 名称 | 图例 | 备注 |
| --- | --- | --- |
| 胶合板 | | 应注明×层胶合板 |
| 石膏板 | | 包括圆孔、方孔石膏板及防水石膏板等 |
| 金属 | | (1)包括各种金属<br>(2)图线较小时,可涂黑 |
| 网状材料 | | (1)包括金属、塑料网状材料<br>(2)应注明具体材料名称 |
| 液体 | | 应注明具体液体名称 |
| 玻璃 | | 包括平板玻璃,磨砂玻璃、夹丝玻璃、钢化玻璃、中空玻璃、加层玻璃、镀膜玻璃等 |
| 橡胶 | | |
| 塑料 | | 包括各种软硬塑料及有机玻璃等 |
| 防水材料 | | 构造层次多或比例大时,采用上面图例 |
| 粉刷 | | 本图例采用较稀的点 |

(1)图例线应间隔均匀,疏密适度,做到图例正确,表示清楚。

(2)不同品种的同类材料使用同一图例时(如某些特定部位的石膏板必须注明是防水石膏板时),应在图上附加必要的说明。

(3)两个相同的图例相接时,图例线宜错开或使倾斜方向相反,如图 2-33 所示。

(4)两个相邻的涂黑图例(如混凝土构件、金属件)间,应留有空隙。其宽度不得小于 0.7mm,如图 2-34 所示。

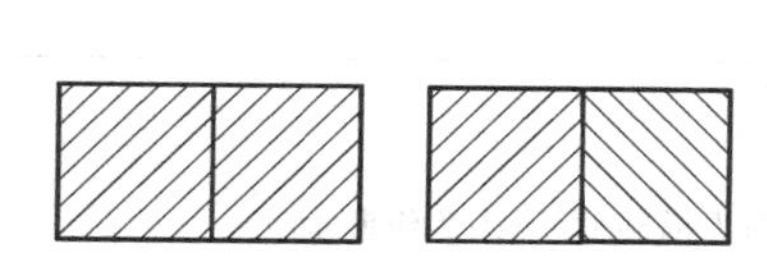
图 2-33　相同图例相接时的画法

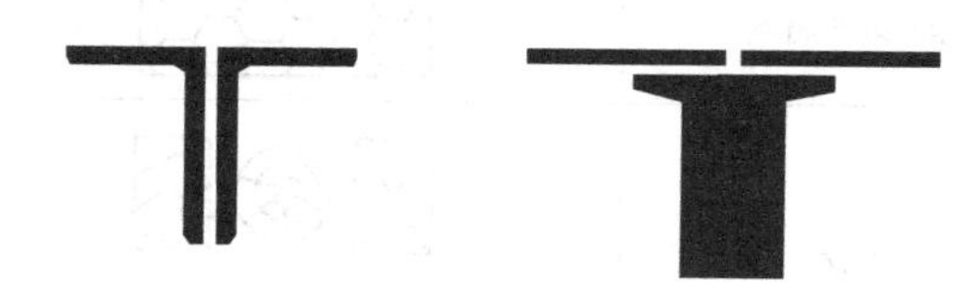
图 2-34　相邻涂黑图例的画法

# 第三节 土建工程建筑施工图的识读

## 一、图纸目录

图纸目录是了解建筑设计的整体情况的文件，从目录中我们可以明确图纸数量、出图大小、工程号，还有建筑单位及整个建筑物的主要功能。

总图纸目录的内容包括：总设计说明、建筑施工图、结构施工图、给水排水施工图、暖通空调施工图、电气施工图等各个专业的每张施工图纸的名称和顺序，见表 2-18。

某工程的图纸目录　　表 2-18

| 图别 | 图号 | 图名 |
| --- | --- | --- |
| 建施 | 1 | 目录　建筑设计说明 |
| 建施 | 2 | 总平面图 |
| 建施 | 3 | 节能设计　门窗表 |
| 建施 | 4 | 一层平面图 |
| 建施 | 5 | 二层平面图 |
| 建施 | 6 | 三～五层平面图 |
| 建施 | 7 | 屋顶平面图 |
| 建施 | 8 | 背立面图 |
| 建施 | 9 | 北立面图 |
| 建施 | 10 | 东立面图 卫生间详图 |
| 建施 | 11 | 1—1 剖面图 2—2 剖面图 |
| 建施 | 12 | 楼梯详图 |

| 图别 | 图号 | 图名 |
| --- | --- | --- |
| 结施 | 1 | 结构设计总说明 |
| 结施 | 2 | 基础平面布置图　基础详图 |
| 结施 | 3 | 3.270m 层结构平面布置图 |
| 结施 | 4 | 6.570～13.170m 层结构平面布置图 |
| 结施 | 5 | 16.470m 层结构平面布置图 |
| 结施 | 6 | 楼梯配筋图 |
| 电施 | 1 | 设计说明　主材料　强电弱电系统图 |
| 电施 | 2 | 一层照明平面图 |
| 电施 | 3 | 二～五层照明平面图 |
| 电施 | 4 | 屋顶防雷平面图 |
| 电施 | 5 | 一～五层电话平面图 |

| 图别 | 图号 | 图名 |
| --- | --- | --- |
| 水施 | 1 | 材料统计表　图例表 说明 平面详图　给水系统图 |
| 水施 | 2 | 一层给水排水平面图 |
| 水施 | 3 | 二～四层给水排水平面图 |
| 水施 | 4 | 五层给水排水平面图 |
| 水施 | 5 | 排水系统图　消火栓系统图 |
| 暖施 | 1 | 一层采暖平面图 |
| 暖施 | 2 | 二～四层采暖平面图 |
| 暖施 | 3 | 五层采暖平面图 |
| 暖施 | 4 | 采暖系统图(一) |
| 暖施 | 5 | 采暖系统图(二) |
| 暖施 | 6 | 设计说明　材料统计表 图例表 |

图纸目录一般分专业编写，如建施-××。

建筑施工图排在各专业的最前端，包含：图纸目录，门窗表，建筑设计总说明，总平面图，一层至屋顶平面图，正立面图，背立面图，东立面图，西立面图，剖面图，节点大样图，门窗大样图，楼梯大样图。图纸目录位于建筑施工图的首要位置，它将施工图纸的建筑部分按顺序排列，列成表格。

目录要用标准的 A4 图纸，页边距要相同。建设单位、工程名称一定要与图纸对应，且字形、字体大小也要相同。

目录中的图名要与图纸中的完全一致，一个字都不能偏差。此外，还要注意排版和序号。

## 二、门窗表

门窗表包括门窗编号、门窗尺寸及其做法，如图 2-35 所示，这在计算结构荷载时是必不可少的内容。

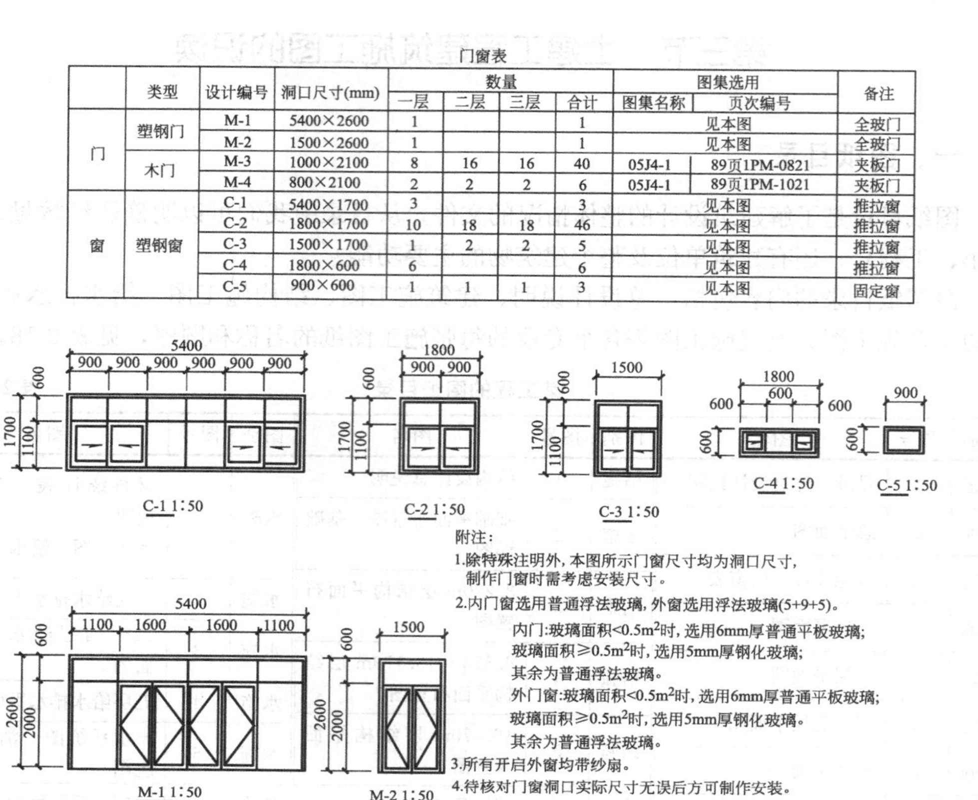

门窗表

| | 类型 | 设计编号 | 洞口尺寸(mm) | 数量 | | | | 图集选用 | | 备注 |
|---|---|---|---|---|---|---|---|---|---|---|
| | | | | 一层 | 二层 | 三层 | 合计 | 图集名称 | 页次编号 | |
| 门 | 塑钢门 | M-1 | 5400×2600 | 1 | | | 1 | 见本图 | | 全玻门 |
| | | M-2 | 1500×2600 | 1 | | | 1 | 见本图 | | 全玻门 |
| | 木门 | M-3 | 1000×2100 | 8 | 16 | 16 | 40 | 05J4-1 | 89页1PM-0821 | 夹板门 |
| | | M-4 | 800×2100 | 2 | 2 | 2 | 6 | 05J4-1 | 89页1PM-1021 | 夹板门 |
| 窗 | 塑钢窗 | C-1 | 5400×1700 | 3 | | | 3 | 见本图 | | 推拉窗 |
| | | C-2 | 1800×1700 | 10 | 18 | 18 | 46 | 见本图 | | 推拉窗 |
| | | C-3 | 1500×1700 | 1 | 2 | 2 | 5 | 见本图 | | 推拉窗 |
| | | C-4 | 1800×600 | 6 | | | 6 | 见本图 | | 推拉窗 |
| | | C-5 | 900×600 | 1 | 1 | 1 | 3 | 见本图 | | 固定窗 |



图 2-35　某工程的门窗表

## 三、建筑设计总说明

建筑设计总说明通常放在图样目录后面或建筑总平面图后面，它的内容根据建筑物的复杂程度有多有少，但一般应包括设计依据、工程概况、工程做法等内容，见表 2-19。

**建筑设计总说明的内容**　　　　**表 2-19**

| 项目 | 内容 |
|---|---|
| 设计依据 | 施工图设计过程中采用的相关依据。主要包括建设单位提供的设计任务书，政府部门的有关批文、法律、法规，国家颁布的一些相关规范、标准等 |
| 工程概况 | 工程的一些基本情况。一般应包括工程名称、工程地点、建筑规模、建筑层数、设计标高等一些基本内容 |
| 工程做法 | 介绍建筑物各部位的具体做法和施工要求。一般包括屋面、楼面、地面、墙体、楼梯、门窗、装修工程、踢脚、散水等部位的构造做法及材料要求，若选自标准图集，则应注写图集代号。除了文字说明的形式，对某些说明也可采用表格的形式。通常工程做法当中还包括建筑节能、建筑防火等方面的具体要求 |

## 四、建筑总平面图

### （一）概述

建筑总平面图是在建筑基底的地形图上，把已有的、新建的和拟建的建筑物、构筑物以及道路、绿化用地等按与地形图同样的比例绘制出来的平面图，主要表明新建建筑物的平面形状、层数、室内外地面标高，新建道路、绿化、场地排水和管线的布置情况，出入口示意、附属房屋和地下工程位置及功能，与道路红线及城市道路的关系，耐火等级，并标明原有建筑、道路、绿化用地等和新建建筑物的相互关系以及环境保护方面的要求。对于较为复杂的建筑总平面图，还可分项绘出竖向布置图、管线综合布置图、绿化布置图等。

**(二) 识图技巧**

(1) 拿到一张总平面图，先要看它的图纸名称、比例及文字说明，对图纸的大概情况有一个初步了解。

(2) 在阅读总平面图之前要先熟悉相应图例，熟悉图例是阅读总平面图应具备的基本知识。

(3) 找出规划红线，确定总平面图所表示的整个区域中土地的使用范围。

(4) 查看总平面图的比例和风向频率玫瑰图，它标明了建筑物的朝向及该地区的全年风向、频率和风速。

(5) 了解新建房屋的平面位置、标高、层数及其外围尺寸等。

(6) 了解新建建筑物的位置及平面轮廓形状与层数、道路、绿化、地形等情况。

(7) 了解新建建筑物的室内外高差、道路标高、坡度及地面排水情况；了解绿化、美化的要求和布置情况以及周围的环境。

(8) 看房屋的道路交通与管线走向的关系，确定管线引入建筑物的具体位置。

(9) 了解建筑物周围环境及地形、地物情况，以确定新建建筑物所在的地形情况及周围地物情况。

(10) 了解总平面图中的道路、绿化情况，以确定新建建筑物建成后的人流方向和交通情况及建成后的环境绿化情况。

(11) 若在总平面图上还画有给水排水、采暖、电气施工图，需要仔细阅读，以便更好地理解图纸要求。

**(三) 识图举例**

某大学公寓区总平面图，如图 2-36 所示。

(1) 看图纸名称、比例和文字说明：该总平面图为某大学公寓区总平面图，比例为 1：500，从图中下方的文字标注可知，该围墙的外面为规划红线，建筑物周围有绿地和道路。

(2) 看指北针或风向玫瑰图：通过指北针的方向可知，三栋公寓楼的朝向一致，均为坐北朝南。通过风向玫瑰图可知，该地区全年风以西北风和东南风为主导风向。

(3) 熟悉相应图例：图中三栋公寓楼都是新建建筑，轮廓线用粗实线表示。

(4) 从图中公寓楼的右上角点数可知，三栋公寓楼都是 4 层。

(5) 从图中可以看出整个区域比较平坦，室外标高为 28.520m，室内地面标高为 29.320m。

(6) 图中分别在西南和西北的围墙处给出两个坐标用于 3 栋楼定位，各楼具体的定位尺寸在图中都已标出。

(7) 从尺寸标注可知 3 栋楼的长度为 22.7m，宽度为 12.2m。

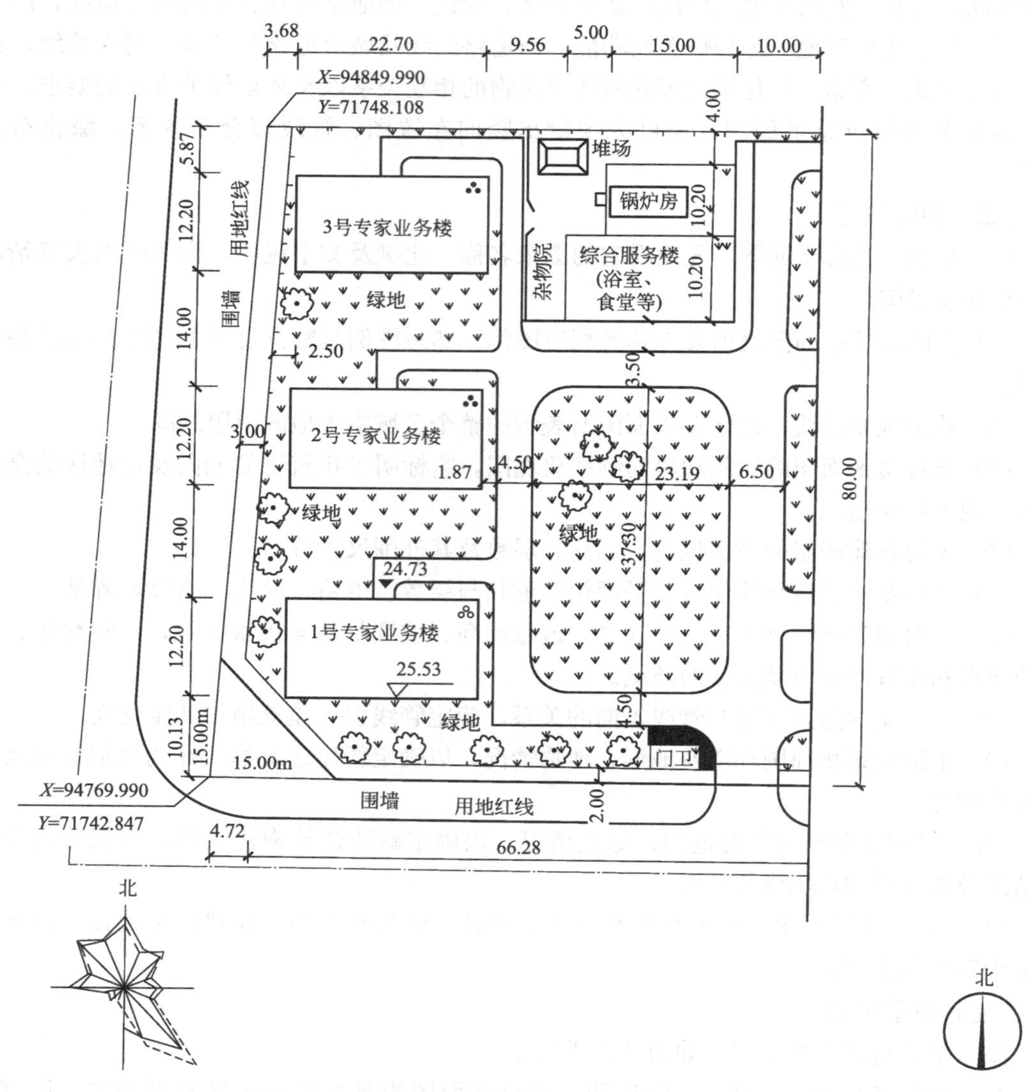


图 2-36 某单位办公区的局部总平面图（1∶500）

## 五、建筑平面图

### （一）概述

建筑平面图是假想用一个水平剖切平面，在建筑物门窗洞口处将房屋剖切开，移去剖切平面以上的部分，将剩余部分用正投影法向水平投影面作正投影所得到的投影图。沿底层门窗洞口剖切得到的平面图称为底层平面图，又称为首层平面图或一层平面图。沿二层门窗洞口剖切得到的平面图称为二层平面图。若房屋的中间层相同则用同一个平面图表示，称为标准层平面图。沿最高一层门窗洞口将房屋切开得到的平面图称为顶层平面图。将房屋的屋顶直接作水平投影得到的平面图称为屋顶平面图。有的建筑物还有地下室平面图和设备层平面图等。

**（二）识图技巧**

（1）拿到一套建筑平面图后，应从底层看起，先看图名、比例和指北针，了解此张平面图的绘图比例及房屋朝向。

（2）一般先从底层平面图看起，在底层平面图上看建筑门厅、室外台阶、花池和散水的情况。

（3）看房屋的外形和内部墙体的分隔情况，了解房屋平面形状和房间分布、用途、数量及相互间的联系。

（4）看图中定位轴线的编号及其间距尺寸，从中了解各承重墙或柱的位置及房间大小，先记住大致的内容，以便施工时定位放线和查阅图样。

（5）看平面图中的内部尺寸和外部尺寸，从各部分尺寸的标注，可以知道每个房间的开间、进深、门窗、空调孔、管道以及室内设备的大小、位置等，不清楚的要结合立面、剖面，一步步地看。

（6）看门窗的位置和编号，了解门窗的类型和数量，还有其他构配件和固定设施的图例。

（7）在底层平面图上，看剖面的剖切符号，了解剖切位置及其编号。

（8）看地面的标高、楼面的标高、索引符号等。

**（三）识图举例**

某住宅小区平面图（图 2-37～图 2-41）

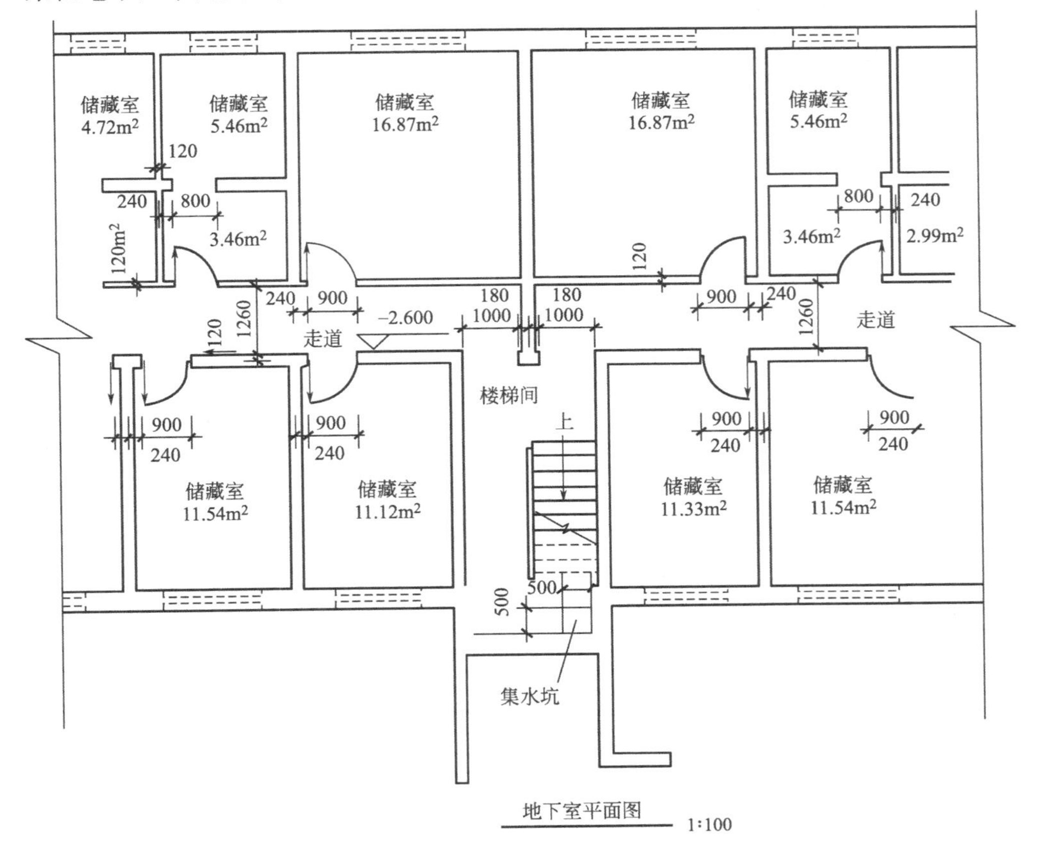


图 2-37　某住宅小区地下室平面图

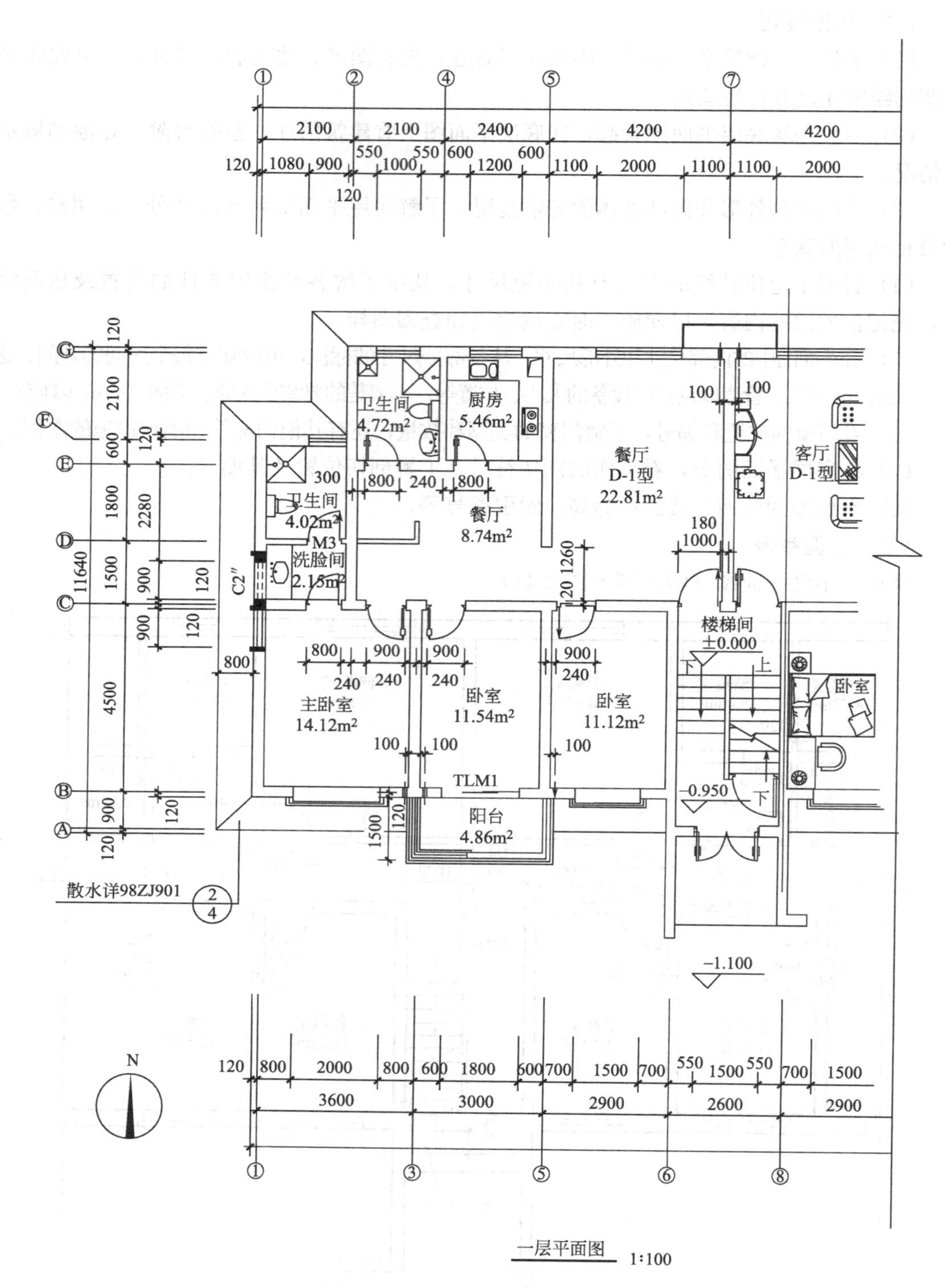


图 2-38　某住宅小区首层平面图

1. 地下室平面图

（1）看地下室平面图的图名、比例可知，该图为某住宅小区的地下室平面图，比例为

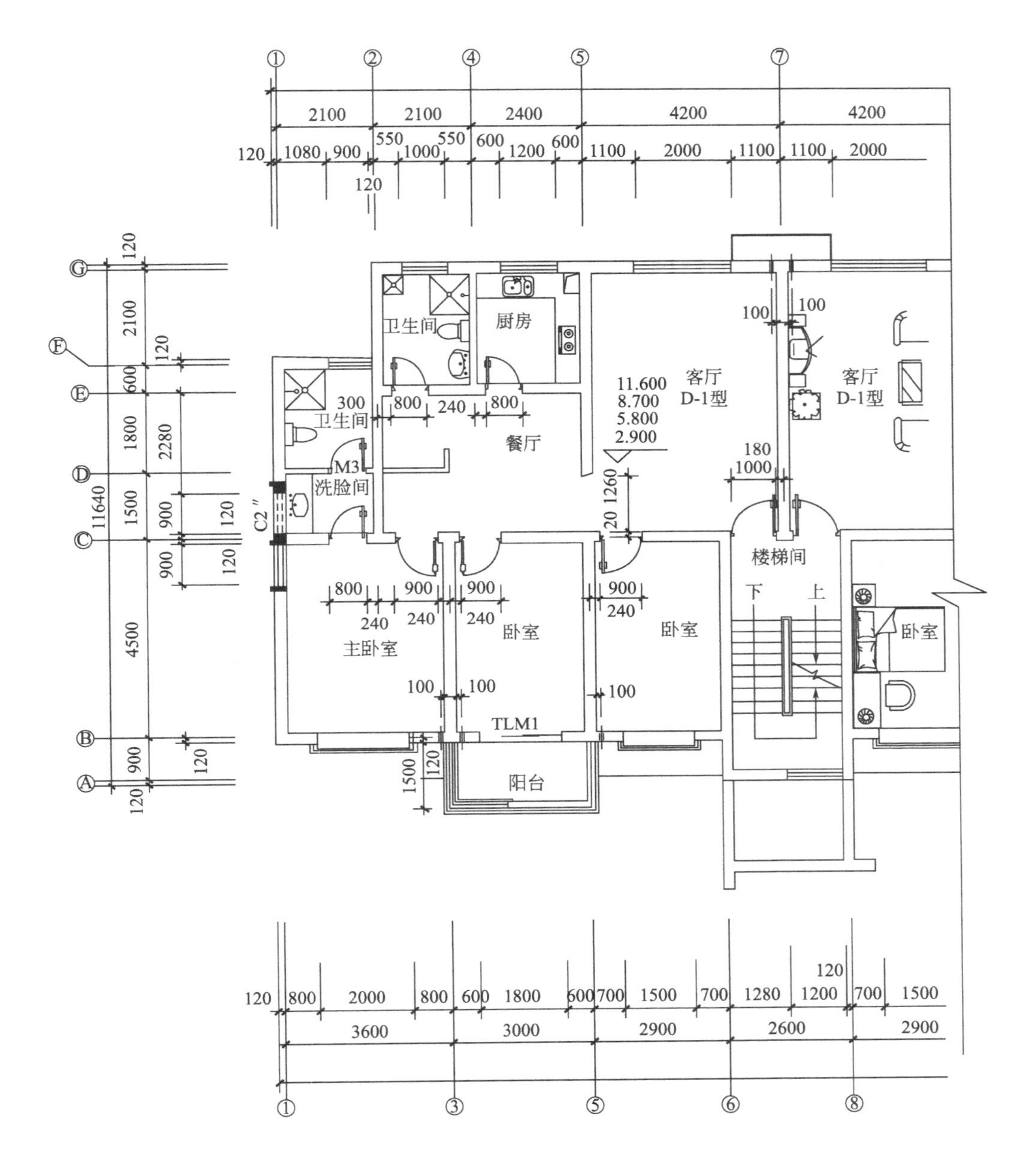


图 2-39 某住宅小区标准层平面图

1：100。

（2）从图中可知本楼地下室的室内标高为－2.600m。

（3）附注说明了地下室内外墙的建筑材料及厚度。

2. 首层平面图

（1）看平面图的图名、比例可知，该图为某住宅小区的一层平面图，比例为 1：100。从指北针符号可以看出，该楼的朝向是入口朝南。

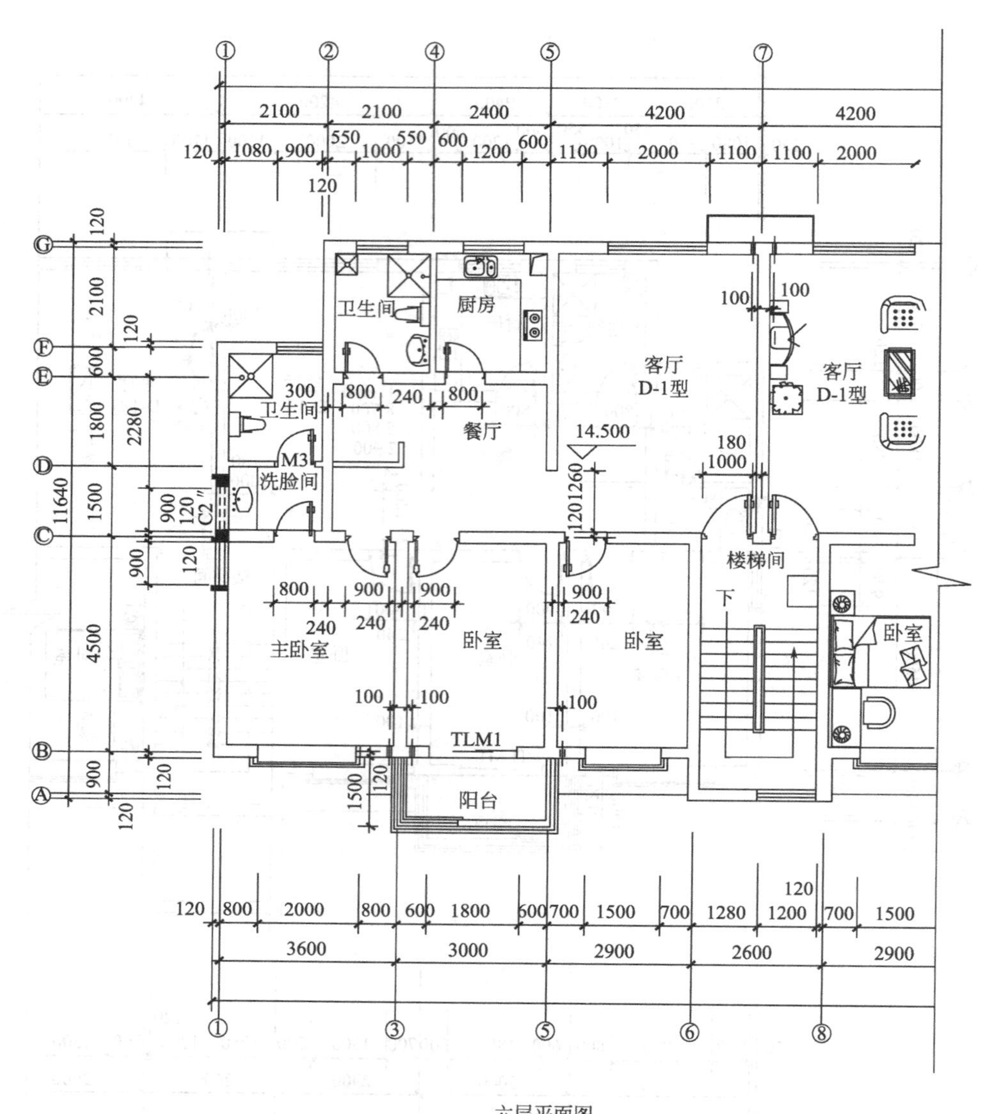


图 2-40　某住宅小区顶层平面图

(2) 图中标注在定位轴线上的第二道尺寸表示墙体间的距离即房间的开间和进深尺寸，图中已标出每个房间的面积。

(3) 从图中墙的位置及分隔情况和房间的名称，可以了解到楼内各房间的配置、用途、数量以及相互间的联系情况，图中显示的完整户型中有 1 个客厅，1 个餐厅，1 个厨房，2 个卫生间，1 个洗脸间，1 个主卧室，2 个次卧室及 1 个南阳台。

(4) 图中可知室内标高为 0.000m。室外标高为－1.100m。

(5) 在图中的内部还有一些尺寸，这些尺寸是房间内部门窗的大小尺寸和定位尺寸以及内部墙的厚度尺寸。

(6) 图中还标注了散水的宽度与位置，散水均为 800mm。

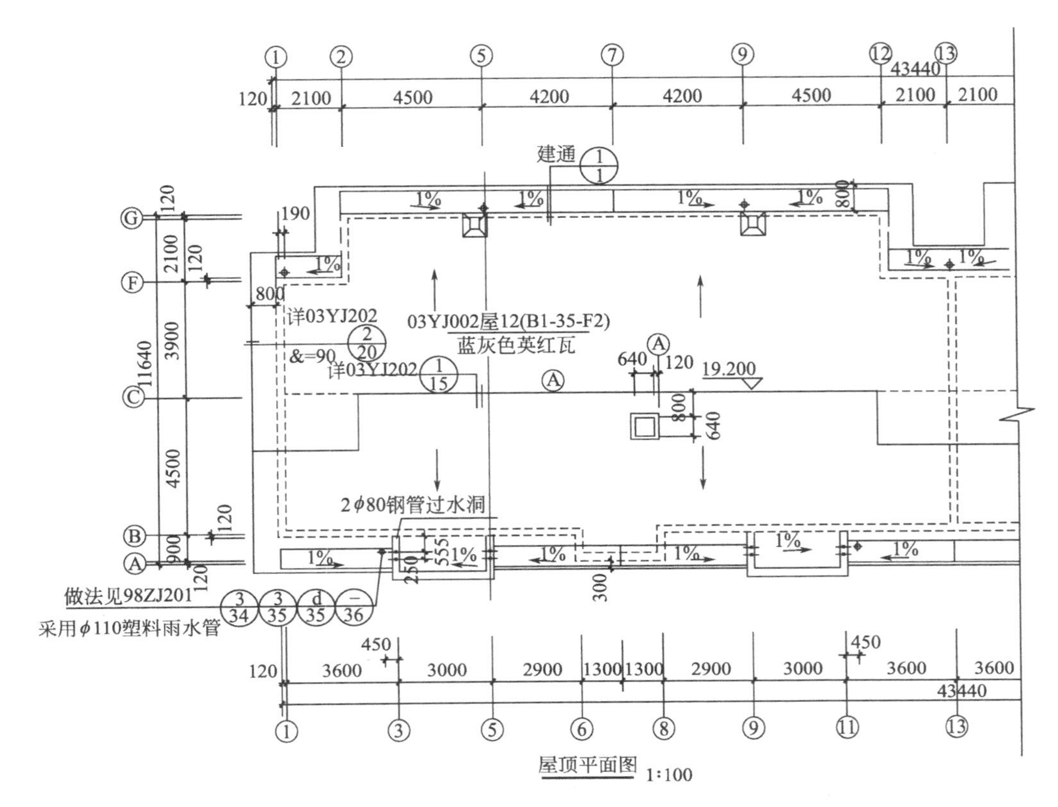

图 2-41 某住宅小区屋顶平面图

(7) 附注说明了户型放大平面图的图纸编号，另见局部大样图的原因是有些房间的布局较为复杂或者尺寸较小，在这样 1∶100 的比例下很难看清楚它的详细布置情况，所以需要单独画出来。

3. 标准层平面图

因为图中二层至五层的布局相同，所以仅绘制一张图，该图就称作标准层。本图中标准层的图示内容及识图方法与首层平面图基本相同，只对它们的不同之处进行讲解。

(1) 标准层平面图中不必再画出一层平面图已显示过的指北针、剖切符号以及室外地面上的散水等。

(2) 标准层平面图中⑥⑧轴线间的楼梯间的Ⓐ轴线处用墙体封堵，并装有窗户。

(3) 看平面的标高，标准层平面标高改为 2.900m、5.800m、8.700m、11.600m，分别代表二层、三层、四层、五层的相对标高。

4. 顶层平面图

因为图中所示的楼层为六层，所以顶层即为第六层。顶层平面图的图示内容和识图方法与标准平面图基本相同，这里就不再赘述，只对它们的不同之处进行讲解。

(1) 顶层平面图中⑥⑧轴线间的楼梯间，梯段不再被水平剖切面剖切，也不再用倾斜45°的折断线表示，因为它已经到了房屋的最顶层，不再需要上行的梯段，故栏杆直接连接在了⑧轴线的墙体上。

(2) 看平面的标高，顶层平面标高改为 14.500m。

5. 屋顶平面图

(1) 看屋面平面图的图名、比例可知，该图比例为 1∶100。

(2) 顶层平面标高为 19.200m。

## 六、建筑立面图

### (一) 概述

建筑立面图，是平行于建筑物各方向外墙面的正投影图，简称（某向）立面图。建筑立面图用来表示建筑物的体型和外貌，并表明外墙面装饰材料与装饰要求等的图样。

建筑立面图的命名方式，见表 2-20。

建筑立面图的命名方式　　表 2-20

| 项目 | 内容 |
|---|---|
| 按房屋的朝向命名 | 建筑在各个位置上的立面图被称为南立面图、北立面图、东立面图、西立面图 |
| 按轴线编号命名 | ①～⑥立面图、⑥～①立面图、Ⓐ～Ⓔ立面图、Ⓔ～Ⓐ立面图 |
| 按房屋立面的主次命名 | 按建筑物立面的主次，把建筑物主要入口面或反映建筑物外貌主要特征的立面图称为正立面图，从而确定背立面图、左侧立面图、右侧立面图 |

### (二) 识读技巧

(1) 首先看立面图上的图名和比例，其次看定位轴线确定是哪个方向上的立面图及绘图比例是多少，立面图两端的轴线及其编号应与平面图上的相对应。

(2) 看建筑立面的外形，了解门窗、阳台栏杆、台阶、屋檐、雨篷、出屋面排气道等的形状及位置。

(3) 看立面图中的标高和尺寸，了解室内外地坪、出入口地面、窗台、门口及屋檐等处的标高位置。

(4) 看房屋外墙面装饰材料的颜色、材料、分格做法等。

(5) 看立面图中的索引符号、详图的出处、选用的图集等。

### (三) 识图举例

某宿舍楼立面图（图 2-42）。

1. ①～⑤立面图

(1) 本图采用轴线标注立面图的名称，即该图是房屋的正立面图，图的比例为 1∶100，图中表明建筑的层数是三层。

(2) 从右侧的尺寸、标高可知，该房屋室外地坪为－0.300m。可以看出一层大门的底标高为±0.000m，顶标高为 2.400m；一层窗户的底标高为 0.900m，顶标高为 2.400m；二、三层阳台栏板的顶标高分别为 4.400m、7.700m；二、三层门窗的顶标高分别为 5.700m、9.000m；底部因为栏板的遮挡，看不到，所以底标高没有标出。

(3) 图中看出楼梯位于正立面图的右侧，上行的第一跑位于 5 号轴线处，每层有两跑到达。

(4) 从顶部引出线看到，建筑的外立面材料由浅黄色丙烯酸涂料饰面，内墙由白色丙烯酸涂料饰面，女儿墙上的坡屋檐由红色西班牙瓦饰面。

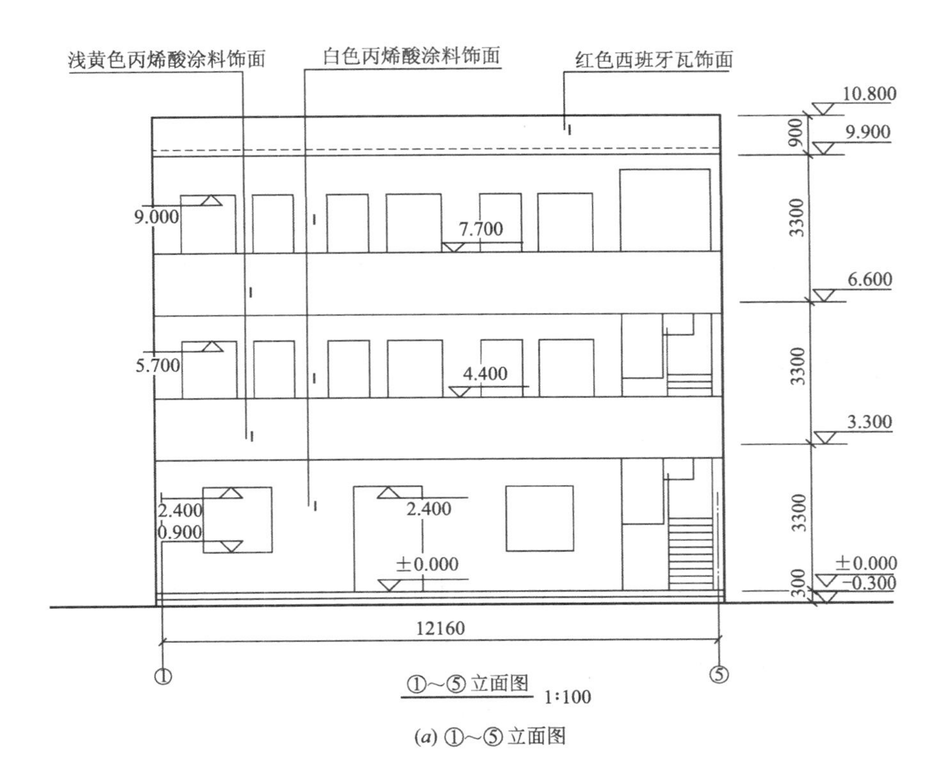


(a) ①~⑤立面图

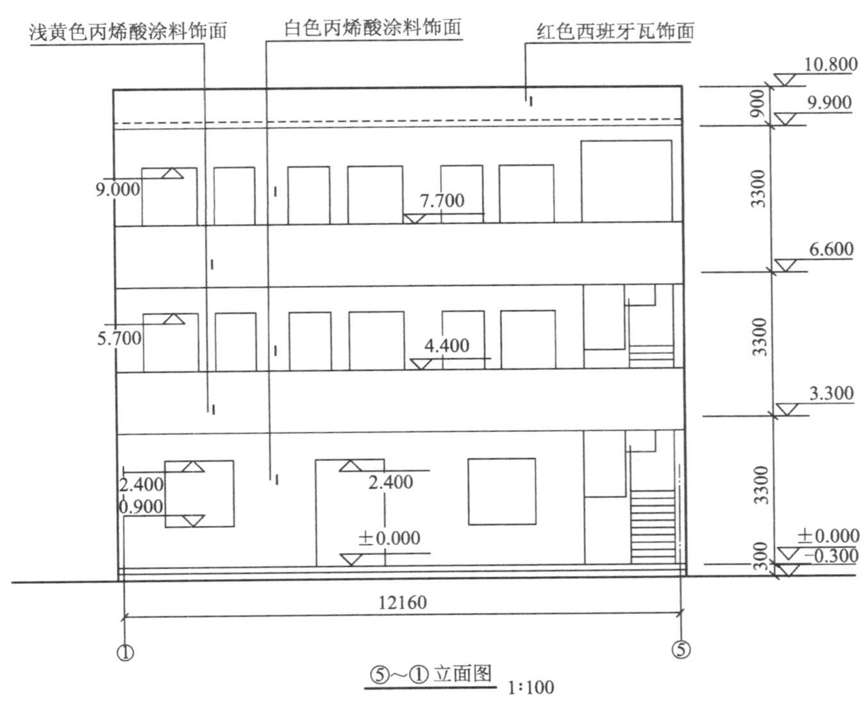


(b) ⑤~①立面图

图 2-42　某宿舍楼立面图

2. ⑤～①立面图

(1) 本图采用轴线标注立面图的名称，即该图是房屋的背立面图，图的比例为1∶100，图中表明建筑的层数是三层。

(2) 从右侧的尺寸、标高可知，该房屋室外地坪为－0.300m。可以看出一层窗户的底标高为2.100m，顶标高为2.700m；二层窗户的底标高为4.200m，顶标高为5.700m；三层窗户的底标高为7.500m，顶标高为9.000m。位于图面左侧的是楼梯间窗户，它的一层底标高为2.550m，顶标高为4.050m；二层底标高为5.850m，顶标高为7.350m。

(3) 从顶部引出线看到，建筑的背立面装饰材料比较简单，为白色丙烯酸涂料饰面。

## 七、建筑剖面图

### (一) 概述

建筑剖面图一般是指建筑物的垂直剖面图，也就是假想用一个竖直平面去剖切房屋，移去靠近观察者视线的部分后的正投影图，简称剖面图。

### (二) 识图技巧

(1) 先看图名、轴线编号和绘图比例。将剖面图与底层平面图对照，确定建筑剖切的位置和投影的方向，从中了解剖面图表现的是房屋哪部分、向哪个方向的投影。

(2) 看建筑重要部位的标高，如女儿墙顶的标高、坡屋面屋脊的标高、室外地坪与室内地坪的高差、各层楼面及楼梯转向平台的标高等。

(3) 看楼地面、屋面、檐线及局部复杂位置的构造。楼地面、屋面的做法通常在建筑施工图的第一页建筑构造中选用了相应的标准图集，与图集不同的构造通常用一引出线指向需要说明的部位，并按其构造层次依次列出材料等说明，有时绘制在墙身大样图中。

(4) 看剖面图中某些部位坡度的标注，如坡屋面的倾斜度、平屋面的排水坡度、入口处的坡道、地下室的坡道等需要做成斜面的位置，通常这些位置标注的都有坡度符号，如1%或1∶10等。

(5) 看剖面图中有无索引符号。剖面图不能表达清楚的地方，应注有索引符号，对应详图看剖面图，才能将剖面图真正看明白。

### (三) 识图举例

某企业员工宿舍楼剖面图（图2-43）。

1. 1—1剖面图

(1) 看图名和比例可知，该剖面图为1—1剖面图，比例为1∶100。对应建筑的首层平面图，找到剖切的位置和投射的方向。

(2) 1—1剖面图表示的都是建筑A～F轴之间的空间关系。表达的主要是宿舍房间及走廊的部分。

(3) 从图中可以看出，该房屋为五层楼房，平屋顶，屋顶四周有女儿墙，为混合结构。屋面排水采用材料找坡2%的坡度；房间的层高分别为±0.000m、3.300m、6.600m、9.900m、13.200m。屋顶的结构标高为16.500m。宿舍的门高度均为2700mm，窗户高度为1800mm，窗台离地900mm。走廊端部的墙上中间开一窗，窗户高度为1800mm。剖切到的屋顶女儿墙高900mm，墙顶标高为17.400m。能看到的但未剖切到的屋顶女儿墙高低不一，高度分别为2100mm、2700mm、3600mm，墙顶标高为18.600m、19.200m、

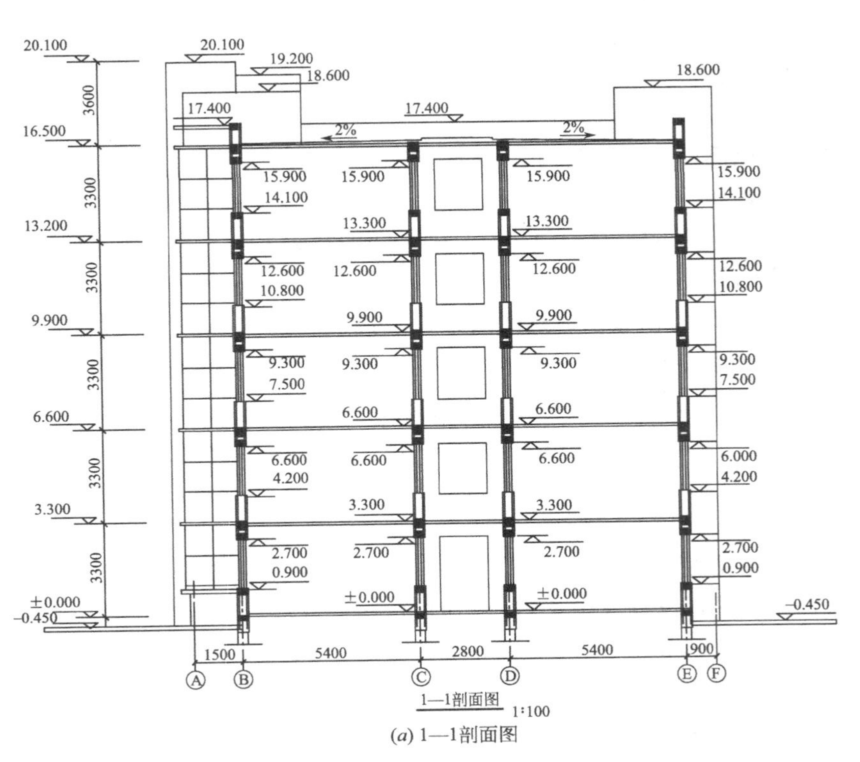


(*a*) 1—1剖面图

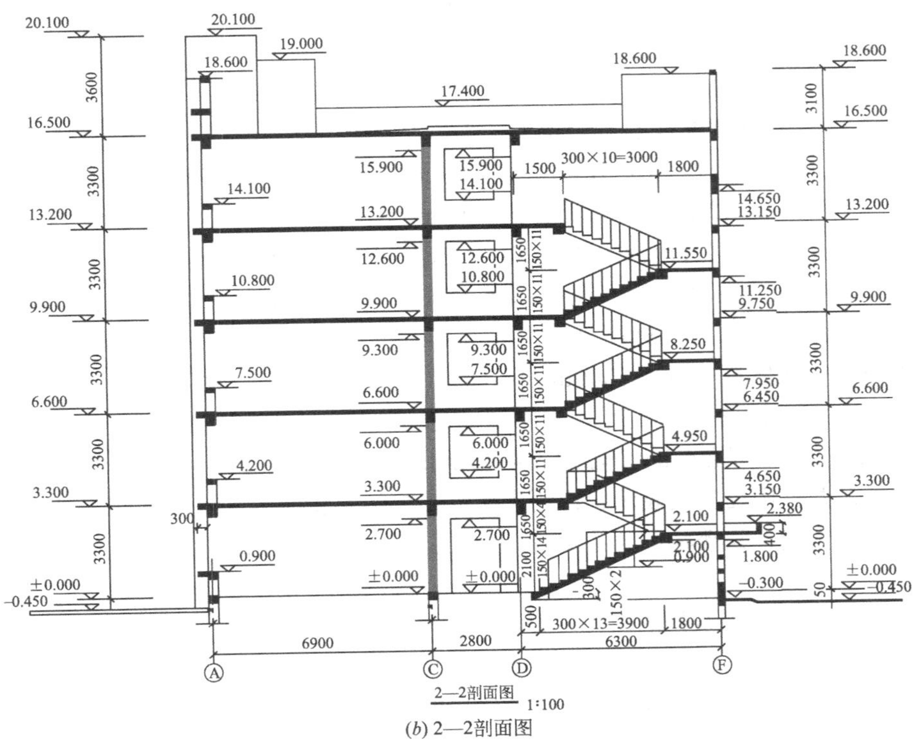


(*b*) 2—2剖面图

图 2-43　某企业员工宿舍楼剖面图

20.100m。从建筑底部标高可以看出，此建筑的室内外高差为450mm。底部的轴线尺寸标明，宿舍房间的进深尺寸为5400mm，走廊宽度为2800mm。另外有局部房间尺寸凸出主轴线，如A轴到B轴间距1500mm，E轴到F轴间距900mm。

2.2—2剖面图

(1) 看图名和比例可知，该图为2—2剖面图，比例为1∶100。对应建筑的首层平面图，找到剖切的位置和投射的方向。

(2) 2—2剖面图表示的都是建筑A～F轴之间的空间关系。表达的主要是楼梯间的详细布置及与宿舍房间的关系。

(3) 从2—2剖面图可以看出建筑的出入口及楼梯间的详细布局。在F轴处为建筑的主要出入口，门口设有坡道，高150mm（从室外地坪标高－0.45m和楼梯间门内地面标高－0.300m可算出）；门高2100mm（从门的下标高为－0.300m，上标高1.800m得出）；门口上方设有雨篷，雨篷高400mm，顶标高为2.380m。进入到楼梯间，地面标高为－0.300m，通过两个总高度为300mm的踏步上到一层房间的室内地面高度（即±0.000m标高处）。

(4) 每层楼梯都是由两个梯段组成。除一层外，其余梯段的踏步数量及宽高尺寸均相同。一层的楼梯特殊些，设置成了长短跑。即第一个梯段较长（共有13个踏步面，每个踏步300mm，共有3900mm长），上的高度较高（共有14个踏步高，每个踏步高150mm，共有2100mm高）；第二个梯段较短（共有7个踏步面，每个踏步300mm，共有2100mm长），上的高度较低（共有8个踏步高，每个踏步高150mm，共有1200mm高）。这样做的目的主要是将一层楼梯的转折处的中间休息平台抬高，使行人在平台下能顺利通过。可以看出，休息平台的标高为2.100m，地面标高为－0.300m，所以下面空间高度（包含楼板在内）为2400mm。除去楼梯梁的高度350mm，平台下的净高为2050mm。这样就满足了《民用建筑设计通则》6.7.5“楼梯平台上部及下部过道处的净高不应小于2m”的规定。二层到五层的楼梯均由两个梯段组成，每个梯段有11个踏步，踏步的高150mm、宽300mm，所以梯段的长度为300mm×10＝3300mm，高度为150mm×11＝1650mm。楼梯间休息平台的宽度均为1800mm，标高分别为2.100m、4.950m、8.250m、11.550m。在每层楼梯间都设有窗户，窗的底标高分别为3.150m、6.450m、9.750m、13.150m，窗的顶标高分别为4.650m、7.950m、11.250m、14.650m。每层楼梯间的窗户距中间休息平台高1500mm。

(5) 与1—1剖面图不同的是，走廊底部是门的位置。门的底标高为±0.000m，顶标高为2.700m。1—1剖面图的D轴线表明被剖切到的是一堵墙；而2—2剖面图只是画了一个单线条，并且用细实线表示，说明走廊与楼梯间是相通的，该楼梯间不是封闭的楼梯间，人流可以直接走到楼梯间再上到上面几层。单线条是可看到的楼梯间两侧墙体的轮廓线。

(6) 另外，在A轴线处的窗户与普通窗户设置方法不太一样。它的玻璃不是直接安在墙体中间的洞口上的，而是附在墙体外侧，并且通上一直到达屋顶的女儿墙的装饰块处的。实际上，它就是一个整体的玻璃幕墙，在外立面看，是一个整块的玻璃。玻璃幕墙的做法有隐框和明框之分，详细做法可以参考标准图集。每层层高处在外墙外侧伸出装饰性的挑檐，挑檐宽300mm，厚度与楼板相同。每层窗洞口的底标高分别为0.900m、

4.200m、7.500m、10.800m、14.100m，窗洞口顶标高由每层的门窗过梁决定（用每层层高减去门窗过梁的高度可以得到）。

## 八、建筑详图

### （一）概述

建筑详图是建筑细部构造的施工图，是建筑平、立、剖面图的补充。建筑详图其实就是一个重新设计的过程。平、立、剖面图是从总体上对建筑物进行的设计，建筑详图是在局部对建筑物进行的设计。图纸画出来最终是给施工人员看的，施工人员再按照图纸的要求进行施工。所以，任何需要表达清楚的地方，都要画出详图，否则施工人员会无从下手。至于各个专业之间的交接问题，以民用建筑为例，建筑专业画出平面图后（立面图、剖面图在提交时并不必须有），向结构、电气、给水排水、暖通专业提交，结构、电气、给水排水、暖通专业在收到条件后，根据要求进行各自的工作；完成布置图后，各自向建筑专业提交条件；建筑专业根据其他专业的反交接内容，完善自己的图纸。最后，在出图前，由相互交接的各专业进行会签确认。

### （二）识图技巧

（1）明确该详图与有关图的关系，根据所采用的索引符号、轴线编号、剖切符号等明确该详图所示部分的位置，将局部构造与建筑物整体联系起来，形成完整的概念。

（2）识读建筑详图的时候，要细心研究，掌握有代表性的部位的构造特点，并灵活运用。

（3）一个建筑物由许多构配件组成，而它们多数属相同类型，因此只要了解其中一个或两个的构造及尺寸，就可以类推其他构配件。

### （三）外墙节点详图识图举例

某厂房外墙身详图（图 2-44）。

（1）该图为某厂房外墙墙身详图，比例为 1：20。

（2）该厂房外墙墙身详图由 3 个节点构成，从图中可以看出，基础墙为普通砖砌成，上部墙体为加气混凝土砌块砌成。

（3）在室内地面处有基础圈梁，在窗台上也有圈梁，一层窗台的圈梁上部突出墙面60mm，突出部分高 100mm。

（4）室外地坪标高－0.800m，室内地坪标高±0.000m。窗台高 900mm，窗户高1850mm，窗户上部的梁与楼板是一体的，到屋顶与挑檐也构成一个整体，由于梁的尺寸比墙体小，在外面又贴了厚 50mm 的聚苯板，可以起到保温的作用。

（5）室外散水、室内地面、楼面、屋面的做法是采用分层标注的形式表示的，当构件有多个层次构造时就采用此法表示。

### （四）楼梯详图识图举例

某宿舍楼楼梯详图（图 2-45～图 2-47）。

1. 楼梯平面图

（1）该宿舍楼楼梯平面图中，楼梯间的开间为 2700mm，进深为 4500mm。

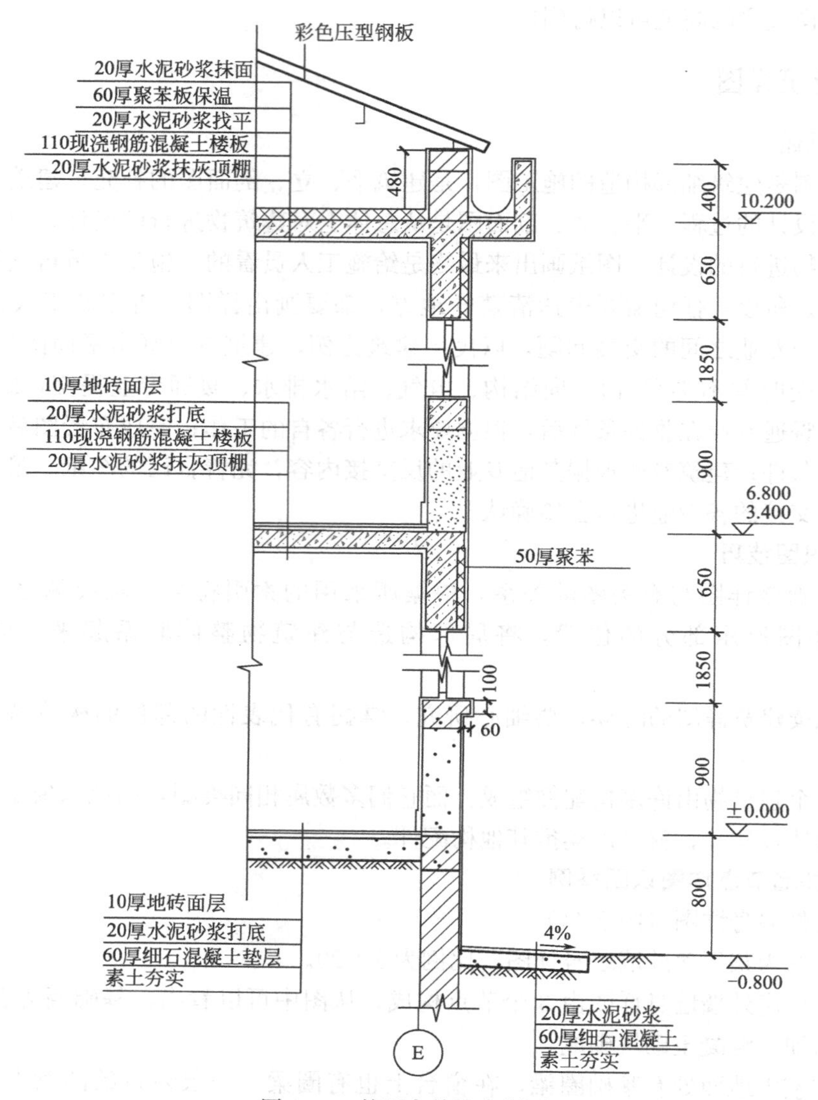

图 2-44　某厂房外墙身详图

（2）由于楼梯间与室内地面有高差，先上了 5 级台阶。每个梯段的宽度都是 1200mm（底层除外），梯段长度为 3000mm，每个梯段都有 10 个踏面，踏面宽度均为 300mm。

（3）楼梯休息平台的宽度为 1350mm，两个休息平台的高度分别为 1.700m、5.100m。

（4）楼梯间窗户宽为 1500mm。楼梯顶层悬空的一侧，有一段水平的安全栏杆。

2. 楼梯剖面图

（1）该宿舍楼楼梯剖面图中，从底层平面图中可以看出，是从楼梯上行的第一个梯段剖切的。楼梯每层有两个梯段，每一个梯段有 11 级踏步，每级踏步高 1545mm，每个梯段高 1700mm。

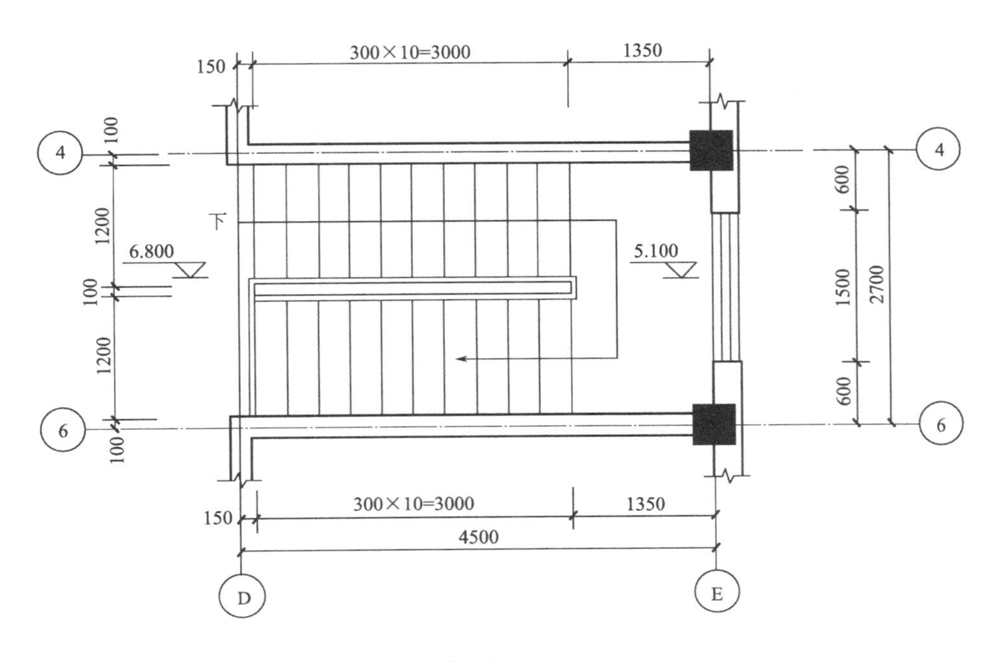


三层平面图 1:50

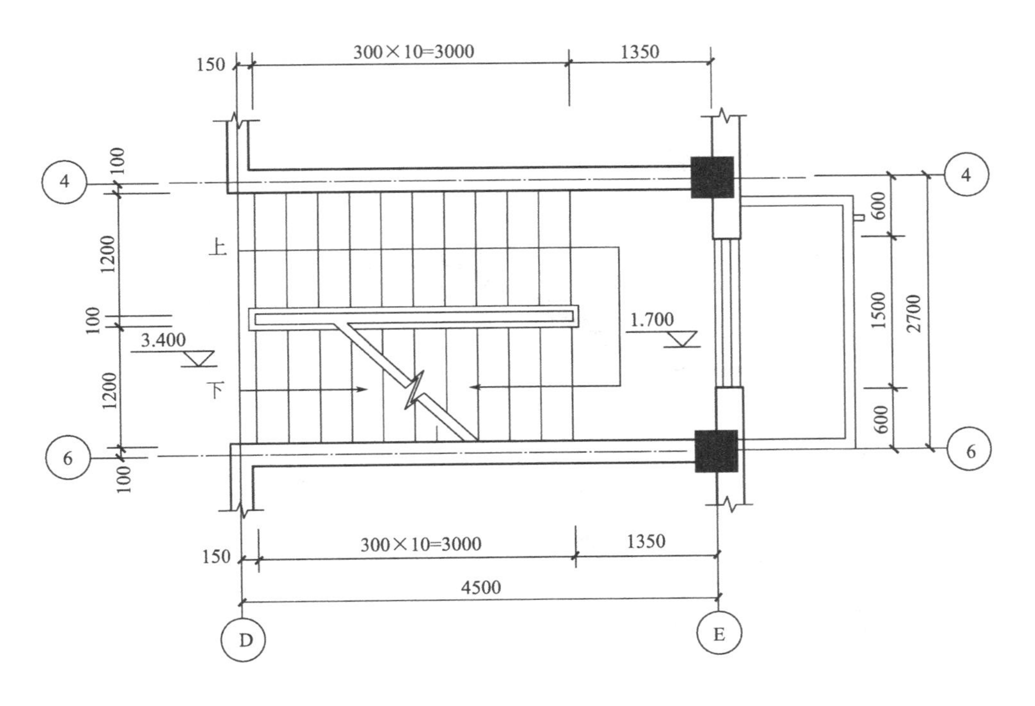


二层平面图 1:50

图 2-45 某宿舍楼楼梯平面图（一）

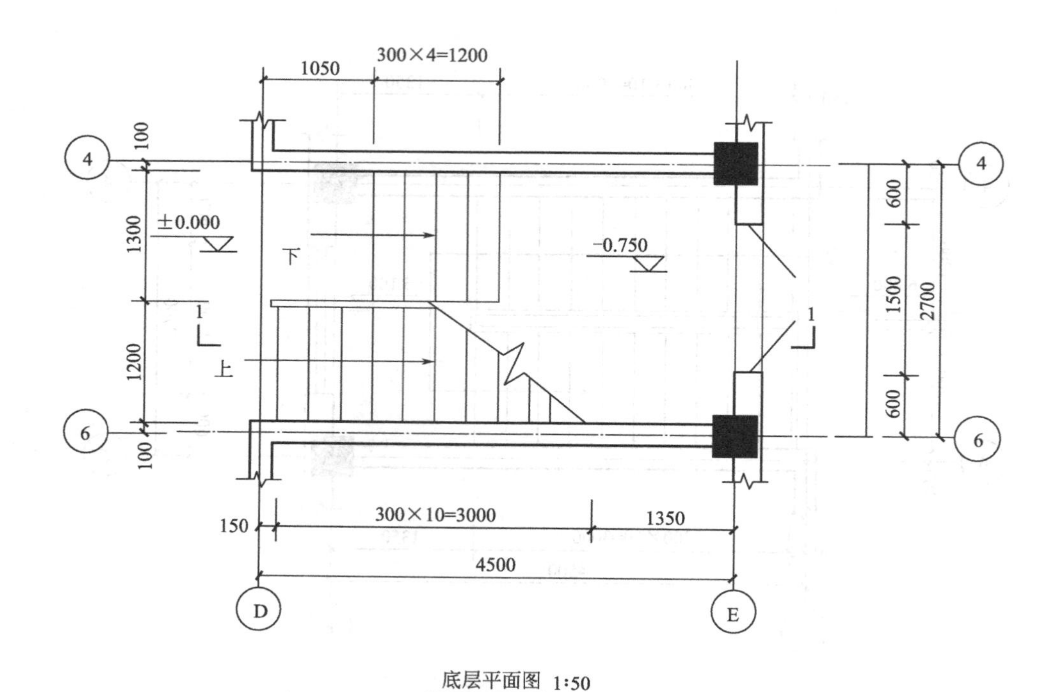


底层平面图 1:50

图 2-45 某宿舍楼楼梯平面图（二）

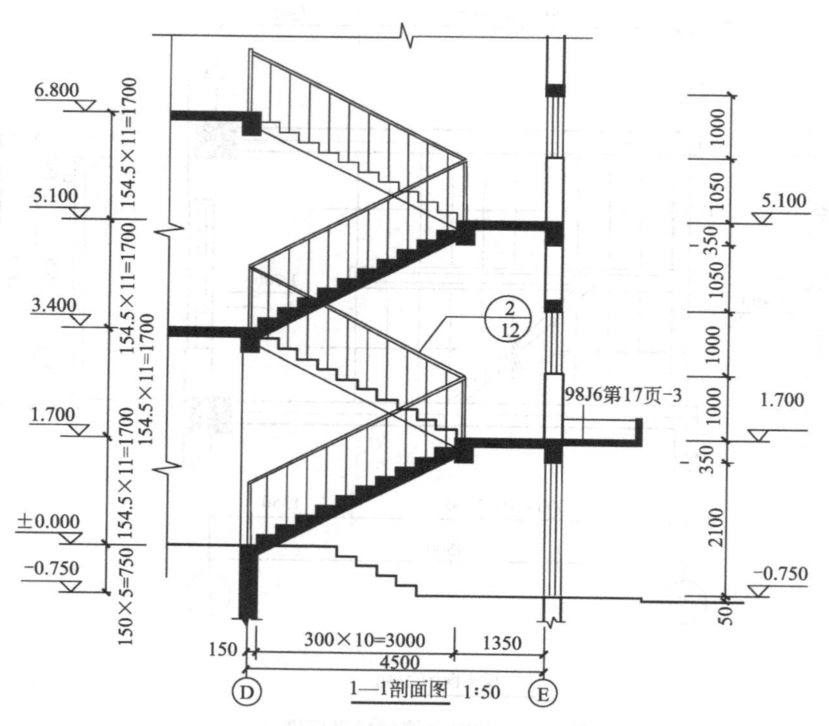


1—1剖面图 1:50

图 2-46 某宿舍楼楼梯剖面图

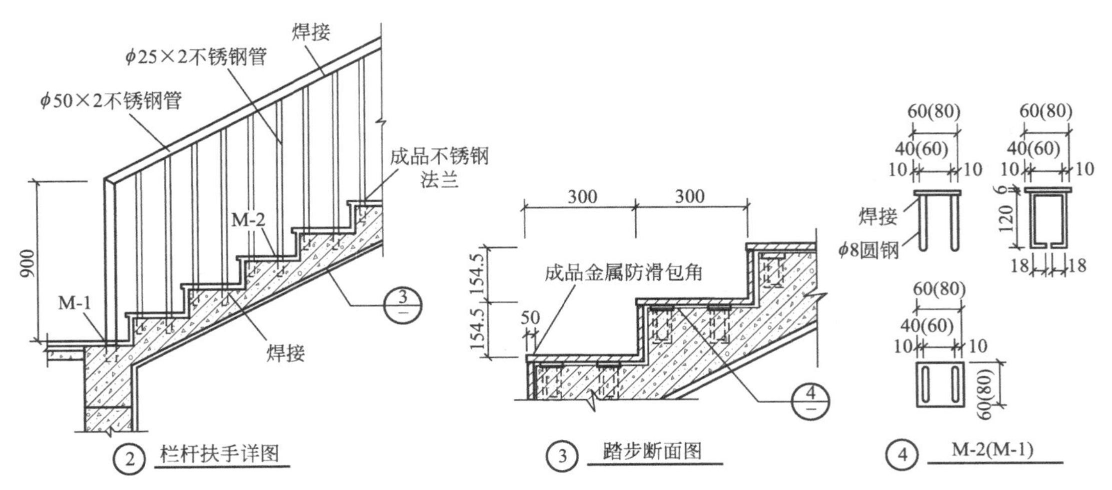


图 2-47　某宿舍楼楼梯踏步、栏杆、扶手详图

（2）楼梯间窗户和窗台高度都为 1000mm。楼梯基础、楼梯梁等构件尺寸应查阅结构施工图。

3. 楼梯节点详图

（1）楼梯的扶手高 900mm，采用直径 50mm、壁厚 2mm 的不锈钢管，楼梯栏杆采用直径 25mm、壁厚 2mm 的不锈钢管，每个踏步上放两根。

（2）扶手和栏杆采用焊接连接。

（3）楼梯踏步的做法一般与楼地面相同。踏步的防滑采用成品金属防滑包角。

（4）楼梯栏杆底部与踏步上的预埋件 M-1、M-2 焊接连接，连接后盖不锈钢法兰。

（5）预埋件详图用三面投影图表示出了预埋件的具体形状、尺寸、做法，括号内表示的是预埋件 M-1 的尺寸。

4. 门窗详图识图举例

某咖啡馆木门详图（图 2-48～图 2-49）。

（1）该咖啡馆木门由立面图与详图组成，完整地表达出不同部位材料的形状、尺寸和一些五金配件及其相互间的构造关系。

（2）立面图最外围的虚线表示门洞的大小。

（3）木门分成上下两部分，上部固定，下部为双扇弹簧门。

（4）在木门与过梁及墙体之间有 10mm 的安装间隙。

（5）详图索引符号中的粗实线表示剖切位置，细的引出线是表示剖视方向，引出线在粗线之左，表示向左观看；引出线在粗线之下，表示向下观看。一般情况下，水平剖切的观看方向相当于平面图，竖直剖切的观看方向相当于左侧面图。

5. 厨卫大样图识图举例

某住宅小区厨卫大样图（图 2-50）。

（1）位于左侧的是卫生间，门宽为 800mm，距④轴线间距为 250mm，Ⓜ轴线上的窗宽为 1200mm，在④与⑤轴线间居中布置，房间内进门沿⑤轴线依次布置的有洗脸盆、拖布池、坐便，对面沿④轴布置的有淋浴喷头，在④轴和Ⓜ轴交角的位置是卫生间排气道，可选用图集 2000YJ205 的做法。

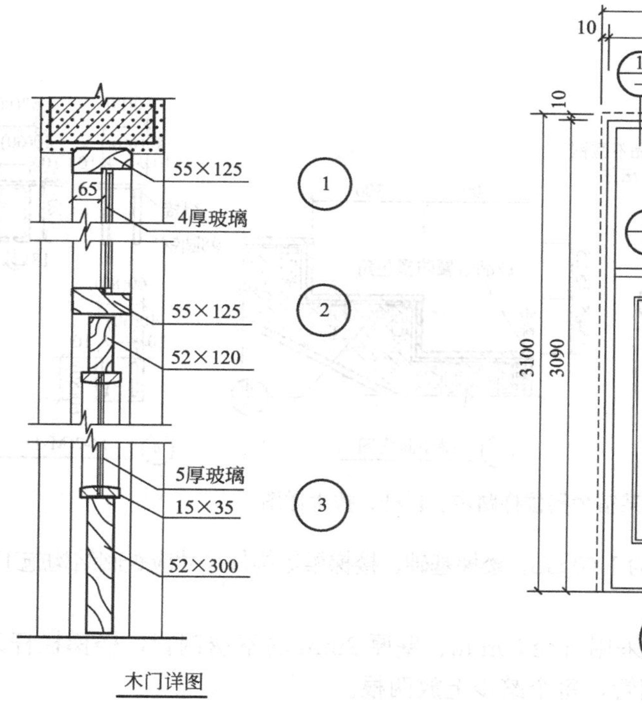


图 2-48 某咖啡馆木门详图

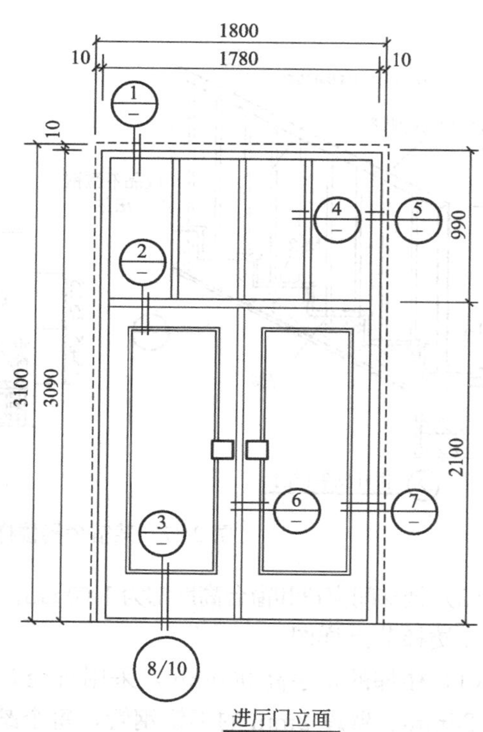


图 2-49 某咖啡馆木门立面图

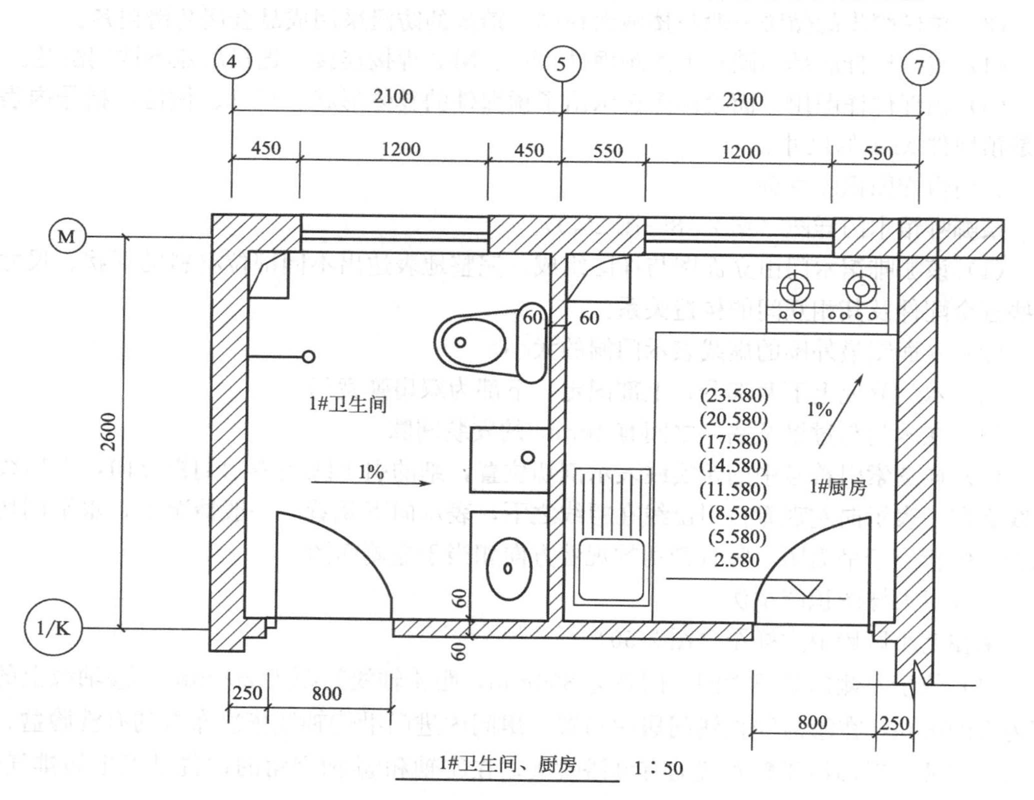


图 2-50 某住宅小区厨卫大样图

（2）位于右侧的是厨房，门宽为800mm，距⑦轴线间距为250mm，窗宽为1200mm，在⑤与⑦轴线间居中布置，房间内进门沿⑤轴线布置的有洗菜池，在Ⓜ轴与⑦交角的位置布置煤气灶，对面沿⑤轴和Ⓜ轴交角的位置是厨房排烟道，排烟道根据建筑层数及其功能也可选用图集2000YJ205的做法。

建筑识图第一集

扫码观看本视频

# 第四节　土建工程结构施工图的识读

## 一、图纸目录

图纸目录是了解建筑设计的整体情况的文件，从目录中我们可以明确图纸数量、出图大小、工程号，还有建筑单位及整个建筑物的主要功能。

结构施工图排在建筑施工图之后，看过建筑施工图，脑海中形成建筑物的立体空间模型后，看结构施工图的时候，能更好地理解其结构体系。结构施工图是根据结构设计的结果绘制而成的图样。它是构件制作、安装和指导施工的重要依据。除了建筑施工图外，结构施工图是一整套施工图中的第二部分，它主要表达的是建筑物的承重构件（如基础、承重墙、柱、梁、板、屋架、屋面板等）的布置、形状、尺寸大小、数量、材料、构造及其相互关系。

在结构施工工图中一般包括：结构设计总说明，基础平面图和基础详图，结构平面图，梁、柱配筋图，楼梯配筋图。

当拿到一套结构施工图后，首先看到的第一张图便是图纸目录。图纸目录可以帮我们了解图纸的专业类别、总张数、每张图纸的图名、工程名称、建设单位和设计单位等内容，见表2-21。

某底商住宅楼的结构专业图纸目录　　表2-21

| 序号 | 图号 | 图纸名称 | 规格 | 备注 |
|---|---|---|---|---|
| 1 | 结施-01 | 结构设计总说明 | A1 | 新图 |
| 2 | 结施-02 | 桩位平面布置图 | A1 | 〃 |
| 3 | 结施-03 | 基础底板配筋图 | A1 | 〃 |
| 4 | 结施-04 | 剪力墙构造详图；一层入口平面图 | A1 | 〃 |
| 5 | 结施-05 | 标高－3.630～－0.030m暗柱平面布置图 | A1 | 〃 |
| 6 | 结施-06 | 标高－3.630～－0.030m剪力墙暗柱表 | A1 | 〃 |
| 7 | 结施-07 | 标高－0.030m处连梁平面图 | A1 | 〃 |
| 8 | 结施-08 | 标高－0.030m处板配筋图 | A1 | 〃 |
| 9 | 结施-09 | 楼梯平面图、配筋详图 | A1 | 〃 |
| 10 | 结施-10 | 地下室设备洞口布置图 | A1 | 〃 |
| 11 | 结施-11 | 标高－0.030～50.970m暗柱平面布置图 | A1 | 〃 |
| 12 | 结施-12 | 标高－0.030～5.970m剪力墙暗柱表 | A1 | 〃 |
| 13 | 结施-13 | 标高5.970～50.970m剪力墙暗柱表 | A1 | 〃 |
| 14 | 结施-14 | 标高2.970m，5.970m，8.970m，11.970m……50.970m处连梁平面图 | A1 | 〃 |

续表

| 序号 | 图号 | 图纸名称 | 规格 | 备注 |
| --- | --- | --- | --- | --- |
| 15 | 结施-15 | 标高 2.970m，5.970m，8.970m，11.970m，14.970m，17.970m,20.970m,23.970m 处板配筋图 | A1 | 〃 |
| 16 | 结施-16 | 标高 26.970m，29.970m，32.970m，35.970m，38.970m，41.970m,44.970m,47.970m 处板配筋图 | A1 | 〃 |
| 17 | 结施-17 | 标高 50.970m 处板配筋图 | A1 | 〃 |
| 18 | 结施-18 | 标高 54.000m 结构平面图 | A1 | 〃 |
| 19 | 结施-19 | 屋顶女儿墙平面布置图 | $A2^{+}$ | 〃 |
| 20 | 结施-20 | 屋顶造型平面、墙身线角剖面节点、阳台剖面节点详图 | $A2^{+}$ | 〃 |

## 二、结构设计总说明

结构设计说明是结构施工图的总说明，主要是文字性的内容。结构施工图中未表示清楚的内容都反映在结构设计说明中。结构设计总说明通常放在图样目录后面或建筑总平面图后面，它的内容根据建筑物的复杂程度有多有少，但一般应包括设计依据、工程概况、工程做法等内容，见表 2-22。

建筑设计总说明的内容　　表 2-22

| 项目 | 内容 |
| --- | --- |
| 工程概况 | 一般包括工程的结构体系、抗震设防烈度、荷载取值、结构设计、使用年限等内容 |
| 设计依据 | 一般包括国家颁布的建筑结构方面的设计规范、规定、强制性条文、建设单位提供的地质勘察报告等方面的内容 |
| 工程做法 | 一般包括地基与基础工程、主体工程、砌体工程等部位的材料做法等，如混凝土构件的强度等级、保护层厚度;配置的钢筋级别、钢筋的锚固长度和搭接长度;砌块的强度、砌筑砂浆的强度等级、砌体的构造要求等方面的内容 |

凡是直接与工程质量有关而在图样上无法表示的内容，往往在图纸上用文字说明表达出来，这些内容是识读图样必须掌握的，需要认真阅读。

## 三、基础施工图

基础施工图一般由基础平面图、基础详图和设计说明组成。由于基础是首先施工的部分，基础施工图往往又是结构施工图的前几张图纸。其中，设计说明的主要内容是明确室内地面的设计标高及基础埋深、基础持力层及其承载力特征值、基础的材料，以及对基础施工的具体要求。

基础平面图是假想用一个水平面沿着地面剖切整幢房屋，移去上部房屋和基础上的泥土，用正投影法绘制的水平投影图。基础平面图主要表示基础的平面布置情况，以及基础与墙、柱定位轴线的相对关系，是房屋施工过程中指导放线、基坑开挖、定位基础的依据。基础平面图的绘制比例，通常采用 1：50、1：100、1：200。基础平面图中的定位轴线网格与建筑平面图中的轴线网格完全相同，如图 2-51 所示。

由于基础布置平面图只表示了基础平面布置，没有表达出基础各部位的断面，为了给

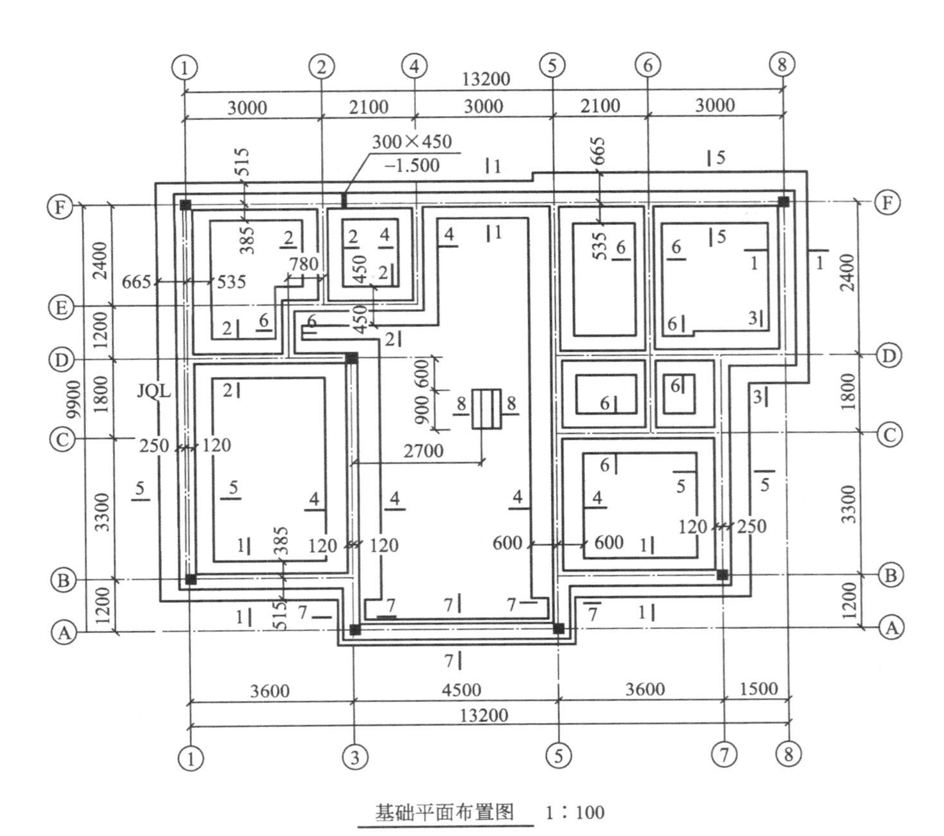

基础平面布置图 1∶100

图 2-51 墙下条形基础平面布置图

基础施工提供详细的依据，就必须画出各部分的基础断面详图。

基础详图是一种断面图，是采用假想的剖切平面垂直剖切基础具有代表性的部位而得到的断面图。为了更清楚地表达基础的断面，基础详图的绘制比例通常取 1∶20、1∶30。基础详图充分表达了基础的断面形状、材料、大小、构造和埋置深度等内容。基础详图一般采用垂直的横剖断面表示。断面详图相同的基础用同一个编号、同一个详图表示。对断面形状和配筋形式都较类似的条形基础，可采用通用基础详图的形式，通用基础详图的轴线符号圆圈内不注明具体编号。

对于同一幢房屋，由于内部各处的荷载和地基承载力不同，其基础断面的形式也不相同，所以需画出每一处断面形式不同的基础的断面图，断面的剖切位置在基础平面图上用剖切符号表示。

## 四、主体结构施工图

相对于基础工程，主体工程是指房屋在基础以上的部分。建筑物的结构形式主要是根据房屋基础以上部分的结构形式来区分的。

表示房屋上部结构布置的图样，叫作结构布置图。结构布置图采用正投影法绘制，设想用一个水平剖切面沿着楼板上表面剖切，然后移去剖切平面以上的部分所做的水平投影图，用平面图的方式表达，因此也称为结构平面布置图。这里要注意的是，结构平面图与建筑平面图的不同之处是在于它们选取的剖切位置不一样，建筑平面是在楼层标高+900mm，即大约在窗台的高度位置将建筑物切开，而结构平面则是在楼板上表面处将建筑物切开，然后向下投影。对于多层建筑，结构平面布置图一般应分层绘制，但当各楼层结构构件的类型、大小、数量、布置情况均相同时，可只画一个标准层的结构布置平面图。构件一般用其轮廓线表示，如能表示清楚，也可用单线表示，如梁、屋架、支撑等可用粗点画线表示其中心位置；楼梯间或电梯间一般另见详图，故在平面图中通常用一对交叉的对角线及文字说明来表示其范围。

## 五、构件详图

主体结构施工图只表示出了一些常规构件的设计信息，但对于一些特殊的构件或者在结构平面图中无法表示清楚的构件，尚需单独绘制详图来表达。

结构详图是用来表示特殊构件的尺寸、位置、材料和配筋情况的施工图，主要包括楼梯结构详图和建筑造型的有关节点详图等特殊构件。

建筑识图第二集

扫码观看本视频

# 第三章　钢筋平法计算

学习目标　了解平法钢筋的原理及应用。

## 第一节　钢筋长度计算的一般规定

### 一、钢筋工程量计算规则

无论是《建设工程工程量清单计价规范》GB 50500-2013 还是各地省定额规定，其钢筋工程量计算规则基本是一样的，计算规则如下：

(1) 钢筋工程，应区别现浇、预制构件、不同钢种和规格，分别按设计长度乘以理论重量，以吨计算。

(2) 计算钢筋工程量时，设计已规定钢筋搭接长度的，按规定搭接长度计算；设计未规定搭接长度的，已包括在钢筋的损耗率之内，不另计算搭接长度。钢筋电渣压力焊接、套筒挤压等接头，以个计算。

(3) 先张法预应力钢筋，按构件外形尺寸计算长度，后张法预应力钢筋按设计图规定的预应力钢筋预留孔道长度，并区别不同的锚具类型，分别按下列规定计算：

① 低合金钢筋两端采用螺杆锚具时，预应力的钢筋按预留孔道长度减 0.35m，螺杆另行计算。

② 低合金钢筋一端采用镦头插片，另一端螺杆锚具时，预应力钢筋长度按预留孔道长度计算，螺杆另行计算。

③ 低合金钢筋一端采用镦头插片，另一端采用帮条锚具时，预应力钢筋增加 0.15m，两端采用帮条锚具时预应力钢筋共增加 0.3m 计算。

④ 低合金钢筋采用后张法自锚时，预应力钢筋长度增加 0.35m 计算。

⑤ 低合金钢筋或钢绞线采用 JM、XM、QM 型锚具孔道长度在 20m 以内时，预应力钢筋长度增加 1m；孔道长度 20m 以上时预应力钢筋长度增加 1.8m 计算。

⑥ 碳素钢丝采用锥形锚具，孔道长在 20m 以内时，预应力钢筋长度增加 1m；孔道长在 20m 以上时，预应力钢筋长度增加 1.8m。

⑦ 碳素钢丝两端采用镦粗头时，预应力钢丝长度增加 0.35m 计算。

### 二、各类钢筋计算长度的确定

钢筋长度计算公式：

钢筋长度＝构件图示尺寸－保护层总厚度＋两端弯钩长度＋（图纸注明的搭接长度、

弯起钢筋斜长的增加值)

式中保护层厚度、钢筋弯钩长度、钢筋搭接长度、弯起钢筋斜长的增加值以及各种类型钢筋设计长度的计算公式如下。

### (一) 钢筋的混凝土保护层厚度

受力钢筋的混凝土保护层厚度,应符合设计要求,当设计无具体要求时,不应小于受力钢筋直径,并应符合表 3-1 的要求。

**钢筋的混凝土保护层厚度 (mm)** **表 3-1**

| 环境条件 | 构件名称 | 混凝土强度等级 | | |
|---|---|---|---|---|
| | | 低于 C25 | C25 及 C30 | 高于 C30 |
| 室内正常环境 | 板、墙、壳 | 15 | | |
| | 梁、柱 | 25 | | |
| 露天或室内高湿度环境 | 板、墙、壳 | 35 | 25 | 15 |
| | 梁、柱 | 45 | 35 | 25 |
| 有垫层 | 基础 | 35 | | |
| 无垫层 | | 70 | | |

注: 1. 轻骨料混凝土的钢筋的保护层厚度应符合国家现行标准《轻骨料混凝土结构设计规程》。

2. 处于室内正常环境由工厂生产的预制构件,当混凝土强度等级不低于 C20 且施工质量有可靠保证时,其保护层厚度可按表中规定减少 5mm,但预制构件中的预应力钢筋的保护层厚度不应小于 15mm;处于露天或室内高湿度环境的预制构件,当表面另作水泥砂浆抹面且有质量可靠保证措施时,其保护层厚度可按表中室内正常环境中的构件的保护层厚度数值采用。

3. 钢筋混凝土受弯构件,钢筋端头的保护层厚度一般为 10mm;预制的肋形板,其主肋的保护层厚度可按梁考虑。

4. 板、墙、壳中分布钢筋的保护层厚度不应小于 10mm;梁、柱中的箍筋和构造钢筋的保护层厚度不应小于 15mm。

### (二) 钢筋的弯钩长度

Ⅰ级钢筋末端需要做 180°、135° 、90°弯钩时,其圆弧弯曲直径 $D$ 不应小于钢筋直径 $d$ 的 2.5 倍,平直部分长度不宜小于钢筋直径 $d$ 的 3 倍;HRRB335 级、HRB400 级钢筋的弯弧内径不应小于钢筋直径 $d$ 的 4 倍,弯钩的平直部分长度应符合设计要求。180°的每个弯钩长度=$6.25d$;($d$ 为钢筋直径 mm)。钢筋的弯钩长度如图 3-1 所示。

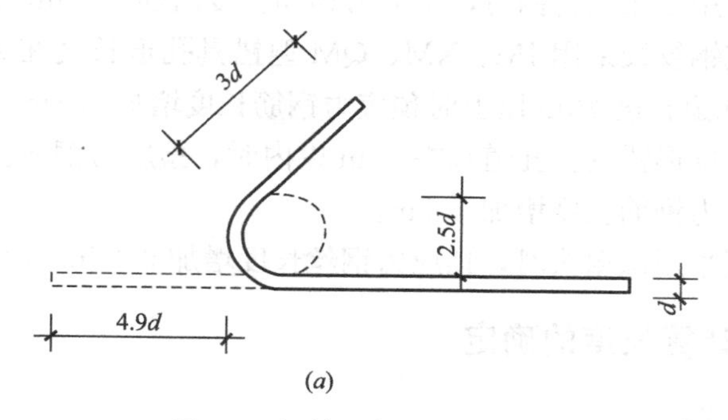


图 3-1 钢筋的弯钩长度(一)

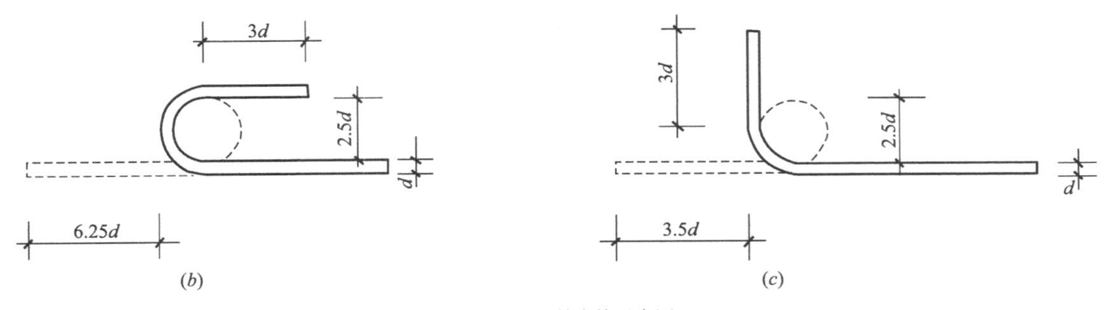


钢筋弯钩示意图

(*a*) 135° 斜弯钩；(*b*) 180° 半圆弯钩；(*c*) 90° 直弯钩

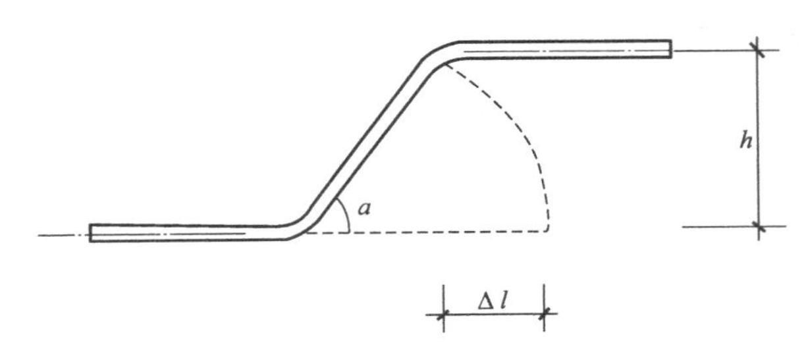


弯起钢筋增加长度示意图

135° 的每个弯钩长度=4.9*d*；
90° 的每个弯钩长度=3.5*d*。

图 3-1 钢筋的弯钩长度（二）

### （三）弯起钢筋的增加长度

弯起钢筋的弯起角度一般有 30°、450°、60°三种，其弯起增加值是指钢筋斜长与水平投影长度之间的差值，见表 3-2。

**弯起钢筋斜长及增加长度计算表** **表 3-2**

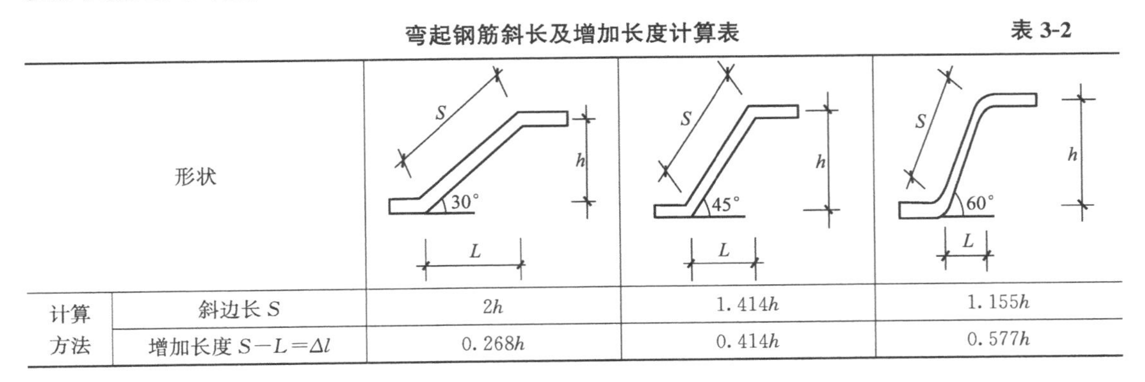

| 形状 | | 30° | 45° | 60° |
|---|---|---|---|---|
| 计算方法 | 斜边长 $S$ | $2h$ | $1.414h$ | $1.155h$ |
| | 增加长度 $S-L=\Delta l$ | $0.268h$ | $0.414h$ | $0.577h$ |

### （四）箍筋的长度

箍筋的末端应作弯钩，弯钩形式应符合设计要求。当设计无具体要求时，用Ⅰ级钢筋或低碳钢丝制作的箍筋，其弯钩的弯曲直径 $D$ 不应大于受力钢筋直径，且不小于箍筋直径的 2.5 倍；弯钩的平直部分长度，一般结构的，不宜小于箍筋直径的 5 倍；有抗震要求的结构构件箍筋弯钩的平直部分长度不应小于箍筋直径的 10 倍。

箍筋的长度有两种计算方法：

（1）计算法：可按构件断面外边周长减去 8 个保护层厚度再加 2 个弯钩长度计算。

（2）经验法：可按构件断面外边周长加上增减值计算，增减值见表 3-3。

箍筋增减值调整表　　表 3-3

| 形状 | | 直径 $d$(mm) | | | | | | 备注(保护层按 25mm 考虑) |
|---|---|---|---|---|---|---|---|---|
| | | 4 | 6 | 6.5 | 8 | 10 | 12 | |
| | | 增减值 | | | | | | |
| 抗震结构 | 1350/1350 | −88 | −33 | −20 | 22 | 78 | 133 | 增减值=25×8−27.8$d$ |
| 一般结构 | 900/1800 | −133 | −100 | −90 | −66 | −33 | 0 | 增减值=25×8−16.75$d$ |
| 一般结构 | 900/900 | −140 | −110 | −103 | −80 | −50 | −20 | 增减值=25×8−15$d$ |

## 三、混凝土构件钢筋、预埋铁件工程量计算

（1）现浇构件钢筋制作、安装工程量：按重量计算。

钢筋工程量=钢筋长度×钢筋理论重量×根数。

钢筋长度应区分不同钢筋级别、直径，规格按“米”计算，钢筋理论重量可以通过查表获得，也可以根据经验公式自己计算获得，钢筋理论重量经验公式：钢筋理论重量(kg/m)=0.00617$d^2$，$d$ 为钢筋直径，单位为 mm。

（2）预制钢筋混凝土凡是标准图集构件钢筋，可直接查表，其工程量=单件构件钢筋理论重量×件数，而非标准图集构件钢筋计算方法同“1”。

（3）预埋铁件工程量

预埋铁件工程量按图示尺寸以理论重量计算。

## 四、钢筋计算其他问题

在计算钢筋用量时，还要注意设计图纸未画出以及未明确表示的钢筋，如楼板中的负弯矩钢筋需要分布筋固定、满堂基础底板的双层钢筋在施工时支撑所用的马凳及钢筋混凝土墙施工时所用的马凳筋等。这些都应按规范要求计算，并入其钢筋用量中。

# 第二节　基础钢筋计算

## 一、普通独立基础

某工程独立基础混凝土等级为 C30，保护层厚度为 40mm，其余尺寸如图 3-2、图 3-3 所示，试计算独立基础的钢筋量，并进行钢筋翻样。

独立基础钢筋三维图如图 3-4 所示。

基础底部钢筋工程量及计算公式如下：

单根横向边筋长度=净长−保护层−保护层=2300−40−40=2220mm；

横向边筋总长=单根横向边筋长度×2=2220×2=4440mm；

横向边筋总重量=横向边筋总长×Φ14 理论重量=4.44×1.21=5.372kg；

横向底筋根数=（基础长度-保护层×2）/图示间距-边筋根数=Ceil［(2300-40×2）/100］−2=21 根（Ceil 函数的作用是求不小于给定实数的最小整数）；

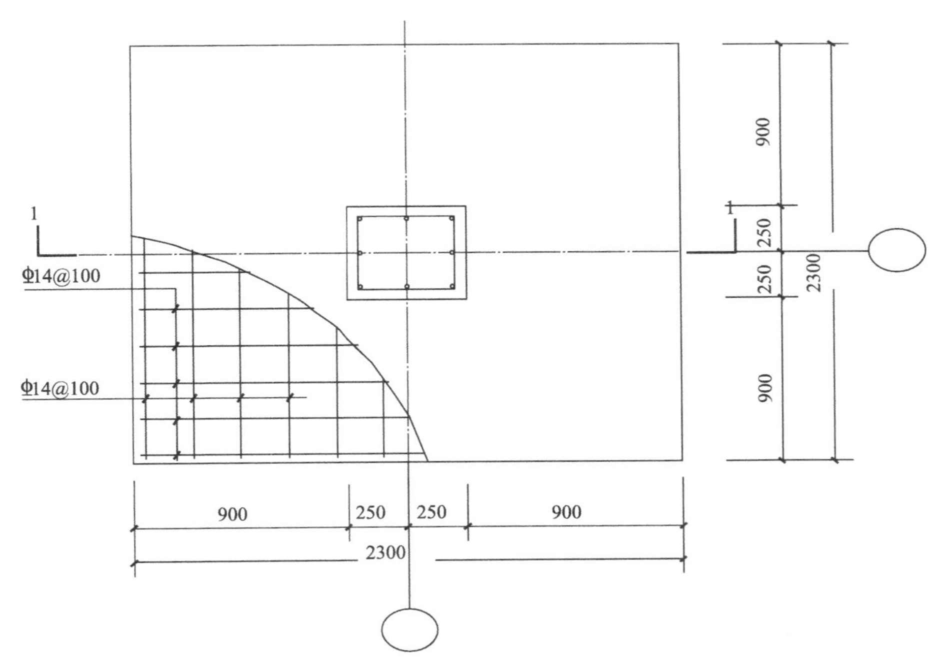


图 3-2　基础平面图

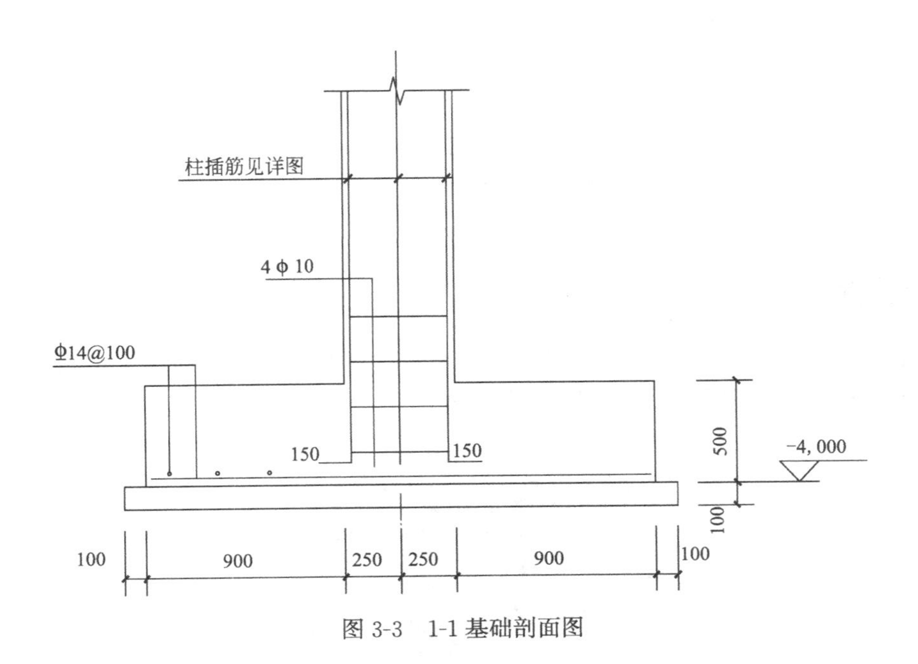


图 3-3　1-1 基础剖面图

横向底筋总长＝单根横向底筋长度×横向钢筋根数＝2220×21＝46200mm；

横向筋总重量＝横向筋总长×Φ 14 理论重量＝46. 2×1. 21＝56. 410kg。

纵向边筋及纵向底筋计算过程同上，这里不做赘述。

钢筋算量与翻样见表 3-4。

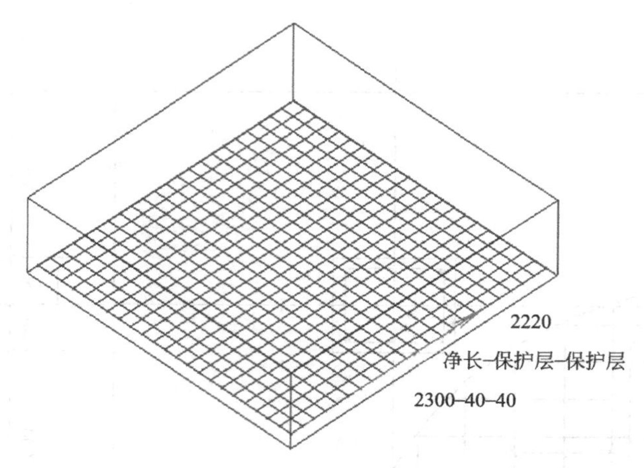


图 3-4　独立基础钢筋三维图及计算公式

**钢筋算量与翻样表**　　**表 3-4**

钢筋翻样　　钢筋总重：123.564kg

| 筋号 | 级别 | 直径 | 钢筋图形 | 计算公式 | 根数 | 总根数 | 单长(m) | 总长(m) | 总重(kg) |
|---|---|---|---|---|---|---|---|---|---|
| 横向底筋.1 | Φ | 14 | 2220 | 2300—40—40 | 2 | 2 | 2.22 | 4.44 | 5.372 |
| 横向底筋.2 | Φ | 14 | 2220 | 2300—40—40 | 21 | 21 | 2.22 | 46.62 | 56.410 |
| 纵向底筋.1 | Φ | 14 | 2220 | 2300—40—40 | 2 | 2 | 2.22 | 4.44 | 5.372 |
| 纵向底筋.2 | Φ | 14 | 2220 | 2300—40—40 | 21 | 21 | 2.22 | 46.62 | 56.410 |

独立基础

扫码观看本视频

## 二、异形独立基础

某工程中圆形独立基础混凝土等级为 C30，保护层厚度为 40mm，高度为 500mm，底板钢筋为Φ 12@100，试计算独立基础的钢筋量，并进行钢筋翻样。基础三维图如图 3-5 所示。

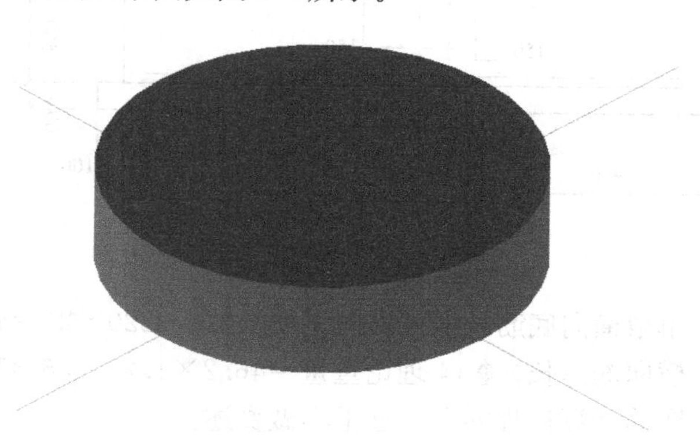

图 3-5　基础三维图

基础钢筋三维图如图 3-6 所示。

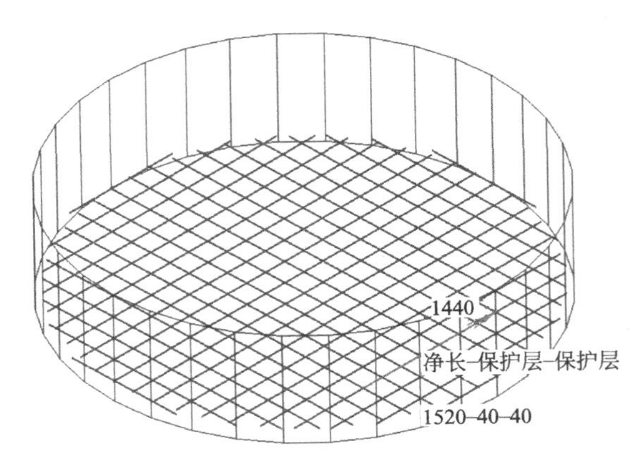


图 3-6　基础钢筋三维图

钢筋算量与翻样见表 3-5。

**钢筋算量与翻样表**　　**表 3-5**

钢筋翻样　　钢筋总重:53.138kg

| 筋号 | 级别 | 直径 | 钢筋图形 | 计算公式 | 根数 | 总根数 | 单长(m) | 总长(m) | 总重(kg) |
|---|---|---|---|---|---|---|---|---|---|
| 横向底筋.1 | Φ | 12 | 544 | 624—40—40 | 2 | 2 | 0.544 | 1.088 | 0.966 |
| 横向底筋.2 | Φ | 12 | 974 | 1054—40—40 | 2 | 2 | 0.974 | 1.948 | 1.73 |
| 横向底筋.3 | Φ | 12 | 1243 | 1323—40—40 | 2 | 2 | 1.243 | 2.486 | 2.208 |
| 横向底筋.4 | Φ | 12 | 1440 | 1520—40—40 | 2 | 2 | 1.44 | 2.88 | 2.557 |
| 横向底筋.5 | Φ | 12 | 1590 | 1670—40—40 | 2 | 2 | 1.59 | 3.18 | 2.824 |
| 横向底筋.6 | Φ | 12 | 1706 | 1786—40—40 | 2 | 2 | 1.706 | 3.412 | 3.03 |
| 横向底筋.7 | Φ | 12 | 1793 | 1873—40—40 | 2 | 2 | 1.793 | 3.586 | 3.184 |
| 横向底筋.8 | Φ | 12 | 1856 | 1936—40—40 | 2 | 2 | 1.856 | 3.712 | 3.296 |
| 横向底筋.9 | Φ | 12 | 1897 | 1977—40—40 | 2 | 2 | 1.897 | 3.794 | 3.369 |
| 横向底筋.10 | Φ | 12 | 1917 | 1997—40—40 | 2 | 2 | 1.917 | 3.834 | 3.405 |
| 纵向底筋.1 | Φ | 12 | 544 | 624—40—40 | 2 | 2 | 0.544 | 1.088 | 0.966 |

续表

钢筋翻样　　　　钢筋总重：53.138kg

| 筋号 | 级别 | 直径 | 钢筋图形 | 计算公式 | 根数 | 总根数 | 单长（m） | 总长（m） | 总重（kg） |
|---|---|---|---|---|---|---|---|---|---|
| 纵向底筋.2 | Φ | 12 | 974 | 1054−40−40 | 2 | 2 | 0.974 | 1.948 | 1.73 |
| 纵向底筋.3 | Φ | 12 | 1243 | 1323−40−40 | 2 | 2 | 1.243 | 2.486 | 2.208 |
| 纵向底筋.4 | Φ | 12 | 1440 | 1520−40−40 | 2 | 2 | 1.44 | 2.88 | 2.557 |
| 纵向底筋.5 | Φ | 12 | 1590 | 1670−40−40 | 2 | 2 | 1.59 | 3.18 | 2.824 |
| 纵向底筋.6 | Φ | 12 | 1706 | 1786−40−40 | 2 | 2 | 1.706 | 3.412 | 3.03 |
| 纵向底筋.7 | Φ | 12 | 1793 | 1873−40−40 | 2 | 2 | 1.793 | 3.586 | 3.184 |
| 纵向底筋.8 | Φ | 12 | 1856 | 1936−40−40 | 2 | 2 | 1.856 | 3.712 | 3.296 |
| 纵向底筋.9 | Φ | 12 | 1897 | 1977−40−40 | 2 | 2 | 1.897 | 3.794 | 3.369 |
| 纵向底筋.10 | Φ | 12 | 1917 | 1997−40−40 | 2 | 2 | 1.917 | 3.834 | 3.405 |

## 三、条形基础

某工程中条形独立基础混凝土等级为C30，保护层厚度为40mm，其余尺寸如图3-7、图3-8所示，试计算独立基础的钢筋量，并进行钢筋翻样。

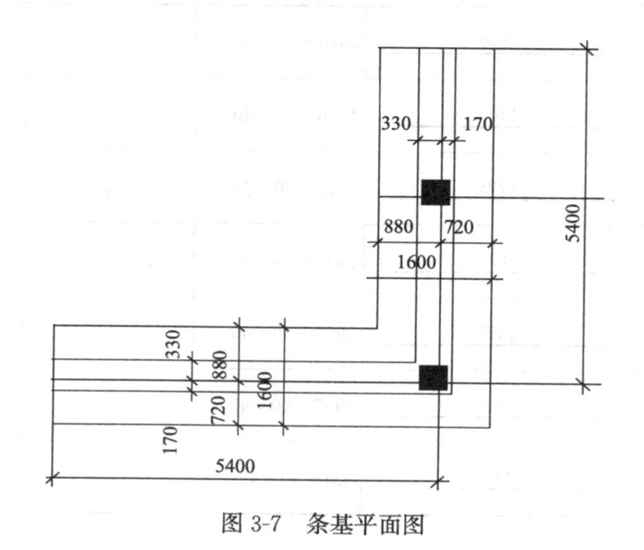


图3-7　条基平面图

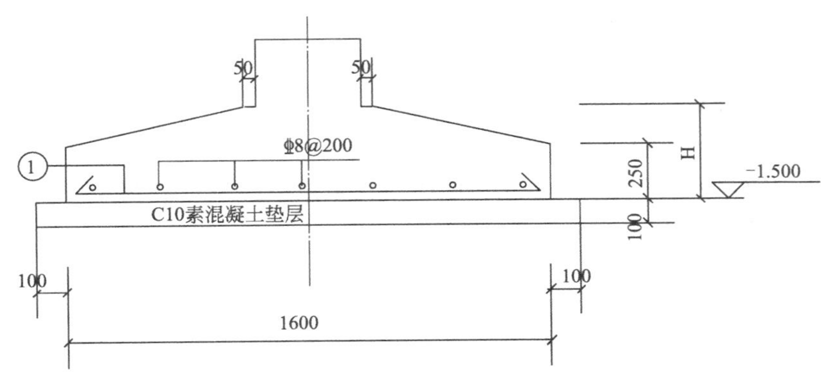


图 3-8　无梁配筋剖面

其中：①钢筋为ф 12@200，H 为 350mm。

条基底筋三维图如图 3-9 所示。条基端部钢筋三维图如图 3-10 所示。

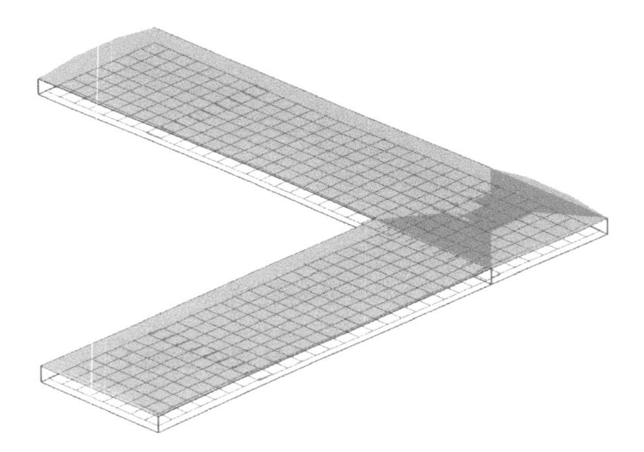

图 3-9　条基底筋三维图

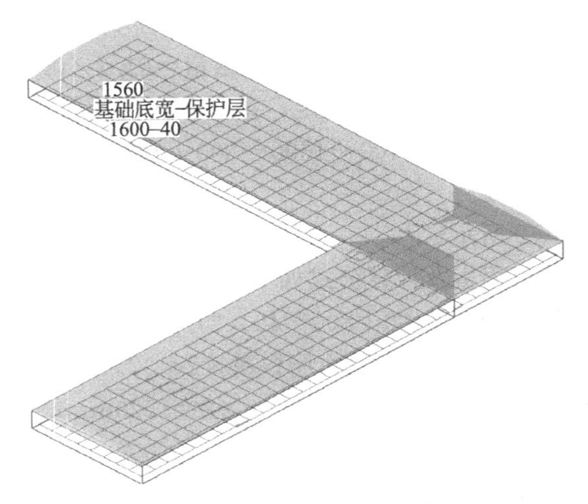


图 3-10　条基端部钢筋三维图

本题中端部分布筋型号同受力筋ф 12@200，其工程量及计算公式如下：

单端根数=Ceil[(1600-40×2)/200]=9 根；

两个端部总根数=单端根数×2=9×2=18 根；

单根长度=基础底宽−保护层=1600−40=1560mm；

两个端部总长度=单根长度×两个端部总根数=1560×18=28080mm；

两个端部总重量=两个端部总长度×Φ12 理论重量=28.08×0.888=24.935kg。

分布筋三维图如图 3-11 所示。

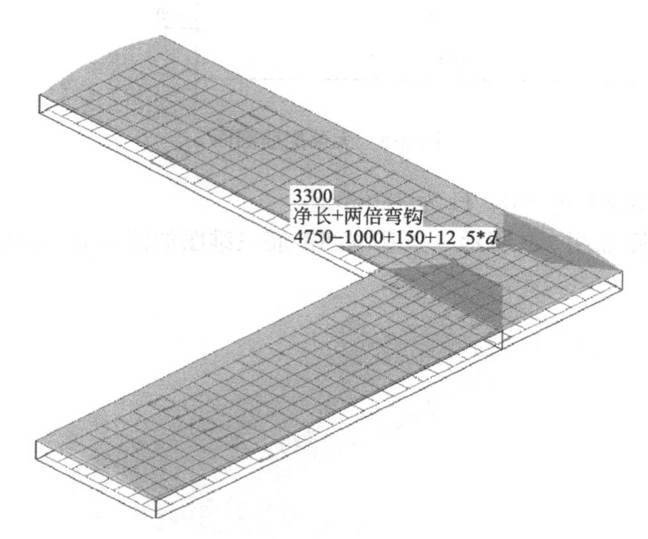


图 3-11　分布筋三维图

分布筋型号同受力筋Φ8@200，其工程量及计算公式如下：

单端根数=Ceil[(1600−40×2)/200]=9 根；

两个条基总根数=单端根数×2=9×2=18 根；

单根长度=净长+两端弯钩=（5400−1600−800+150×2）+6.25$d$×2=3400mm；

两个条基总长度=单根长度×两个端部总根数=3400×18=61200mm；

两个条基总重量=两个条基总长度×Φ8 理论重量=61.2×0.395=24.174kg。

需要注意的是，根据 16G101 图集中规定，条基分布筋净长度计算时，分布筋与受力筋搭接 150mm，本题分布筋净长（5400−1600−800+150×2）=3300mm。正是包含了两个 150mm 搭接长度后的净长。

受力筋三维图如图 3-12 所示。

受力筋Φ12@200，其工程量及计算公式如下：

单个条基受力筋根数=Ceil[(5400+800−40×2)/200]=32 根；

两个条基受力筋总根数=单个条基受力筋根数×2=32×2=64 根；

单根长度=基础底宽−保护层×2=1600−40×2=1520mm；

两个端部总长度=单根长度×两个端部总根数=1520×64=97280mm；

两个端部总重量=两个端部总长度×Φ12 理论重量=97.28×0.888=86.385kg。

基础转角处钢筋 1 三维图如图 3-13 所示。

基础转角处钢筋 2 三维图如图 3-14 所示。

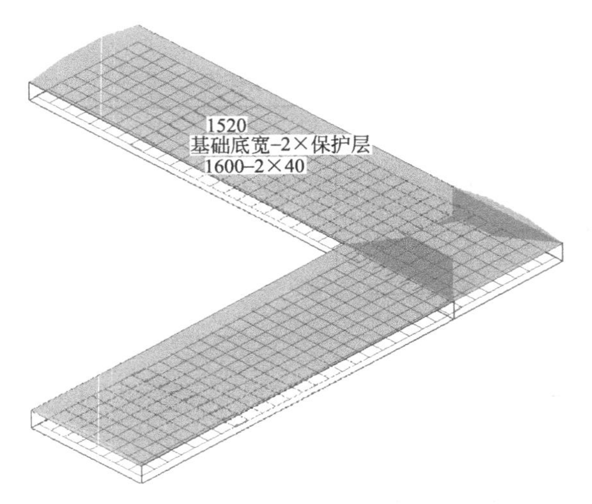


图 3-12 受力筋三维图

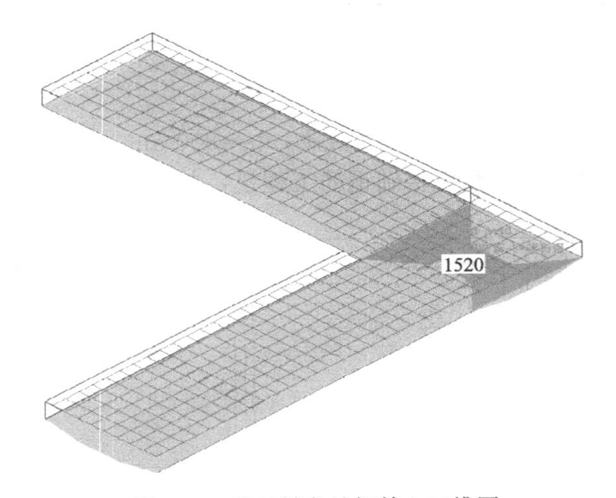


图 3-13 基础转角处钢筋 1 三维图

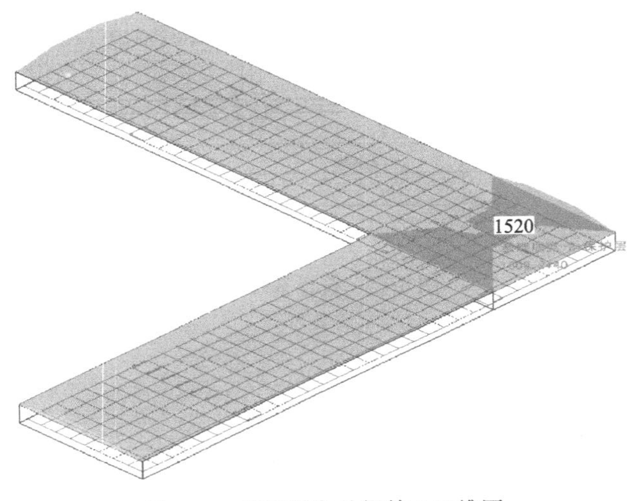


图 3-14 基础转角处钢筋 2 三维图

钢筋算量与翻样表见表 3-6。

钢筋算量与翻样表　　表 3-6

条基钢筋翻样　　钢筋总重：135.494kg

| 筋号 | 级别 | 直径 | 钢筋图形 | 计算公式 | 根数 | 总根数 | 单长（m） | 总长（m） | 总重（kg） |
|---|---|---|---|---|---|---|---|---|---|
| TJ-1-1.底部受力筋.1 | Φ | 12 | 1520 | 1600－2×40 | 32 | 64 | 1.52 | 97.28 | 86.385 |
| TJ-1-1.底部受力筋.2 | Φ | 12 | 1560 | 1600－40 | 9 | 18 | 1.56 | 28.08 | 24.935 |
| TJ-1-1.底部分布筋.1 | Φ | 8 | 3300 | 4750－1600＋150＋12.5×*d* | 9 | 18 | 3.4 | 61.2 | 24.174 |

## 四、筏板基础

某筏板基础混凝土等级为 C40，三级抗震，h＝800mm，保护层厚度为 40mm，其余数据如图 3-15 所示，试计算此筏板基础钢筋工程量，并进行钢筋翻样。

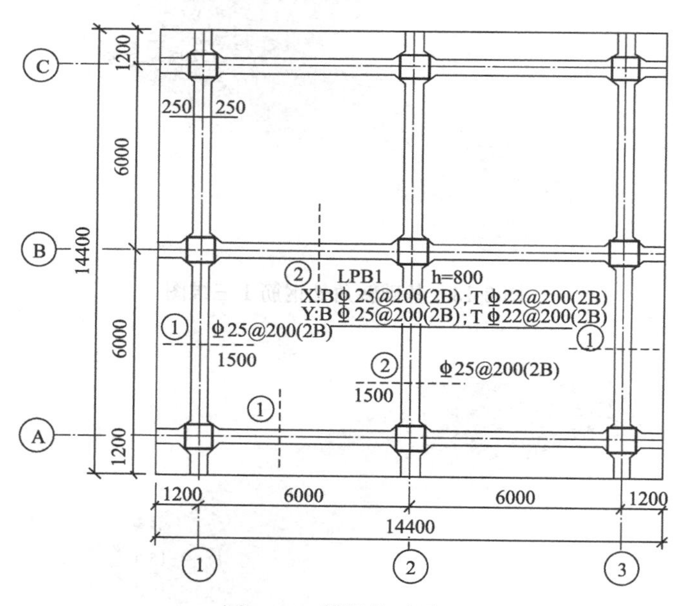


图 3-15　筏板基础平面

主筋三维图如图 3-16 所示。

底部通长筋三维图如图 3-17 所示。

### （一）底部通长钢筋（X 方向）

单根底部钢筋（X 方向）长度＝基础 X 向长度－2×保护层厚＋2×弯折＝14400－40×2＋12*d*×2＝14920mm；

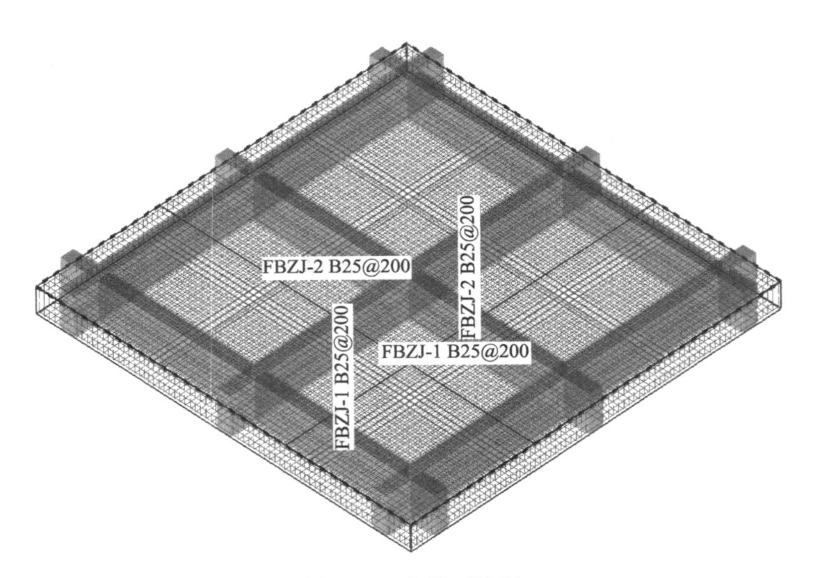


图 3-16 主筋三维图

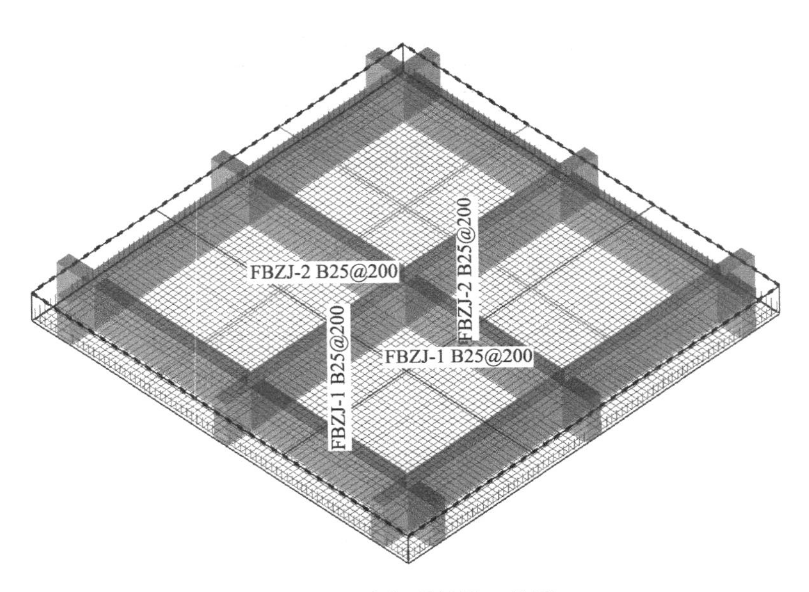


图 3-17 底部通长筋三维图

X 向底部通长筋根数＝Ceil{[基础 Y 向长度－2×保护层厚－(基础梁宽度＋75×2)×Y 向基础梁个数]/间距}＝Ceil{[14400－2×40－(500＋75×2)×3]/200}＋3＝66 根；

底部通长钢筋（X 方向）总长度＝单根底部钢筋（X 方向）长度×X 向底部通长筋根数＝14920×66＝984720mm。

**（二）底部通长钢筋（Y 方向）**

单根底部钢筋长度＝基础 Y 向长度－2×保护层厚＋2×弯折＝14400－40×2＋12$d$×2＝14920mm；

Y 向底部通长筋根数＝Ceil{[基础 X 向长度－2×保护层厚－(基础梁宽度＋75×2)×

X 向基础梁个数]/间距}=Ceil{[14400−2×40−(500+75×2)×3]/200}+3=66 根；

底部通长钢筋（Y 方向）总长度=单根底部钢筋（Y 方向）长度×X 向底部通长筋根数=14920×66=984720mm。

**（三）底部通长筋总重量**

底部通长筋总长度=底部通长钢筋（X 方向）总长度+底部通长钢筋（Y 方向）总长度=1969440mm；

底部通长筋总重量=底部通长筋总长度×Φ 25 理论重量=1969.44×3.85=7582.344kg。

上部通长筋三维图如图 3-18 所示。

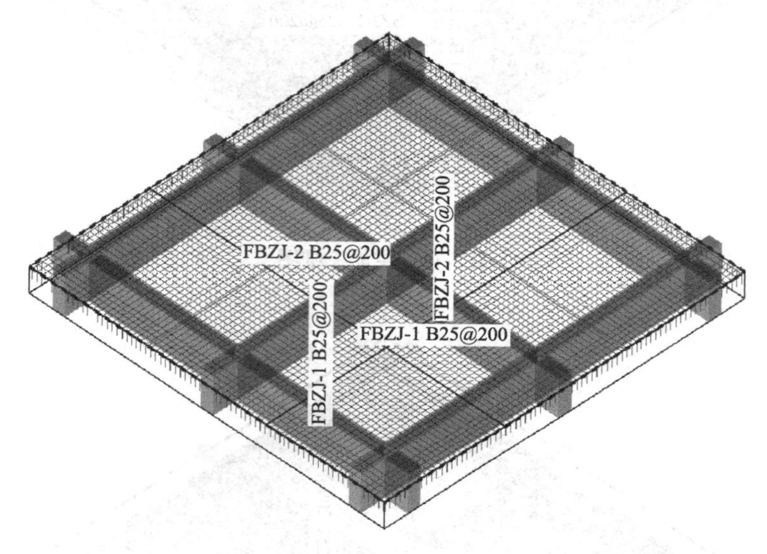


图 3-18　上部通长筋三维图

上部通长筋计算过程参考下部通长筋计算过程，这里不做赘述。

负筋三维图如图 3-19 所示。

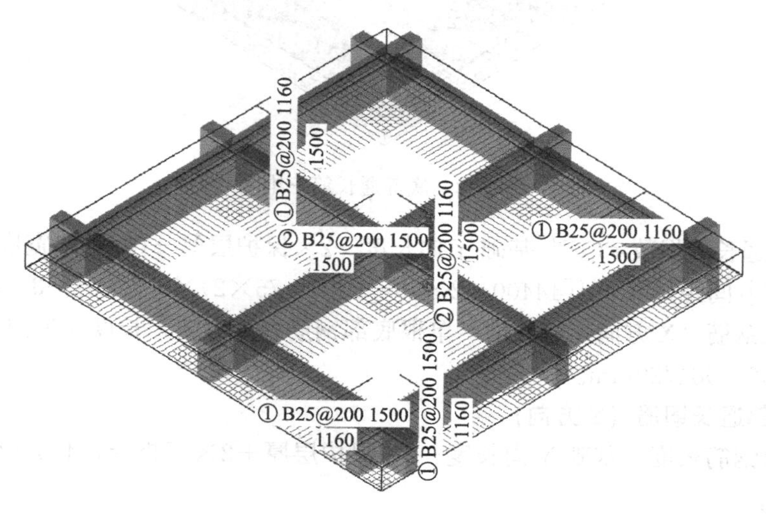


图 3-19　负筋三维图

① 号负筋三维图如图 3-20 所示。

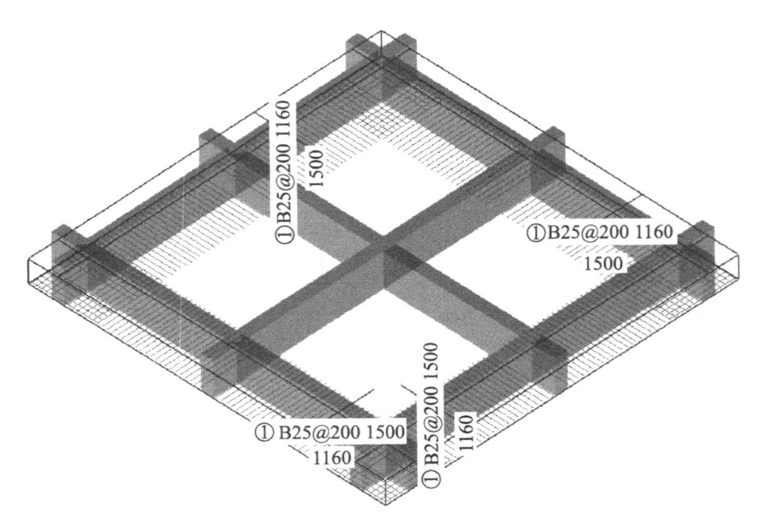


图 3-20　①号负筋三维图

1 轴线上单根①号钢筋长度＝1160＋1500＝2660mm；
根数计算方法同底部通长钢筋（X 方向）相同，为 66 根；
①号筋总根数＝66×4＝264 根；
①号筋总长度＝单根①号钢筋长度×①号筋总根数＝2660×264＝702240mm；
①号筋总重量＝①号筋总长度×Φ25 理论重量＝702.24×3.85＝2703.624kg。
②号负筋三维图如图 3-21 所示。

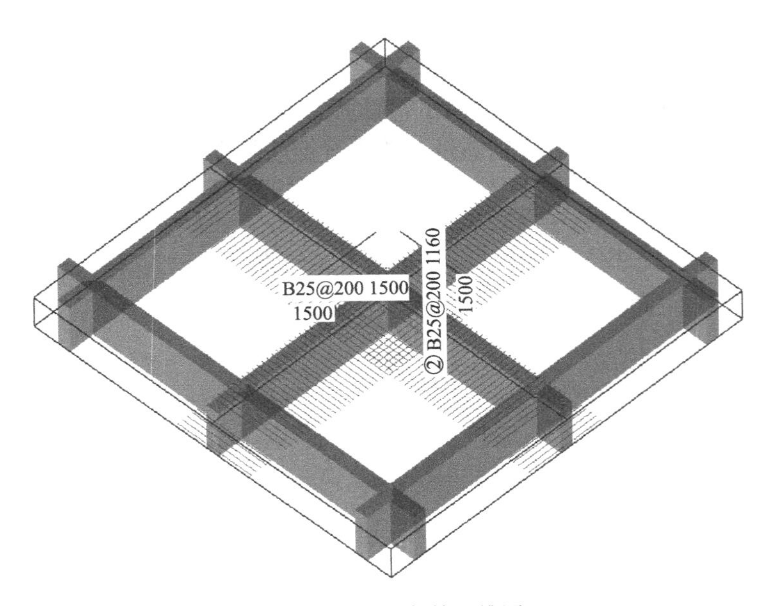


图 3-21　②号负筋三维图

②号负筋计算过程参考①号负筋计算过程。

筏板基础钢筋算量与翻样见表 3-7。

钢筋算量与翻样表　　表 3-7

| 筋号 | 级别 | 直径 | 钢筋图形 | 计算公式 | 根数 | 总根数 | 单长(m) | 总长(m) | 总重(kg) |
|---|---|---|---|---|---|---|---|---|---|
| 筏板基础钢筋翻样 | | | | | | | | | 钢筋总重:19392.912kg |
| 构件名称:主筋 | | | | 构件数量:1 | | | | | 本构件钢筋重:15164.688kg |
| 下部钢筋 | Φ | 25 | 300 14320 300 | 14400−40+12×$d$−40+12×$d$ | 132 | 132 | 14.92 | 1969.44 | 7582.344 |
| 上部钢筋 | Φ | 25 | 300 14320 300 | 14400−40+12×$d$−40+12×$d$ | 132 | 132 | 14.92 | 1969.44 | 7582.344 |
| 构件名称:①号负筋 | | | | 构件数量:1 | | | | | 本构件钢筋重:2703.624kg |
| 钢筋 | Φ | 25 | 2660 | 1160+1500 | 264 | 264 | 2.66 | 702.24 | 2703.624 |
| 构件名称:②号负筋 | | | | 构件数量:1 | | | | | 本构件钢筋重:1524.6kg |
| 钢筋 | Φ | 25 | 3000 | 1500+1500 | 132 | 132 | 3 | 396 | 1524.6 |

## 第三节　柱钢筋计算

### 一、基础层框架柱

某框架结构抗震等级为三级，共五层，基础底标高为−4.00m，独立基础高 500m，一层底标高−0.10m，二、三、四层高 3.3m，五层层高 3.4m，柱混凝土等级为 C30，保护层厚度为 40mm，−0.1m 处与 KZ1 连接的梁高为 600mm，3.2m 处 KZ1 连接的梁高为 800mm。柱的局部平面布置如图 3-22 所示，箍筋类型图如图 3-23 所示。相应尺寸及配筋见表 3-8，试计算 KZ1 地下部分的钢筋量，并进行钢筋翻样。

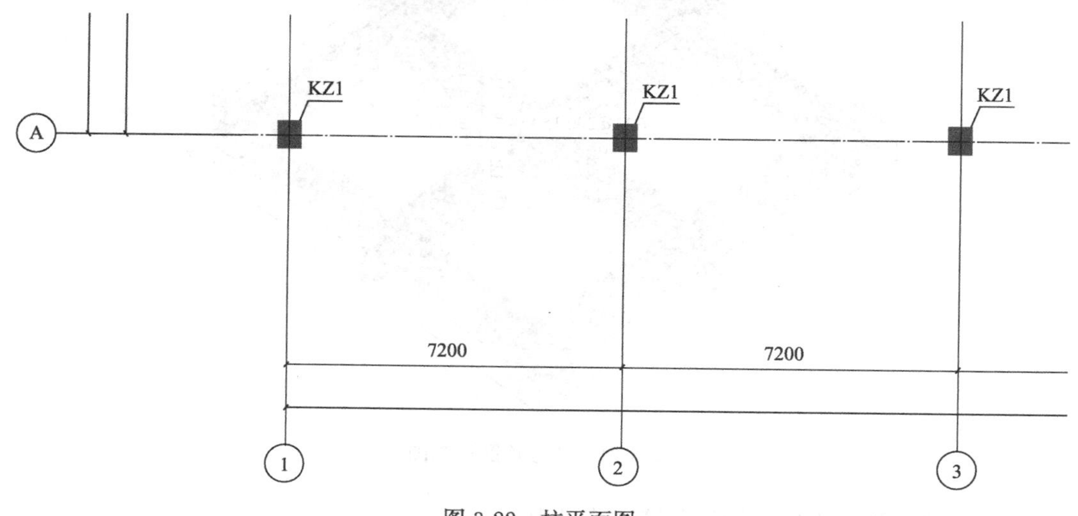


图 3-22　柱平面图

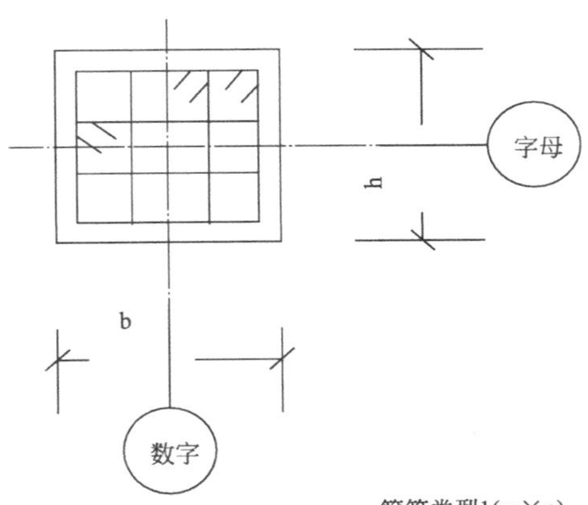


图 3-23　箍筋类型图

柱表　　表 3-8

| 柱表 | | | | | | | | | |
|---|---|---|---|---|---|---|---|---|---|
| 柱号 | 标高 | b×h（直径 D） | 全部纵筋 | 角筋 | b 侧中部筋 | h 侧中部筋 | 箍筋类型号 | 箍筋 | 备注 |
| KZ1 | 基础顶～16500 | 500×500 | 12Φ22 | 4Φ22 | 2Φ22 | 2Φ22 | 1(4×4) | Φ10@100/200 | |
| KZ1a | 基础顶～16.500 | 500×500 | 12Φ22 | 4Φ22 | 2Φ22 | 2Φ22 | 1(4×4) | Φ10@100 | |
| KZ2 | 基础顶～16500 | 500×500 | 12Φ25 | 4Φ25 | 2Φ25 | 2Φ25 | 1(4×4) | Φ10@100/200 | |
| KZ2a | 基础顶～20.400 | 500×500 | 12Φ25 | 4Φ25 | 2Φ25 | 2Φ25 | 1(4×4) | Φ10@100/200 | |
| KZ2b | 基础顶～20.400 | 500×500 | 12Φ25 | 4Φ25 | 2Φ25 | 2Φ25 | 1(4×4) | Φ10@100 | |
| KZ3 | 基础顶～16500 | 500×500 | 12Φ25 | 4Φ25 | 2Φ25 | 2Φ25 | 1(4×4) | Φ12@100/200 | |

## （一）基础插筋计算

基础插筋三维图及较长插筋计算公式如图 3-24 所示。

图 3-24　基础插筋三维图及较长插筋计算公式

基础插筋三维图及较短插筋计算公式如图 3-25 所示。

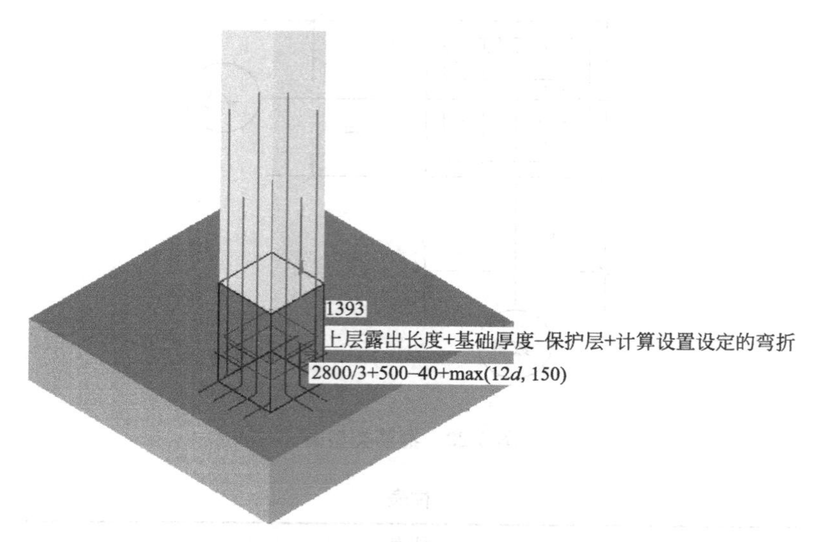


图 3-25　基础插筋三维图及较短插筋计算公式

上层露出长度为基础顶标高至上层梁底部距离，对于基础插筋而言即为基础顶至 −0.1m 处梁底标高，可以理解为基础层净高（$H_n$）。本题中上层露出长度＝首层标高（−0.1m）−基础层顶部梁高（−0.1m 层梁高 600mm）−基础底部标高（−4.0m）−基础高度（500mm）＝（−0.1）−0.6−（−4.0）−0.5＝2.8m，即为图中上层露出长度 2800mm。

柱插筋的数量、直径及钢筋种类应与柱内纵向受力钢筋相同。

柱插筋三维图及计算公式如图 3-26 所示。

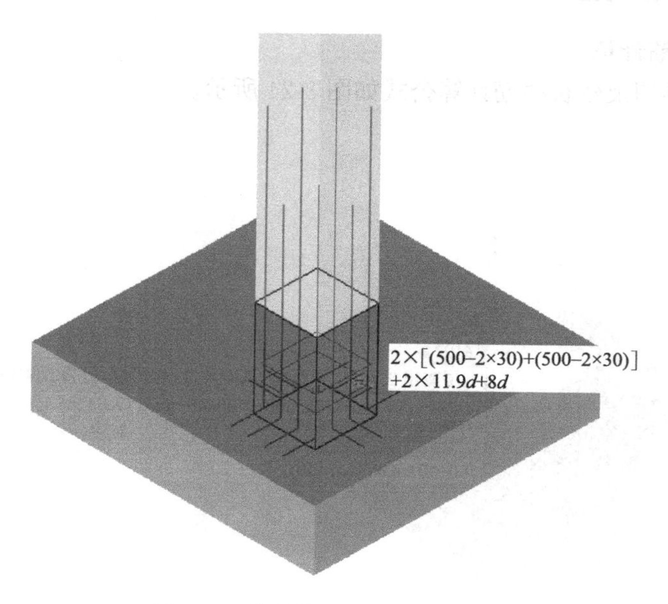


图 3-26　柱插筋三维图及计算公式

KZ1钢筋算量与翻样表，见表3-9。

**KZ1钢筋算量与翻样表** 表3-9

KZ1插筋翻样 钢筋总重：75.587kg

| 筋号 | 级别 | 直径 | 钢筋图形 | 计算公式 | 根数 | 总根数 | 单长（m） | 总长（m） | 总重（kg） |
|---|---|---|---|---|---|---|---|---|---|
| 构件位置：〈1，A〉 | | | | | | | | | |
| B边插筋.1 | Φ | 22 | 264 1393 | 2800/3+500−40+max（12×*d*，150） | 2 | 2 | 1.657 | 3.314 | 9.876 |
| B边插筋.2 | Φ | 22 | 264 2163 | 2800/3＋1×max（35×*d*，500）+500−40+max（12×*d*，150） | 2 | 2 | 2.427 | 4.854 | 14.465 |
| H边插筋.1 | Φ | 22 | 264 2163 | 2800/3＋1×max（35×*d*，500）+500−40+max（12×*d*，150） | 2 | 2 | 2.427 | 4.854 | 14.465 |
| H边插筋.2 | Φ | 22 | 264 1393 | 2800/3+500−40+max（12×*d*，150） | 2 | 2 | 1.657 | 3.314 | 9.876 |
| 角筋插筋.1 | Φ | 22 | 264 2163 | 2800/3+1×max（35×*d*，500）+500−40+max（12×*d*，150） | 2 | 2 | 2.427 | 4.854 | 14.465 |
| 角筋插筋.2 | Φ | 22 | 264 1393 | 2800/3+500−40+max（12×*d*，150） | 2 | 2 | 1.657 | 3.314 | 9.876 |
| 箍筋.1 | Φ | 10 | 440 440 | 2×[（500−2×30）+（500−2×30）]+2×（11.9×*d*）+（8×*d*） | 2 | 2 | 2.078 | 4.156 | 2.564 |

### （二）基础层钢筋计算

基础层竖筋三维图及计算公式如图3-27所示。

基础层层高为基础底部至上层梁底部距离，本题中层高＝上层梁或板顶标高−基础顶标高＝（−0.1）−（−4+0.5）＝3.4m。

本题中上层露出长度＝一层顶标高（3.2m）−一层顶部梁高（3.2m层梁高800mm）−首层底标高（−0.1m）＝3.2−0.8−（−0.1）＝2.5m，即为图中上层露出长度2500mm。

箍筋三维图及计算公式如图3-28所示。

箍筋长度＝2×（H−2×c+B−2×c）+2×11.9*d*+8*d*

其中，H为柱长边，B为宽边，c为保护层厚度，*d*为箍筋直径，单位mm。

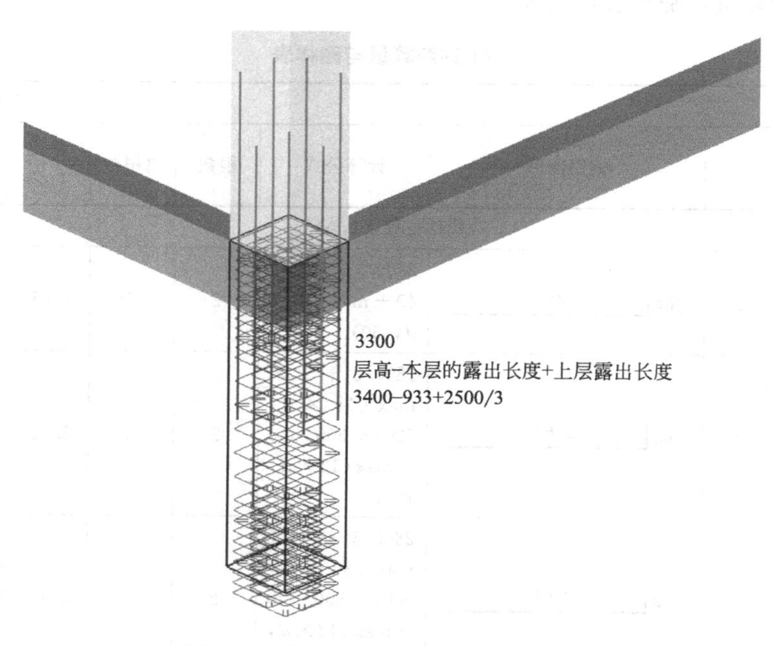


图 3-27 基础层竖筋三维图及计算公式

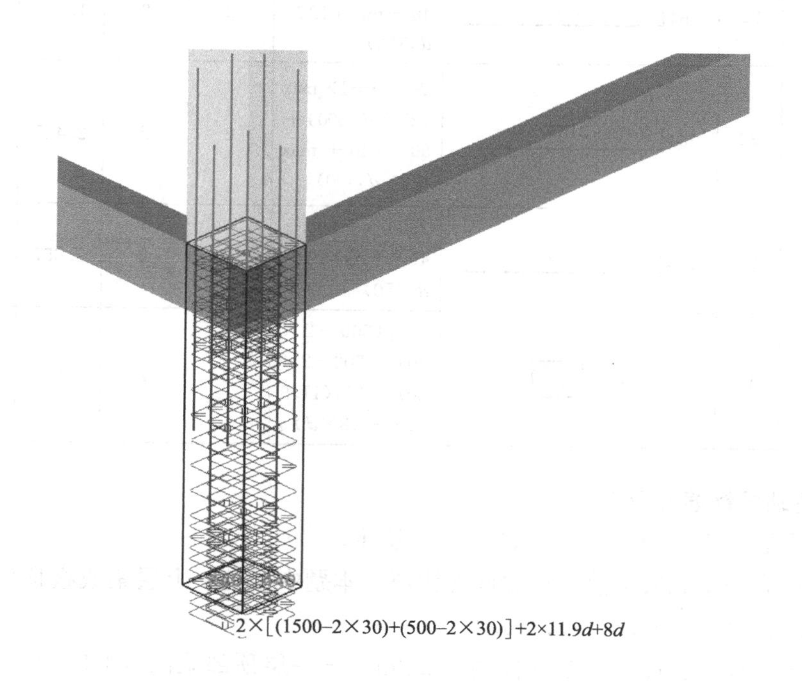


图 3-28 箍筋三维图及计算公式

根数计算＝2×[(加密区长度－50)/加密间距＋1]＋(非加密区长度/非加密间距－1)

抗震框架柱和小墙肢箍筋加密区高度按设计要求，无设计要求的选用按表 3-10。

抗震框架柱和小墙肢箍筋加密区高度按设计要求　　表 3-10

基础层 KZ1 钢筋翻样　　钢筋总重:206.462kg

| 筋号 | 级别 | 直径 | 钢筋图形 | 计算公式 | 根数 | 总根数 | 单长(m) | 总长(m) | 总重(kg) |
|---|---|---|---|---|---|---|---|---|---|
| 构件位置:〈1,A〉 | | | | | | | | | |
| B边纵筋.1 | Φ | 22 | 3300 | 3400 − 1703 + 2500/3 + 1 × max(35 × $d$, 500) | 2 | 2 | 3.3 | 6.6 | 19.668 |
| B边纵筋.2 | Φ | 22 | 3300 | 3400 − 933 + 2500/3 | 2 | 2 | 3.3 | 6.6 | 19.668 |
| H边纵筋.1 | Φ | 22 | 3300 | 3400 − 1703 + 2500/3 + 1 × max(35 × $d$, 500) | 2 | 2 | 3.3 | 6.6 | 19.668 |
| H边纵筋.2 | Φ | 22 | 3300 | 3400 − 933 + 2500/3 | 2 | 2 | 3.3 | 6.6 | 19.668 |
| 角筋.1 | Φ | 22 | 3300 | 3400 − 933 + 2500/3 | 2 | 2 | 3.3 | 6.6 | 19.668 |
| 角筋.2 | Φ | 22 | 3300 | 3400 − 1703 + 2500/3 + 1 × max(35 × $d$, 500) | 2 | 2 | 3.3 | 6.6 | 19.668 |
| 箍筋.1 | Φ | 10 | 440 440 | 2×[(500−2×30)+(500−2×30)]+2×(11.9×$d$)+(8×$d$) | 28 | 28 | 2.078 | 58.184 | 35.9 |
| 箍筋.2 | Φ | 10 | 440 161 | 2×{[(500−2×30−22)/3×1+22]+(500−2×30)}+2×(11.9×$d$)+(8×$d$) | 56 | 56 | 1.521 | 85.176 | 52.554 |

## 二、中间层框架柱

题干同“一、基础层框架柱”，柱地上部分保护层厚度为 30mm，试计算 KZ1 首层的钢筋量，并进行钢筋翻样。

柱纵向钢筋三维图及计算公式如图 3-29 所示。

加密区箍筋三维图及计算公式如图 3-30 所示。

KZ1 首层钢筋算量与翻样，见表 3-11。

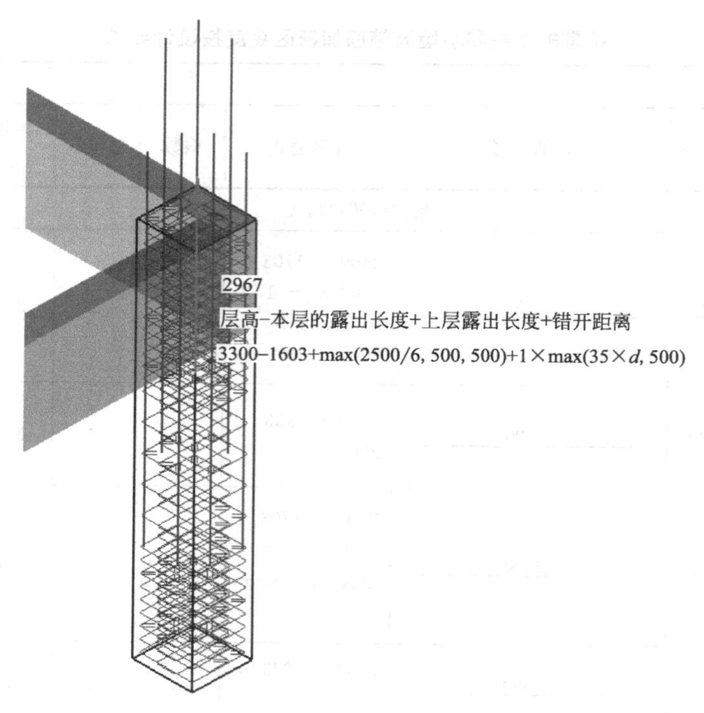


图 3-29 柱纵向钢筋三维图及计算公式

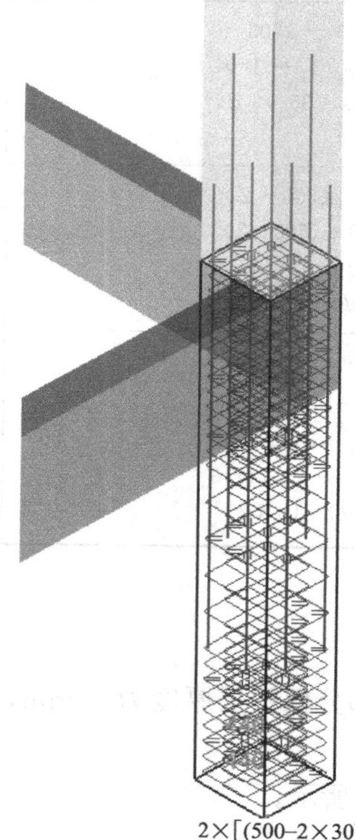


图 3-30 加密区箍筋三维图及计算公式

**KZ1 首层钢筋算量与翻样表** **表 3-11**

KZ1 首层钢筋翻样 钢筋总重：194.553kg

| 筋号 | 级别 | 直径 | 钢筋图形 | 计算公式 | 根数 | 总根数 | 单长(m) | 总长(m) | 总重(kg) |
|---|---|---|---|---|---|---|---|---|---|
| 构件位置：〈1，A〉 | | | | | | | | | |
| B边纵筋.1 | Φ | 22 | 2967 | 3300－1603＋max（2500/6，500，500）＋1×max（35×$d$，500） | 2 | 2 | 2.967 | 5.934 | 17.683 |
| B边纵筋.2 | Φ | 22 | 2967 | 3300－833＋max（2500/6，500，500） | 2 | 2 | 2.967 | 5.934 | 17.683 |
| H边纵筋.1 | Φ | 22 | 2967 | 3300－1603＋max（2500/6，500，500）＋1×max（35×$d$，500） | 2 | 2 | 2.967 | 5.934 | 17.683 |
| H边纵筋.2 | Φ | 22 | 2967 | 3300－833＋max（2500/6，500，500） | 2 | 2 | 2.967 | 5.934 | 17.683 |
| 角筋.1 | Φ | 22 | 2967 | 3300－833＋max（2500/6，500，500） | 2 | 2 | 2.967 | 5.934 | 17.683 |
| 角筋.2 | Φ | 22 | 2967 | 3300－1603＋max（2500/6，500，500）＋1×max（35×$d$，500） | 2 | 2 | 2.967 | 5.934 | 17.683 |
| 箍筋.1 | Φ | 10 | 440 440 | 2×[(500－2×30)＋(500－2×30)]＋2×(11.9×$d$)＋(8×$d$) | 28 | 28 | 2.078 | 58.184 | 35.9 |
| 箍筋.2 | Φ | 10 | 440 161 | 2×{[(500－2×30－22)/3×1＋22]＋(500－2×30)}＋2×(11.9×$d$)＋(8×$d$) | 56 | 56 | 1.521 | 85.176 | 52.554 |

## 三、屋面层柱

题干同“一、基础层框架柱”，柱地上部分保护层厚度为30mm，与KZ1相交的两道屋面梁尺寸为250mm×900mm，试计算KZ1屋面层的钢筋量，并进行钢筋翻样。

屋面直锚筋三维图及计算公式如图 3-31 所示。

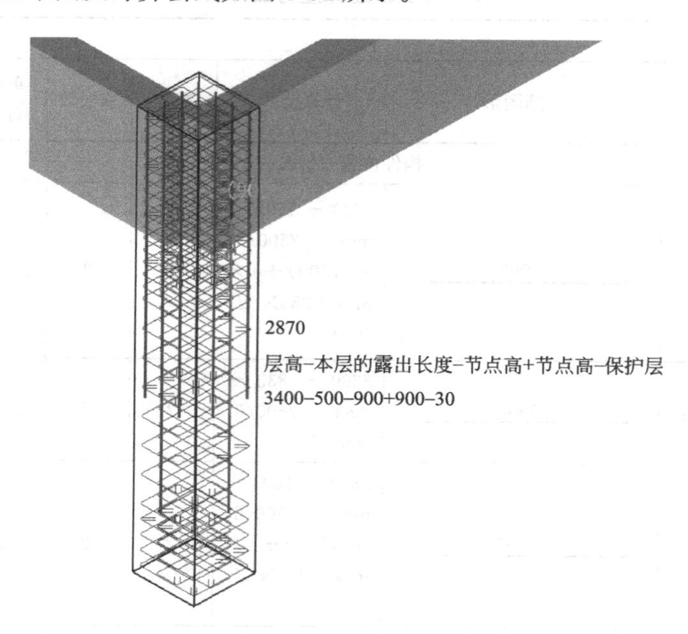


图 3-31　屋面直锚筋三维图及计算公式（一）

屋面直锚筋三维图及计算公式如图 3-32 所示。

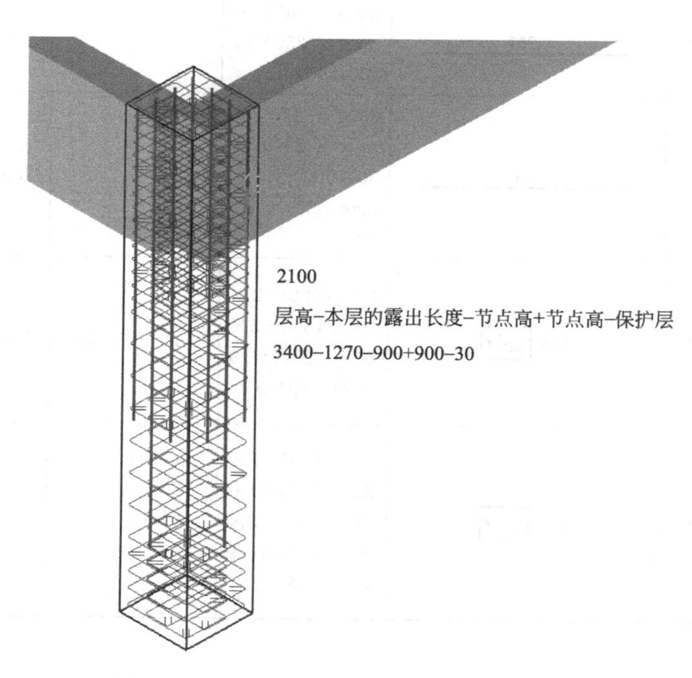


图 3-32　屋面直锚筋三维图及计算公式（二）

屋面箍筋三维图及计算公式如图 3-33 所示。

KZ1 屋面层钢筋算量与翻样，见表 3-12。

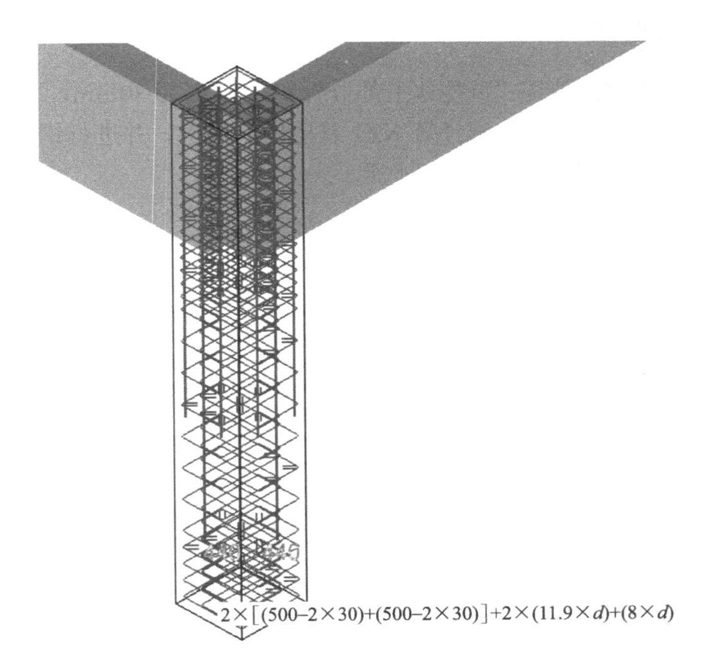


图 3-33　屋面箍筋三维图及计算公式

**KZ1 屋面层钢筋算量与翻样表**　　**表 3-12**

KZ1 屋面层　　钢筋总重：177.317kg

| 筋号 | 级别 | 直径 | 钢筋图形 | 计算公式 | 根数 | 总根数 | 单长(m) | 总长(m) | 总重(kg) |
|---|---|---|---|---|---|---|---|---|---|
| 构件位置：〈1，A〉 | | | | | | | | | |
| B边纵筋.1 | Φ | 22 | 2100 | 3400－1270－900＋900－30 | 2 | 2 | 2.1 | 4.2 | 12.516 |
| B边纵筋.2 | Φ | 22 | 2870 | 3400－500－900＋900－30 | 2 | 2 | 2.87 | 5.74 | 17.105 |
| H边纵筋.1 | Φ | 22 | 2100 | 3400－1270－900＋900－30 | 2 | 2 | 2.1 | 4.2 | 12.516 |
| H边纵筋.2 | Φ | 22 | 2870 | 3400－500－900＋900－30 | 2 | 2 | 2.87 | 5.74 | 17.105 |
| 角筋.1 | Φ | 22 | 2870 | 3400－500－900＋900－30 | 2 | 2 | 2.87 | 5.74 | 17.105 |
| 角筋.2 | Φ | 22 | 2100 | 3400－1270－900＋900－30 | 2 | 2 | 2.1 | 4.2 | 12.516 |
| 箍筋.1 | Φ | 10 | 440 440 | 2×[(500－2×30)＋(500－2×30)]＋2×(11.9×d)＋(8×d) | 28 | 28 | 2.078 | 58.184 | 35.9 |
| 箍筋.2 | Φ | 10 | 440 161 | 2×{[(500－2×30－22)/3×1＋22]＋(500－2×30)}＋2×(11.9×d)＋(8×d) | 56 | 56 | 1.521 | 85.176 | 52.554 |

## 四、弯锚屋面层柱

题干同“一、基础层框架柱”，柱地上部分保护层厚度为 30mm，与 KZ1 相交的两道屋面梁尺寸为 250mm×900mm，试计算 KZ1 首层的钢筋量，并进行钢筋翻样。

弯锚钢筋三维图及计算公式如图 3-34 所示。

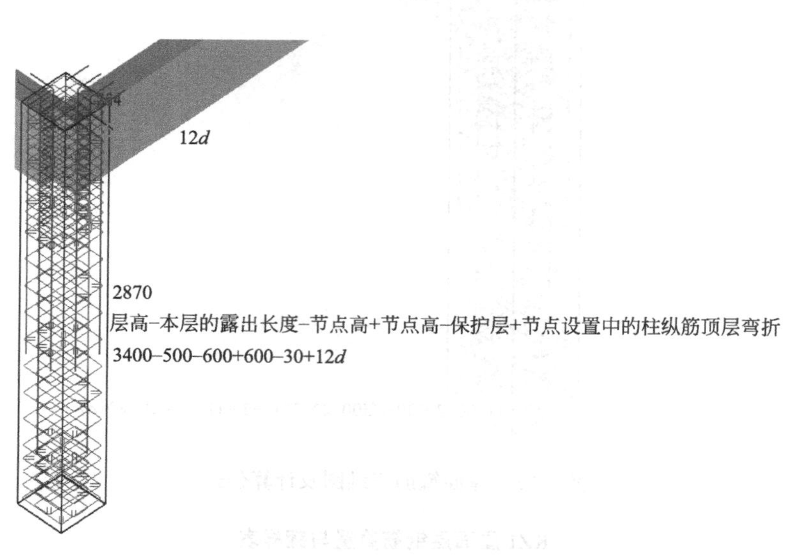


图 3-34　弯锚钢筋三维图及计算公式（一）

弯锚钢筋三维图及计算公式如图 3-35 所示。

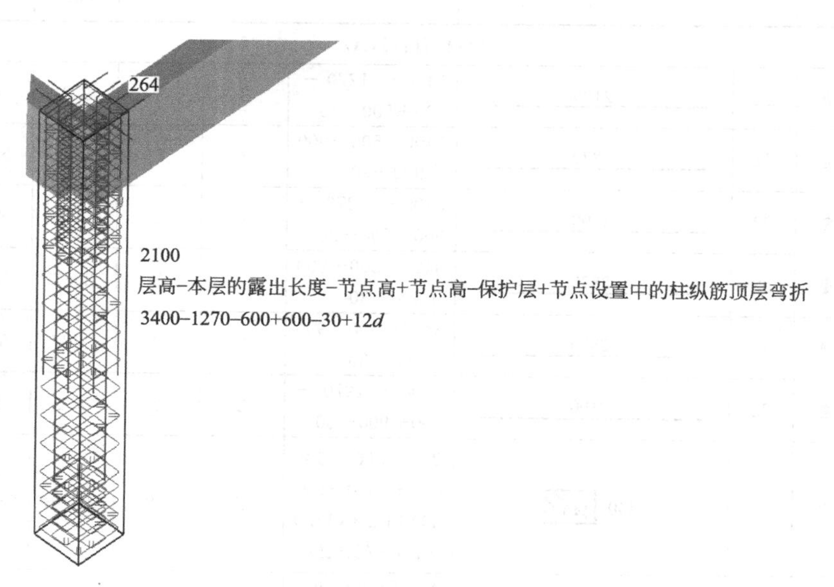


图 3-35　弯锚钢筋三维图及计算公式（二）

箍筋三维图及计算公式如图 3-36 所示。

KZ1 首层钢筋算量与翻样，见表 3-13。

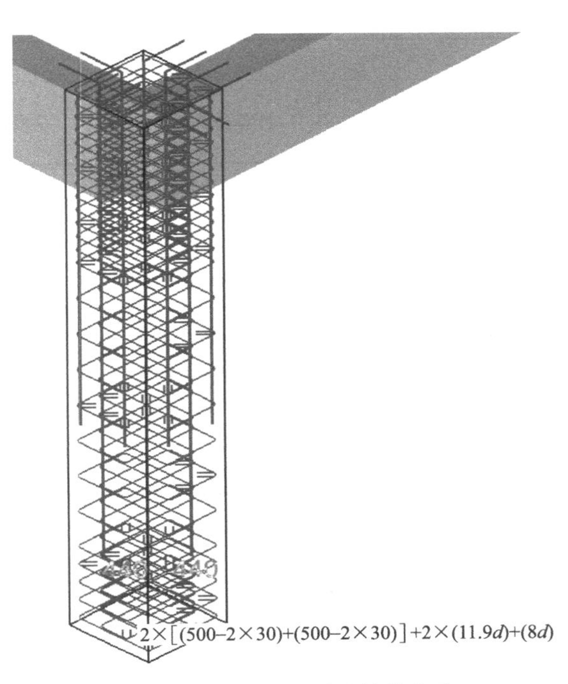


图 3-36 箍筋三维图及计算公式

**KZ1 首层钢筋算量与翻样表** **表 3-13**

KZ1 钢筋翻样　　钢筋总重：180.439kg

| 筋号 | 级别 | 直径 | 钢筋图形 | 计算公式 | 根数 | 总根数 | 单长(m) | 总长(m) | 总重(kg) |
|---|---|---|---|---|---|---|---|---|---|
| 构件位置：〈1，A〉 | | | | | | | | | |
| B 边纵筋.1 | Φ | 22 | 264 └ 2100 | 3400−1270−600+600−30+12×$d$ | 2 | 2 | 2.364 | 4.728 | 14.089 |
| B 边纵筋.2 | Φ | 22 | 264 └ 2870 | 3400−500−600+600−30+12×$d$ | 2 | 2 | 3.134 | 6.268 | 18.679 |
| H 边纵筋.1 | Φ | 22 | 264 └ 2100 | 3400−1270−600+600−30+12×$d$ | 2 | 2 | 2.364 | 4.728 | 14.089 |
| H 边纵筋.2 | Φ | 22 | 264 └ 2870 | 3400−500−600+600−30+12×$d$ | 2 | 2 | 3.134 | 6.268 | 18.679 |
| 角筋.1 | Φ | 22 | 264 └ 2870 | 3400−500−600+600−30+12×$d$ | 2 | 2 | 3.134 | 6.268 | 18.679 |
| 角筋.2 | Φ | 22 | 264 └ 2100 | 3400−1270−600+600−30+12×$d$ | 2 | 2 | 2.364 | 4.728 | 14.089 |

续表

KZ1 钢筋翻样　　　　钢筋总重：180.439kg

| 筋号 | 级别 | 直径 | 钢筋图形 | 计算公式 | 根数 | 总根数 | 单长（m） | 总长（m） | 总重（kg） |
|---|---|---|---|---|---|---|---|---|---|
| 箍筋.1 | Φ | 10 | 440 440 | 2×[(500－2×30)＋(500－2×30)]＋2×(11.9×$d$)＋(8×$d$) | 26 | 26 | 2.078 | 54.028 | 33.335 |
| 箍筋.2 | Φ | 10 | 440 161 | 2×{[(500－2×30－22)/3×1＋22]＋(500－2×30)}＋2×(11.9×$d$)(8×$d$) | 52 | 52 | 1.521 | 79.092 | 48.8 |

框架柱

扫码观看本视频

# 第四节　梁钢筋计算

## 一、一般框架梁

某框架结构抗震等级为三级，框架柱截面为 500mm×500mm，混凝土等级为 C30，KL2a 混凝土等级为 C30，保护层厚度为 25mm，梁平面图如图 3-37 所示，试计算 KL2a 的钢筋工程量，并进行钢筋翻样。

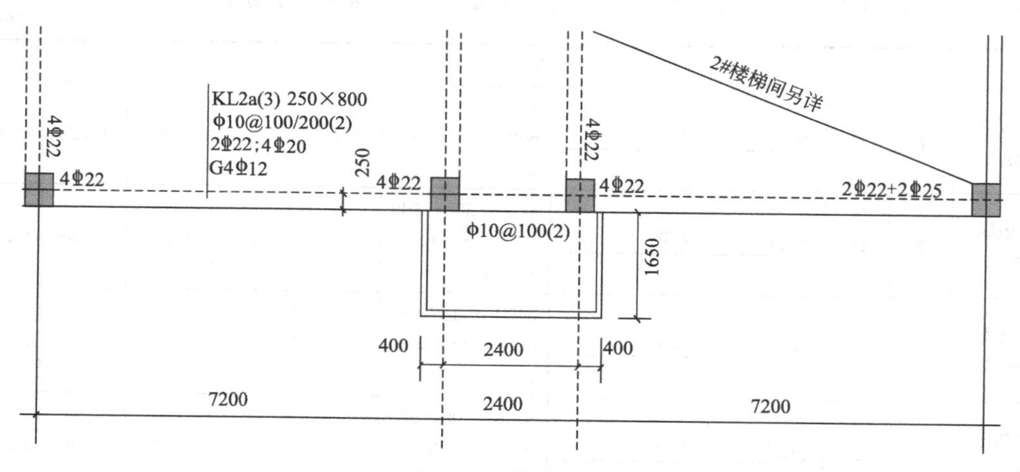


图 3-37　梁平面图

第一跨钢筋三维图如图 3-38 所示。

第二跨钢筋三维图如图 3-39 所示。

第三跨钢筋三维图如图 3-40 所示。

上部通长筋三维图及计算公式如图 3-41 所示。

下部通长筋三维图及计算公式如图 3-42 所示。

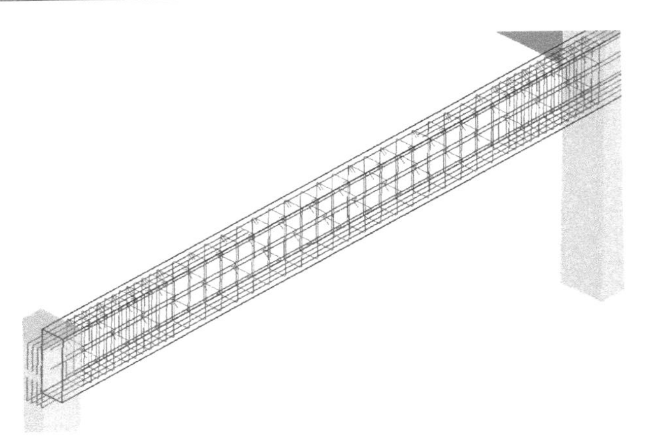

图 3-38 第一跨钢筋三维图

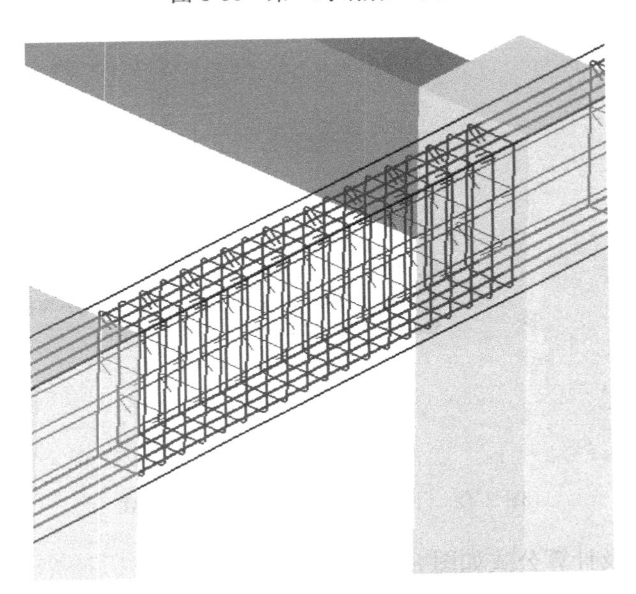

图 3-39 第二跨钢筋三维图

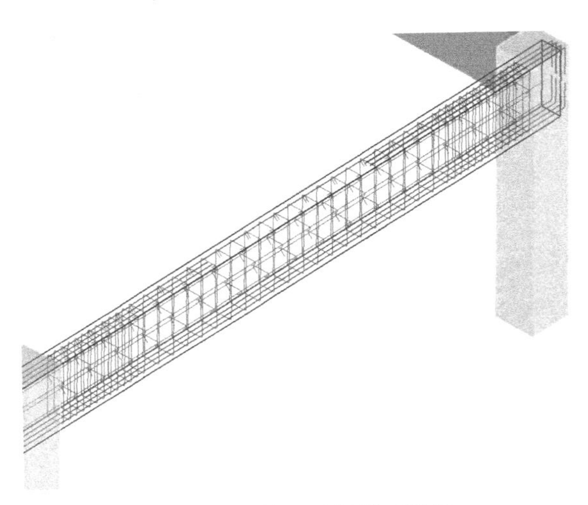

图 3-40 第三跨钢筋三维图

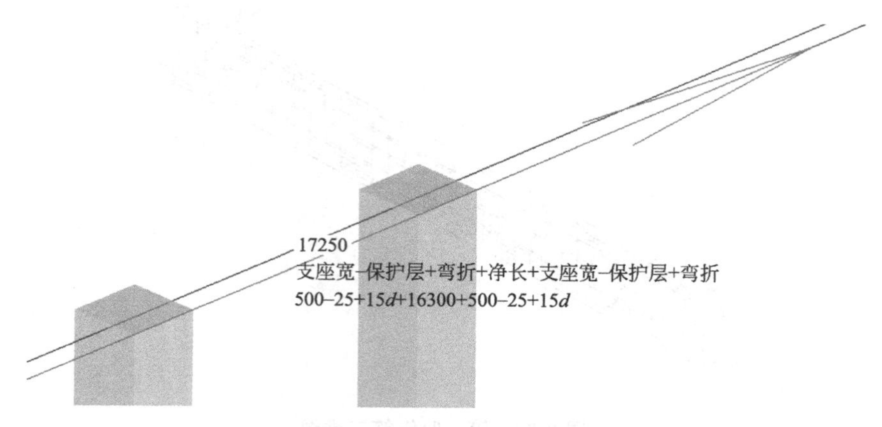


图 3-41　上部通长筋三维图及计算公式

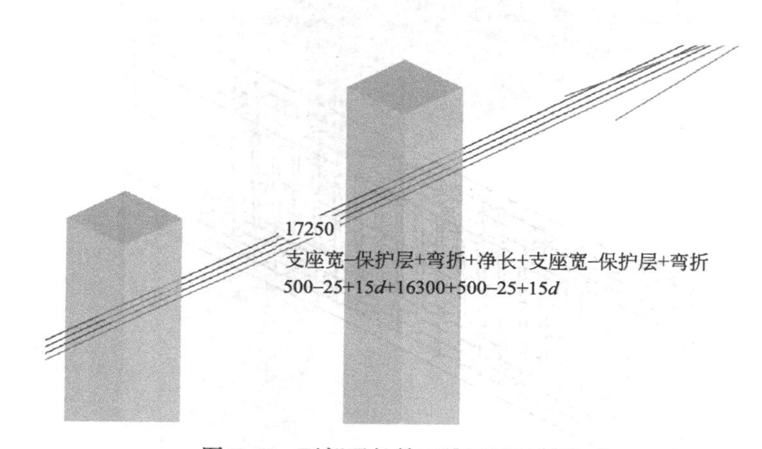


图 3-42　下部通长筋三维图及计算公式

1 跨负筋三维图及计算公式如图 3-43 所示。

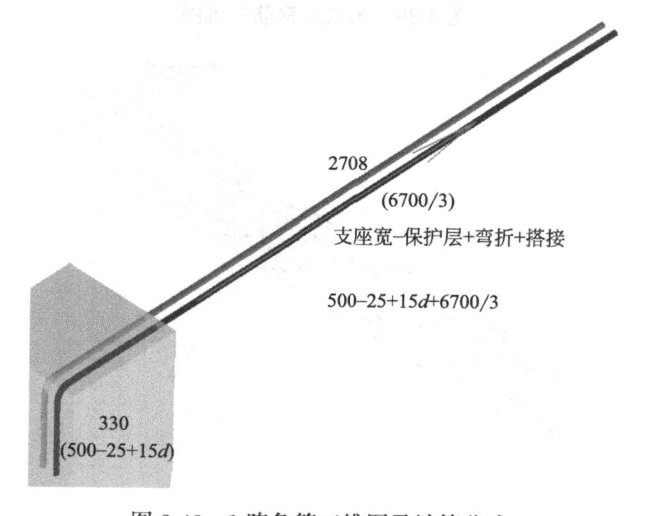


图 3-43　1 跨负筋三维图及计算公式

1 跨右支座＋3 跨左支座负筋三维图及计算公式如图 3-44 所示。

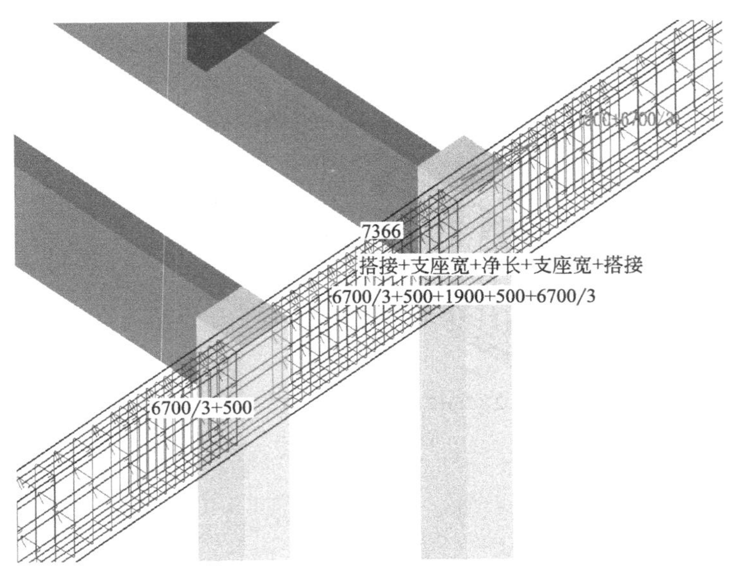


图 3-44　1 跨右支座＋3 跨左支座负筋三维图及计算公式

为方便施工，凡框架梁的所有支座和非框架梁（不包括井字梁）的中间支座上部纵筋的伸出长度 $a_0$ 值在标准构造详图中统一取值为：第一排非通长筋及与跨中直径不同的通长筋从柱（梁）边起伸出至 $l_n/3$ 位置；第二排非通长筋伸出至 $l_n/4$ 位置。$l_n$ 的取值规定为：对于端支座，$l_n$ 为本跨的净跨值；对于中间支座，$l_n$ 为支座两边较大一跨的净跨值。

构造钢筋三维图及计算公式如图 3-45 所示。

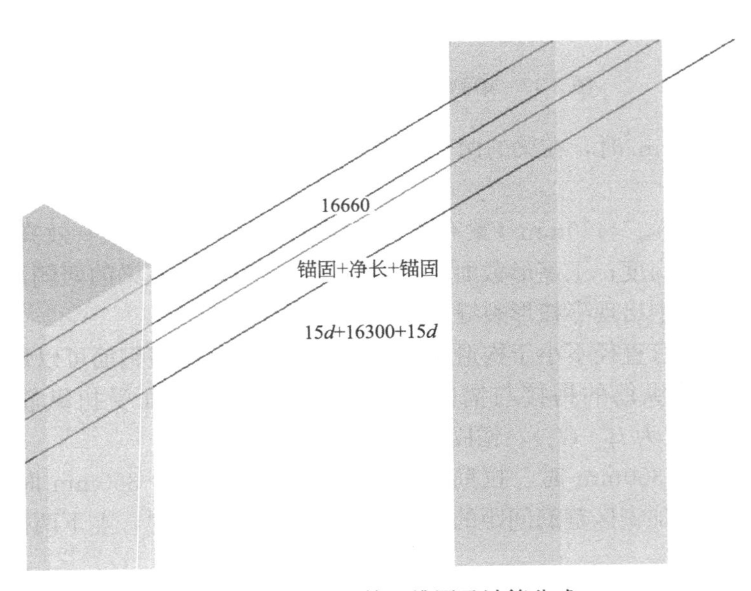


图 3-45　构造钢筋三维图及计算公式

拉结筋三维图及计算公式如图 3-46 所示。

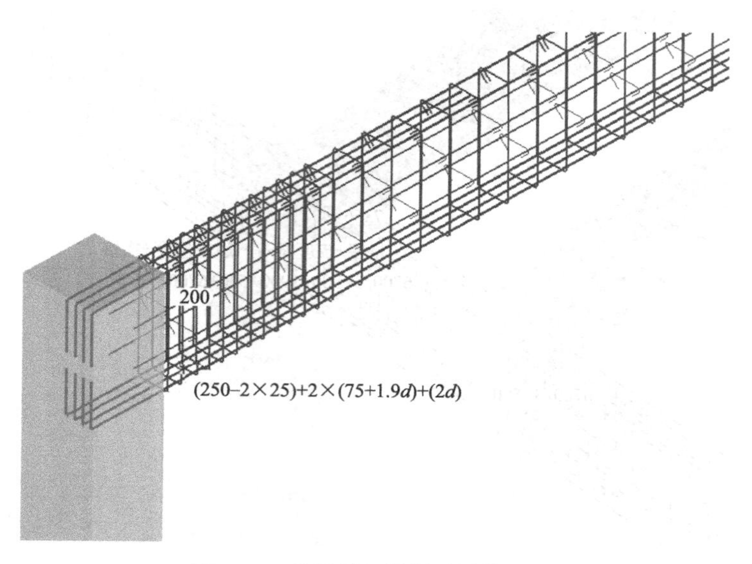


图 3-46 拉结筋三维图及计算公式

梁侧面纵向构造筋和拉筋的构造，如图 3-47 所示。

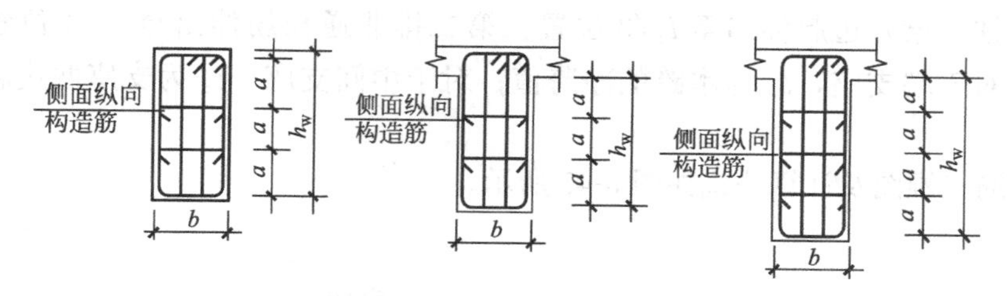


图 3-47 梁侧面纵向构造筋和拉筋的构造

（1）当 $h_w \geqslant 450$mm 时，在梁的两个侧面应沿高度配置纵向构造钢筋；纵向构造钢筋间距 $a \leqslant 200$mm。

当梁的腹板高度 $h_w \geqslant 450$mm（梁有效计算高度：矩形截面，取有效高度；T 形截面，取有效高度减去翼缘高度；工字形截面，取腹板高度）时，要在梁的两侧沿高度配置纵向构造钢筋，以避免梁中出现枣核形裂缝和温度收缩裂缝。

（2）当梁侧面配有直径不小于构造纵筋的受扭纵筋时，受扭钢筋可以代替构造钢筋。

（3）梁侧面构造纵筋的搭接与锚固长度可取 $15d$；梁侧面受扭纵筋的搭接长度为 $l_{lE}$（$l_l$），其锚固长度为 $l_{aE}$（$l_a$），锚固方式同框架梁下部纵筋。

（4）当梁宽 $b \leqslant 350$mm 时，拉筋直径为 6mm；梁宽 $b > 350$mm 时，拉筋直径为 8mm，拉筋间距为非加密区箍筋间距的 2 倍。当设有多排拉筋时，上下两排拉筋竖向错开设置。

箍筋三维图及计算公式如图 3-48 所示。

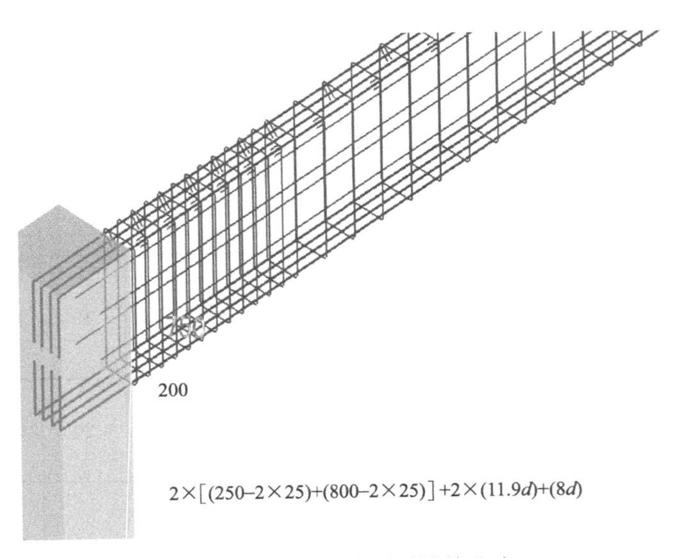


图 3-48 箍筋三维图及计算公式

KL2a 钢筋算量与翻样，见表 3-14。

**KL2a 钢筋算量与翻样表** **表 3-14**

| KL2a 钢筋翻样 | | | | | | | | | 钢筋总重:591.169kg |
|---|---|---|---|---|---|---|---|---|---|
| 筋号 | 级别 | 直径 | 钢筋图形 | 计算公式 | 根数 | 总根数 | 单长(m) | 总长(m) | 总重(kg) |
| 构件位置:〈6,A〉〈6,D+124〉 | | | | | | | | | |
| 1跨.上通长筋1 | Φ | 22 | 330 17250 330 | 500−25+15×d+16300+500−25+15×d | 2 | 2 | 17.91 | 35.82 | 106.744 |
| 1跨.左支座筋1 | Φ | 22 | 330 2708 | 500−25+15×d+6700/3 | 2 | 2 | 3.038 | 6.076 | 18.106 |
| 1跨.右支座筋1 | Φ | 22 | 7368 | 6700/3+500+1900+500+6700/3 | 2 | 2 | 7.366 | 14.732 | 43.901 |
| 1跨.侧面构造通长筋1 | Φ | 12 | 16660 | 15×d+16300+15×d+180 | 4 | 4 | 16.84 | 67.36 | 59.816 |
| 1跨.下通长筋1 | Φ | 20 | 300 17250 300 | 500−25+15×d+16300+500−25+15×d | 4 | 4 | 17.85 | 71.4 | 176.358 |
| 3跨.右支座筋1 | Φ | 25 | 375 2708 | 6700/3+500−25+15×d | 2 | 2 | 3.083 | 6.166 | 23.739 |
| 1跨.箍筋1 | Φ | 10 | 750 200 | 2×[(250−2×25)+(800−2×25)]+2×(11.9×d)+(8×d) | 47 | 47 | 2.218 | 104.246 | 64.32 |

续表

KL2a 钢筋翻样　　钢筋总重：591.169kg

| 筋号 | 级别 | 直径 | 钢筋图形 | 计算公式 | 根数 | 总根数 | 单长(m) | 总长(m) | 总重(kg) |
|---|---|---|---|---|---|---|---|---|---|
| 1 跨.拉筋 1 | ф | 6 | 200 | (250−2×25)+2×(75+1.9×$d$)+(2×$d$) | 36 | 36 | 0.385 | 13.86 | 3.077 |
| 2 跨.箍筋 1 | ф | 10 | 750 200 | 2×[(250−2×25)+(800−2×25)]+2×(11.9×$d$)+(8×$d$) | 19 | 19 | 2.218 | 42.142 | 26.002 |
| 2 跨.拉筋 1 | ф | 6 | 200 | (250−2×25)+2×(75+19×$d$)+(2×$d$) | 20 | 20 | 0.385 | 7.7 | 1.709 |
| 3 跨.箍筋 1 | ф | 10 | 750 200 | 2×[(250−2×25)+(800−2×25)]+2×(11.9×$d$)+(8×$d$) | 47 | 47 | 2.218 | 104.246 | 64.32 |
| 3 跨.拉筋 1 | ф | 6 | 200 | (250−2×25)+2×(75+19×$d$)+(2×$d$) | 36 | 36 | 0.385 | 13.86 | 3.077 |

## 二、屋面框架梁

某框架结构抗震等级为三级，WKL1 混凝土等级都为 C30，保护层厚度为 25mm，屋面梁平面图如图 3-49 所示。试计算 WKL1 的钢筋工程量，并进行钢筋翻样。

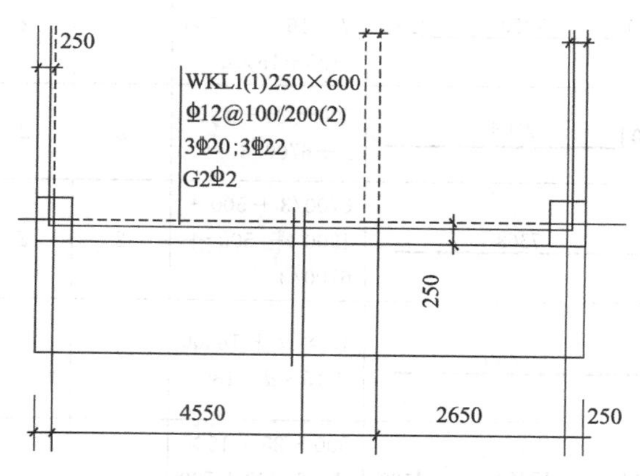


图 3-49　屋面梁平面图

屋面框架梁钢筋三维图如图 3-50 所示。

上部通长筋三维图及计算公式如图 3-51 所示。

构造钢筋三维图及计算公式如图 3-52 所示。

下部通长筋三维图及计算公式如图 3-53 所示。

箍筋三维图及计算公式如图 3-54 所示。

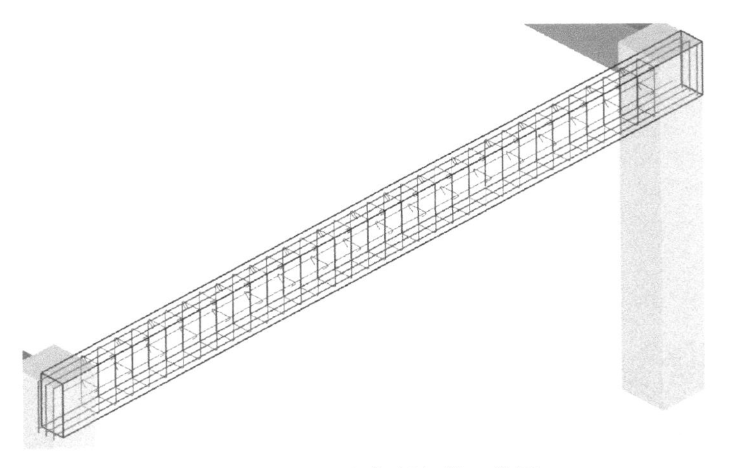

图 3-50　屋面框架梁钢筋三维图

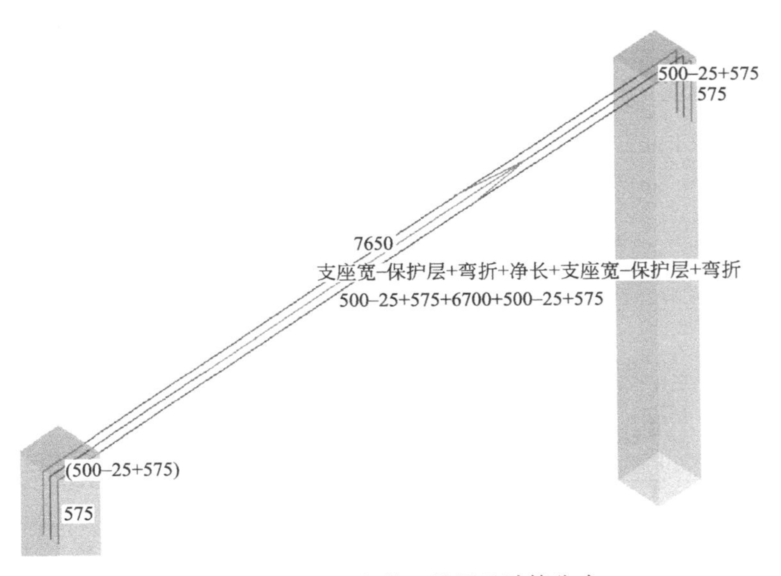


图 3-51　上部通长筋三维图及计算公式

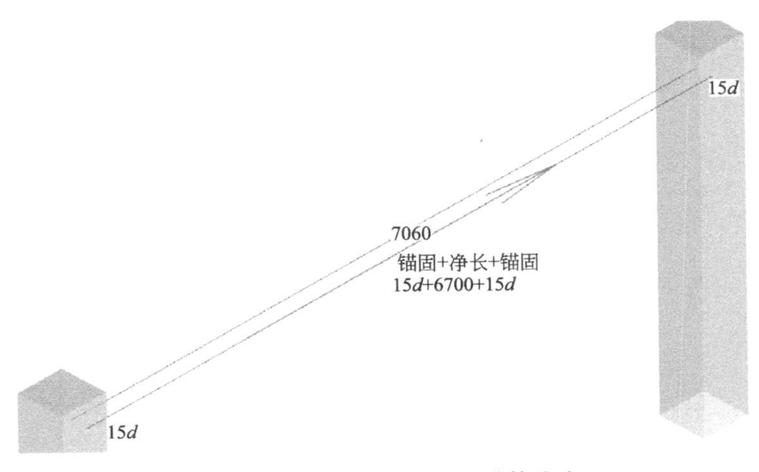


图 3-52　构造钢筋三维图及计算公式

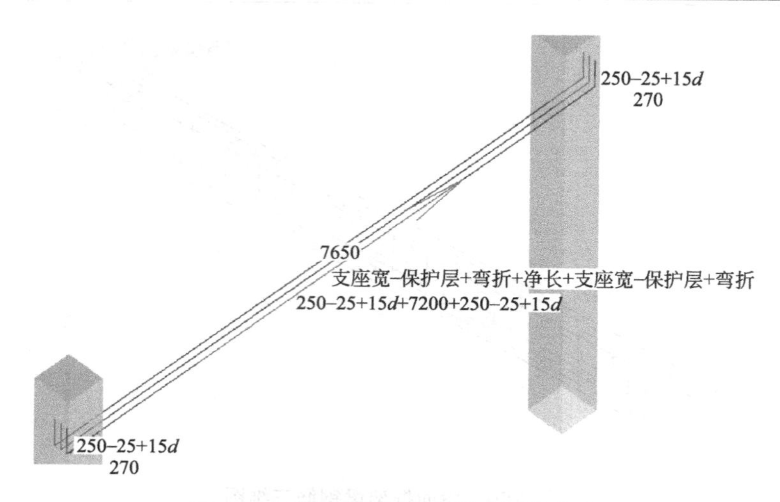


图 3-53　下部通长筋三维图及计算公式

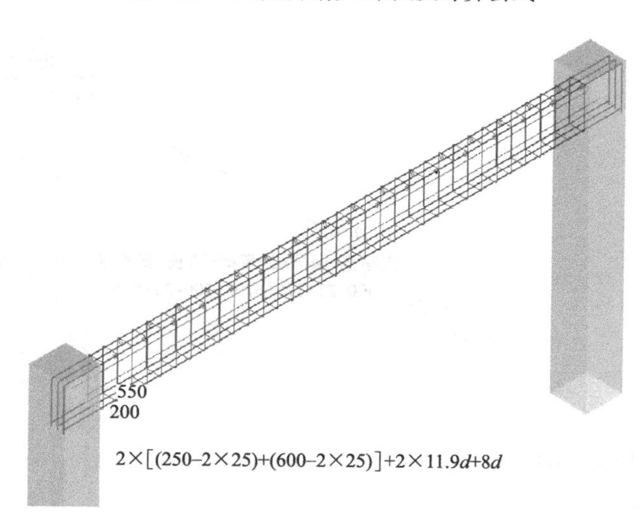


图 3-54　箍筋三维图及计算公式

拉结筋三维图及计算公式如图 3-55 所示。

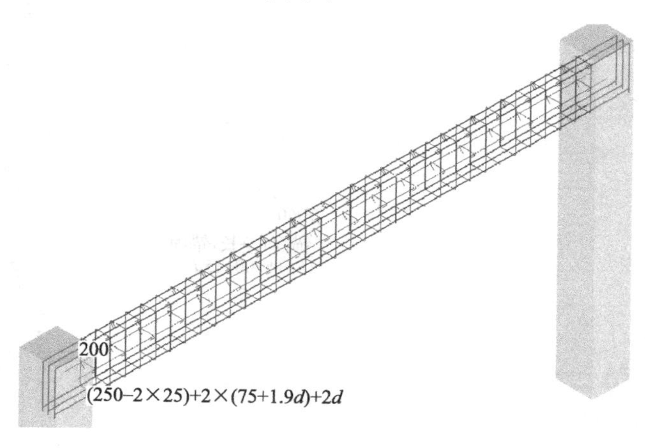


图 3-55　拉结筋三维图及计算公式

WKL1 钢筋算量与翻样，见表 3-15。

**WKL1 钢筋算量与翻样表** 表 3-15

WKL1 钢筋翻样 钢筋总重：227.11kg

| 筋号 | 级别 | 直径 | 钢筋图形 | 计算公式 | 根数 | 总根数 | 单长(m) | 总长(m) | 总重(kg) |
|---|---|---|---|---|---|---|---|---|---|
| 构件位置：〈5－100，C－125〉〈6＋99，C－125〉 | | | | | | | | | |
| 1 跨．上通长筋 1 | Φ | 20 | 575 7650 575 | 500－25＋575＋6700＋500－25＋575 | 3 | 3 | 8.8 | 26.4 | 65.208 |
| 1 跨．侧面构造筋 1 | Φ | 12 | 7060 | 15×$d$＋6700＋15×$d$ | 2 | 2 | 7.06 | 14.12 | 12.539 |
| 1 跨．下部钢筋 1 | Φ | 22 | 330 7650 330 | 500－25＋15×$d$＋6700＋500－25＋15×$d$ | 3 | 3 | 8.31 | 24.93 | 74.291 |
| 1 跨．箍筋 1 | Φ | 12 | 550 200 | 2×[(250－2×25)＋(600－2×25)]＋2×(11.9×$d$)＋(8×$d$) | 44 | 44 | 1.882 | 82.808 | 73.534 |
| 1 跨．拉筋 1 | Φ | 6 | 200 | (250－2×25)＋2×(75＋1.9×$d$)(2×$d$) | 18 | 18 | 0.385 | 6.93 | 1.538 |

## 三、普通梁

某框架结构抗震等级为三级，L1 混凝土等级都为 C30，保护层厚度为 25mm，梁平面图如图 3-56 所示。试计算 L1 的钢筋工程量，并进行钢筋翻样。

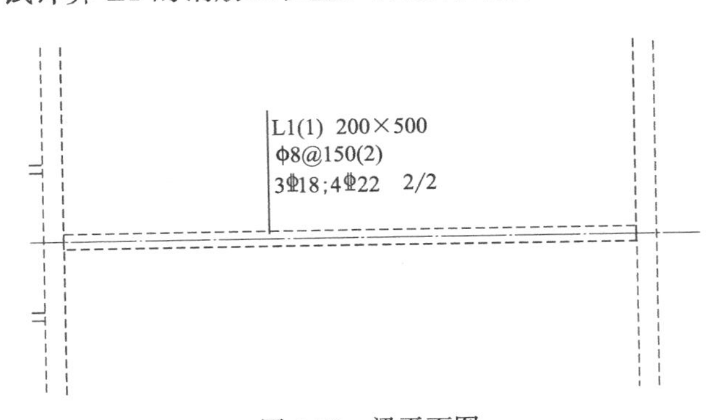


图 3-56 梁平面图

钢筋三维图如图 3-57 所示。

上部通长筋三维图及计算公式如图 3-58 所示。

下部通长筋三维图及计算公式如图 3-59 所示。

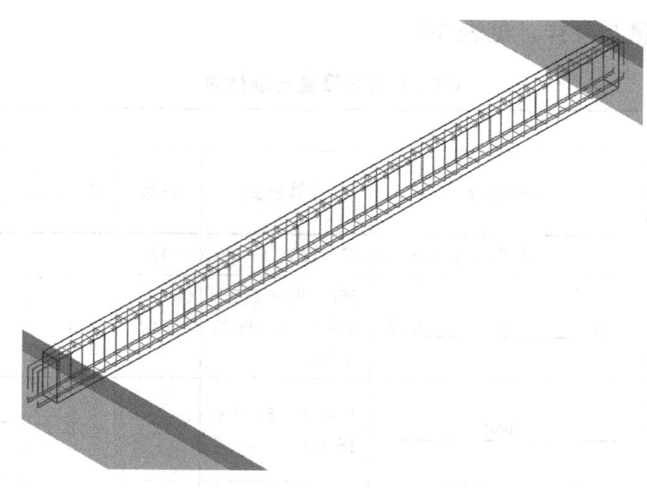

图 3-57　钢筋三维图

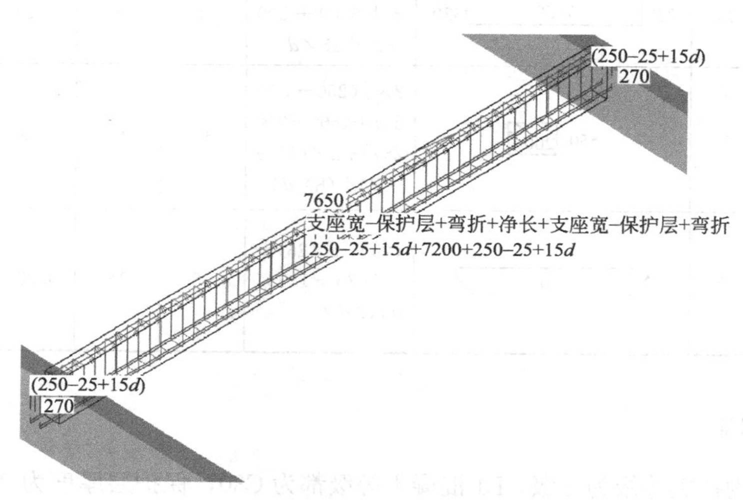


图 3-58　上部通长筋三维图及计算公式

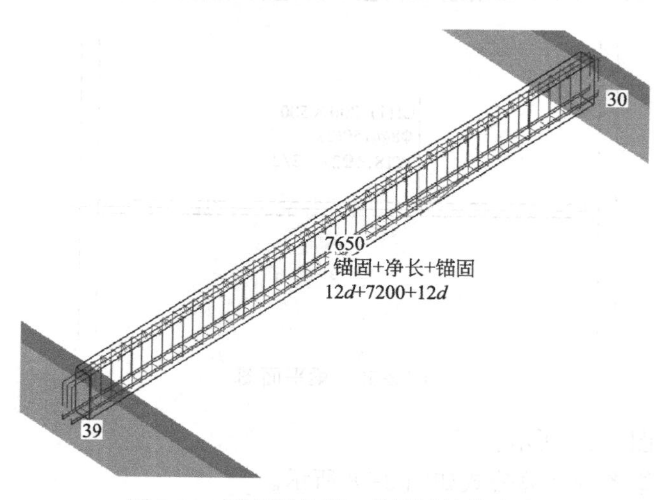


图 3-59　下部通长筋三维图及计算公式

本题中，下部梁放置方式为 2/2，即分两排放置，需放置梁垫铁设置上下层。所谓梁垫铁是指在梁钢筋有双排钢筋及以上时，排与排之间按照构造要求，钢筋与钢筋之间要保证不小于 25 的净距，为了这个净距，在排与排之间用直径 25 的钢筋将两排钢筋隔开，这种做法中所垫的 25 的钢筋就是梁垫铁。垫铁间距一般为 1～1.5m，垫铁长度＝梁宽－2×保护层厚度。构造图如图 3-60 所示。

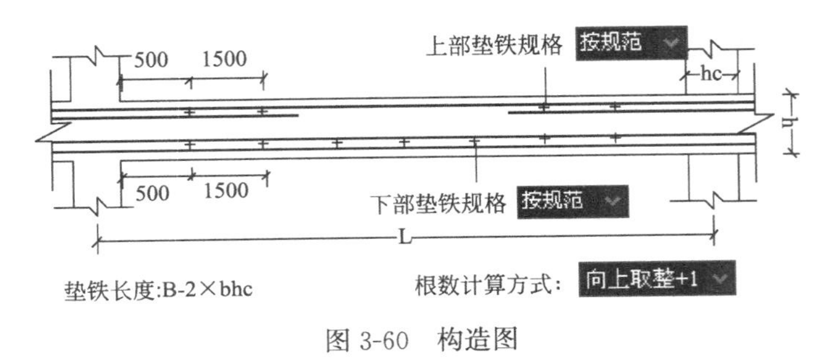

图 3-60　构造图

箍筋三维图及计算公式如图 3-61 所示。

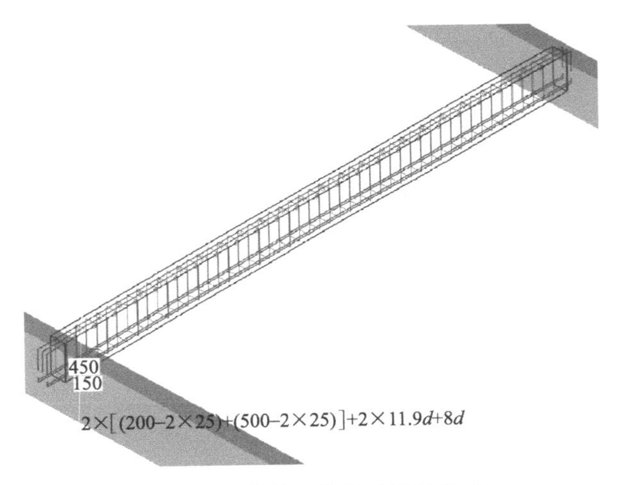

图 3-61　箍筋三维图及计算公式

L1 钢筋算量与翻样，见表 3-16。

**L1 钢筋算量与翻样表**　　**表 3-16**

L1 钢筋翻样　　钢筋总重：172.865kg

| 筋号 | 级别 | 直径 | 钢筋图形 | 计算公式 | 根数 | 总根数 | 单长（m） | 总长（m） | 总重（kg） |
|---|---|---|---|---|---|---|---|---|---|
| 构件位置：〈1-124，D-3599〉〈2，D-3599〉 | | | | | | | | | |
| 1 跨.上通长筋 1 | Φ | 18 | 270 7650 270 | 250－25＋15×*d*＋7200＋250－25＋15×*d* | 3 | 3 | 8.19 | 24.57 | 49.14 |
| 1 跨.下部钢筋 1 | Φ | 22 | 39 7650 39 | 12×*d*＋7200＋12×*d* | 2 | 2 | 7.728 | 15.456 | 46.059 |

续表

L1 钢筋翻样 钢筋总重:172.865kg

| 筋号 | 级别 | 直径 | 钢筋图形 | 计算公式 | 根数 | 总根数 | 单长(m) | 总长(m) | 总重(kg) |
|---|---|---|---|---|---|---|---|---|---|
| 构件位置:〈1-124,D-3599〉〈2,D-3599〉 | | | | | | | | | |
| 1跨.下部钢筋3 | Φ | 22 | 39 7650 39 | 12×*d*+7200+12×*d* | 2 | 2 | 7.728 | 15.456 | 46.059 |
| 1跨.箍筋1 | ф | 8 | 450 150 | 2×[(200−2×25)+(500−2×25)]+2×(11.9×*d*)+(8×*d*) | 49 | 49 | 1.454 | 71.246 | 28.142 |
| 1跨.下部梁垫铁.1 | Φ | 25 | 150 | 200−2×25 | 6 | 6 | 0.15 | 0.9 | 3.465 |

## 四、悬挑梁

某框架结构抗震等级为三级，XL1 混凝土等级都为 C30，保护层厚度为 25mm，悬挑梁平面图如图 3-62 所示。试计算 XL1 的钢筋工程量，并进行钢筋翻样。

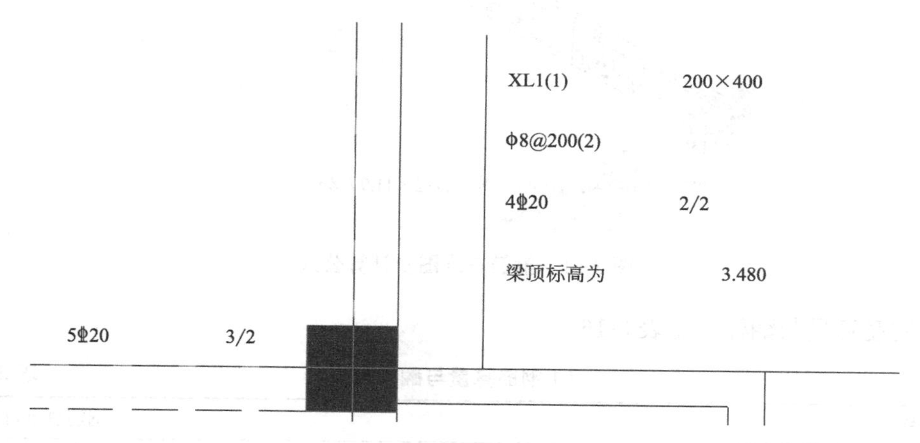


图 3-62 悬挑梁平面图

上部筋 1 三维图及计算公式如图 3-63 所示。

上部筋 2 三维图及计算公式如图 3-64 所示。

部筋三维图及计算公式如图 3-65 所示。

箍筋三维图及计算公式如图 3-66 所示。

XL1 钢筋算量与翻样，见表 3-17。

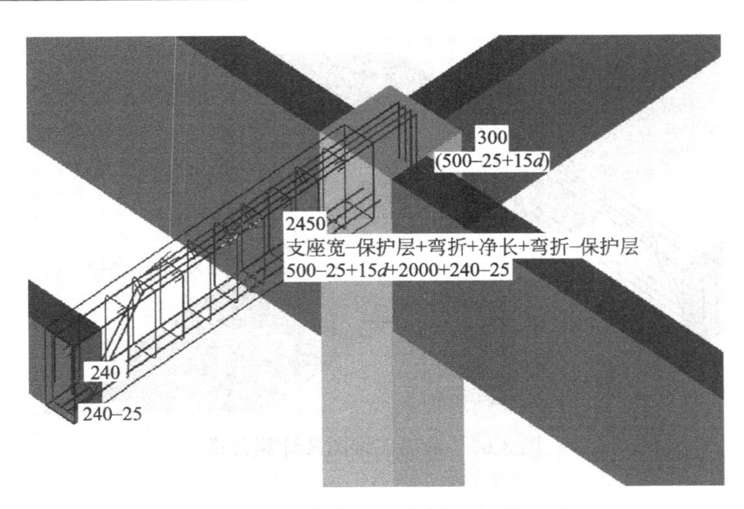


图 3-63　上部筋 1 三维图及计算公式

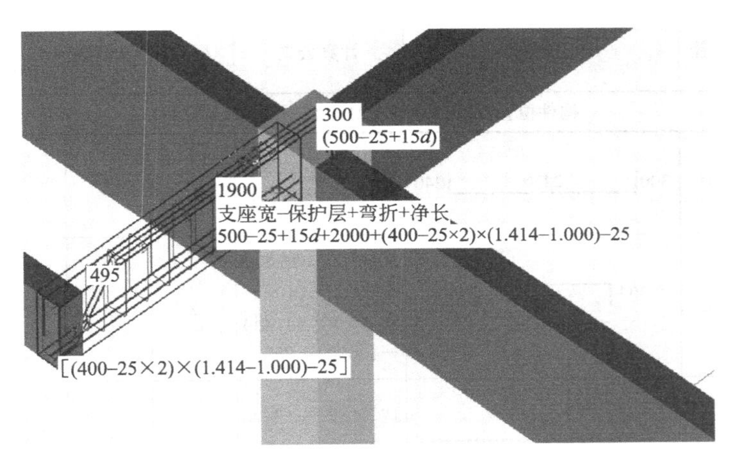


图 3-64　上部筋 2 三维图及计算公式

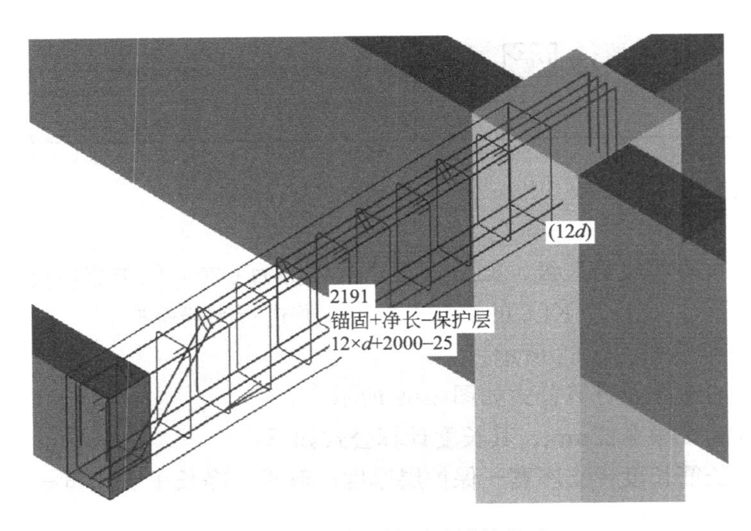


图 3-65　部筋三维图及计算公式

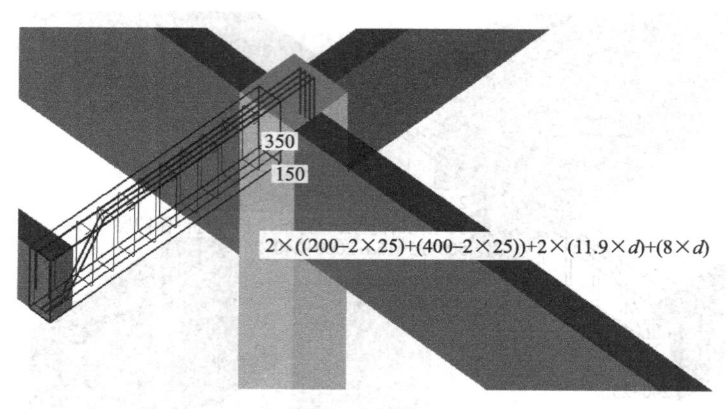


图 3-66　箍筋三维图及计算公式

**XL1 钢筋算量与翻样表**　　　　**表 3-17**

XL1 钢筋翻样　　　　钢筋总重：47.667kg

| 筋号 | 级别 | 直径 | 钢筋图形 | 计算公式 | 根数 | 总根数 | 单长(m) | 总长(m) | 总重(kg) |
|---|---|---|---|---|---|---|---|---|---|
| 构件位置：〈2+199，E+124〉〈2+200，E+2250〉 | | | | | | | | | |
| 1跨.上通长筋1 | Φ | 20 | 300 2450 240 | 500−25+15×$d$+2000+240−25 | 2 | 2 | 2.99 | 5.98 | 14.771 |
| 1跨.上通长筋3 | Φ | 20 | 300 1900 350 350 200 | 500−25+15×$d$+2000+(400−25×2)×(1.414−1.000)−25 | 2 | 2 | 2.895 | 5.79 | 14.301 |
| 1跨.下部钢筋1 | Φ | 18 | 2191 | 12×$d$+2000−25 | 3 | 3 | 2.191 | 6.573 | 13.146 |
| 1跨.箍筋1 | Φ | 8 | 350 150 | 2×[(200−2×25)+(400−2×25)]+2×(11.9×$d$)+(8×$d$) | 11 | 11 | 1.254 | 13.794 | 5.449 |

## 五、变截面梁

某框架结构抗震等级为三级，KL6 混凝土等级都为 C30，保护层厚度为 25mm，梁平面图如图 3-67 所示。试计算 KL6 的钢筋工程量，并进行钢筋翻样。

KL6 钢筋三维图如图 3-68 所示。

上部通长筋三维图及计算公式如图 3-69 所示。

上部通长筋为 2 根Φ22mm。其长度计算公式如下：

单根上部通长筋长度＝支座宽－保护层厚度＋弯折＋净长＋支座宽－保护层厚度＋弯折＝500－25＋15$d$＋13900＋500－25＋15$d$＝15510mm；

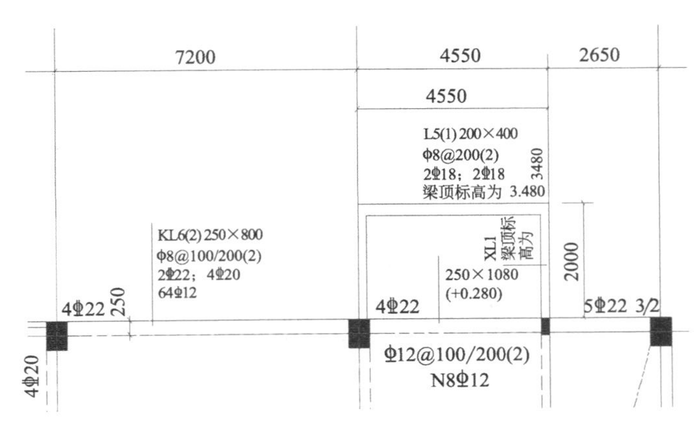


图 3-67 梁平面图

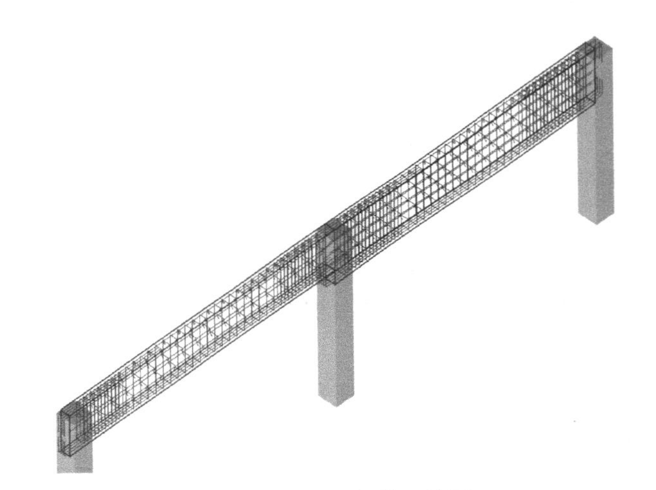

图 3-68 KL6 钢筋三维图

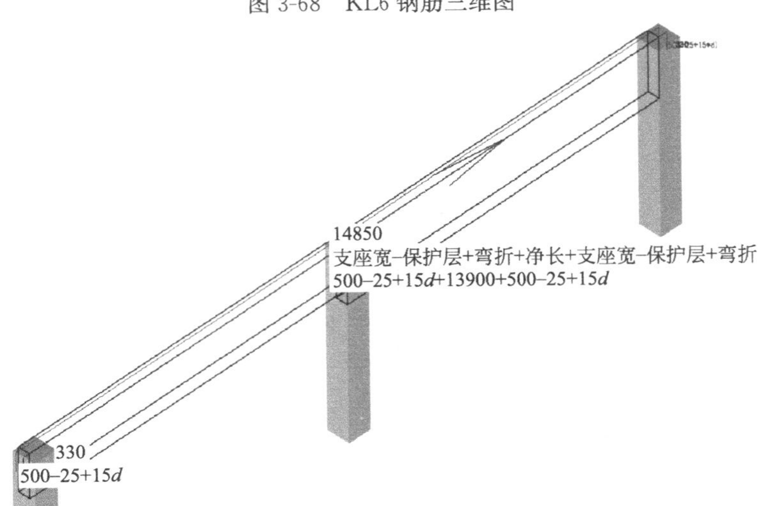


图 3-69 上部通长筋三维图及计算公式

备注：上部通长筋净长＝(1 号柱支座与 3 号柱支座轴线长度)－半柱宽－半柱宽＝(7200＋4550＋2650)－250－250＝139000mm。锚固长度＝支座宽－保护层厚度＋弯折＝500－25＋15$d$，弯折长度为 15$d$。

总长＝15510×2＝31020mm；

总重＝总长×Φ22 理论重量＝31.02×2.98＝92.44kg。

1 跨左支座负筋三维图及计算公式如图 3-70 所示。

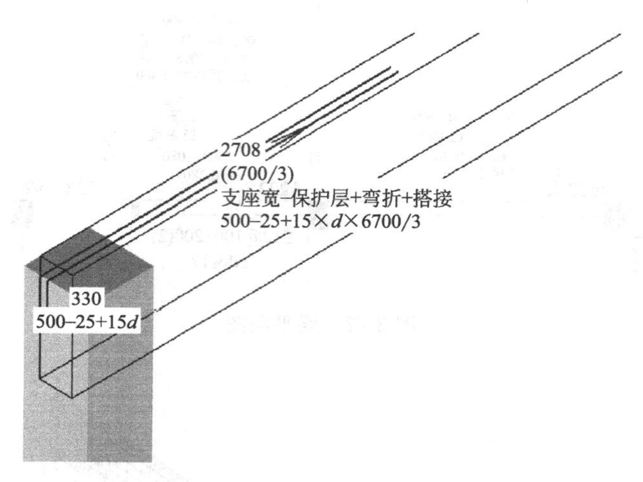


图 3-70　1 跨左支座负筋三维图及计算公式

备注：搭接长度＝梁本跨净长/3＝（7200－250－250）/3＝6700/3，锚固长度＝支座宽－保护层厚度＋弯折＝500－25＋15$d$，弯折长度为 15$d$。

1 跨左支座负筋为 2 根Φ22mm，其钢筋工程量计算如下：

单根 1 跨左支座负筋长度＝支座宽－保护层＋弯折＋搭接＝500－25＋15$d$＋6700/3＝3038mm；

1 跨左支座负筋总长度＝单根 1 跨左支座负筋长度×2＝3038×2＝6076mm；

1 跨左支座负筋总重量＝1 跨左支座负筋总长度×Φ22 理论重量＝6.076×2.98＝18.106kg。

1 跨右支座和＋2 跨左支座负筋三维图及计算公式如图 3-71 所示。

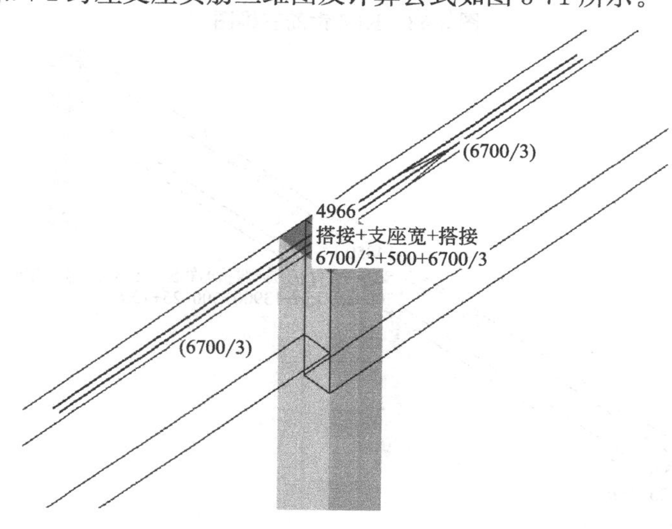


图 3-71　1 跨右支座和＋2 跨左支座负筋三维图及计算公式

备注：第一跨搭接长度＝梁本跨净长/3＝(7200－250－250)/3＝6700/3，第一跨搭接长度＝梁本跨净长/3＝(4550＋2650－250－250)/3＝6700/3。

1 跨右支座和（或 2 跨左支座负筋）为 2 根Φ22mm，其钢筋工程量计算如下：

单根 1 跨右支座和或（2 跨左支座负筋）长度＝搭接＋支座宽＋搭接＝6700/3＋500＋6700/3＝4966mm；

1 跨右支座和或（2 跨左支座负筋）总长度＝单根 1 跨右支座和或（2 跨左支座负筋）长度×2＝4966×2＝9932mm；

1 跨右支座和或（2 跨左支座负筋）长度总重量＝单根 1 跨右支座和或（2 跨左支座负筋）总长度×Φ22 理论重量＝9.932×2.98＝29.597kg。

二跨右支座第一排负筋三维图及计算公式如图 3-72 所示。

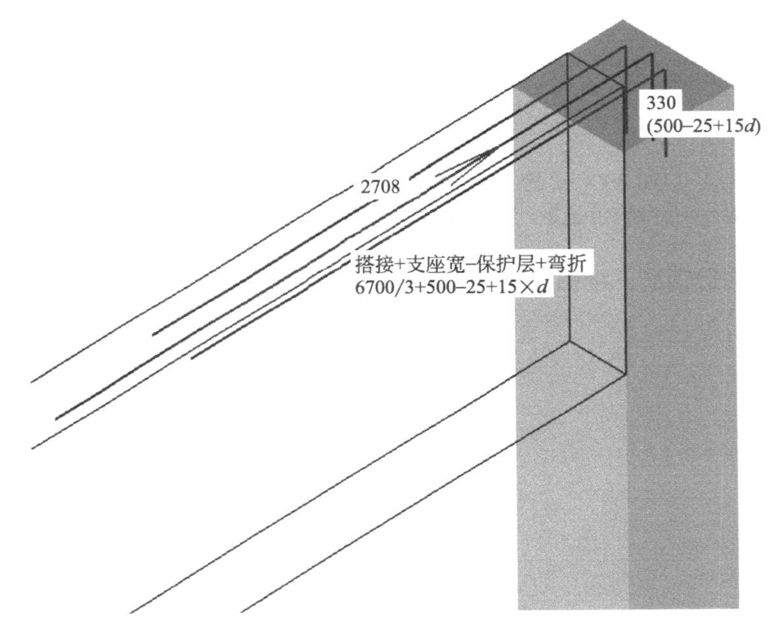


图 3-72　二跨右支座第一排负筋三维图及计算公式

2 跨右支座第一排负筋为 1 根Φ22mm（与通长筋共同构成第一排三根Φ22），其钢筋工程量计算如下：

第一排 2 跨右支座负筋长度＝搭接＋支座宽－保护层＋弯折＝6700/3＋500－25＋15$d$＝3038mm；

第一排 2 跨右支座负筋重量＝第一排 2 跨右支座负筋总长度×Φ22 理论重量＝3038×2.98＝9.053kg。

2 跨右支座第二排负筋三维图及计算公式如图 3-73 所示。

2 跨右支座第二排负筋为 2 根Φ22mm，其钢筋工程量计算如下：

单根第二排 2 跨右支座负筋长度＝搭接＋支座宽－保护层＋弯折＝6700/4＋500－25＋15$d$＝2480mm；

第二排 2 跨右支座负筋总长度＝单根第二排 2 跨右支座负筋长度×2＝2480×2＝4960mm；

第二排 2 跨右支座负筋重量＝第二排 2 跨右支座负筋总长度×Φ22 理论重量＝4.96×2.98＝14.781kg。

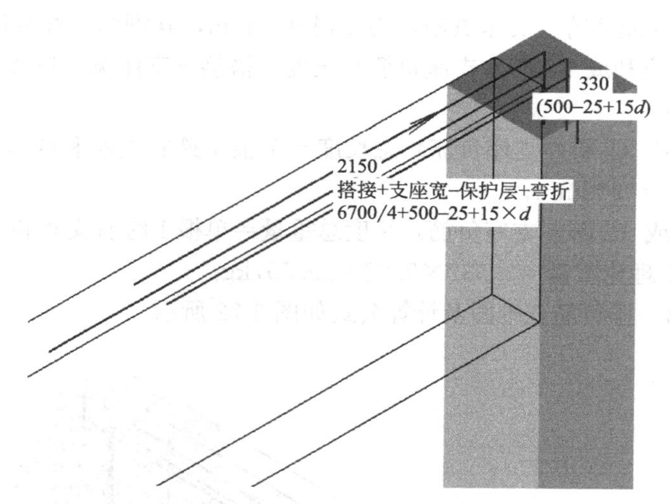


图 3-73　2 跨右支座第二排负筋三维图及计算公式

备注：根据 16G101 图集中规定，第二排搭接应为净跨的 1/4，如图中搭接＝净跨/4＝6700/4。

第一跨侧面构造钢筋三维图及计算公式如图 3-74 所示。

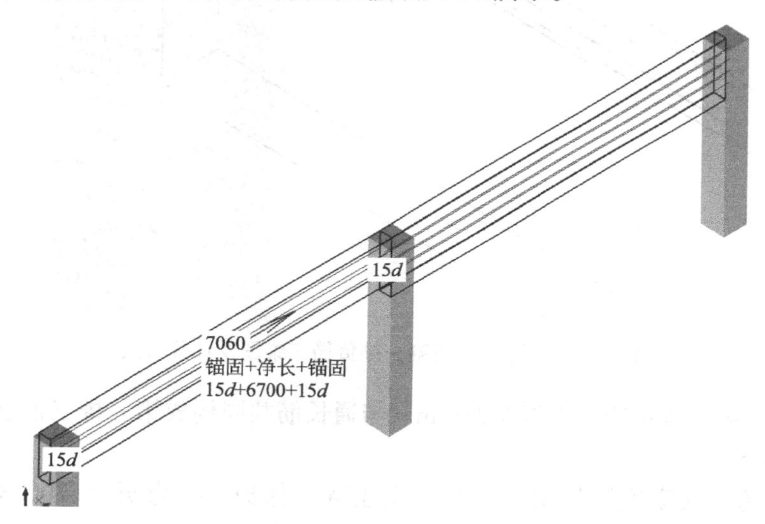


图 3-74　第一跨侧面构造钢筋三维图及计算公式

第一跨构造钢筋（G）为 4 根Φ12mm，其长度计算公式如下：

单根第一跨构造钢筋长度＝锚固＋净长＋锚固＝15d＋6700＋15d＝7060mm；

第一跨构造钢筋总长度＝单根第一跨构造钢筋长度×4＝7060×4＝28240mm；

第一跨构造钢筋总重量＝第一跨构造钢筋总长度×Φ12 理论重量＝28.24×0.888＝25.077kg。

第二跨侧面受扭筋三维图及计算公式如图 3-75 所示。

第二跨受扭钢筋（N）为 8 根Φ12mm，其长度计算公式如下：

单根第二跨受扭钢筋长度＝锚固＋净长＋锚固＝31d＋6700＋31d＝7444mm；

第二跨受扭钢筋总长度＝单根第二跨受扭钢筋长度×8＝7444×8＝59552mm；

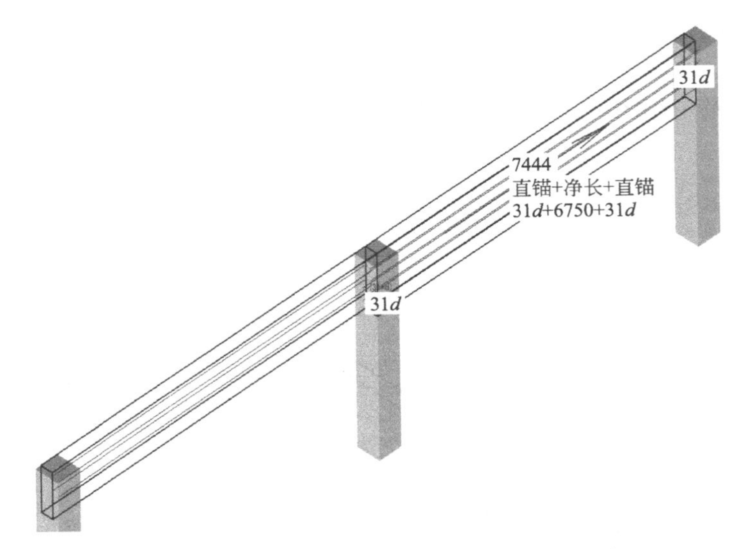


图 3-75 第二跨侧面受扭筋三维图及计算公式

备注：腰筋是根据目前国内生产工艺和梁自身（如混凝土防裂）的要求，必须设置最低配筋率，也就是构造上的最低配筋要求。梁的腰筋一般是纵向构造钢筋（G）和受扭纵向钢筋（N），其锚固长度不同。构造钢筋锚固长度是 15$d$，抗扭钢筋的锚固长度同梁的主筋锚固长度。

第二跨受扭钢筋总重量＝第二跨受扭钢筋总长度×Φ 12 理论重量＝28.24×0.888＝25.077kg。

第一跨下部筋三维图及计算公式如图 3-76 所示。

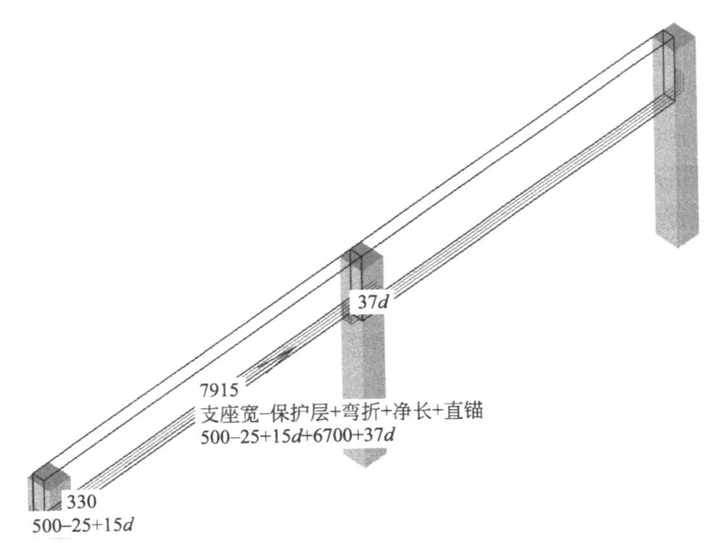


图 3-76 第一跨下部筋三维图及计算公式

第一跨下部钢筋为 4 根Φ 20mm，其长度计算公式如下：

单根第一跨下部钢筋长度＝支座宽－保护层＋弯折＋净长＋直锚＝500－25＋15$d$＋6700＋37$d$＝8215mm；

第一跨下部钢筋总长度＝单根第一跨下部钢筋长度×4＝8215×4＝32860mm；

第一跨下部钢筋总重量＝第一跨下部钢筋总长度×Φ20 理论重量＝32.86×2.47＝81.164kg。

第二跨下部筋三维图及计算公式如图 3-77 所示。

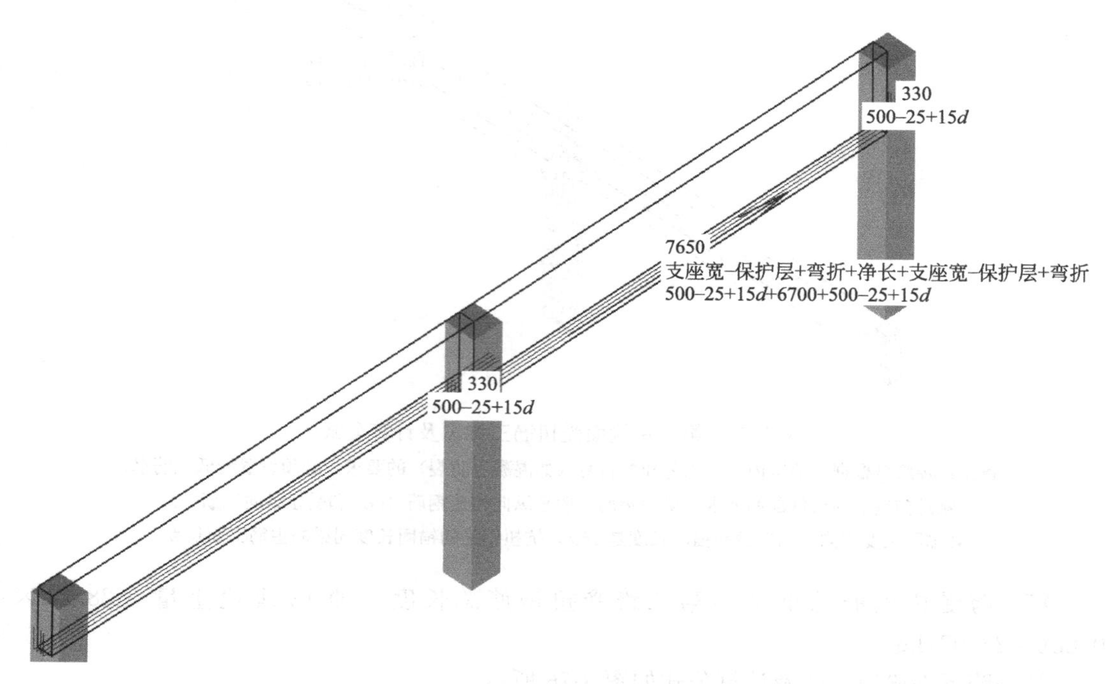


图 3-77　第二跨下部筋三维图及计算公式

第二跨下部钢筋为 4 根Φ20mm，其长度计算公式如下：

单根第二跨下部钢筋长度＝支座宽－保护层＋弯折＋净长＋支座宽－保护层＋弯折＝500－25＋15$d$＋6700＋500－25＋15$d$＝8250mm；

第二跨下部钢筋总长度＝单根第二跨下部钢筋长度×4＝8250×4＝33000mm；

第二跨下部钢筋总重量＝第二跨下部钢筋总长度×Φ20 理论重量＝33×2.47＝81.51kg。

第一跨箍筋三维图及计算公式如图 3-78 所示。

第一跨箍筋为 ϕ8mm，其长度及根数计算公式如下：

单根第一跨箍筋长度＝2×[(梁截面宽－2×保护层)＋(梁截面高－2×保护层)]＋2×(11.9×$d$)＋(8×$d$)＝2×[(250－2×25)＋(800－2×25)]＋2×(11.9×$d$)＋(8×$d$)＝2154mm；

第一跨加密区范围为 max(1.5$h_b$，500)＝max(1.5×800，500)＝1200mm，箍筋布置时应距柱错开 50mm，实际加密区范围应为 1200－50＝1150mm（此为 16G101 图集规定，具体内容见“第二跨箍筋”计算公式后图集部分内容摘录）。

加密区箍筋根数为：2×Ceil[(加密区长度/100)＋1]＝2×[Ceil(1150/100)＋1]＝26 根；

非加密区箍筋根数为：Ceil(非加密区长度/200)－1＝Ceil[(6700－1200×2)/200]－1＝21 根；

第一跨箍筋总数＝加密区箍筋根数＋非加密区箍筋根数＝26＋21＝47 根；

第一跨箍筋总长度＝单根第一跨箍筋长度×第一跨箍筋总数＝2154×47＝101238mm；

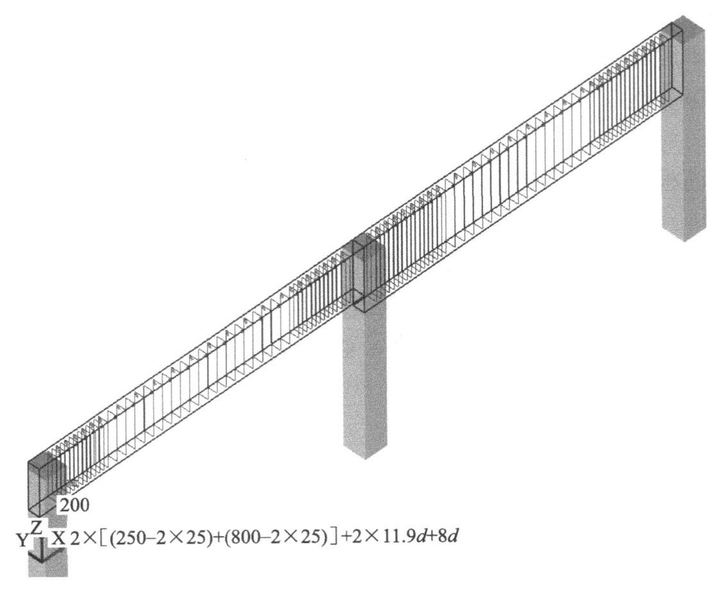


图 3-78　第一跨箍筋三维图及计算公式

第一跨箍筋总重量＝第一跨箍筋总长度×φ8 理论重量＝101.238×0.395＝39.989kg。

第二跨箍筋三维图及计算公式如图 3-79 所示。

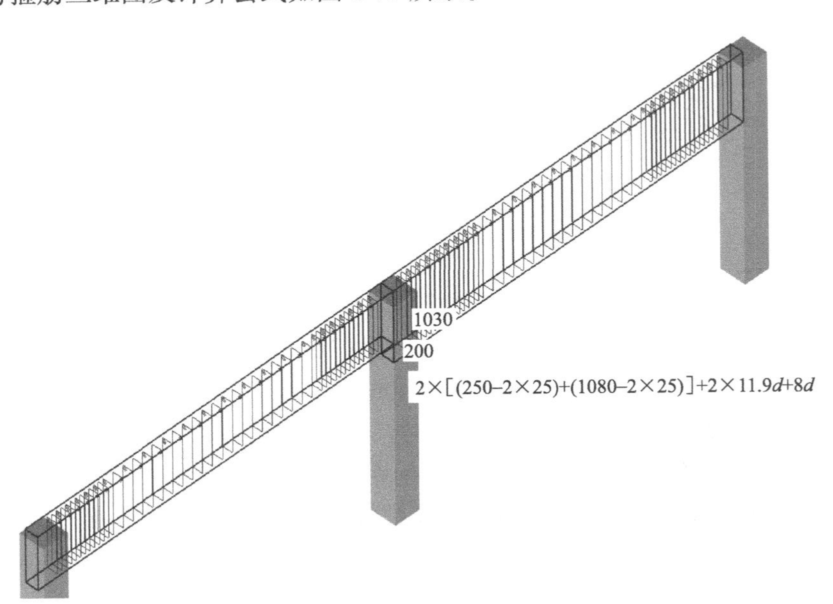


图 3-79　第二跨箍筋三维图及计算公式

第二跨箍筋为Φ12mm，其长度及根数计算公式如下：

单根第一跨箍筋长度＝2×[(梁截面宽－2×保护层)＋(梁截面高－2×保护层)]＋2×(11.9×$d$)＋(8×$d$)＝2×[(250－2×25)＋(1080－2×25)]＋2×(11.9×$d$)＋(8×$d$)＝2842mm；

第二跨加密区范围为 max(1.5$h_b$，500)＝max(1.5×1080，500)＝16200mm，箍筋布

置时应距柱错开 50mm，实际加密区范围应为 1620－50＝1570mm（此为 16G101 图集规定，具体内容见本题计算公式后图集部分内容摘录）。

加密区箍筋根数为：2×Ceil[（加密区长度/100）＋1]＝2×[Ceil（1570/100）＋1]＝34 根；

非加密区箍筋根数为：Ceil（非加密区长度/200）－1＝Ceil[（6700－1620×2）/200]－1＝17 根；

第二跨箍筋总数＝加密区箍筋根数＋非加密区箍筋根数＝34＋17＝51 根；

第二跨箍筋总长度＝单根第二跨箍筋长度×第二跨箍筋总数＝2842×51＝144942mm；

第二跨箍筋总重量＝第二跨箍筋总长度×Φ12 理论重量＝144.942×0.888＝128.708kg。

第一跨拉结筋三维图及计算公式如图 3-80 所示。

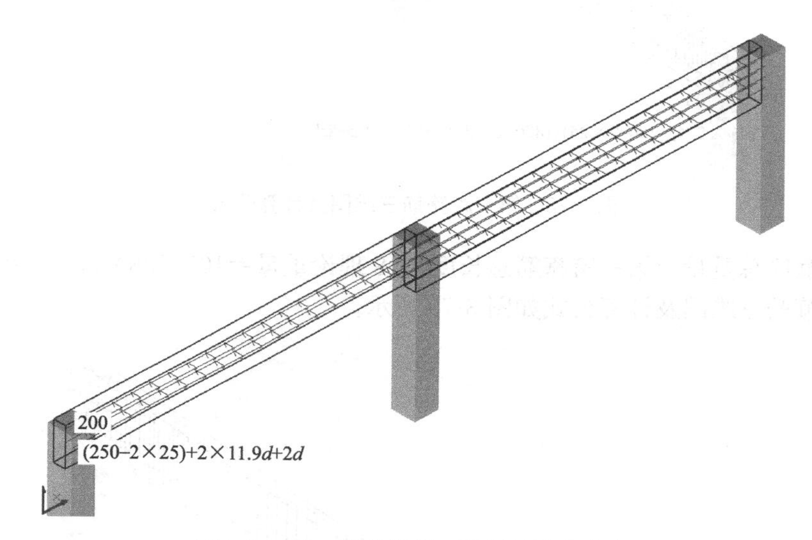


图 3-80 第一跨拉结筋三维图及计算公式

第一跨拉结筋为 $\phi$8mm，其长度及根数计算公式如下：

单根第一跨拉结筋长度＝（梁截面宽－2×保护层）＋2×（75＋1.9×$d$）＋（2×$d$）＝（250－2×25）＋2×（75＋1.9×$d$）＋（2×$d$）＝406mm。

根据 16G101 规定，当梁宽 $b \leqslant 350$mm 时，拉筋直径为 6mm；梁宽 $b > 350$mm 时，拉筋直径为 8mm，拉筋间距为非加密区箍筋间距的 2 倍。当设有多排拉筋时，上下两排拉筋竖向错开设置。一般拉筋设置排数与腰筋排数一样，如本题中第一跨为 2 排，第二跨为 4 排。

第一跨拉结筋根数为＝2×（Ceil(6600/400)＋1）＝36 根。

第一跨拉结筋总长度为＝单根第一跨拉结筋长度×第一跨拉结筋根数＝406×36＝14616mm；

第一跨拉结筋总重量＝第一跨拉结筋总长度×$\phi$8 理论重量＝14.616×0.395＝5.773kg。

第二跨拉结筋三维图及计算公式如图 3-81 所示。

第二跨拉结筋为 $\phi$8mm，其长度及根数计算公式如下：

单根第二跨拉结筋长度＝（梁截面宽－2×保护层）＋2×（75＋1.9×$d$）＋（2×$d$）＝

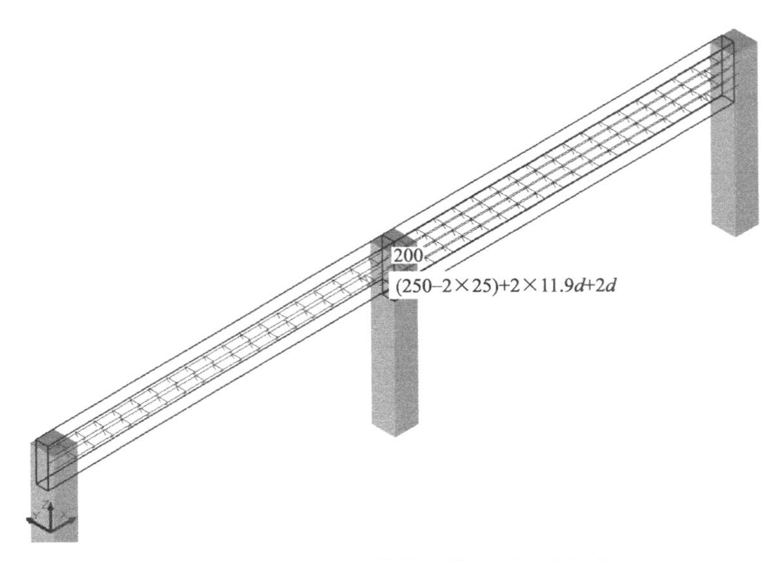


图 3-81　第二跨拉结筋三维图及计算公式

(250−2×25)+2×(75+1.9×$d$)+(2×$d$)=406mm。

第二跨拉结筋根数为=4×[Ceil(6600/400)+1]=72 根。

第二跨拉结筋总长度为=单根第二跨拉结筋长度×第二跨拉结筋根数=406×72=29232mm;

第二跨拉结筋总重量=第一跨拉结筋总长度×ф8 理论重量=29.232×0.395=11.547kg。

对于框架梁变截面处钢筋搭接与锚固处理情况，如图 3-82 所示。

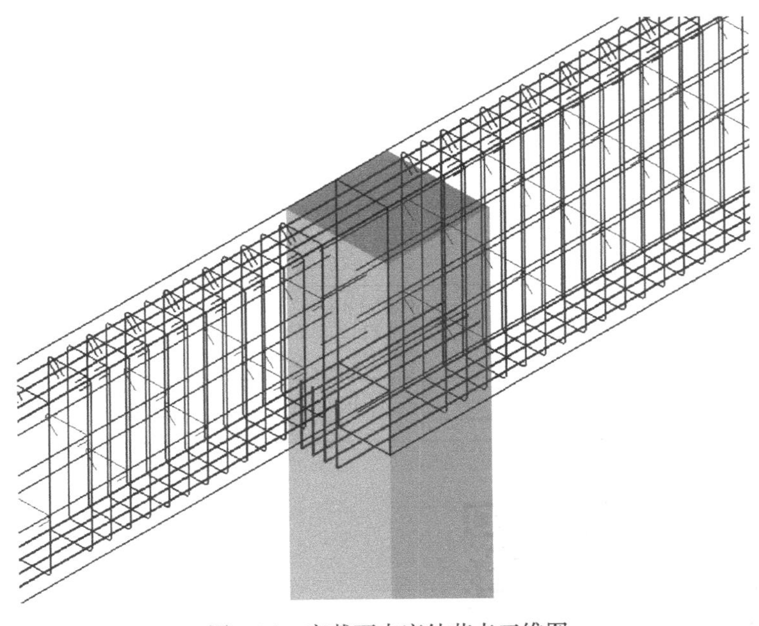

图 3-82　变截面支座处节点三维图

KL6 钢筋算量与翻样，见表 3-18。

**KL6 钢筋算量与翻样表** **表 3-18**

KL6 钢筋翻样　　钢筋总重：592.168kg

| 筋号 | 级别 | 直径 | 钢筋图形 | 计算公式 | 根数 | 总根数 | 单长(m) | 总长(m) | 总重(kg) |
|---|---|---|---|---|---|---|---|---|---|
| 构件位置：〈1-124，E+124〉〈2，E+124〉〈3，E+124〉 | | | | | | | | | |
| 1跨.上通长筋1 | Φ | 22 | 330 14850 330 | 500−25+15×$d$+13900+500−25+15×$d$ | 2 | 2 | 15.51 | 31.02 | 92.44 |
| 1跨.左支座筋1 | Φ | 22 | 330 2708 | 500−25+15×$d$+6700/3 | 2 | 2 | 3.038 | 6.076 | 18.106 |
| 1跨.右支座筋1 | Φ | 22 | 4966 | 6700/3+500+6700/3 | 2 | 2 | 4.966 | 9.932 | 29.597 |
| 1跨.侧面构造筋1 | Φ | 12 | 7060 | 15×$d$+6700+15×$d$ | 4 | 4 | 7.06 | 28.24 | 25.077 |
| 1跨.下部钢筋1 | Φ | 20 | 300 7915 | 500−25+15×$d$+6700+37×$d$ | 4 | 4 | 8.215 | 32.86 | 81.164 |
| 2跨.右支座筋1 | Φ | 22 | 330 2708 | 6700/3+500−25+15×$d$ | 1 | 1 | 3.038 | 3.038 | 9.053 |
| 2跨.右支座筋2 | Φ | 22 | 330 2150 | 6700/4+500−25+15×$d$ | 2 | 2 | 2.48 | 4.96 | 14.781 |
| 2跨.侧面受扭筋1 | Φ | 12 | 7444 | 31×$d$+6700+31×$d$ | 8 | 8 | 7.444 | 59.552 | 52.882 |
| 2跨.下部钢筋1 | Φ | 20 | 300 7650 300 | 500−25+15×$d$+6700+500−25+15×$d$ | 4 | 4 | 8.25 | 33 | 81.51 |
| 1跨.箍筋1 | Φ | 8 | 750 200 | 2×[(250−2×25)+(800−2×25)]+2×(11.9×$d$)+(8×$d$) | 47 | 47 | 2.154 | 101.238 | 39.989 |
| 1跨.拉筋1 | Φ | 8 | 200 | (250−2×25)+2×(11.9×$d$)+(2×$d$) | 36 | 36 | 0.406 | 14.616 | 5.773 |
| 2跨.箍筋1 | Φ | 12 | 1030 200 | 2×[(250−2×25)+(1080−2×25)]+2×(11.9×$d$)+(8×$d$) | 51 | 51 | 2.842 | 144.942 | 128.708 |
| 2跨.拉筋1 | Φ | 8 | 200 | (250−2×25)+2×(11.9×$d$)+(2×$d$) | 72 | 72 | 0.406 | 29.232 | 11.547 |
| 2跨.上部梁垫铁1 | Φ | 25 | 200 | 250−2×25 | 2 | 2 | 0.2 | 0.4 | 1.54 |

基础梁

扫码观看本视频

框架梁

扫码观看本视频

# 第五节 板钢筋计算

## 一、板底钢筋

某工程抗震等级为三级，板混凝土强度等级为C30，保护层厚度为15mm，钢筋连接方式为绑扎；梁混凝土强度等级为C30，保护层厚度为25mm；其余尺寸及钢筋配置如图3-83所示，试计算板底钢筋工程量，并进行钢筋翻样。

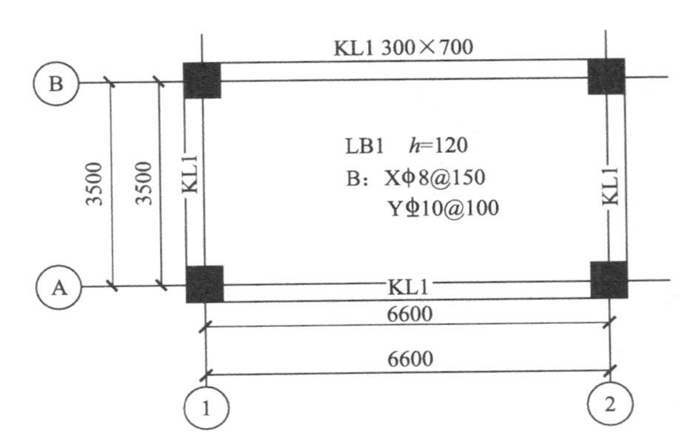


图3-83 板平面图

板底钢筋三维图如图3-84所示。

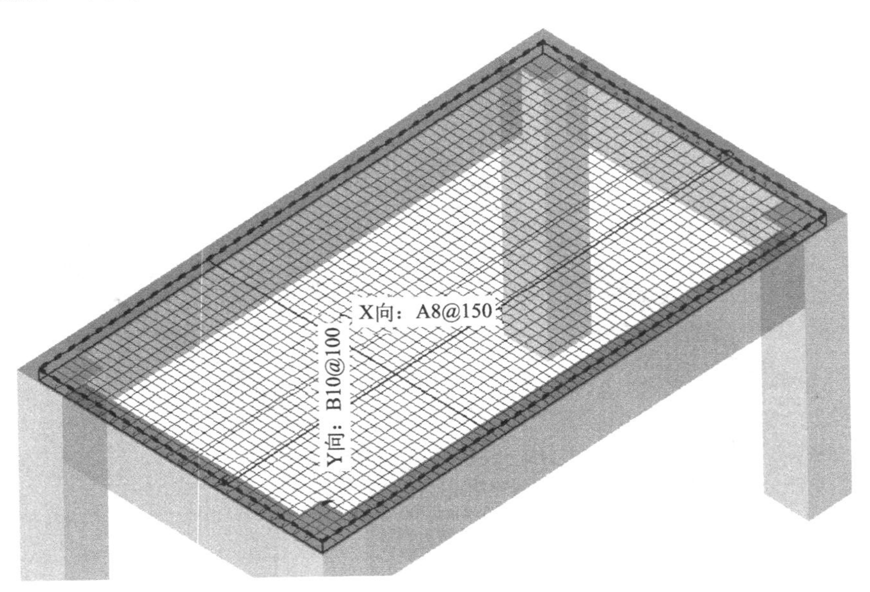


图3-84 板底钢筋三维图

板底X向钢筋三维图如图3-85所示。

底筋计算公式为：底筋长度＝板净跨＋伸入左右支座内长度 $\max(h_c/2, 5d)$ ＋弯钩增加长度；需要注意的是，当底部钢筋为非光圆钢筋时，无弯钩增加长度（如本题中Y向底筋）。其计算公式及计算过程如下：

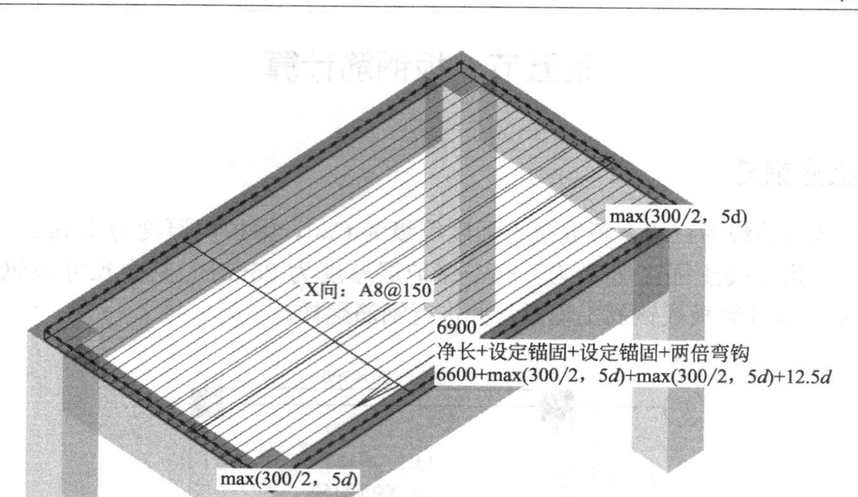


图 3-85　板底 X 向钢筋三维图

单根板底 X 向钢筋长度＝6600(板 X 向净跨)＋300/2×2(左右支座内长度)＋6.25$d$×2(左右弯钩增加长度)＝6600＋300＋12.5×0.008＝7000mm；

板底 X 向钢筋根数＝Ceil[(板 Y 向净跨－2×保护层－50×2)/板筋间距]＋1＝Ceil[(3500－2×15－100)/150]＋1＝24 根；

板底 X 向钢筋总长度＝7000×24＝168000mm；

板底 X 向钢筋总重量＝总长度×ϕ8 理论重量＝168×0.395＝66.36kg。

板底 Y 向钢筋三维图如图 3-86 所示。

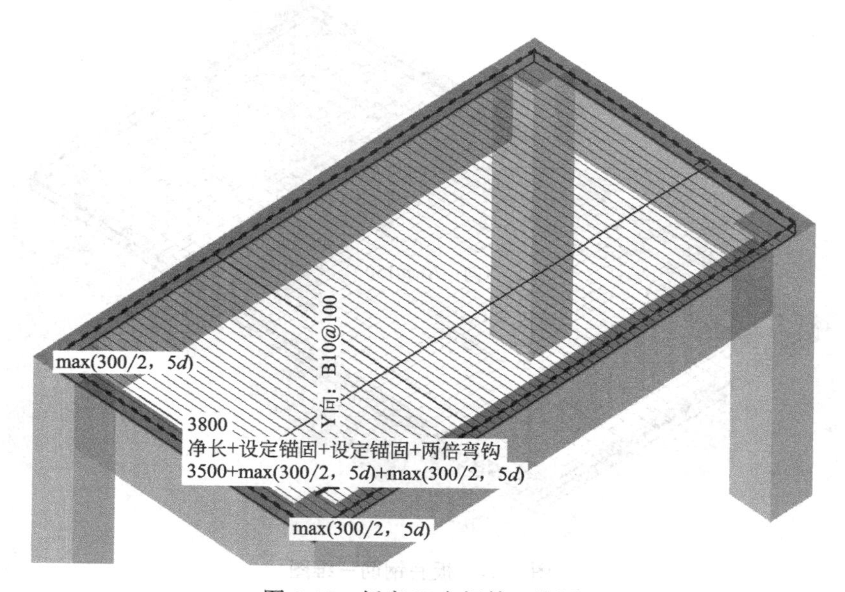


图 3-86　板底 Y 向钢筋三维图

单根板底 Y 向钢筋长度＝3500(板 Y 向净跨)＋300/2×2(左右支座内长度)＝3500＋300＝3800mm；

板底 Y 向钢筋根数＝Ceil[(板 X 向净跨－2×保护层－50×2)/板筋间距]＋1＝Ceil

[(6600−2×15−100)/100]+1=66 根；

板底 Y 向钢筋总长度=3800×66=250800mm；

板底 Y 向钢筋总重量=总长度×Φ10 理论重量=250.8×0.617=154.744kg。

板钢筋算量与翻样，见表 3-19。

板钢筋算量与翻样　　表 3-19

板钢筋翻样　　钢筋总重:221.104kg

| 筋号 | 级别 | 直径 | 钢筋图形 | 计算公式 | 根数 | 总根数 | 单长(m) | 总长(m) | 总重(kg) |
|---|---|---|---|---|---|---|---|---|---|
| X 向.1 | Φ | 8 | 6900 | 6600+max(300/2,5×$d$)+max(300/2,5×$d$)+12.5×$d$ | 24 | 24 | 7 | 168 | 66.36 |
| Y 向.1 | Φ | 10 | 3800 | 3500+max(300/2,5×$d$)+max(300/2,5×$d$) | 66 | 66 | 3.8 | 250.8 | 154.744 |

## 二、板面钢筋

某工程抗震等级为三级，板混凝土强度等级为 C30，保护层厚度为 15mm，钢筋连接方式为绑扎；梁混凝土强度等级为 C30，保护层厚度为 25mm；其余尺寸及钢筋配置如图 3-87 所示，试计算板面钢筋工程量，并进行钢筋翻样。

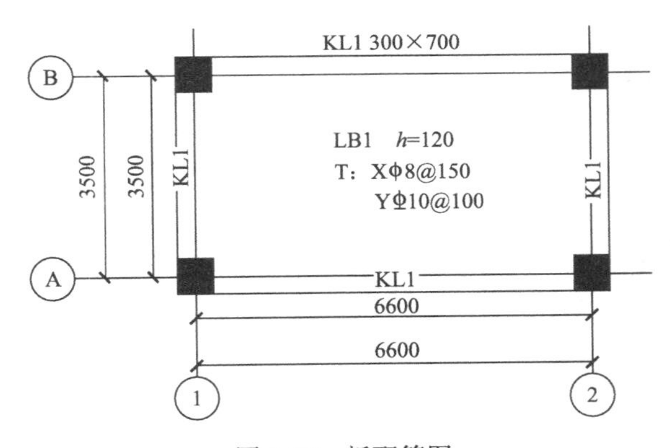


图 3-87　板配筋图

板面钢筋三维图如图 3-88 所示。

X 向板面钢筋三维图如图 3-89 所示。

X 向面筋长度=净长+锚固+锚固+两倍弯钩=6600+30×$d$+30×$d$+12.5×$d$=7180mm；

X 向面筋根数=Ceil[(板 Y 向净长−50×2)/150]+1=Ceil(3500−50×2)/150+1=24 根；

X 向面筋总长度=7180×24=172320mm；

板底 X 向钢筋总重量=总长度×Φ8 理论重量=172.32×0.395=68.066kg。

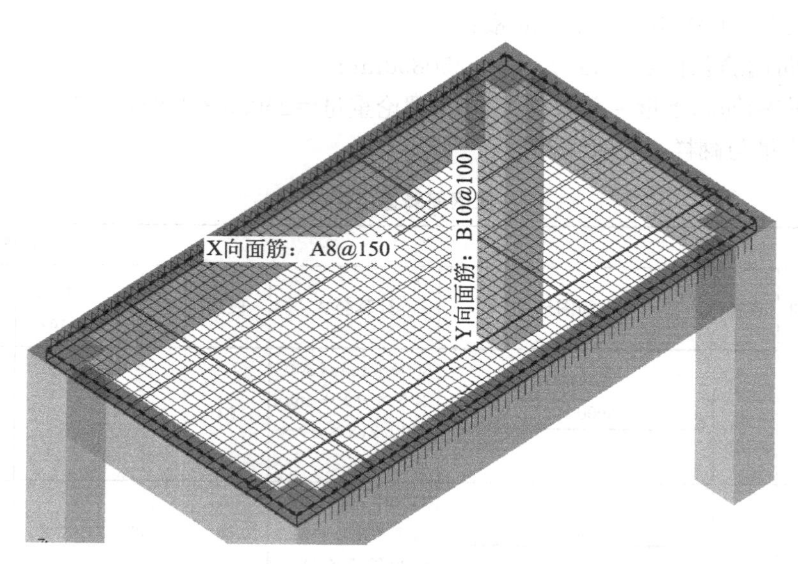


图 3-88　板面钢筋三维图

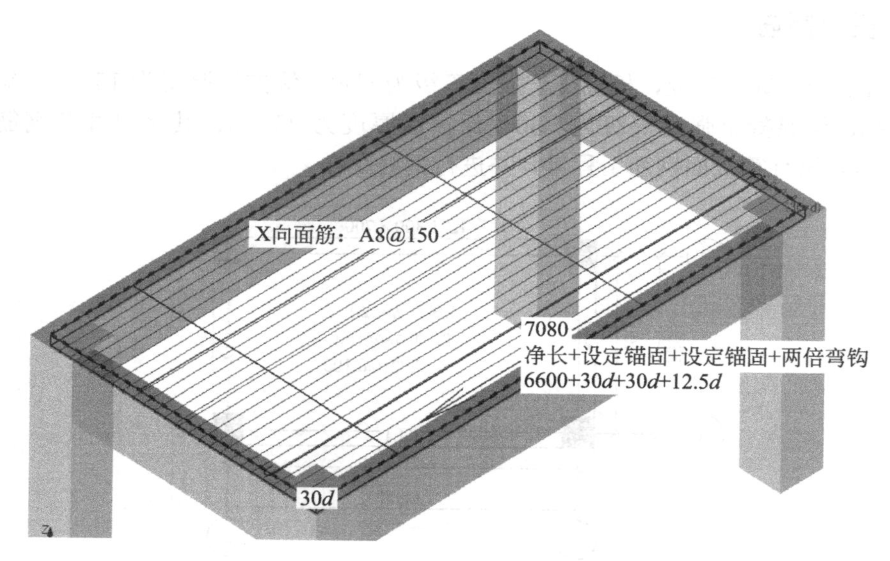


图 3-89　X 向板面钢筋三维图

Y 向钢筋三维图如图 3-90 所示。

Y 向面筋长度＝净长＋锚固＋锚固＝3500＋300－20＋15$d$＋300－20＋15$d$＝4360mm；

Y 向面筋根数＝Ceil[（板 X 向净长－50×2)/150]＋1＝Ceil(6600－50×2)/100＋1＝66 根；

Y 向面筋总长度＝3500×66＝287760mm；

板底 Y 向钢筋总重量＝总长度×ϕ10 理论重量＝287.76×0.617＝177.548kg。

板钢筋算量与翻样，见表 3-20。

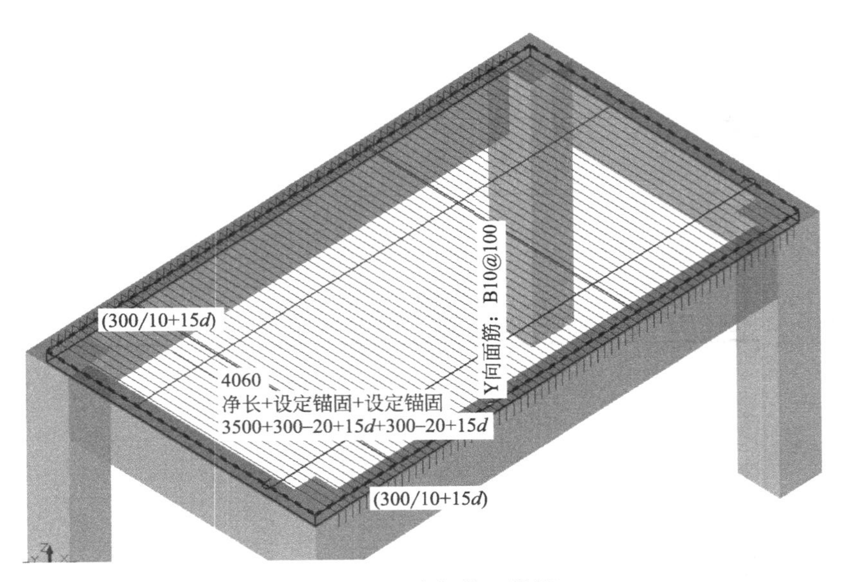


图 3-90　Y 向钢筋三维图

**板钢筋算量与翻样表** **表 3-20**

| 板钢筋翻样 | | | | | | | | | 钢筋总重：245.614kg |
|---|---|---|---|---|---|---|---|---|---|
| 筋号 | 级别 | 直径 | 钢筋图形 | 计算公式 | 根数 | 总根数 | 单长(m) | 总长(m) | 总重(kg) |
| X 向面筋.1 | ϕ | 8 | 7080 | $6600+30\times d+30\times d+12.5\times d$ | 24 | 24 | 7.18 | 172.32 | 68.066 |
| Y 向面筋.1 | ϕ | 10 | 150 4060 150 | $3500+300-20+15\times d+300-20+15\times d$ | 66 | 66 | 4.36 | 287.76 | 177.548 |

## 三、支座负筋

某工程抗震等级为三级，板混凝土强度等级为 C30，板厚 h＝120mm，分布筋 ϕ6@200，温度筋 ϕ6@200，保护层厚度为 15mm，钢筋连接方式为绑扎；梁混凝土强度等级为 C30，保护层厚度为 25mm；其余尺寸及钢筋配置如图 3-91 所示，试计算负筋、分布筋、温度筋工程量，并进行钢筋翻样。

负筋与分布筋三维图如图 3-92 所示。

① 号负筋三维图如图 3-93 所示。

①负筋单根长度＝右净长＋弯折＋锚固＋弯钩＝$1000+30\times d+90+6.25\times d=1380$mm；

①轴处①号负筋钢筋根数＝Ceil[(板 Y 向净长－梁宽－50×2)/板筋间距]＋1＝Ceil[(6000－300－50×2)/150]＋1＝38 根；

①轴处①号负筋总长度＝1380×38＝52440mm；

钢筋总重量＝总长度×ϕ8 理论重量＝52.44×0.395＝20.714kg。

同理③轴处负筋也可求得，同①轴处负筋这里不做赘述。

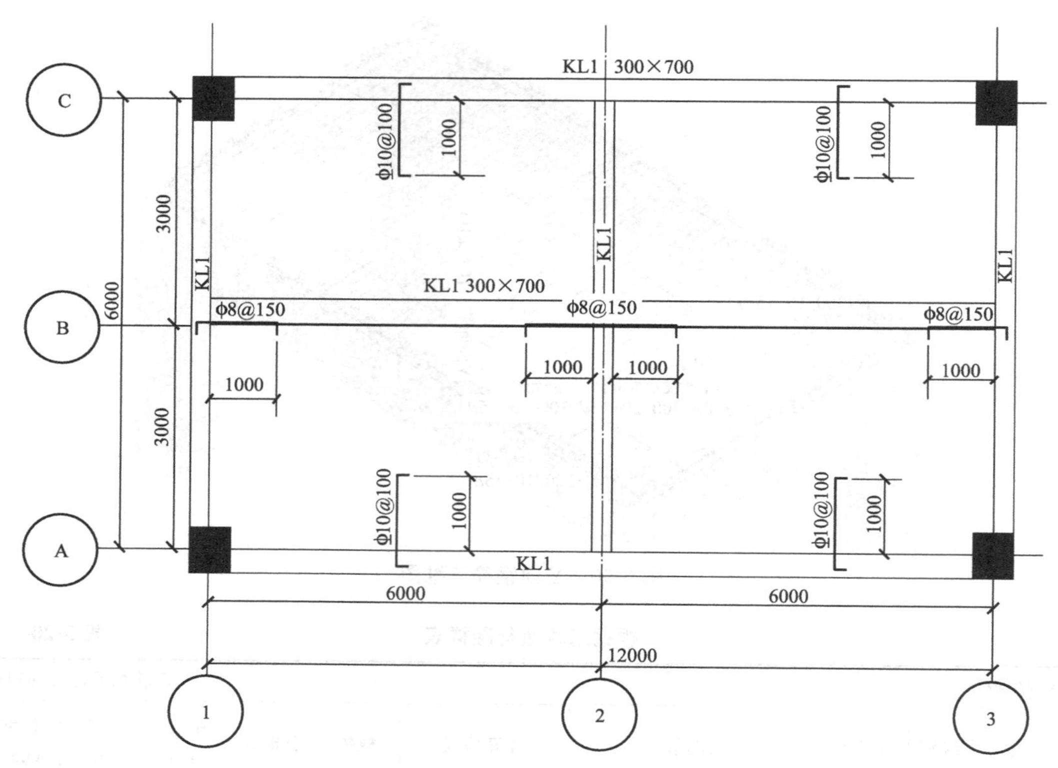


图 3-91　负筋板配筋图

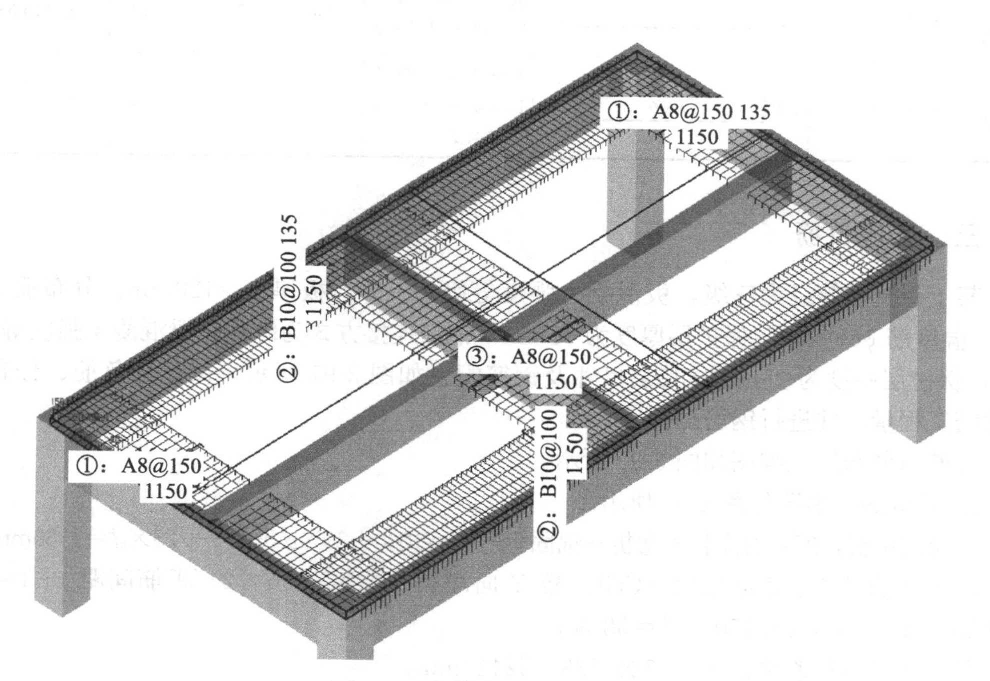


图 3-92　负筋与分布筋三维图

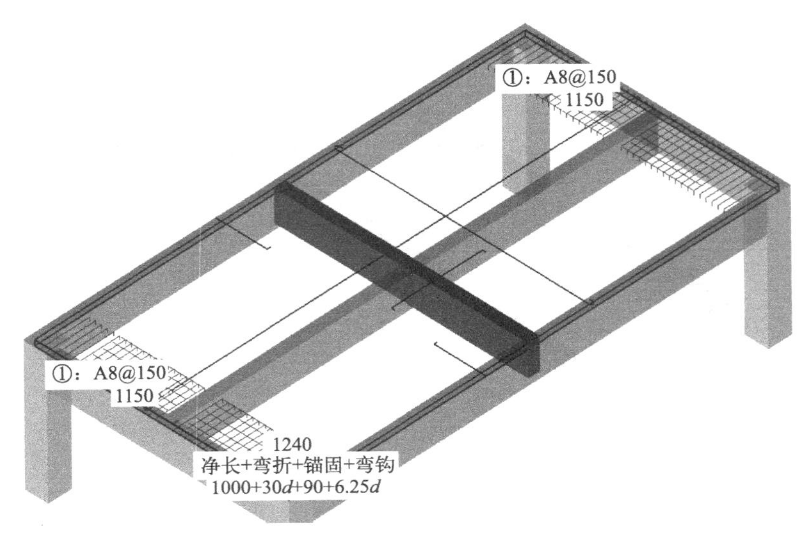


图 3-93 ①号负筋三维图

①号负筋分布筋三维图如图 3-94 所示。

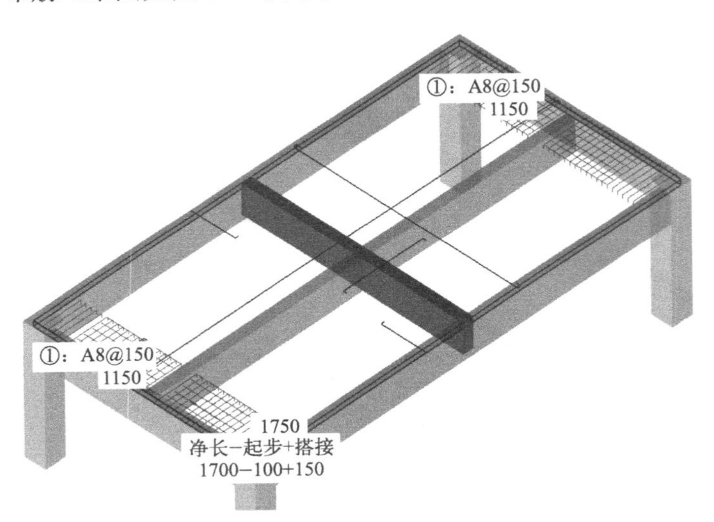


图 3-94 ①号负筋分布筋三维图

分布筋 1＝净长－起步＋搭接＝1700－100＋150＝1750mm；

分布筋 2＝净长－起步＋搭接＝3000－100＋150＝2050mm；

钢筋根数＝Ceil[（负筋净长－梁宽－50×2）/板筋间距]＋1＝Ceil[（1000－300－50×2）/150]＋1＝5 根；

分布筋 1 总长度＝1750×5＝8750mm；

分布筋 2 总长度＝2050×5＝10250mm；

分布筋 1 钢筋总重量＝总长度×φ6 理论重量＝8.75×0.222＝1.943kg。

分布筋 2 钢筋总重量＝总长度×φ6 理论重量＝10.25×0.222＝2.276kg。

② 号负筋三维图如图 3-95 所示。

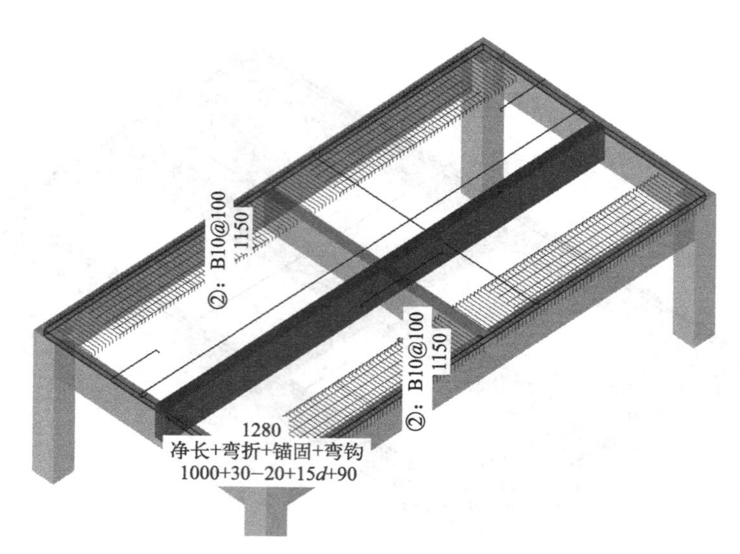


图 3-95 ②号负筋三维图

② 号负筋分布筋三维图如图 3-96 所示。

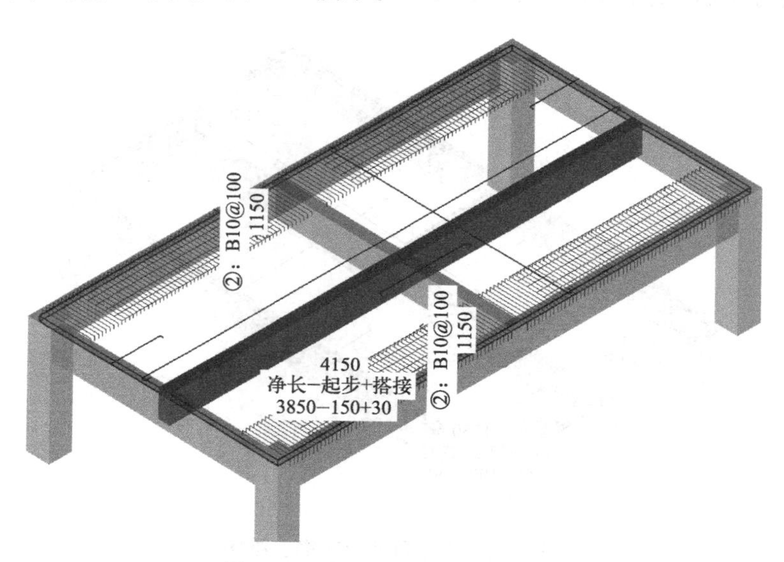


图 3-96 ②号负筋分布筋三维图

②号负筋分布筋可参照①号负筋分布筋计算过程，其计算结果见钢筋翻样表。

③ 号负筋三维图如图 3-97 所示。

③号负筋可参照①号负筋计算过程，其计算结果见钢筋翻样表。

X 向温度筋三维图如图 3-98 所示。

X 向温度筋长度＝净长＋与负筋搭接＋与负筋搭接＝3850＋42$d$＋42$d$＝4354mm；

①～②轴钢筋根数＝Ceil[（板净长－2×负筋净长－温度筋间距×2－梁宽－温度筋间距×2)/板筋间距]＝Ceil[6000－1000×2－200×2－300－200×2)/200]＝17 根；

②～③轴钢筋根数同上，也为 19 根，X 向温度筋总根数＝17×2＝34 根；

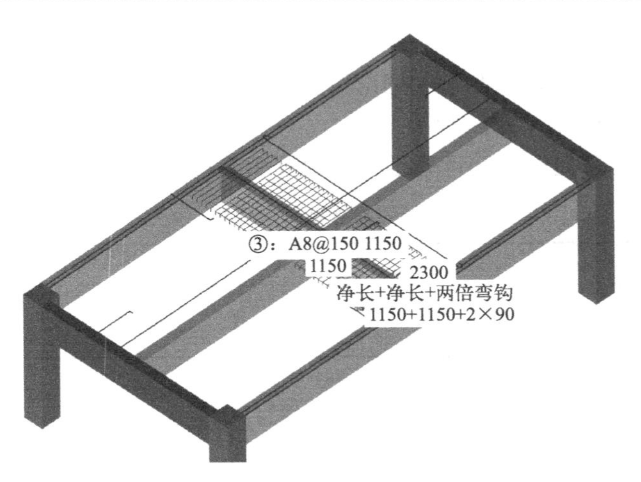


图 3-97 ③号负筋三维图

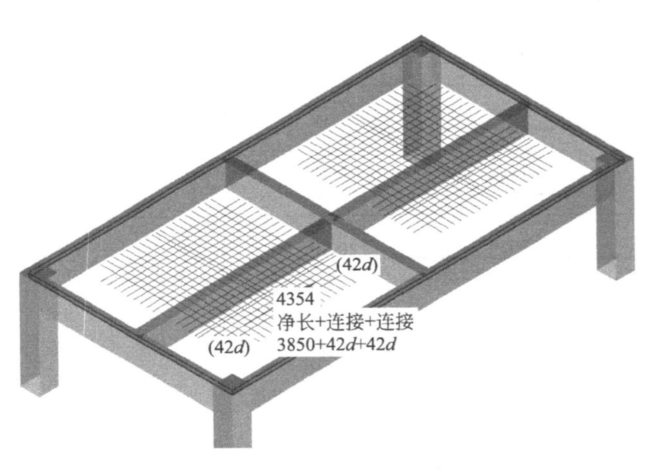


图 3-98 X 向温度筋三维图

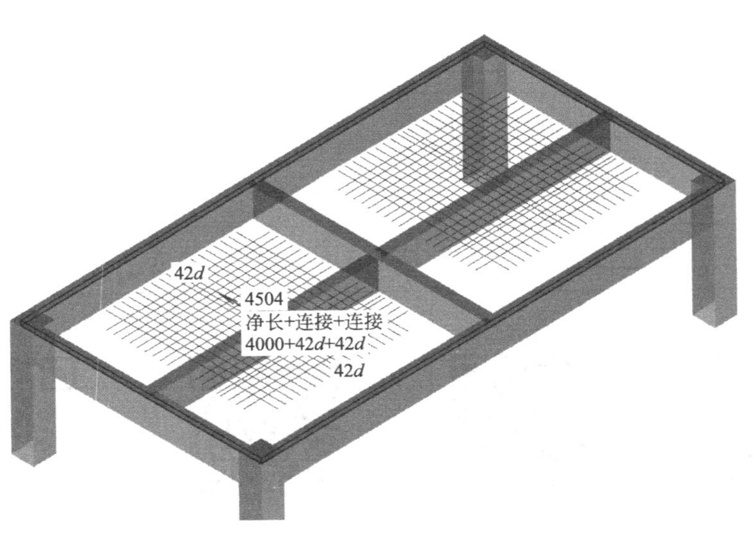


图 3-99 Y 向温度筋三维图

X 向温度筋总长度=4354×34=148036mm；

X 向温度筋总重量=总长度×ϕ6 理论重量=148.036×0.222=32.864kg。

Y 向温度筋三维图如图 3-99 所示。

Y 向温度筋参照 X 向温度筋计算过程，计算结果见板钢筋算量与翻样表 3-21。

**板钢筋算量与翻样表** **表 3-21**

板钢筋翻样 钢筋总重：406.143kg

| 筋号 | 级别 | 直径 | 钢筋图形 | 计算公式 | 根数 | 总根数 | 单长(m) | 总长(m) | 总重(kg) |
|---|---|---|---|---|---|---|---|---|---|
| X 向温度筋 | ϕ | 6 | 4354 | 3850+(42×$d$)+(42×$d$) | 34 | 34 | 4.354 | 148.04 | 32.864 |
| Y 向温度筋 | ϕ | 6 | 4504 | 4000+(42×$d$)+(42×$d$) | 38 | 38 | 4.504 | 171.15 | 37.996 |
| ①负筋 | ϕ | 6 | 90 1240 | 1000+30×$d$+90+6.25×$d$ | 38 | 38 | 1.38 | 52.44 | 20.714 |
| ①分布筋 | ϕ | 6 | 1750 | 1700−100+150 | 5 | 5 | 1.75 | 8.75 | 1.943 |
| ①分布筋 | ϕ | 6 | 2050 | 2000−100+150 | 5 | 5 | 2.05 | 10.25 | 2.276 |
| ①负筋 | ϕ | 6 | 90 1240 | 1000+30×$d$+90+6.25×$d$ | 38 | 38 | 1.38 | 52.44 | 20.714 |
| ①分布筋 | ϕ | 6 | 2050 | 2000−100+150 | 5 | 5 | 2.05 | 10.25 | 2.276 |
| ①分布筋 | ϕ | 6 | 1750 | 1700−100+150 | 5 | 5 | 1.75 | 8.75 | 1.943 |
| ②负筋 | Φ | 6 | 150 1280 90 | 1000+300−20+15×$d$+90 | 118 | 118 | 1.52 | 179.36 | 110.665 |
| ②分布筋 | ϕ | 6 | 4150 | 3850+150+150 | 10 | 10 | 4.15 | 41.5 | 9.213 |
| ②负筋 | Φ | 6 | 150 1280 90 | 1000+300−20+15×$d$+90 | 118 | 118 | 1.52 | 179.36 | 110.665 |
| ②分布筋 | ϕ | 6 | 4150 | 3850+150+150 | 10 | 10 | 4.15 | 41.5 | 9.213 |
| ③负筋 | ϕ | 6 | 90 2300 90 | 1150+1150+90+90 | 38 | 38 | 2.48 | 94.24 | 37.225 |
| ③分布筋 | ϕ | 6 | 1750 | 1700−100+150 | 10 | 10 | 1.75 | 17.5 | 3.885 |
| ③分布筋 | ϕ | 6 | 2050 | 2000−100+150 | 10 | 10 | 2.05 | 20.5 | 4.551 |

现浇板第一集

扫码观看本视频

现浇板第二集

扫码观看本视频

现浇板第三集

扫码观看本视频

现浇板第四集

扫码观看本视频

# 第六节　剪力墙钢筋计算

## 一、剪力墙柱

某五层建筑物，抗震设防类别为丙类，抗震等级为三级，基础为筏板基础 500mm 厚，混凝土强度等级为 C30，剪力墙、剪力墙柱、连梁混凝土强度等级为 C35。其余数据见表 3-22、表 3-23 和图 3-100 所示。图 3-100 为其楼梯间部分平面图（暗柱），试计算 AZ1 中各层钢筋工程量，并进行钢筋翻样。

**层高（单位：m）**　　　　表 3-22

| 楼层 | 层高 |
|---|---|
| 第 5 层 | 3.9 |
| 第 4 层 | 3.9 |
| 第 3 层 | 3.9 |
| 第 2 层 | 4.5 |
| 首层 | 4.8 |
| 第－1 层 | 3.3 |
| 基础层 | 0.5 |

**剪力墙暗柱表**　　　　表 3-23

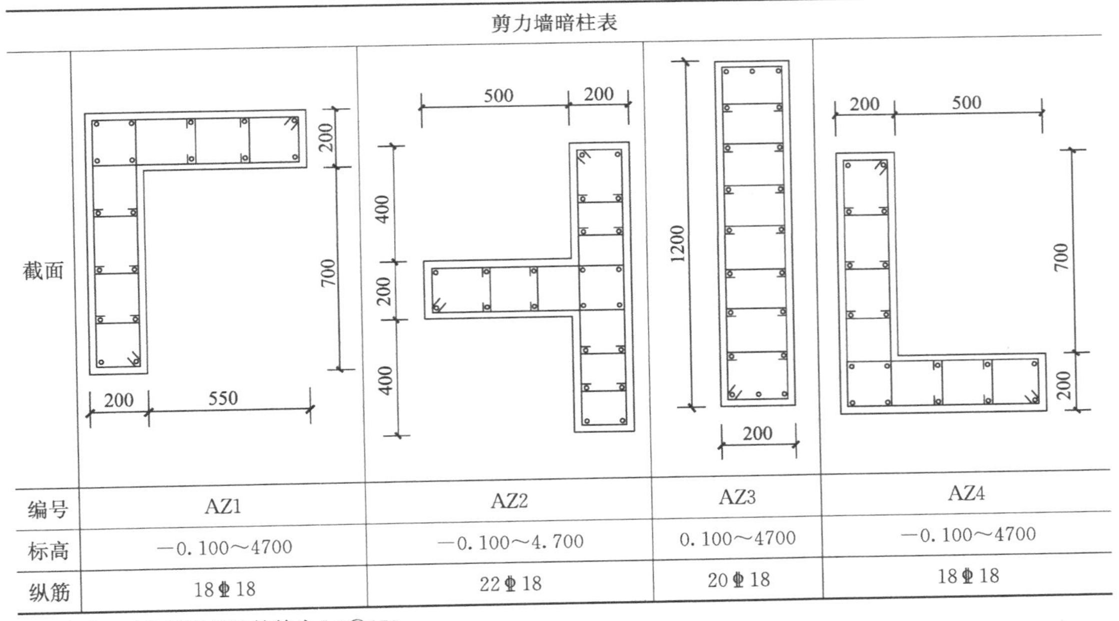


| 剪力墙暗柱表 | | | | |
|---|---|---|---|---|
| 截面 | | | | |
| 编号 | AZ1 | AZ2 | AZ3 | AZ4 |
| 标高 | －0.100～4700 | －0.100～4.700 | 0.100～4700 | －0.100～4700 |
| 纵筋 | 18Φ18 | 22Φ18 | 20Φ18 | 18Φ18 |

备注：未注明时暗柱箍筋为Φ8@150。

### （一）基础层

AZ1 钢筋三维图如图 3-101 所示。

AZ1 较短插筋三维图如图 3-102 所示。

AZ1 较长插筋三维图如图 3-103 所示。

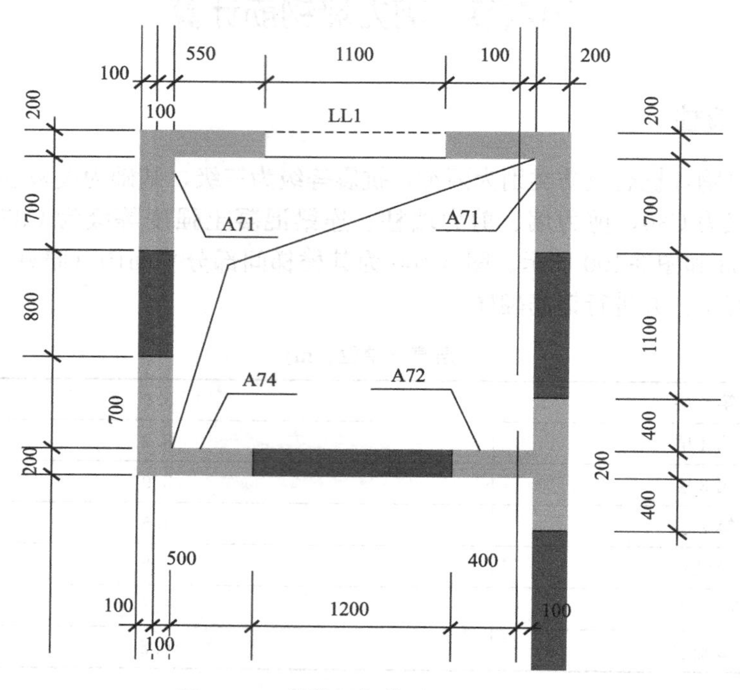


图 3-100 楼梯间部分平面图（暗柱）

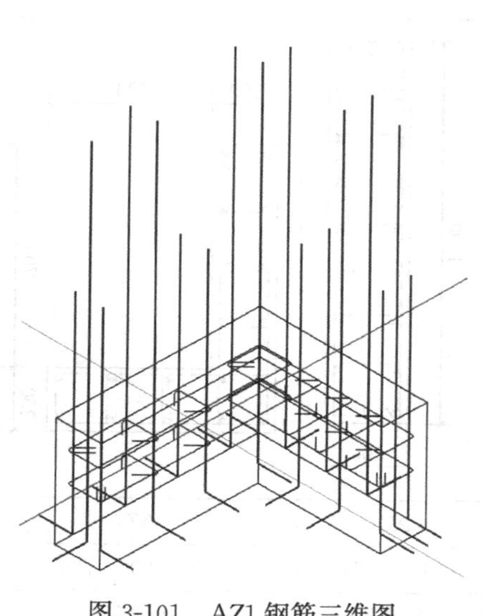

图 3-101 AZ1 钢筋三维图

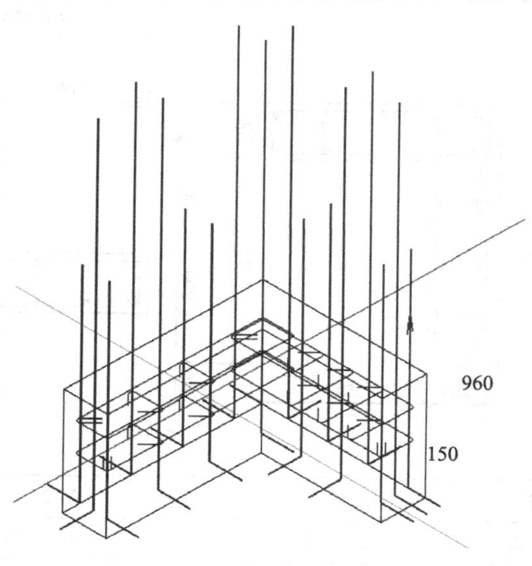


图 3-102 AZ1 较短插筋三维图

1 号箍筋三维图如图 3-104 所示。

2 号箍筋三维图如图 3-105 所示。

拉结筋三维图如图 3-106 所示。

AZ1 基础层钢筋算量与翻样，见表 3-24。

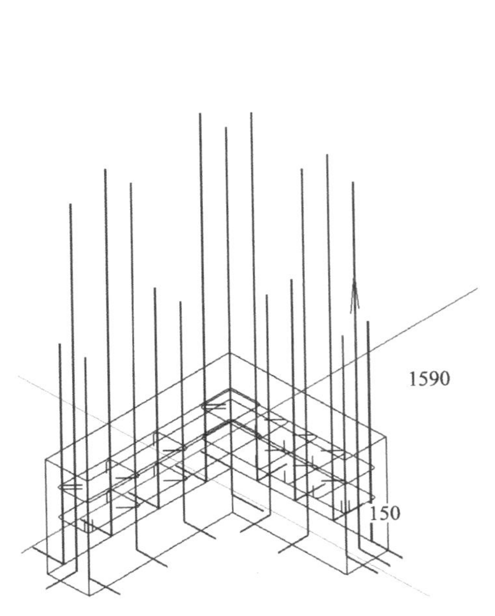


图 3-103　AZ1 较长插筋三维图

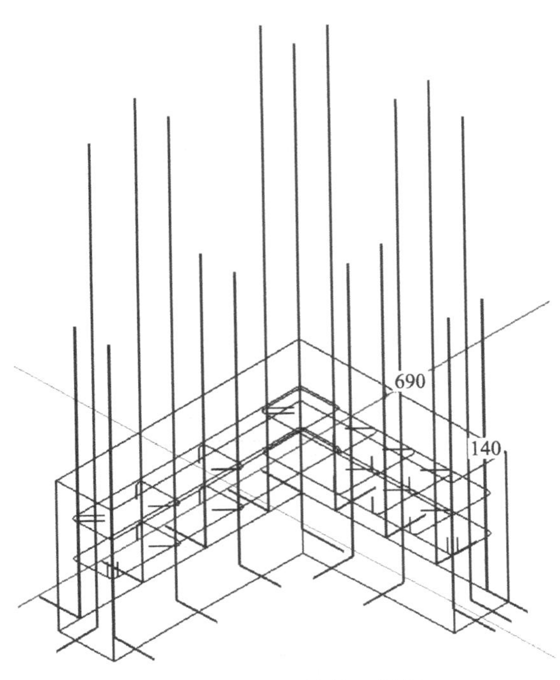


图 3-104　1 号箍筋三维图

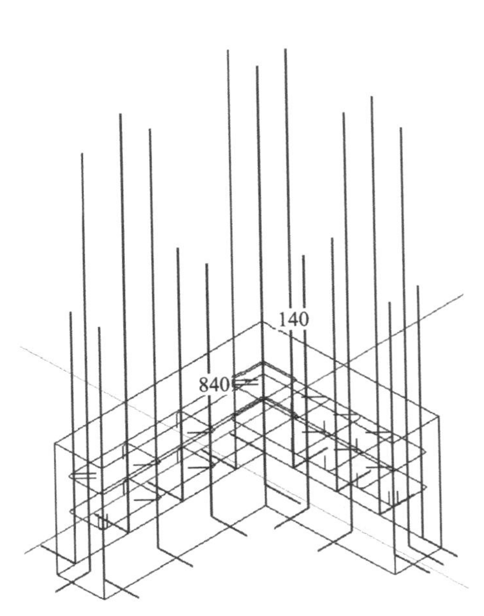


图 3-105　2 号箍筋三维图

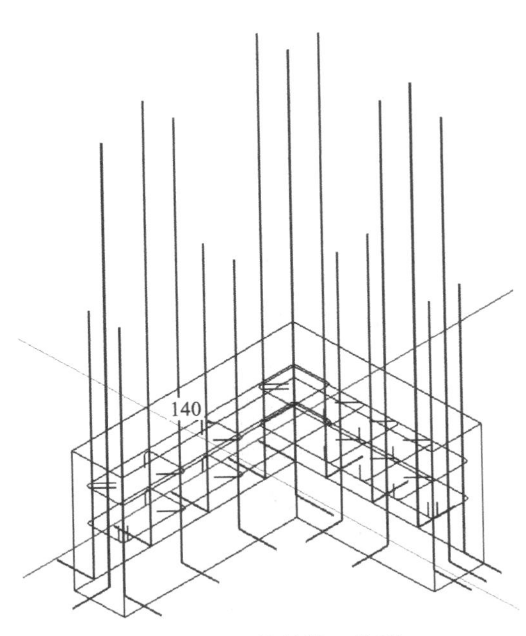


图 3-106　拉结筋三维图

AZ1 基础层钢筋算量与翻样表　　表 3-24

AZ1 基础层钢筋翻样　　钢筋总重:55.928kg

| 筋号 | 级别 | 直径 | 钢筋图形 | 计算公式 | 根数 | 总根数 | 单长(m) | 总长(m) | 总重(kg) |
|---|---|---|---|---|---|---|---|---|---|
| 全部纵筋插筋.1 | Φ | 18 | 150 1590 | 500+1×max(35×$d$,500)+500−40+max(8×$d$,150) | 9 | 9 | 1.74 | 15.66 | 31.32 |
| 全部纵筋插筋.2 | Φ | 18 | 150 960 | 500+500−40+max(8×$d$,150) | 9 | 9 | 1.11 | 9.99 | 19.98 |
| 箍筋 1 | Φ | 8 | 140 690 | 2×(200+550−2×30+200−2×30)+2×(11.9×$d$)+8×$d$ | 2 | 2 | 1.914 | 3.828 | 1.512 |
| 拉筋 1 | Φ | 8 | 140 | 200−2×30+2×(11.9×$d$)+2×$d$ | 6 | 6 | 0.346 | 2.076 | 0.82 |
| 箍筋 2 | Φ | 8 | 140 840 | 2×(200+700−2×30+200−2×30)+2×(11.9×$d$)+8×$d$ | 2 | 2 | 2.214 | 4.428 | 1.749 |
| 拉筋 2 | Φ | 8 | 140 | 200−2×30+2×(11.9×$d$)+2×$d$ | 4 | 4 | 0.346 | 1.384 | 0.547 |

## （二）负一层暗柱

AZ1 钢筋三维图如图 3-107 所示。

纵向钢筋三维图如图 3-108 所示。

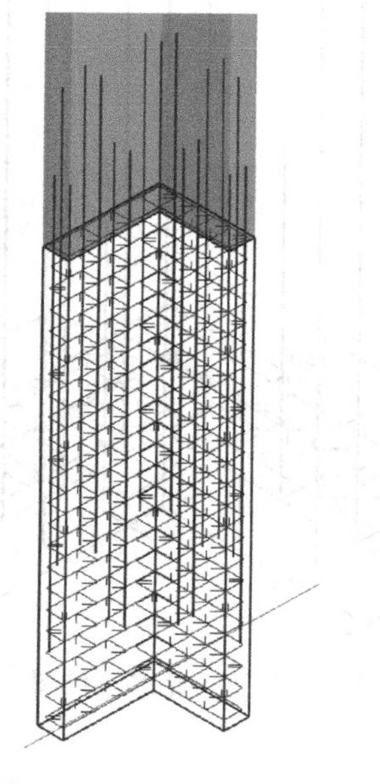

图 3-107　AZ1 钢筋三维图

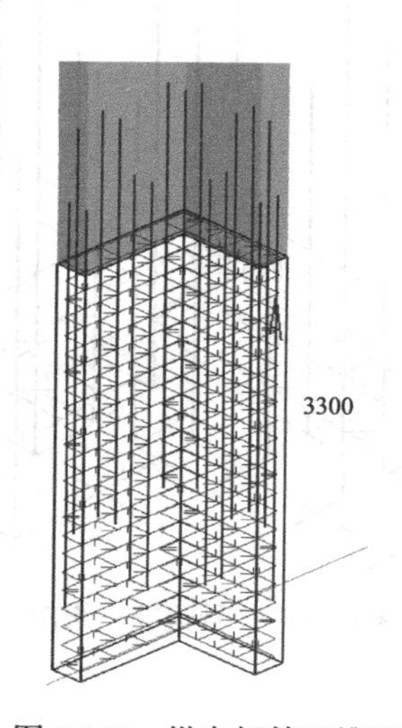


图 3-108　纵向钢筋三维图

1 号箍筋三维图如图 3-109 所示。

2 号箍筋三维图如图 3-110 所示。

拉结筋三维图如图 3-111 所示。

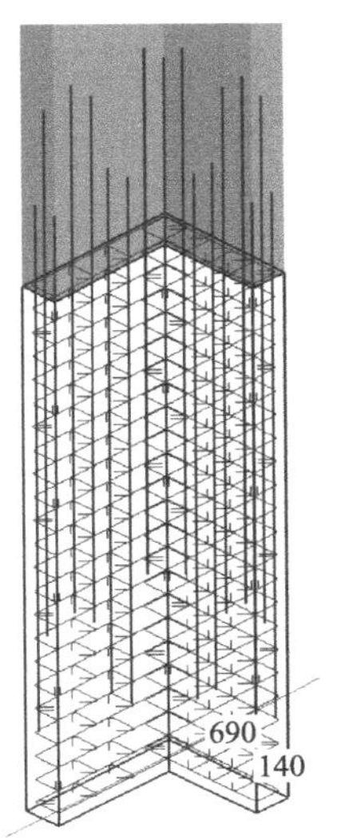


图 3-109 1 号箍筋三维图

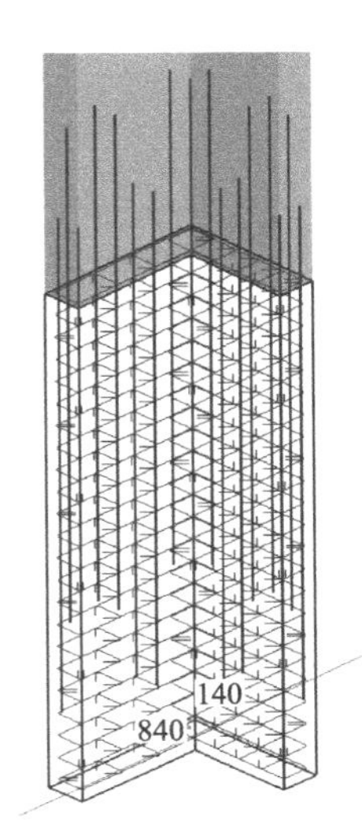


图 3-110 2 号箍筋三维图

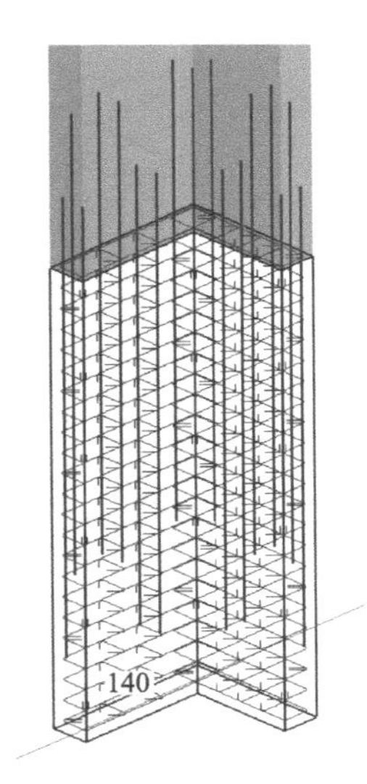


图 3-111 拉结筋三维图

AZ1 负一层钢筋算量与翻样，见表 3-25。

**AZ1 负一层钢筋算量与翻样表** **表 3-25**

AZ1 负一层翻样 钢筋总重：172.02kg

| 筋号 | 级别 | 直径 | 钢筋图形 | 计算公式 | 根数 | 总根数 | 单长(m) | 总长(m) | 总重(kg) |
|---|---|---|---|---|---|---|---|---|---|
| 全部纵筋.1 | Φ | 18 | 3300 | 3300－1130＋500＋1×max(35×d,500) | 9 | 9 | 3.3 | 29.7 | 59.4 |
| 全部纵筋.2 | Φ | 18 | 3300 | 3300－500＋500 | 9 | 9 | 3.3 | 29.7 | 59.4 |
| 箍筋 1 | Φ | 8 | 140 690 | 2×(200＋550－2×30＋200－2×30)＋2×(11.9×d)＋8×d | 23 | 23 | 1.914 | 44.022 | 17.389 |
| 拉筋 2 | Φ | 8 | 140 | 200－2×30＋2×(11.9×d)＋2×d | 69 | 69 | 0.346 | 23.874 | 9.43 |
| 箍筋 2 | Φ | 8 | 140 940 | 2×(200＋700－2×30＋200－2×30)＋2×(11.9×d)＋8×d | 23 | 23 | 2.214 | 50.922 | 20.114 |
| 拉筋 2 | Φ | 8 | 140 | 200－2×30＋2×(11.9×d)＋2×d | 46 | 46 | 0.346 | 15.916 | 6.287 |

### （三）顶层

AZ1 三维图如图 3-112 所示。

AZ1 短向纵筋三维图如图 3-113 所示。

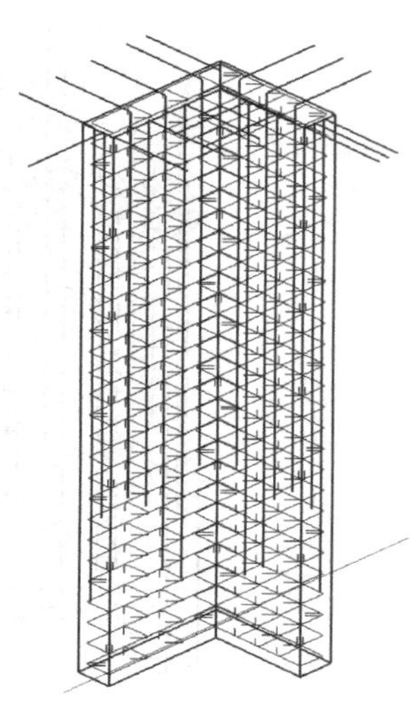

图 3-112　AZ1 三维图

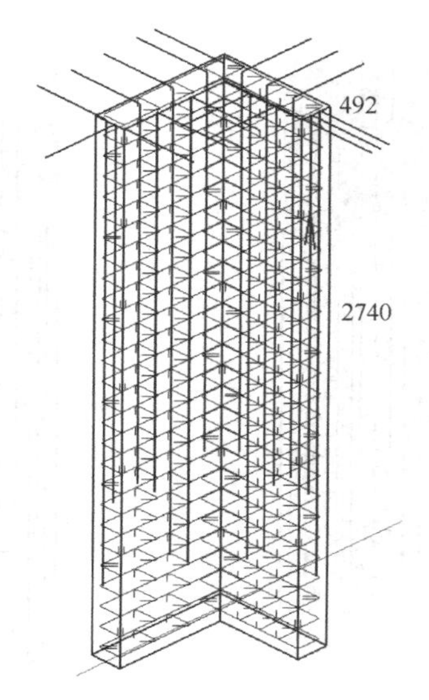


图 3-113　AZ1 短向纵筋三维图

AZ1 长向纵筋三维图如图 3-114 所示。

1 号箍筋三维图如图 3-115 所示。

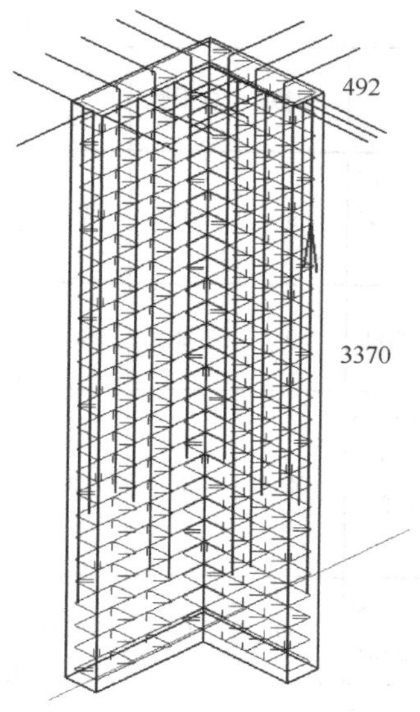


图 3-114　AZ1 长向纵筋三维图

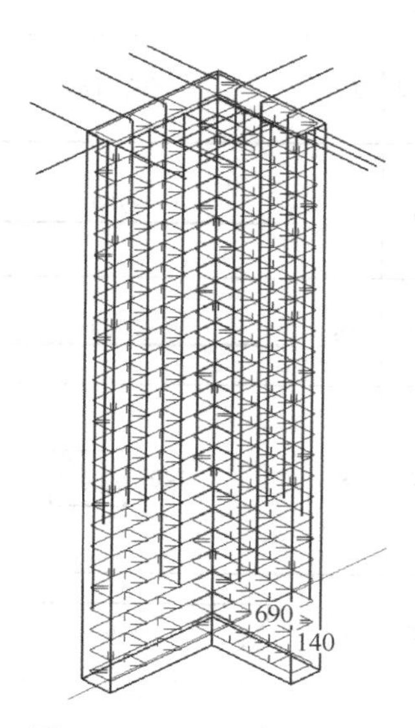


图 3-115　1 号箍筋三维图

2 号箍筋三维图如图 3-116 所示。

拉结筋三维图如图 3-117 所示。

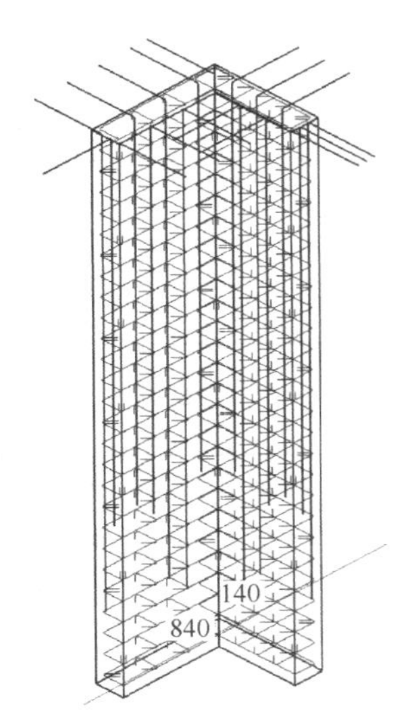


图 3-116　2 号箍筋三维图

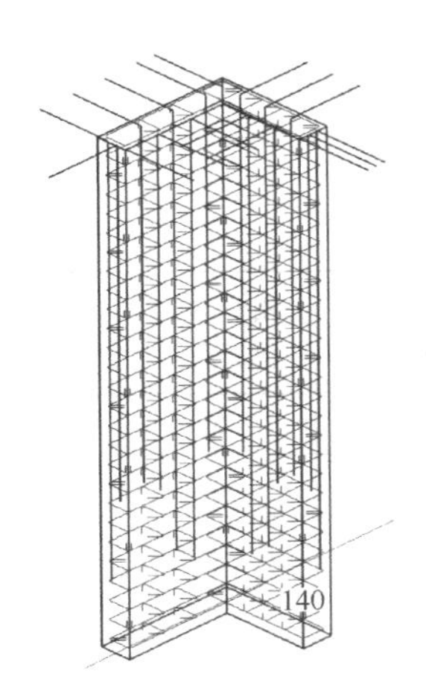


图 3-117　拉结筋三维图

AZ1 顶层钢筋算量与翻样，见表 3-26。

**AZ1 顶层钢筋算量与翻样表**　　**表 3-26**

AZ1 顶层钢筋翻样　　钢筋总重：190.168kg

| 筋号 | 级别 | 直径 | 钢筋图形 | 计算公式 | 根数 | 总根数 | 单长(m) | 总长(m) | 总重(kg) |
|---|---|---|---|---|---|---|---|---|---|
| 全部纵筋.1 | Φ | 18 | 492 2740 | 3900−1130−150+34×$d$ | 9 | 9 | 3.232 | 29.088 | 58.176 |
| 全部纵筋.2 | Φ | 18 | 492 3370 | 3900−500−150+34×$d$ | 9 | 9 | 3.862 | 34.758 | 69.516 |
| 箍筋 1 | φ | 8 | 140 690 | 2×(200+550−2×30+200−2×30)+2×(11.9×$d$)+8×$d$ | 27 | 27 | 1.914 | 51.678 | 20.413 |
| 拉筋 1 | φ | 8 | 140 | 200−2×30+2×(11.9×$d$)+2×$d$ | 81 | 81 | 0.346 | 28.026 | 11.07 |
| 箍筋 2 | φ | 8 | 140 840 | 2×(200+700−2×30+200−2×30)+2×(11.9×$d$)+8×$d$ | 27 | 27 | 2.214 | 59.778 | 23.612 |
| 拉筋 2 | φ | 8 | 140 | 200−2×30+2×(11.9×$d$)+2×$d$ | 54 | 54 | 0.346 | 18.684 | 7.38 |

## 二、剪力墙梁

剪力墙墙梁包括：连梁、暗梁、边框梁、有交叉暗撑连梁、有交叉钢筋连梁等。

题干参见“一、剪力墙柱”，连梁表见表 3-27，试计算 LL1 钢筋工程量，并进行钢筋翻样。

**剪力墙连梁表** **表 3-27**

| 编号 | 所在楼层 | 相对本层顶板高差 | 梁截面 | | 上下纵筋均为 | 箍筋 | 备注 |
|---|---|---|---|---|---|---|---|
| | | | 梁宽(mm) | 梁高(mm) | | | |
| LL1 | 2 | 0 | 200 | 2600 | 4 Φ18 2/2 | Φ12@100(2) | |
| LL2 | 2 | 0 | 200 | 400 | 4 Φ22 2/2 | Φ10@100(2) | |
| LL2a | 2 | +0.400 | 200 | 800 | 4 Φ22 2/2 | Φ10@100(2) | |
| LL3 | 2 | 0 | 200 | 1200 | 4 Φ18 2/2 | Φ8@100(2) | |

连梁钢筋翻样比较简单，其计算公式、钢筋工程量及钢筋翻样见表 3-28。

**LL1 钢筋算量与翻样表** **表 3-28**

LL1 钢筋翻样 钢筋总重：75.071kg

| 筋号 | 级别 | 直径 | 钢筋图形 | 计算公式 | 根数 | 总根数 | 单长(m) | 总长(m) | 总重(kg) |
|---|---|---|---|---|---|---|---|---|---|
| 连梁全部纵筋.1 | Φ | 18 | 2324 | $1100+34\times d+34\times d$ | 4 | 4 | 2.324 | 9.296 | 18.592 |
| 连梁箍筋.1 | Φ | 12 | 2550 150 | $2\times[(200-2\times25)+(2600-2\times25)]+2\times(11.9\times d)+(8\times d)$ | 11 | 11 | 5.782 | 63.602 | 56.479 |

# 第七节 楼梯钢筋计算

## 一、楼梯类型

楼梯的类型可分为 AT、BT、CT、DT、ET、FT、GT、HT、ATa、ATb、ATc 型板式楼梯。见表 3-29 所示。

其中 AT、BT、CT、DT、ET、FT、HT 型板式楼梯，适用于框架、剪力墙、砌体结构，无抗震构造措施，且不参与结构整体抗震计算；GT 型板式楼梯，适用于框架结构，无抗震构造措施，且不参与结构整体抗震计算；ATa、ATb、ATc 型板式楼梯，适用于框架结构，有抗震构造措施，ATa、ATb 型板式楼梯不参与结构整体抗震计算，但 ATc 型板式楼梯参与结构整体抗震计算。ATa 低端设滑动支座支承在梯梁上；ATb 低端设滑动支座支承在梯梁的挑板上。

楼梯的类型 表 3-29

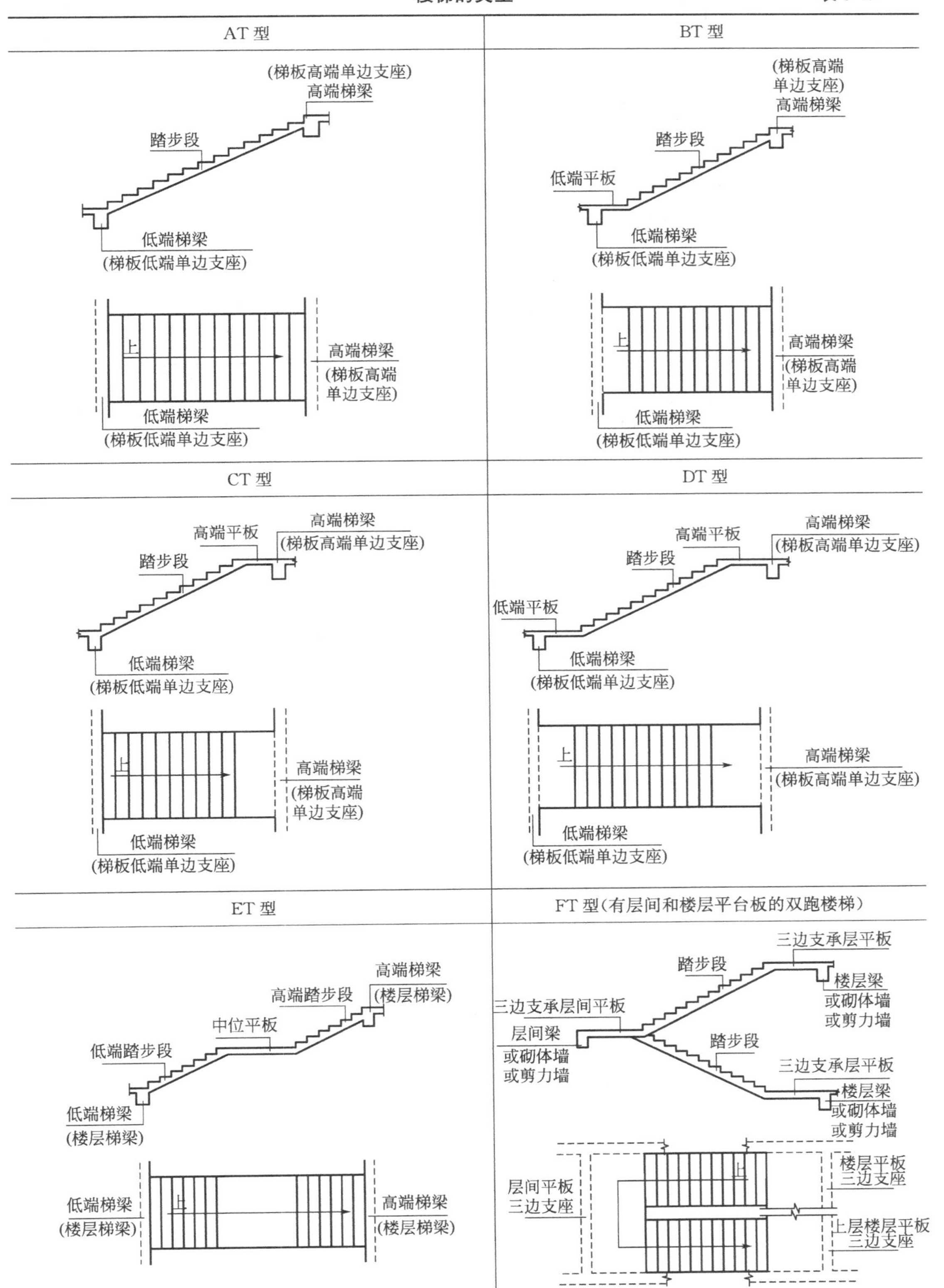
AT 型
(梯板高端单边支座)
高端梯梁
踏步段
低端梯梁
(梯板低端单边支座)
上
高端梯梁
(梯板高端
单边支座)
低端梯梁
(梯板低端单边支座)
BT 型
(梯板高端
单边支座)
高端梯梁
踏步段
低端平板
低端梯梁
(梯板低端单边支座)
上
高端梯梁
(梯板高端
单边支座)
低端梯梁
(梯板低端单边支座)
CT 型
高端梯梁
高端平板
(梯板高端单边支座)
踏步段
低端梯梁
(梯板低端单边支座)
上
高端梯梁
(梯板高端
单边支座)
低端梯梁
(梯板低端单边支座)
DT 型
高端梯梁
高端平板
(梯板高端单边支座)
踏步段
低端平板
低端梯梁
(梯板低端单边支座)
上
高端梯梁
(梯板高端单边支座)
低端梯梁
(梯板低端单边支座)
ET 型
高端梯梁
高端踏步段
(楼层梯梁)
中位平板
低端踏步段
低端梯梁
(楼层梯梁)
低端梯梁
(楼层梯梁)
上
高端梯梁
(楼层梯梁)
FT 型(有层间和楼层平台板的双跑楼梯)
三边支承层平板
踏步段
楼层梁
或砌体墙
或剪力墙
三边支承层间平板
层间梁
或砌体墙
或剪力墙
踏步段
三边支承层平板
楼层梁
或砌体墙
或剪力墙
楼层平板
三边支座
层间平板
三边支座
上
上层楼层平板
三边支座

续表

| GT 型(有层间和楼层平台板的双跑楼梯) | HT 型(有层间平台板的双跑楼梯) |
| --- | --- |
| 三边支承楼层平板；踏步段；楼层梁；单边支承层间平板；层间梁；踏步段；三边支承楼层平板；楼层梁；层间平板单边支座；上；楼层平板三边支座；上层楼层平板三边支座 | 踏步段；楼层梯梁；三边支承层间平板；层间梁或砌体墙或剪力墙；踏步段；楼层梯梁；层间平板三边支座；上；楼层梯梁单边支座(楼梯间内的梯梁)；上层楼层梯梁单边支座(楼梯间内的梯梁) |
| ATa 型 | ATb 型 |
| 高端梯梁；踏步段；滑动支座；低端梯梁；上；高端梯梁；低端梯梁 | 高端梯梁；踏步段；滑动支座；低端梯梁；上；高端梯梁；低端梯梁 |

ATc 型

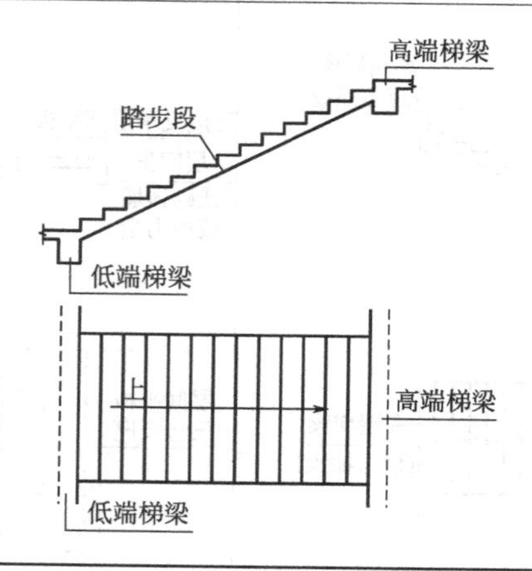

## 二、各型楼梯与基础连接规范要求

各型楼梯第一跑与基础连接构造，如图 3-118 所示。

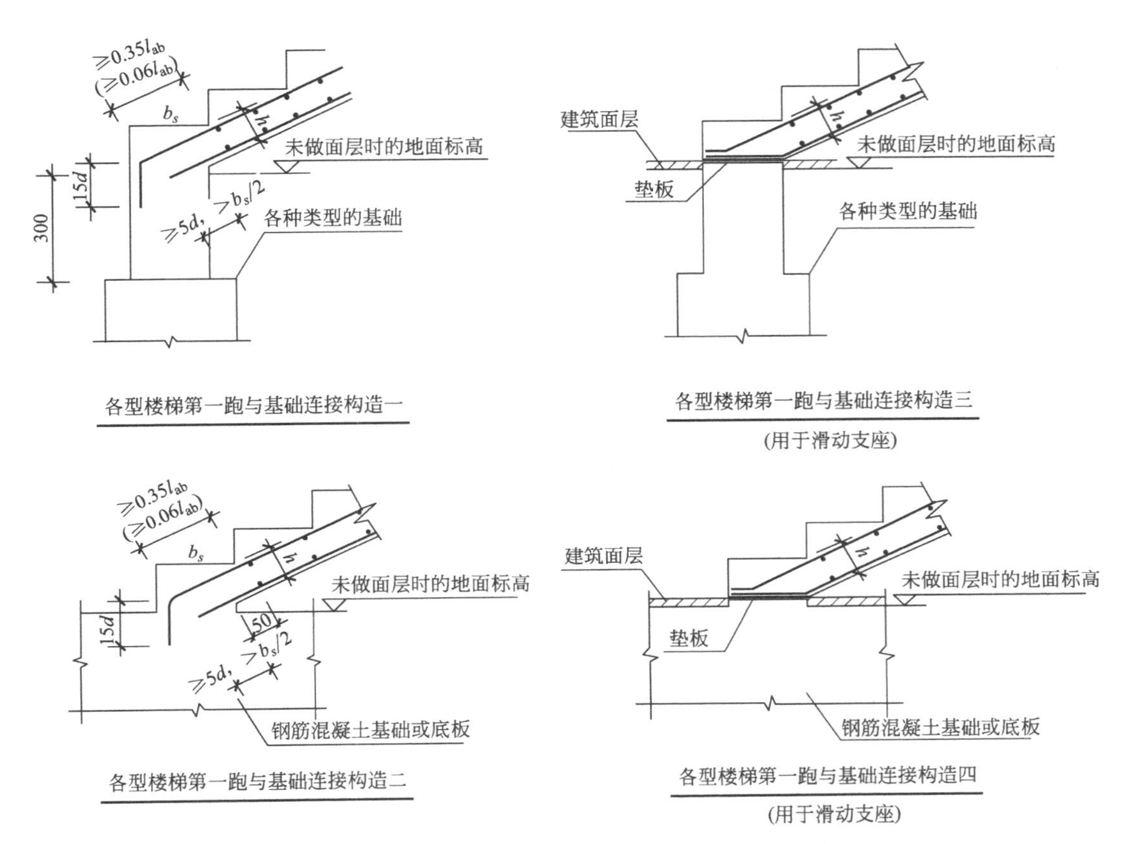


图 3-118 构造图

当考虑楼梯参加地震作用时，应符合抗震锚固要求。

当充分利用钢筋的抗拉强度时，上部钢筋在基础内的锚固水平段长度不小于 0.6$l_{ab}$，并伸至远端，弯折后直线段的长度不小于 12$d$（投影长度为 15$d$）；当设计为铰接时，上部钢筋在基础内的锚固水平段长度不小于 0.35$l_{ab}$，并伸至远端，弯折后直线段的长度不小于 12$d$（投影长度为 15$d$）。

下部钢筋伸入支座锚固长度为 5$d$、至少伸至支座中心线处、不小于踏步板的厚度，三者取较大值。

采用光面钢筋时，端部应设置 180°弯钩，直线段不少于 3$d$。对带有滑动支座的梯板，楼梯第一跑与基础连接构造。

## 三、楼梯钢筋算量与翻样

楼梯平面图如图 3-119 所示，构造图如图 3-120 所示。试计算钢筋工程量，并进行钢筋翻样。

AT 钢筋算量与翻样，见表 3-30。

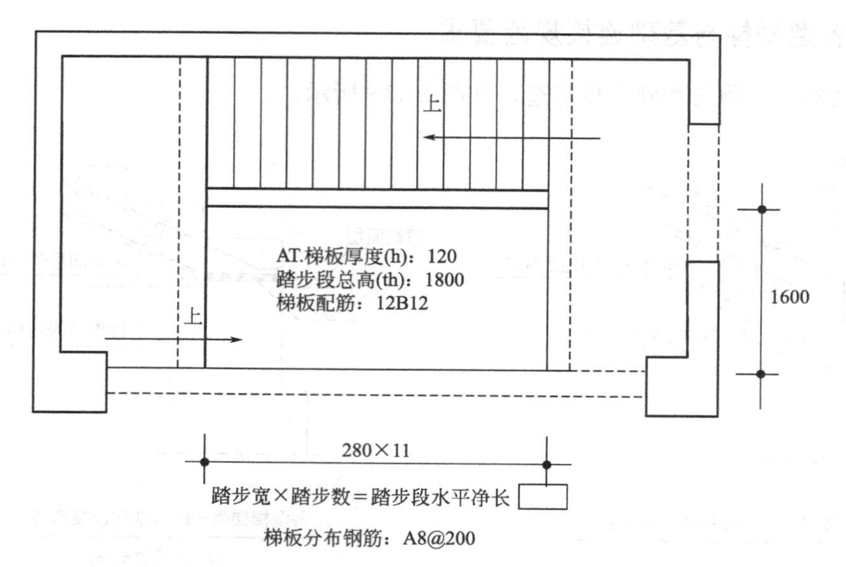


图 3-119　楼梯平面图

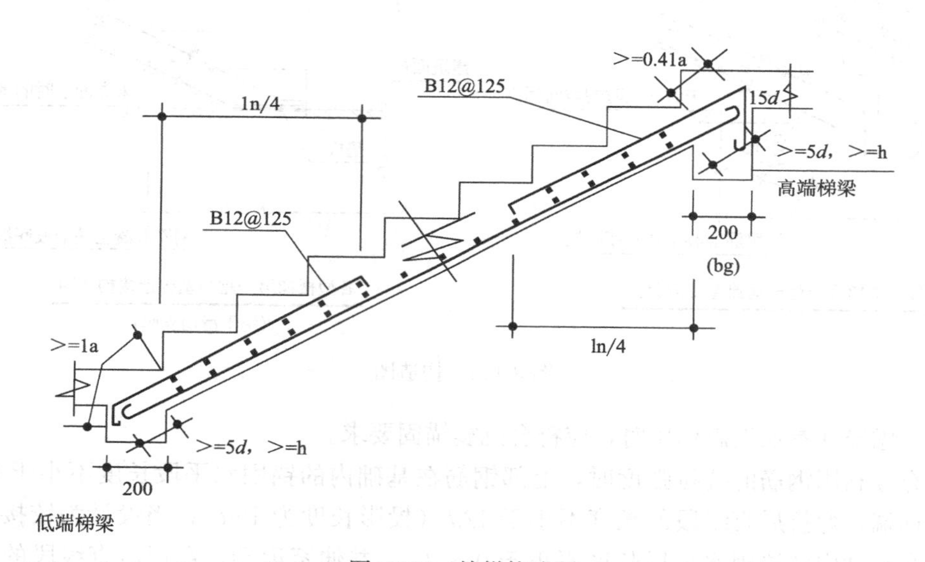


图 3-120　楼梯构造图

**AT 钢筋算量与翻样**　　**表 3-30**

AT 钢筋翻样　　钢筋总重：92.849kg

| 筋号 | 级别 | 直径 | 钢筋图形 | 计算公式 | 根数 | 总根数 | 单长(m) | 总长(m) | 总重(kg) |
|---|---|---|---|---|---|---|---|---|---|
| 梯板下部纵筋 | Φ | 12 | 3733 | 3080×1.134＋2×120 | 12 | 12 | 3.733 | 44.796 | 39.779 |
| 下梯梁端上部纵筋 | Φ | 12 | 198 1083 600 90 | 3080/4×1.134＋408＋120－2×15 | 14 | 14 | 1.371 | 19.194 | 17.044 |

续表

AT 钢筋翻样　　钢筋总重:92.849kg

| 筋号 | 级别 | 直径 | 钢筋图形 | 计算公式 | 根数 | 总根数 | 单长(m) | 总长(m) | 总重(kg) |
|---|---|---|---|---|---|---|---|---|---|
| 上梯梁端上部纵筋 | Φ | 12 | 180 1083 450 90 | 3080/4×1.134+343.2+90 | 14 | 14 | 1.306 | 18.284 | 16.236 |
| 梯板分布钢筋 | φ | 8 | 1570 | 1570+12.5×$d$ | 30 | 30 | 1.67 | 50.1 | 19.79 |

楼梯钢筋

扫码观看本视频

# 第四章 工程造价构成和计价

学习目标 学习目标：熟悉工程造价的构成。

## 第一节 工程造价的构成

### 一、我国现行建设项目总投资构成

建设项目总投资的具体构成内容如图 4-1 所示。

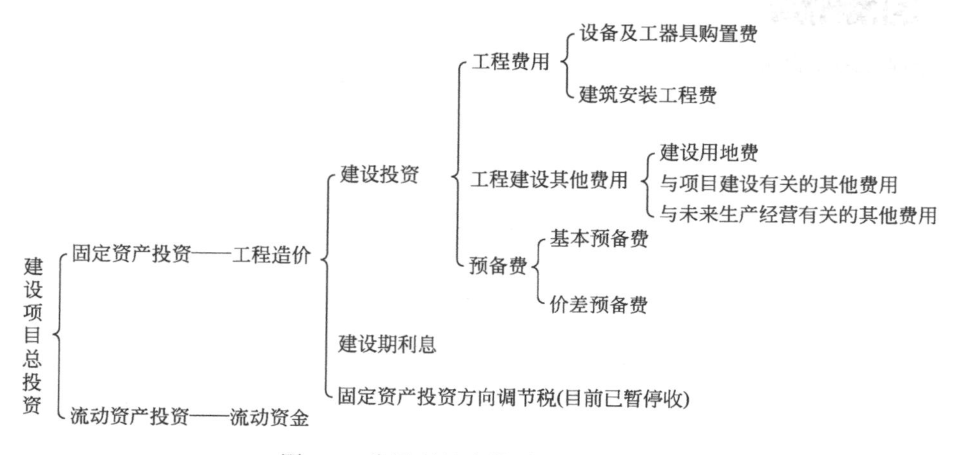


图 4-1 我国现行建设项目总投资构成

我们先来了解一下这几个费用的含义：

（1）建设投资是为完成工程项目建设，在建设期内投入且形成现金流出的全部费用。

（2）工程费用是指建设期内直接用于工程建造、设备购置及其安装的建设投资。

（3）工程建设其他费用是指建设期发生的与土地使用权取得、整个工程项目建设以及未来生产经营有关的构成建设投资但不包括在工程费用中的费用。

（4）预备费是在建设期内为各种不可预见因素的变化而预留的可能增加的费用。

（5）建设期利息包括向国内银行和其他非银行金融机构贷款、出口信贷、外国政府贷款、国际商业银行贷款以及在境内外发行的债券等在建设期间内应偿还的贷款利息。

### 二、我国现行建筑安装工程费用项目组成

我国现行建筑安装工程费用项目按两种不同的方式划分，即按费用构成要素划分和按造价形成划分，其具体构成如图 4-2 所示。

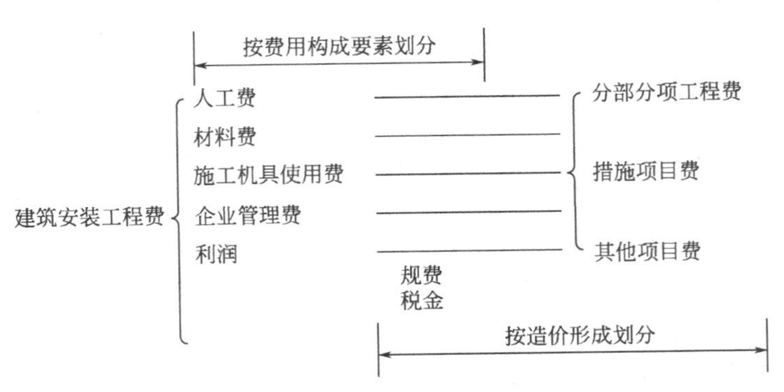


图 4-2 建筑安装工程费用项目构成

### (一) 按费用构成要素划分建筑安装工程费用项目构成和计算

按照费用构成要素划分，建筑安装工程费包括：人工费、材料费（包含工程设备）、施工机具使用费、企业管理费、利润、规费和税金。

1. 人工费

建筑安装工程费中的人工费，是指按照工资总额构成规定，支付给直接从事建筑安装工程施工作业的生产工人和附属生产单位工人的各项费用。人工费的基本计算公式为：

人工费＝Σ(工日消耗量×日工资单价)

2. 材料费

建筑安装工程费中的材料费，是指在工程施工过程中耗费的各种原材料、辅助材料、构配件、零件、半成品或成品、工程设备的费用。材料费的基本计算公式为：

材料费＝Σ(材料消耗量×材料单价)

3. 施工机具使用费

建筑安装工程费中的施工机具使用费，是指施工作业所发生的施工机械、仪器仪表使用费或其租赁费。

施工机械使用费的基本计算公式为：

施工机械使用费＝Σ(施工机械台班消耗量×机械台班单价)

仪器仪表使用费的基本计算公式为：

仪器仪表使用费＝工程使用的仪器仪表摊销费＋维修费

4. 企业管理费

企业管理费是指建筑安装企业组织施工生产和经营管理所需的费用。内容包括：

(1) 管理人员工资。是指按规定支付给管理人员的计时工资、奖金、津贴补贴、加班加点工资及特殊情况下支付的工资等。

(2) 办公费。是指企业管理办公用的文具、纸张、账表、印刷、邮电、书报、办公软件、现场监控、会议、水电、烧水和集体取暖降温（包括现场临时宿舍取暖降温）等费用。

(3) 差旅交通费。是指职工因公出差、调动工作的差旅费、住勤补助费，市内交通费和误餐补助费，职工探亲路费，劳动力招募费，职工退休、退职一次性路费，工伤人员就医路费，工地转移费以及管理部门使用的交通工具的油料、燃料等费用。

（4）固定资产使用费。是指管理和试验部门及附属生产单位使用的属于固定资产的房屋、设备、仪器等的折旧、大修、维修或租赁费。

（5）工具用具使用费。是指企业施工生产和管理使用的不属于固定资产的工具、器具、家具、交通工具和检验、试验、测绘、消防用具等的购置、维修和摊销费。

（6）劳动保险和职工福利费。是指由企业支付的职工退职金、按规定支付给离休干部的经费、集体福利费、夏季防暑降温、冬季取暖补贴、上下班交通补贴等。

（7）劳动保护费。是企业按规定发放的劳动保护用品的支出，如工作服、手套、防暑降温饮料以及在有碍身体健康的环境中施工的保健费用等。

（8）检验试验费。是指施工企业按照有关标准规定，对建筑以及材料、构件和建筑安装物进行一般鉴定、检查所发生的费用，包括自设试验室进行试验所耗用的材料等费用。

（9）工会经费。是指企业按《工会法》规定的全部职工工资总额比例计提的工会经费。

（10）职工教育经费。是指按职工工资总额的规定比例计提，企业为职工进行专业技术和职业技能培训，专业技术人员继续教育、职工职业技能鉴定、职业资格认定以及根据需要对职工进行各类文化教育所发生的费用。

（11）财产保险费。是指施工管理用财产、车辆等的保险费用。

（12）财务费。是指企业为施工生产筹集资金或提供预付款担保、履约担保、职工工资支付担保等所发生的各种费用。

（13）税金。是指企业按规定缴纳的房产税、非生产性车船使用税、土地使用税、印花税、城市维护建设税、教育费附加、地方教育附加等各项税费。

（14）其他。包括技术转让费、技术开发费、投标费、业务招待费、绿化费、广告费、公证费、法律顾问费、审计费、咨询费、保险费等。

5. 利润

利润是指施工企业完成所承包工程获得的盈利，由施工企业根据企业自身需求并结合建筑市场实际自主确定。利润应列入分部分项工程和措施项目费中。

6. 规费

规费是指按国家法律、法规规定，由省级政府和省级有关权力部门规定必须缴纳或计取的费用。主要包括社会保险费、住房公积金和工程排污费。

7. 税金

建筑安装工程费用中的税金是指按照国家税法规定的应计入建筑安装工程造价内的增值税额，按税前造价乘以增值税税率确定。

（1）采用一般计税方法时增值税的计算

当采用一般计税方法时，建筑业增值税税率为 9%。计算公式为：

$$增值税=税前造价\times 9\%$$

（2）采用简易计税方法时增值税的计算

$$增值税=税前造价\times 3\%$$

税前造价为人工费、材料费、施工机具使用费、企业管理费、利润和规费之和，各费用项目均以包含增值税进项税额的含税价格计算。

### （二）按造价形成划分建筑安装工程费用项目构成和计算

建筑安装工程费按照工程造价形成由分部分项工程费、措施项目费、其他项目费、规费和税金组成。

1.分部分项工程费

分部分项工程费是指各专业工程的分部分项工程应予列支的各项费用。

$$分部分项工程费=\sum(分部分项工程量\times综合单价)$$

综合单价包括人工费、材料费、施工机具使用费、企业管理费和利润，以及一定范围的风险费用。

2.措施项目费

措施项目费是指为完成建设工程施工，发生于该工程施工前和施工过程中的技术、生活、安全、环境保护等方面的费用。措施项目费可以归纳为以下几项：

（1）安全文明施工费。通常由环境保护费、文明施工费、安全施工费、临时设施费组成。

（2）夜间施工增加费。是指因夜间施工所发生的夜班补助费、夜间施工降效、夜间施工照明设备摊销及照明用电等费用。

（3）非夜间施工照明费。是指为保证工程施工正常进行，在地下室等特殊施工部位施工时所采用的照明设备的安拆、维护及照明用电等费用。

（4）二次搬运费。是指由于施工场地条件限制而发生的材料、成品、半成品等一次运输不能达到堆放地点，必须进行二次或多次搬运的费用。

（5）冬雨期施工增加费。是指在冬期或雨期施工需增加的临时设施、防滑、排除雨雪、人工及施工机械效率降低等费用。

（6）地上、地下设施、建筑物的临时保护设施费。是指在工程施工过程中，对已建成的地上、地下设施和建筑物进行的遮盖、封闭、隔离等必要保护措施所发生的费用。

（7）已完工程及设备保护费。是指竣工验收前，对已完工程及设备采取的覆盖、包裹、封闭、隔离等必要保护措施所发生的费用。

（8）脚手架费。是指施工需要的各种脚手架搭、拆、运输费用以及脚手架购置费的摊销（或租赁）费用。

（9）混凝土模板及支架（撑）费。是指混凝土施工过程中需要的各种钢模板、木模板、支架等的支拆、运输费用及模板、支架的摊销（或租赁）费用。

（10）垂直运输费。是指现场所用材料、机具从地面运至相应高度以及职工人员上下工作面等所发生的运输费用。

（11）超高施工增加费。当单层建筑物檐口高度超过 20m，多层建筑物超过 6 层时，可计算超高施工增加费。

（12）大型机械设备进出场及安拆费。是指机械整体或分体自停放场地运至施工现场或由一个施工地点运至另一个施工地点，所发生的机械进出场运输及转移费用及机械在施工现场进行安装、拆卸所需的人工费、材料费、机械费、试运转费和安装所需的辅助设施的费用。

（13）施工排水、降水费。是指将施工期间有碍施工作业和影响工程质量的水排到施工场地以外，以及防止在地下水位较高的地区开挖深基坑出现基坑浸水，地基承载力下降，在动水压力作用下还可能引起流砂、管涌和边坡失稳等现象而必须采取有效的降水和排水措施费用。

（14）其他。根据项目的专业特点或所在地区不同，可能会出现其他的措施项目。如工程定位复测费和特殊地区施工增加费等。

3.其他项目费

（1）暂列金额。是指建设单位在工程量清单中暂定并包括在工程合同价款中的一笔款项。用于施工合同签订时尚未确定或者不可预见的所需材料、工程设备、服务的采购，施工中可能发生的工程变更、合同约定调整因素出现时的工程价款调整以及发生的索赔、现场签证确认等的费用。

（2）计日工。是指在施工过程中，施工企业完成建设单位提出的施工图纸以外的零星项目或工作所需的费用。

（3）总承包服务费。是指总承包人为配合、协调建设单位进行的专业工程发包，对建设单位自行采购的材料、工程设备等进行保管以及施工现场管理、竣工资料汇总整理等服务所需的费用。

4.规费和税金

规费和税金的构成和计算与按费用构成要素划分建筑安装工程费用项目组成部分是相同的。

措施费

扫码观看本视频

## 第二节　工程计价的含义及其特征

### 一、工程计价的含义

工程计价是指按照规定的程序、方法和依据，对工程造价及其构成内容进行估计或确定的行为。工程计价的含义应该从以下三方面进行理解：

（1）工程计价是自下而上的分部组合计价，每一个建设项目都需要按业主的特定需求将整个项目进行分解，划分为可以按有关技术参数测算价格的基本构造要素（或称分部、分项工程），并计算出基本构造要素的费用。

（2）工程计价的后一次估算不能超过前一次估算的幅度。

（3）工程计价是合同价款管理的基础。合同价款是业主依据承包商按图样完成的工程量在历次支付过程中应支付给承包商的款额，是发包人确认后按合同约定的计算方法确定形成的合同约定金额、变更金额、调整金额、索赔金额等各工程款额的总和。

### 二、工程计价的基本原理

#### （一）类比匡算原理

项目的造价并不总是和规模大小呈线性关系的，典型的规模经济或规模不经济都会出现。因此要慎重选择合适的产出函数，寻找规模和经济有关的经验数据，例如生产能力指数法与单位生产能力估算法就是采用不同的生产函数。

#### （二）分部组合计价原理

工程造价计价的主要思路就是将建设项目细分至最基本的构造单元，找到适当的计量单位及当时当地的单价，就可以采取一定的计价方法，进行分部组合汇总，计算出相应工程造价。工程计价的基本原理就在于项目的分解与组合。

工程计价的基本原理可以用公式的形式表达如下：

分部分项工程费(或措施项目费)＝∑[基本构造单元工程量×(定额项目或清单项目)×相应单价]

## 三、工程计价的环节

### (一) 工程计量

工程计量工作包括工程项目的划分和工程量的计算。

工程量的计算就是按照工程项目的划分和工程量计算规则，就施工图设计文件和施工组织设计对分项工程实物量进行计算。

### (二) 工程计价

工程计价包括工程单价的确定和总价的计算。

(1) 工程单价是指完成单位工程基本构造单元的工程量所需要的基本费用。工程单价包括工料单价和综合单价。

① 工料单价仅包括人工、材料、机械台班费用，是各种人工消耗量、各种材料消耗量、各类机具台班消耗量与其相应单价的乘积。用下式表示：

工料单价＝∑(人材机消耗量×人材机单价)

② 综合单价除包括人工费、材料费、机具使用费外，还包括可能分摊在单位工程基本构造单元的费用。根据我国现行有关规定，又可以分成清单综合单价与全费用综合单价两种：清单综合单价中除包括人工、材料、机具使用费用外，还包括企业管理费、利润和风险因素；全费用综合单价中除包括人工、材料、机具使用费外，还包括企业管理费、利润、规费和税金。

(2) 工程总价是指经过规定的程序或办法逐级汇总形成的相应工程造价。根据采用单价内容和计算程序不同，分为工料单价法和综合单价法。

① 采用工料单价时，在工料单价确定后，乘以相应定额项目工程量并汇总，得出相应工程直接工程费，再按照相应的取费程序计算其他各项费用，汇总后形成相应工程造价。

② 采用综合单价时，在综合单价确定后，乘以相应项目工程量，经汇总即可得出分部分项工程费，再按相应的办法计取措施项目、其他项目、规费项目、税金项目费，各项目费汇总后得出相应工程造价。

# 第三节 工程计价的依据及方法

## 一、工程计价的依据

工程计价标准和依据主要包括计价活动的相关规章规程、工程量清单计价和计量规范、工程定额和相关造价信息。

**（一）计价活动的相关规章规程**

（1）《建筑工程发包与承包计价管理办法》；

（2）《建设项目投资估算编审规程》；

（3）《建设项目设计概算编审规程》；

（4）《建设项目施工图预算编审规程》；

（5）《建设工程招标控制价编审规程》；

（6）《建设项目工程结算编审规程》；

（7）《建设项目全过程造价咨询规程》；

（8）《建设工程造价咨询成果文件质量标准》；

（9）《建设工程造价鉴定规程》。

**（二）工程量清单计价和计量规范**

工程量清单计价和计量规范由《建设工程工程量清单计价规范》GB 50500、《房屋建筑与装饰工程量计算规范》GB 50854、《仿古建筑工程量计算规范》GB 50855、《通用安装工程量计算规范》GB 50856、《市政工程量计算规范》GB 50857、《园林绿化工程量计算规范》GB 50858、《矿山工程量计算规范》GB 50859、《构筑物工程量计算规范》GB 50860、《城市轨道交通工程量计算规范》GB 50861、《爆破工程量计算规范》GB 50862 等组成。

**（三）工程定额**

包括工程消耗量定额和工程计价定额等。工程消耗量定额主要是指完成规定计量单位的合格建筑安装产品所消耗的人工、材料、施工机具台班的数量标准。工程计价定额是指直接用于工程计价的定额或指标，包括预算定额、概算定额、概算指标和投资估算指标。

**（四）工程造价信息**

工程造价信息是指工程造价管理机构发布的建设工程人工、材料、工程设备、施工机具的价格信息，以及各类工程的造价指数、指标等。

## 二、工程计价的基本程序

**（一）工程概预算编制的基本程序**

工程概预算编制的基本程序如图 4-3 所示。

工程概预算编制的公式：

（1）每一计量单位建筑产品的基本构造要素（假定建筑产品）的直接工程费单价＝人工费＋材料费＋施工机械使用费

其中：人工费＝∑(人工工日数量×人工单价)

材料费＝∑(材料用量×材料单价)＋检验试验费

机械使用费＝∑(机械台班用量×机械台班单价)

（2）单位工程直接费＝∑(假定建筑产品工程量×直接工程费单价)＋措施费

（3）单位工程概预算造价＝单位工程直接费＋间接费＋利润＋税金

（4）单项工程概预算造价＝∑单位工程概预算造价＋设备、工器具购置费

（5）建设项目全部工程概预算造价＝∑单项工程的概预算造价＋预备费＋有关的其他费用

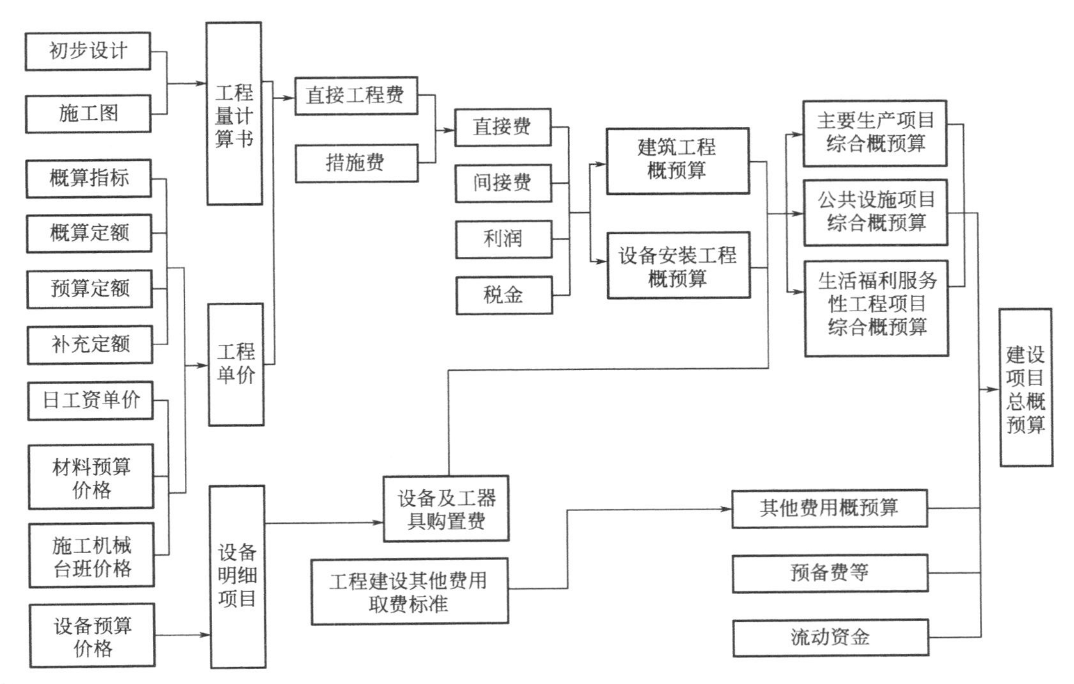


图 4-3　工程概预算编制程序

## (二) 工程量清单计价的基本程序

工程量清单计价的过程可以分为两个阶段，即工程量清单的编制和工程量清单应用两个阶段，工程量清单的编制程序如图 4-4 所示，工程量清单应用过程如图 4-5 所示。

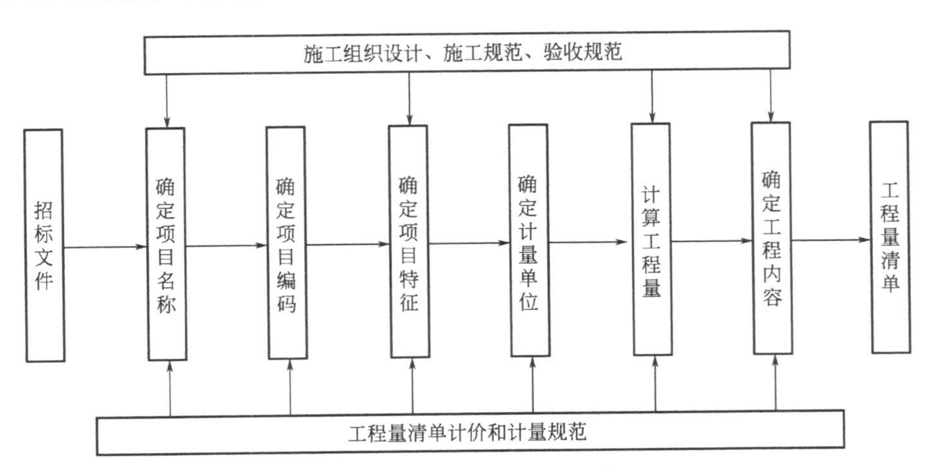


图 4-4　工程量清单编制程序

工程量清单计价的公式：

(1) 分部分项工程费＝Σ（分部分项工程量×相应分部分项综合单价）

(2) 措施项目费＝Σ各措施项目费

(3) 其他项目费＝暂列金额＋暂估价＋计日工＋总承包服务费

(4) 单位工程造价＝分部分项工程费＋措施项目费＋其他项目费＋规费＋税金

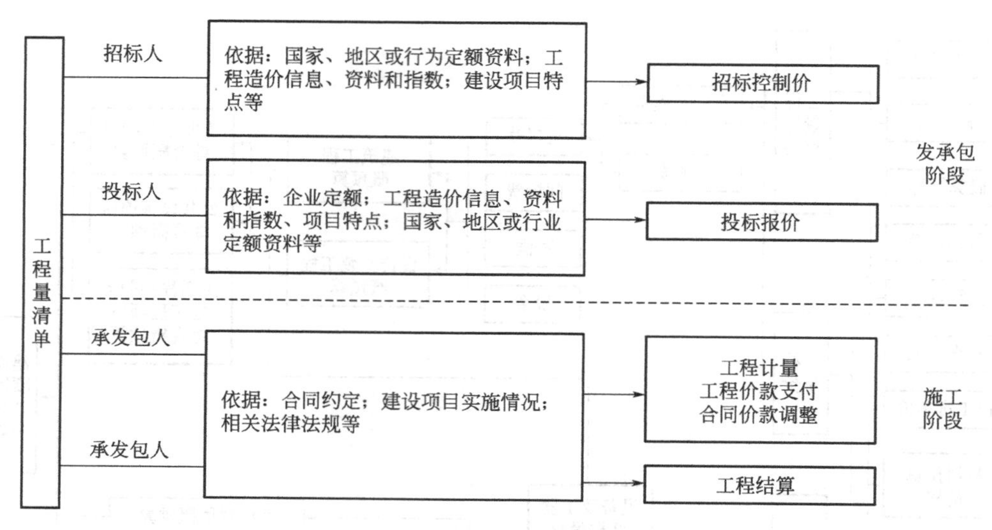


图 4-5　工程量清单应用程序

（5）单项工程造价＝∑单位工程报价

（6）建设项目总造价＝∑单项工程报价

公式中，综合单价是指完成一个规定清单项目所需的人工费、材料和工程设备费、施工机具使用费和企业管理费、利润，以及一定范围内的风险费用。风险费用是隐含于已标价工程量清单综合单价中，用于化解发承包双方在工程合同中约定内容和范围内的市场价格波动风险的费用。

工程量清单计价活动涵盖施工招标、合同管理，以及竣工交付全过程，主要包括：编制招标工程量清单、招标控制价、投标报价，确定合同价，进行工程计量与价款支付、合同价款的调整、工程结算和工程计价纠纷处理等活动。

# 第五章　土建工程工程量计算及实例

学习目标　学习目标：熟悉土建工程工程量的计算。

## 第一节　土石方工程工程量计算

### 一、土方工程清单工程量计算实例

**计算实例 1**　某建筑物底层平面示意图，如图 5-1 所示，土壤类别为三类土，弃土运距 120m，计算该建筑物平整场地的工程量。

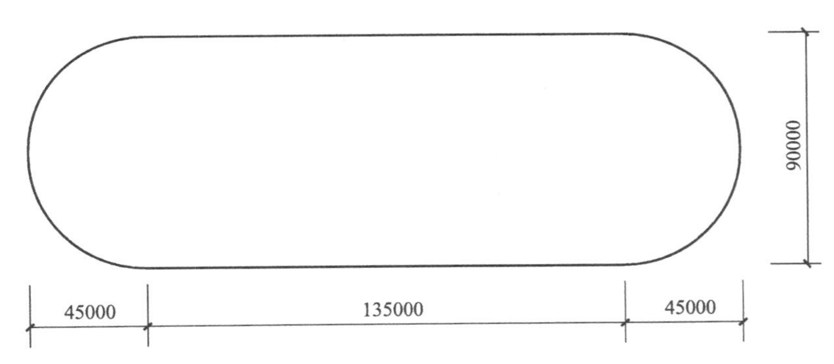


图 5-1　某建筑物底层平面示意图

工程量计算过程及结果：

$$平整场地的工程量=135\times90+\frac{1}{2}\times3.14\times45^2\times2=18508.50\ (m^2)$$

**计算实例 2**　某建筑物方形地坑开挖放坡示意图，如图 5-2 所示，工作面宽度 150mm，土壤类别为三类土，计算挖基础土方的工程量。

工程量计算过程及结果：

$$挖基础土方的工程量=3.0\times3.0\times3.2=28.80\ (m^3)$$

### 二、石方工程清单工程量计算实例

**计算实例 1**　某沟槽施工现场为坚硬岩石，外墙沟槽开挖，长度为 10m，深 1.5m，宽 1.8m，计算沟槽开挖工程量。

工程量计算过程及结果：

$$沟槽开挖工程量=10\times1.5\times1.8=27\ (m^3)$$

**计算实例 2**　某管沟施工现场为坚硬岩石，管沟深 1.3m，全长 13m，计算挖管沟石

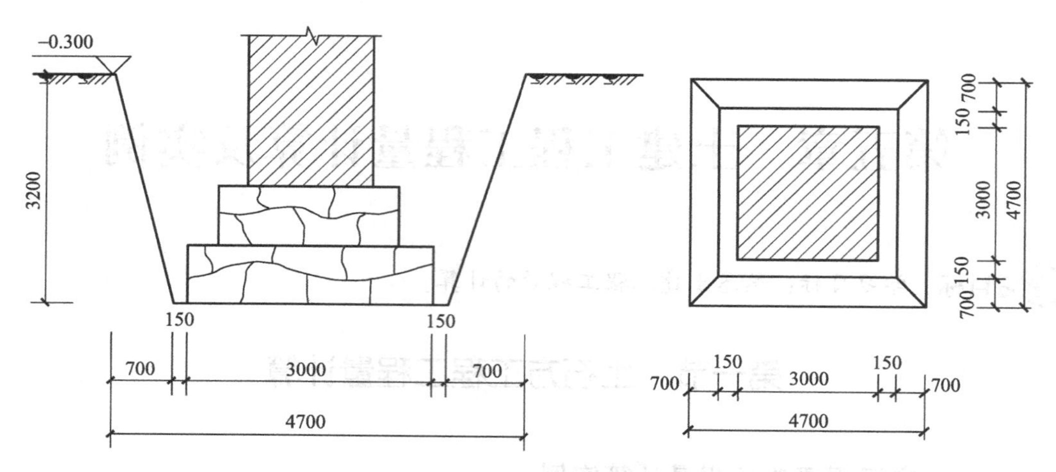


图 5-2 方形地坑开挖放坡示意图

方的清单工程量。

工程量计算结果：

挖管沟石方的清单工程量=13（$m^3$）

## 三、回填工程清单工程量计算实例

**计算实例 1** 某工程的沟槽，矩形截面，长为 50m，宽为 2m，平均深度为 3m，无检查井。槽内铺设 $\phi$500 钢筋混凝土平口管，管壁厚 0.1m，管下混凝土基座体积为 24.25$m^3$，基座下碎石垫层体积为 10$m^3$，计算该沟槽回填土压实（机械回填；10t 压路机碾压，密实度为 97%）的工程量。

工程量计算过程及结果：

$$沟槽体积=50\times2\times3=300.00（m^3）$$

$$\phi800 管子外形体积=3.14\times\left(\frac{0.5+0.1\times2}{2}\right)^2\times60\approx23.08（m^3）$$

$$填土压实土方的工程量=300.00-23.08-24.25-10=242.67（m^3）$$

**计算实例 2** 某地基工程，已知挖土 3252$m^3$，其中可利用 1822$m^3$，填土 3252$m^3$，现场挖填平衡，计算确定余土外运工程量。

工程量计算过程及结果：

余方弃置的工程量=3252−1822=1430（$m^3$）（自然方）

# 第二节 地基处理与边坡支护工程工程量计算

## 一、地基处理清单工程量计算实例

**计算实例 1** 某工程采用喷粉桩施工，如图 5-3 所示，共有 20 个这样的喷粉桩，计算喷粉桩的工程量。

工程量计算过程及结果：

喷粉桩的工程量=(9.5+0.6)×20=202.00（m）

**计算实例 2** 某基础工程采用冲击沉管挤密灌注粉煤灰混凝土短桩处理湿陷性黄土地基，如图 5-4 所示，共有该短桩 990 根，计算灰土挤密桩的工程量。

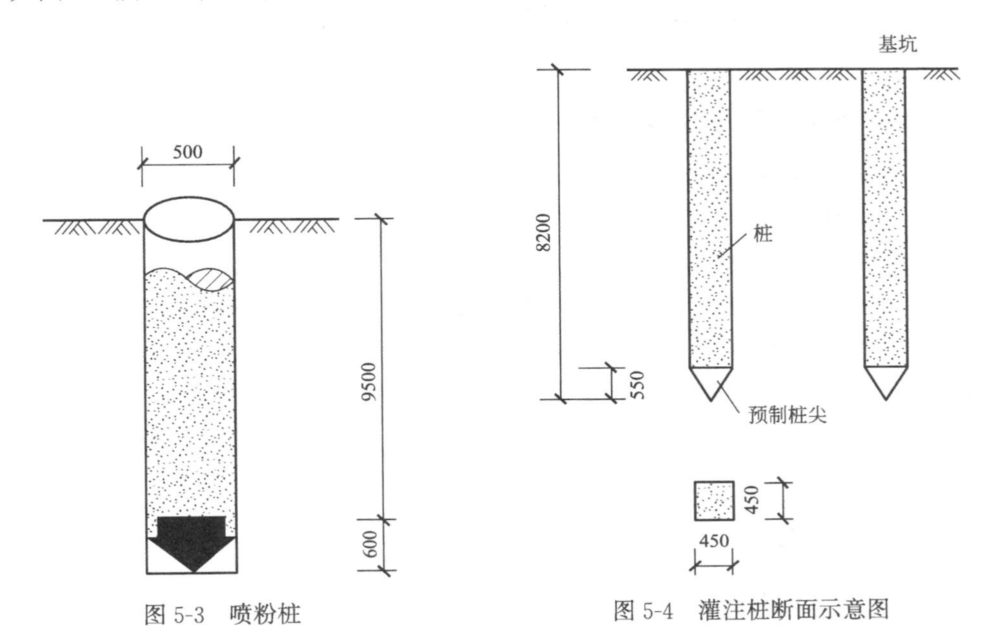


图 5-3 喷粉桩　　图 5-4 灌注桩断面示意图

工程量计算过程及结果：

灰土挤密桩的工程量=8.2×990=8118.00（m）

## 二、基坑与边坡支护清单工程量计算实例

**计算实例 1** 某工程地基处理采用地下连续墙形式，如图 5-5 所示，墙体厚 300mm，埋深 5.4m，土壤类别为二类土，计算该地下连续墙工程量。

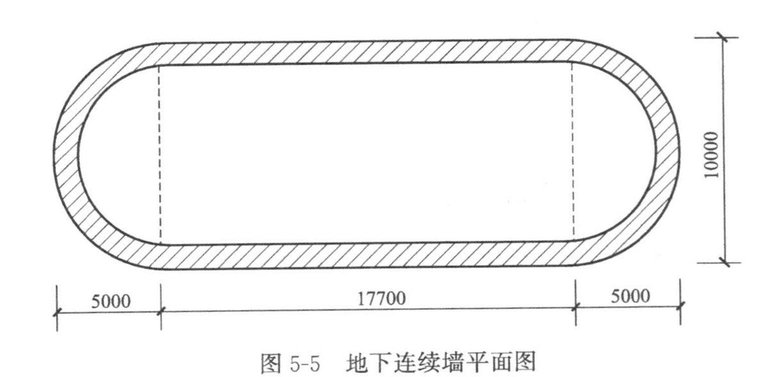


图 5-5 地下连续墙平面图

工程量计算过程及结果：

地下连续墙的工程量$=\left[17.7\times2+\frac{1}{2}\times3.14\times(10-0.3)\times2\right]\times0.3\times5.4\approx106.69$（$m^3$）

**计算实例 2** 某工程有两根圆木桩，其直径为 80mm，计算圆木桩的清单工程量。

工程量计算过程及结果：

圆木桩的清单工程量＝2（根）

# 第三节 桩基工程工程量计算

## 一、打桩清单工程量计算实例

**计算实例 1** 某预制钢筋混凝土桩，如图 5-6 所示，已知共有 24 根，土壤类别为三类土。计算该预制钢筋混凝土打桩工程量。

工程量计算过程及结果：

预制钢筋混凝土打桩的工程量＝(0.85＋16)×24＝404.40（m）

**计算实例 2** 某单位工程采用钢筋混凝土方桩基础，如图 5-7 所示，土壤类别为三类土，用柴油打桩机打预制钢筋混凝土方桩 150 根，计算打方桩工程量。

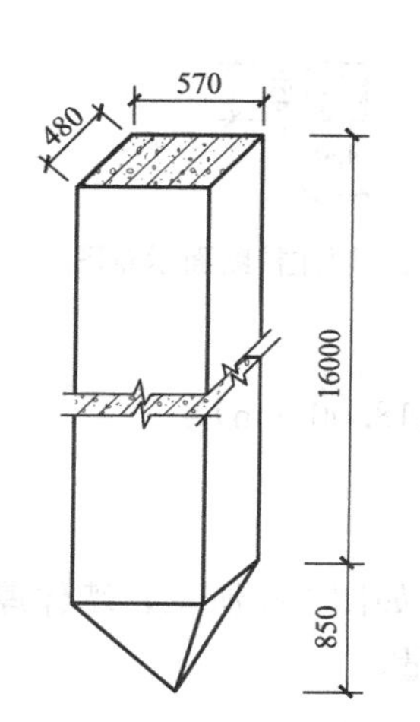

图 5-6 预制钢筋混凝土桩示意图

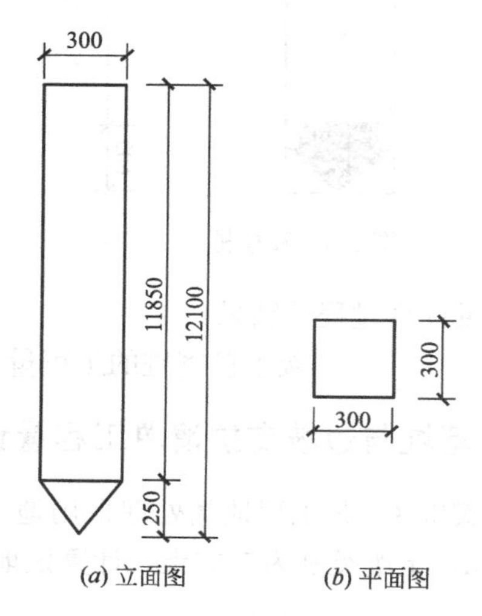


图 5-7 预制钢筋混凝土方桩示意图

工程量计算过程及结果：

打方桩的工程量＝150（根）

## 二、灌注桩清单工程量计算实例

**计算实例 1** 某工程采用泥浆护壁成孔灌注桩 8 根，桩长 12mm，计算泥浆护壁成孔灌注桩的清单工程量。

工程量计算过程及结果：

泥浆护壁成孔灌注桩的清单工程量＝8×12＝96（m）

**计算实例 2** 某工程采用钻孔压浆桩 18 根，其直径为 400mm，计算钻孔压浆桩的清单工程量。

工程量计算过程及结果：

钻孔压浆桩的清单工程量＝18（根）

# 第四节　砌筑工程工程量计算

## 一、砖砌体清单工程量计算实例

**计算实例 1**　某工程外墙基础，如图 5-8 所示，其采用等高式砖基础，外墙中心线长 120m，砖基础深为 1.8m，计算等高式砖基础工程量。

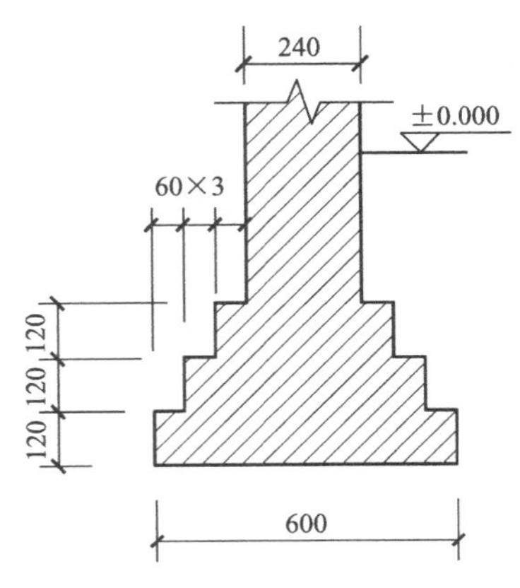


图 5-8　等高式砖基础示意图

工程量计算过程及结果：

查折加高度和增加面积数据参见表 5-1，得折加高度为 0.656，大放脚增加断面面积为 0.1575。

标准砖等高式砖墙基大放脚折加高度表　　表 5-1

| 放脚层数 | 折加高度(m) | | | | | | 增加断面积 ($m^2$) |
|---|---|---|---|---|---|---|---|
| | 1/2 砖 (0.115) | 1 砖 (0.24) | $1\frac{1}{2}$砖 (0.365) | 2 砖 (0.49) | $2\frac{1}{2}$砖 (0.615) | 3 砖 (0.74) | |
| 一 | 0.137 | 0.066 | 0.043 | 0.032 | 0.026 | 0.021 | 0.01575 |
| 二 | 0.411 | 0.197 | 0.129 | 0.096 | 0.077 | 0.064 | 0.04725 |
| 三 | 0.822 | 0.394 | 0.259 | 0.193 | 0.154 | 0.128 | 0.0945 |
| 四 | 1.369 | 0.656 | 0.432 | 0.321 | 0.259 | 0.213 | 0.1575 |
| 五 | 2.054 | 0.984 | 0.647 | 0.482 | 0.384 | 0.319 | 0.2363 |
| 六 | 2.876 | 1.378 | 0.906 | 0.675 | 0.538 | 0.447 | 0.3308 |
| 七 | | 1.838 | 1.208 | 0.900 | 0.717 | 0.596 | 0.4410 |
| 八 | | 2.363 | 1.553 | 1.157 | 0.922 | 0.766 | 0.5670 |
| 九 | | 2.953 | 1.942 | 1.447 | 1.153 | 0.958 | 0.7088 |
| 十 | | 3.609 | 2.373 | 1.768 | 1.409 | 1.171 | 0.8663 |

注：1. 本表按标准砖双面放脚，每层等高 12.6cm（二皮砖，二灰缝）砌出 6.25cm 计算。

2. 本表折加墙基高度的计算，以 240×115×53（mm）标准砖，1cm 灰缝及双面大放脚为准。

3. $折加高度（m）=\frac{放脚断面积（m^2）}{墙厚（m）}$

4. 采用折加高度数字时，取两位小数，第三位以后四舍五入。采用增加断面数字时，取三位小数，第四位以后四舍五入。

砖基础的工程量=0.24×(1.8+0.394)×120≈63.19（$m^3$）

**计算实例 2** 某工程平面示意图，如图 5-9 所示，计算实心砖墙工程量。

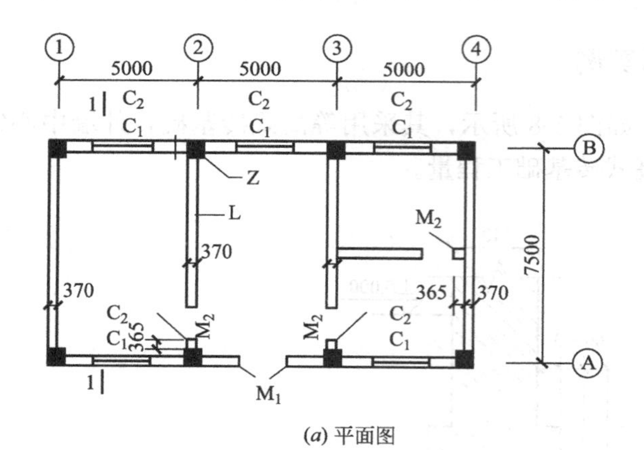


| 编号 | 尺寸 |
| --- | --- |
| $M_1$ | 1500×2400 |
| $M_2$ | 900×2100 |
| $C_1$ | 1800×1500 |
| $C_2$ | 1800×600 |
| L | 400×600 |
| Z | 400×400 |

(*a*) 平面图

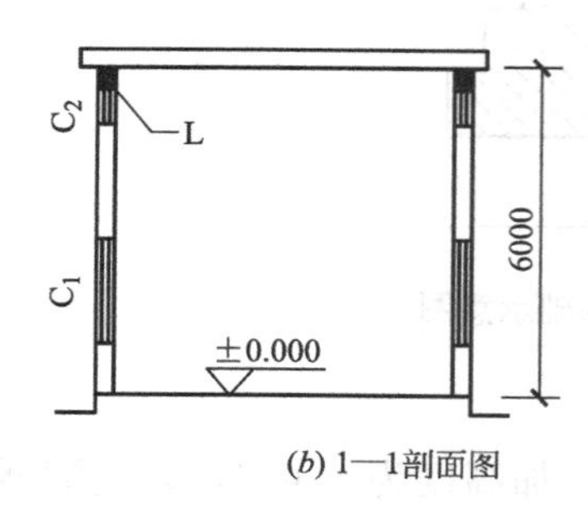


(*b*) 1—1剖面图

图 5-9 某工程示意图

工程量计算过程及结果：

外墙的工程量=(框架间净长×框架间净高−门高面积)×墙厚

=[(5−0.4)×3×2×(6−0.6)+(7.5−0.4)×2×(6−0.6)−1.5×2.4−1.8×1.5×5−1.8×0.6×5]×0.365

=(149.04+76.68−3.6−13.5−5.4)×0.365

≈74.18($m^3$)

内墙的工程量=(框架间净长×框架间净高−门高面积)×墙厚

=[(7.5−0.4)×2×(6−0.6)+(5−0.365)×(6−0.6)−0.9×2.1×3]×0.365

=(76.68+25.03−5.67)×0.365

≈35.05($m^3$)

说明：通常所说的 370 墙，真实墙厚为 365mm，在求墙体工程量时，用 365mm 进行计算。

**计算实例 3** 某公园空花墙，如图 5-10 所示，已知混凝土镂空花格墙厚度为 120mm，用 M2.5 水泥砂浆砌筑 300mm×300mm×120mm 的混凝土镂空花格砌块，计算该空花墙的工程量。

工程量计算过程及结果：

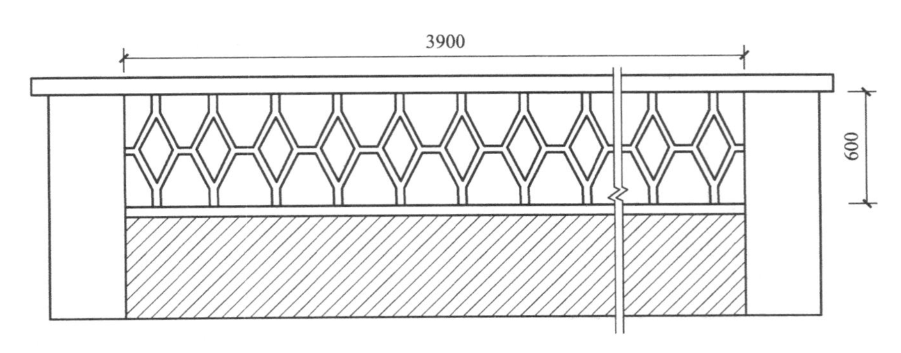


图 5-10 空花墙

空花墙的工程量＝0.6×3.9×0.12≈0.28（$m^3$）

说明：空花墙的工程数量按设计图示尺寸以空花部分外形体积计算，不扣除孔洞部分体积。

## 二、砌块砌体清单工程量计算实例

**计算实例 1** 某砌块墙高 2m，宽 5m，厚 0.24m，计算砌块墙的清单工程量。

工程量计算过程及结果：

砌块墙的清单工程量＝2×5×0.24＝2.4（$m^3$）

**计算实例 2** 某工程有方形砌块柱 2 根，长 35mm，宽 25mm，高 2000mm，计算此砌块柱的清单工程量。

工程量计算过程及结果：

砌块柱的清单工程量＝2×0.35×0.25×2＝0.35（$m^2$）

## 三、石砌体清单工程量计算实例

**计算实例 1** 某基础剖面示意图，如图 5-11 所示，计算毛石基础工程量（基础外墙中心线长度和内墙净长度之和为 55m）。

工程量计算过程及结果：

毛石基础的工程量＝毛石基础断面面积×(外墙中心线长度＋内墙净长度)

＝(0.7×0.35＋0.5×0.35)×55

＝23.10（$m^3$）

**计算实例 2** 某毛石挡土墙，如图 5-12 所示，已知其用 M2.5 混合砂浆砌筑 220m，计算石挡土墙工程量。

工程量计算过程及结果：

$$石挡土墙的工程量=\left[(0.66+1.80)\times(1.80+4.80)-0.66\times(1.80+4.80-0.6)-(1.80-1.20)\times4.80\times\frac{1}{2}\right]\times220$$

＝(16.24－3.96－1.44)×220

＝10.84×220

＝2384.80（$m^3$）

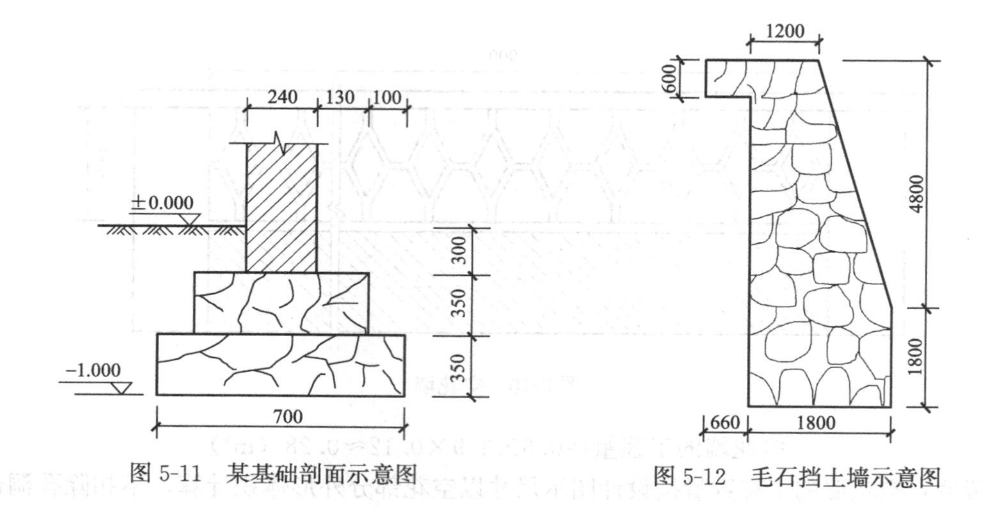


图 5-11　某基础剖面示意图　　　图 5-12　毛石挡土墙示意图

## 四、垫层清单工程量计算实例

某地基工程采用灰土垫层，垫层后为 100mm，该地基面积为 3500m²，计算垫层的清单工程量。

工程量计算过程及结果：

$$垫层的清单工程量=3500\times0.1=350\ (m^3)$$

# 第五节　混凝土及钢筋混凝土工程工程量计算

## 一、现浇混凝土工程清单工程量计算实例

**计算实例 1**　某现浇钢筋混凝土带形基础，如图 5-13 所示。计算现浇钢筋混凝土带形基础混凝土工程量。

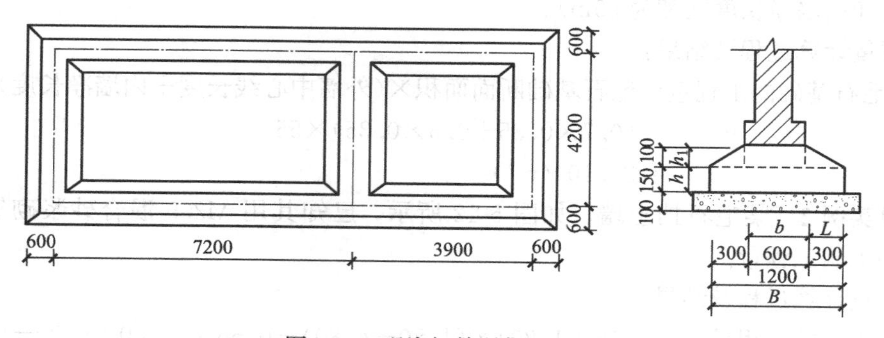


图 5-13　现浇钢筋混凝土工程

工程量计算过程及结果：

$$V_{外}=L_{中}\times截面面积$$

$$=(7.2+3.9+4.2)\times2\times\left(1.2\times0.15+\frac{0.6+1.2}{2}\times0.1\right)$$

$=30.6\times0.27$

$\approx8.26$ ($m^3$)

已知：$L=0.3m$，$B=1.2m$，$h_1=0.1m$，$b=0.6m$

$$V_{内接}=L\times h_1\times\frac{2b+B}{6}=0.3\times0.1\times\frac{2\times0.6+1.2}{6}=0.012(m^3)$$

$$V_{内}=(4.2-1.2)\times(1.2\times0.15+\frac{0.6+1.2}{2}\times0.1)+2V_{内接}$$

$=3\times0.27+2\times0.012$

$=0.81+0.024$

$\approx0.83$ ($m^3$)

现浇钢筋混凝土带形基础的工程量$=V_{外}+V_{内}=8.26+0.83=9.09$ ($m^3$)

**计算实例 2** 某异形构造柱，如图 5-14 所示，总高为 22m，共有 18 根，混凝土为 C25，计算该异形柱现浇混凝土工程量。

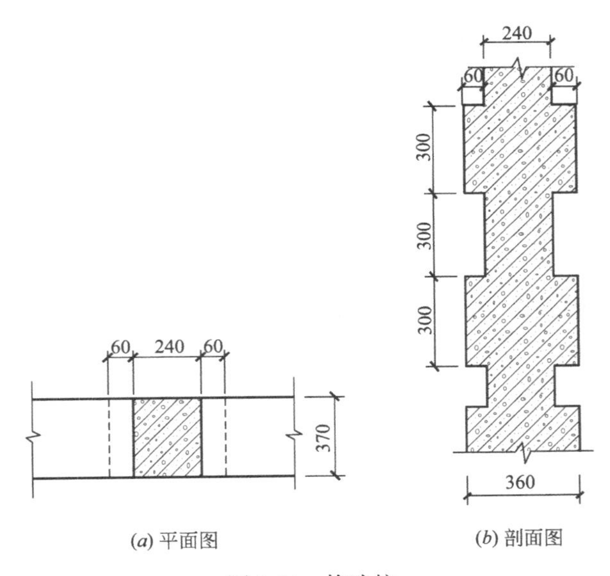


图 5-14 构造柱

工程量计算过程及结果：

异形柱的工程量=(图示柱宽度+咬口宽度)×厚度×图示高度

$$=\left(0.24+\frac{0.06}{2}\times2\right)\times0.37\times22\times18$$

$\approx43.96$ ($m^3$)

**计算实例 3** 某独立洗手间平面布置图，如图 5-15 所示，采用砖砌墙体，圈梁在所有墙体上布置用组合钢模板，350mm×240mm，计算圈梁混凝土工程量。

工程量计算过程及结果：

$L=(8.7-0.24+8.1-0.24)\times2+(3.6-0.24)\times2+4.5+1.5$

$=32.64+6.72+6=45.36$ (m)

圈梁的工程量$=45.36\times0.24\times0.35\approx3.81$ ($m^3$)

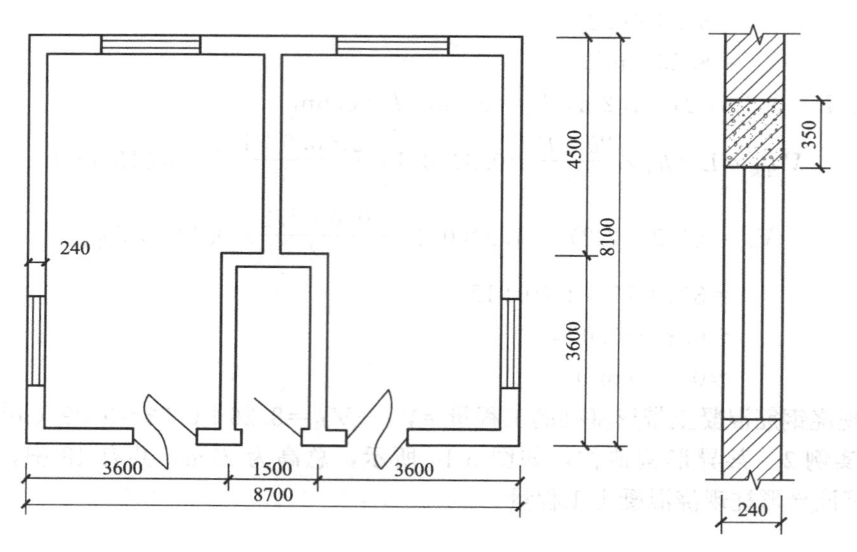


图 5-15　独立洗手间平面布置图

**计算实例 4**　某现浇组合钢模板、钢支撑挡土墙，如图 5-16 所示，长 18m，计算该现浇挡土墙的工程量。

工程量计算过程及结果：

挡土墙的工程量＝18×0.45×2.5

＝20.25（$m^3$）

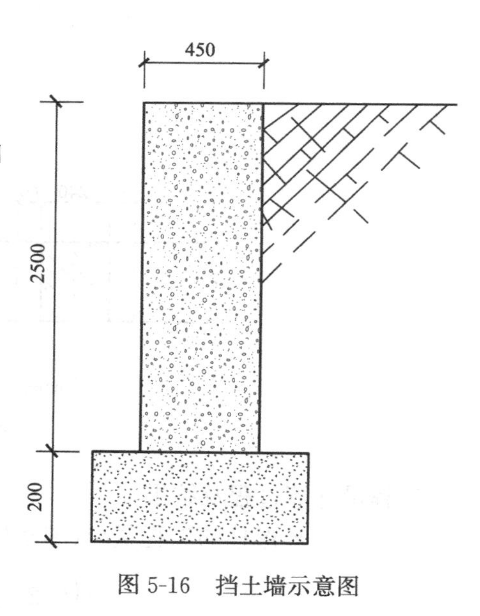


图 5-16　挡土墙示意图

**计算实例 5**　某现浇钢筋混凝土有梁板，如图 5-17 所示，板厚 150mm，计算有梁板的工程量。

工程量计算过程及结果：

现浇板的工程量＝(7.8＋0.12×2)

×(7.2＋0.12×2)×0.15

≈8.97（$m^3$）

板下梁的工程量＝0.25×(0.5－0.12)

×2.4×3×2＋0.2×(0.4－0.12)

×(7.8－0.5)×2＋

0.25×0.50×0.12×4＋

0.20×0.40×0.12×4

≈2.29（$m^3$）

有梁板的工程量＝8.97＋2.29＝11.26（$m^3$）

**计算实例 6**　某现浇钢筋混凝土阳台，如图 5-18 所示，计算该现浇钢筋混凝土阳台板混凝土工程量。

工程量计算过程及结果：

现浇钢筋混凝土阳台板混凝土的工程量＝1.2×3.3×0.25＝0.99（$m^3$）

**计算实例 7**　某钢筋混凝土楼梯板，如图 5-19 所示，计算现浇钢筋混凝土楼梯的工程量（墙体厚度均为 240mm）。

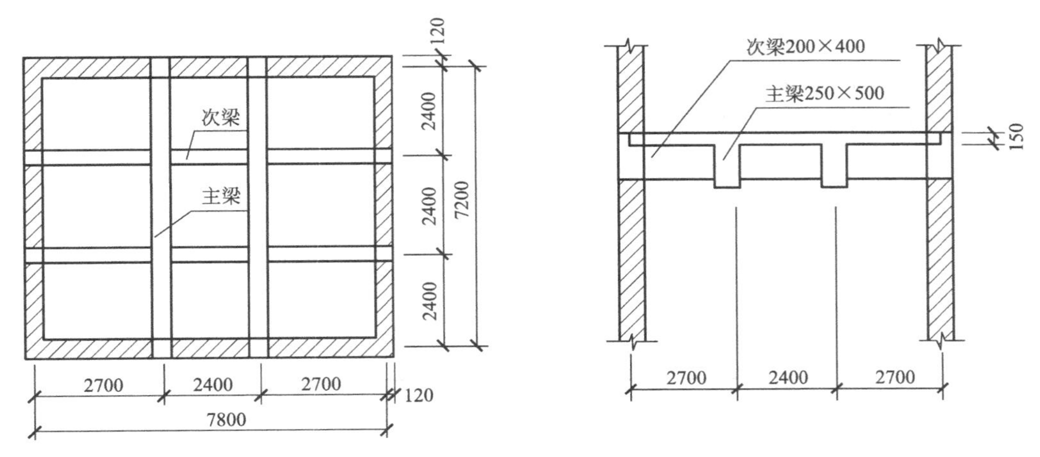


图 5-17 现浇钢筋混凝土有梁板

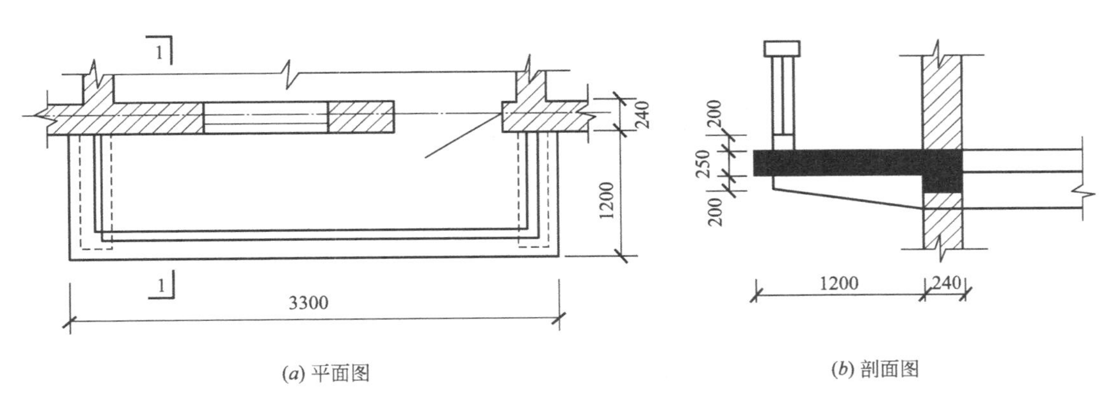


(*a*) 平面图 (*b*) 剖面图

图 5-18 现浇钢筋混凝土阳台

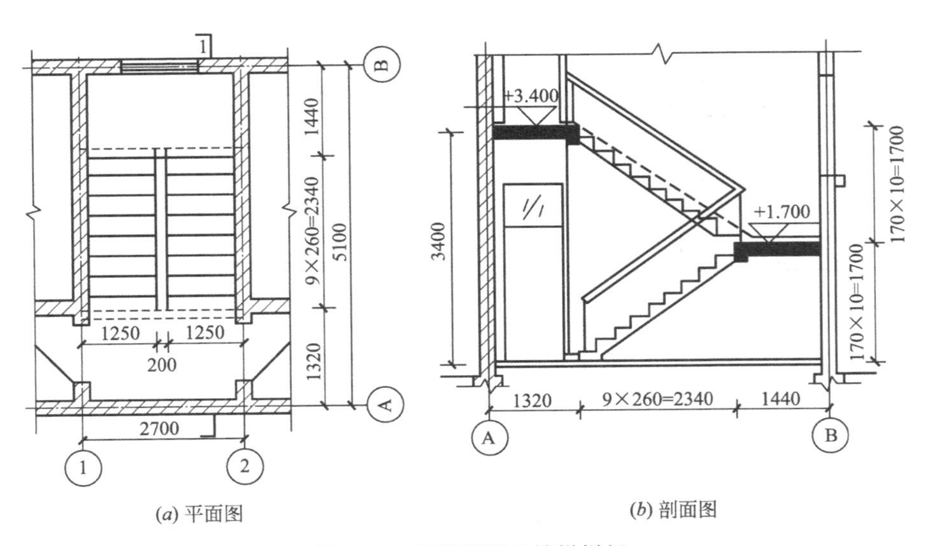


(*a*) 平面图 (*b*) 剖面图

图 5-19 钢筋混凝土楼梯栏板

工程量计算过程及结果：

楼梯的工程量＝(2.7－0.24)×(2.34＋1.44－0.12)≈9.00（$m^2$）

说明：由于楼梯井宽度为200mm，小于500mm，所以未扣除其所占面积。

**计算实例8** 某广场外坡道，如图5-20所示，计算该坡道工程量。

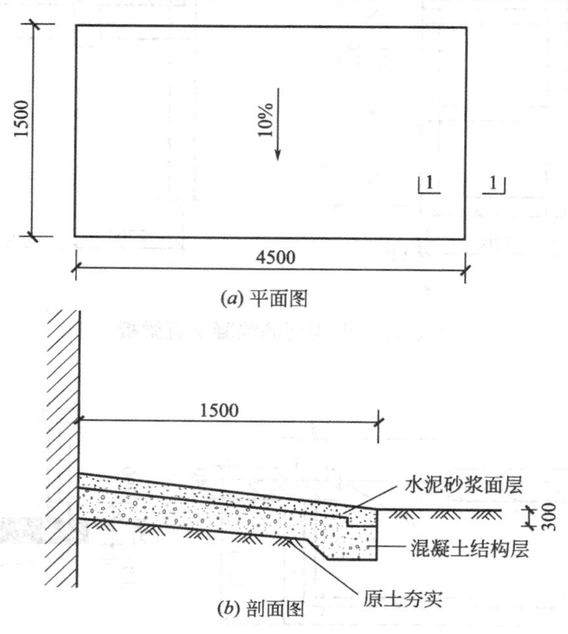


图5-20 坡道示意图

工程量计算过程及结果：

坡道的工程量＝1.5×4.5＝6.75（$m^2$）

**计算实例9** 如图5-21所示，为现浇钢筋混凝土的后浇带示意图，混凝土采用C20，计算现浇板的后浇带的清单工程量（板的长度为6m，宽度为3m，厚度为100mm）。

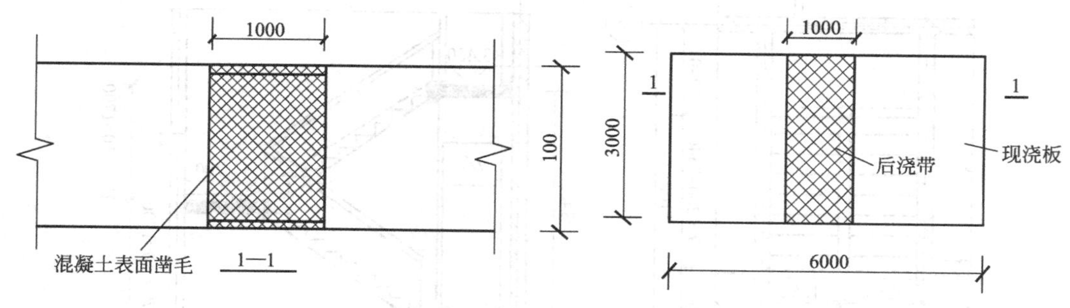


图5-21 现浇板后浇带示意图

工程量计算过程及结果：

后浇带的清单工程量＝1.0×3×0.1＝0.3（$m^3$）

## 二、预制混凝土工程清单工程量计算实例

**计算实例1** 某工程采用10根预制混凝土矩形柱，柱高3000mm，矩形柱截面宽

300mm，长500mm，计算预制矩形柱的清单工程量。

工程量计算过程及结果：

预制矩形柱的清单工程量＝3×0.3×0.5×10＝4.5（$m^3$）

**计算实例2** 某预制混凝土T形吊车梁，如图5-22所示，计算该T形梁的工程量。

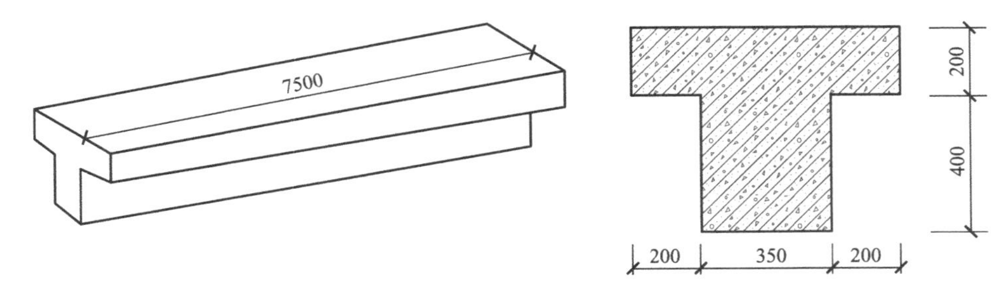


图5-22 预制混凝土T形吊车梁示意图

工程量计算过程及结果：

T形梁的工程量＝[0.2×(0.2＋0.35＋0.2)＋0.35×0.4]×7.5

＝(0.15＋0.14)×7.5≈2.18（$m^3$）

**计算实例3** 某预制组合屋架，如图5-23所示，计算该组合屋架工程量。

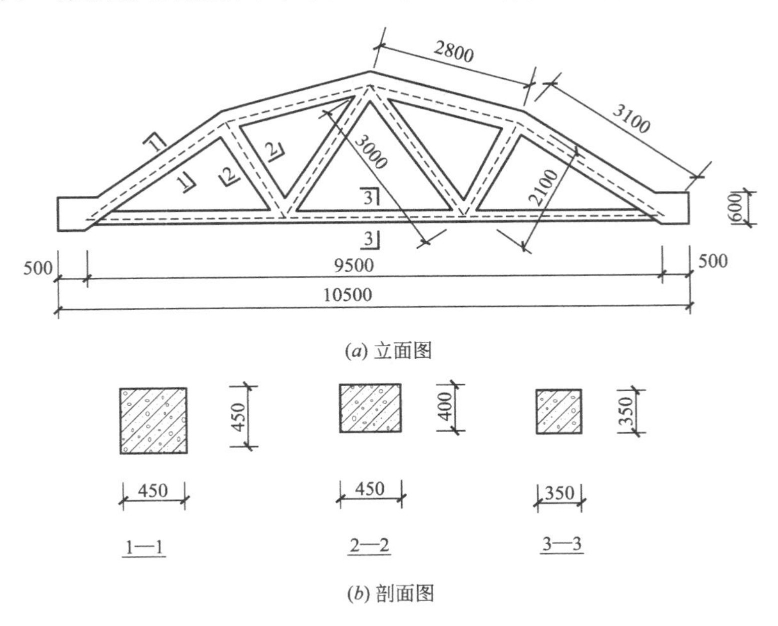


图5-23 预制组合屋架示意图

工程量计算过程及结果：

组合屋架的工程量＝(2.8＋3.1)×2×0.45×0.45＋(3＋2.1)×2×0.45×0.4＋10.5×0.35×0.35

＝2.39＋1.84＋1.29

＝5.52（$m^3$）

**计算实例4** 某预制空心板，如图5-24所示，计算该空心板工程量。

工程量计算过程及结果：

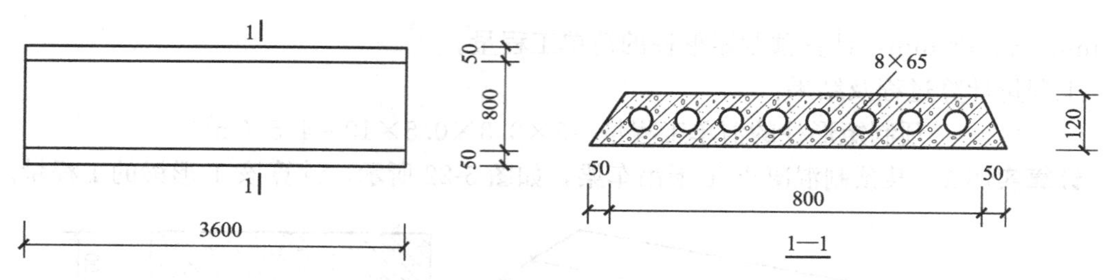


图 5-24　预制空心板示意图

$$预制空心板的工程量=\left[(0.8+0.9)\times\frac{1}{2}\times0.12-\frac{\pi}{4}\times0.065^2\times8\right]\times3.6$$
$$=(0.102-0.027)\times3.6$$
$$=0.27\ (m^3)$$

**计算实例 5**　某楼梯梁示意图，如图 5-25 所示，计算该楼梯梁工程量。

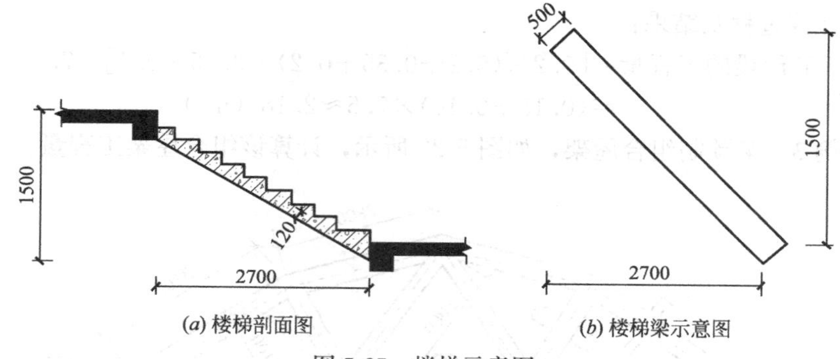


图 5-25　楼梯示意图

工程量计算过程及结果：

$$楼梯梁的工程量=\sqrt{2.7^2+1.5^2}\times0.5\times0.12\approx0.19\ (m^3)$$

**计算实例 6**　某建筑烟道，如图 5-26 所示，计算该烟道工程量。

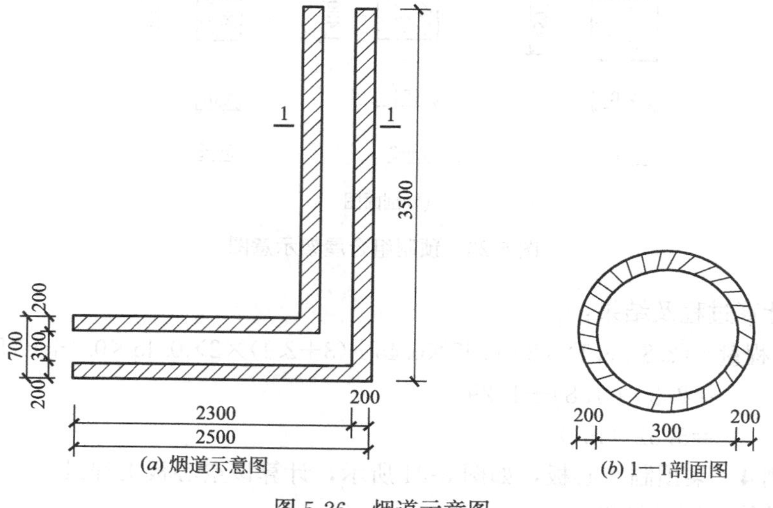


图 5-26　烟道示意图

工程量计算过程及结果：

$$烟道的工程量=\left(\frac{0.7}{2}\right)^2\times3.14\times(2.5+3.5-0.7)-\left(\frac{0.3}{2}\right)^2\times3.14\times(2.5+3.5-0.2\times2-0.4)$$
$$=2.04-0.37$$
$$=1.67\ (m^3)$$

## 三、钢筋工程清单工程量计算实例

**计算实例 1** 某矩形梁，如图 5-27 所示，计算现浇构件钢筋的工程量（梁截面尺寸为 240mm×500mm）。

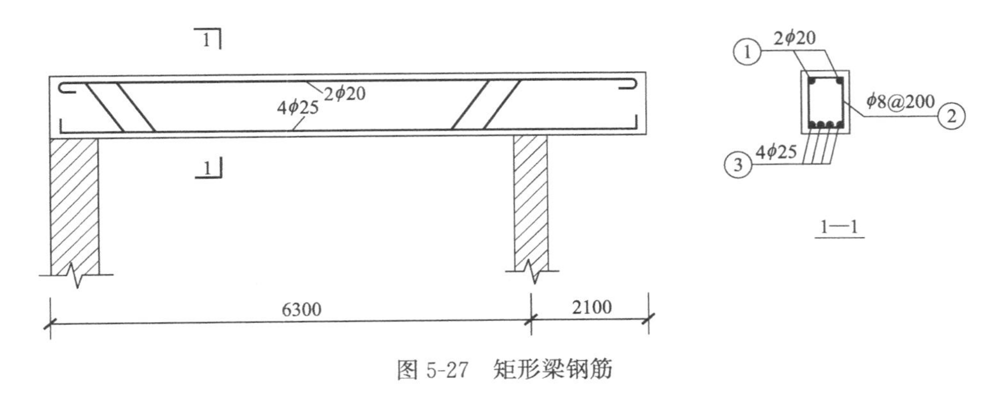


图 5-27 矩形梁钢筋

工程量计算过程及结果：

① 号钢筋 2φ20（单位理论质量为 2.47kg）

$$工程量=(6.3+2.1-0.025\times2+6.25\times0.02\times2)\times2\times2.47$$
$$=8.6\times2\times2.47=42.484\ (kg)\approx0.042\ (t)$$

② 号钢筋 φ8@200（单位理论质量为 0.395kg）

$$根数=\frac{6.3+2.1-0.025\times2}{0.2}+1=43\ (根)$$

$$单根长度=(0.24+0.5)\times2-0.025\times8-8\times0.008-3\times1.75\times0.008+2\times1.9\times0.008+2\times10\times0.008$$
$$=1.48-0.2-0.064-0.042+0.0304+0.16$$
$$\approx1.36\ (m)$$

$$工程量=43\times1.36\times0.395=23.10\ (kg)\approx0.023\ (t)$$

③ 号钢筋 4φ25（单位理论质量为 3.85kg）

$$工程量=(6.3+2.1-0.025\times2-2\times1.75\times0.025+10\times0.025)\times4\times3.85$$
$$=8.51\times4\times3.85=131.054\ (kg)\approx0.131\ (t)$$

**计算实例 2** 某混凝土槽形板，如图 5-28 所示，计算预制钢筋混凝土槽形板的钢筋工程量。

工程量计算过程及结果：

(1) 2φ16（单位理论质量为 1.58kg）

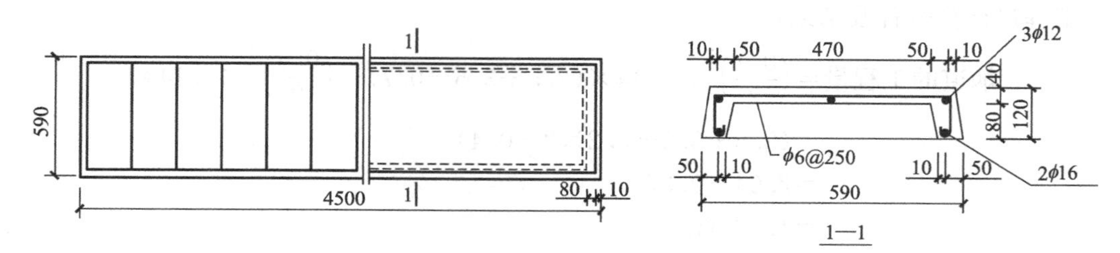


图 5-28　混凝土槽形板的钢筋

工程量＝(4.5－0.01×2＋6.25×0.016×2)×2×1.58＝14.79 (kg)≈0.015 (t)

(2) 3ϕ12（单位理论质量为 0.888kg)

工程量＝(4.5－0.01×2＋6.25×0.012×2)×3×0.888＝12.33 (kg)≈0.012 (t)

(3) ϕ6@200（单位理论质量为 0.222kg)

$$根数=\frac{4.5-0.01\times2}{0.25}+1=19\ (根)$$

单根长度＝(0.12－0.01×2)＋(0.59－0.01×2)＋6.25×0.006×2

＝0.745 (m)

工程量＝0.745×19×0.222≈3.14 (kg)≈0.003 (t)

**计算实例 3**　某后张预应力吊车梁，如图 5-29 所示，下部后张预应力钢筋用 XM 型锚具，计算后张预应力钢筋的工程量。

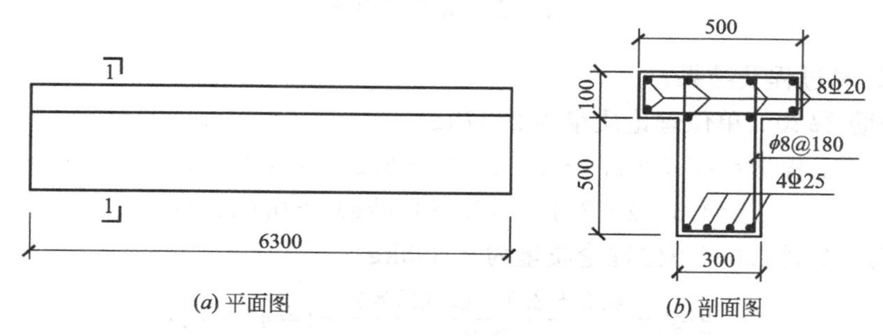


图 5-29　后张预应力吊车梁

工程量计算过程及结果：

后张预应力钢筋（4Φ25，单位理论质量为 3.85kg)

后张法预应力钢筋(XM 型锚具)的工程量＝(设计图示钢筋长度＋增加长度)×单位理论质量

＝(6.3＋1.00)×4×3.85

＝112.42 (kg)

≈0.112 (t)

## 四、螺栓、铁件清单工程量计算实例

**计算实例 1**　某螺栓示意图，如图 5-30 所示，计算 80 个螺栓工程量。

工程量计算过程及结果：

螺栓的工程量＝20×20×0.00617×0.8×80＝157.952 (kg)≈0.158 (t)

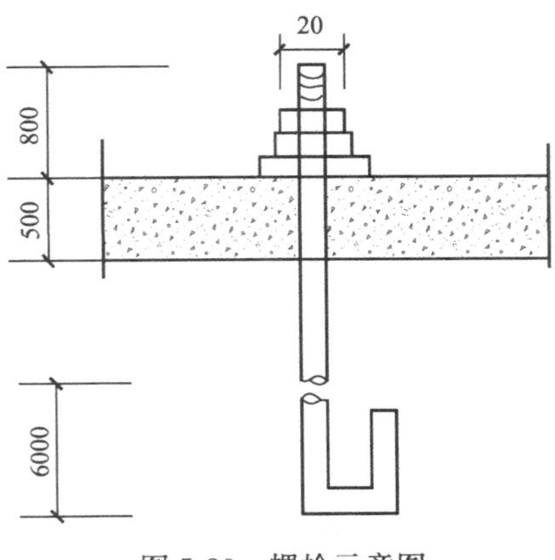


图 5-30　螺栓示意图

**计算实例 2**　某预制柱的预埋铁件，如图 5-31 所示，共 7 根，计算该预埋铁件工程量（钢板 $\rho=78.5\mathrm{kg/m^2}$，$\phi12$ 钢筋 $\rho=0.888\mathrm{kg/m}$，$\phi18$ 钢筋 $\rho=2.000\mathrm{kg/m}$）。

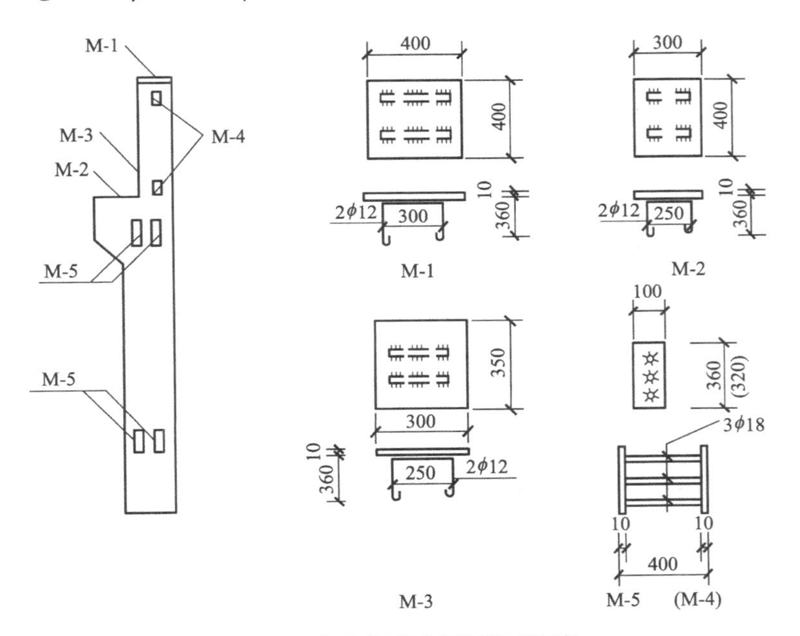


图 5-31　钢筋混凝土预制柱预埋件

工程量计算过程及结果：

钢板（$\rho=78.5\mathrm{kg/m^2}$）

M-1：$0.4\times0.4\times78.5=12.65$（kg）

M-2：$0.3\times0.4\times78.5=9.42$（kg）

M-3：$0.3\times0.35\times78.5\approx8.24$（kg）

M-4：$2\times0.1\times0.32\times2\times78.5\approx10.05$（kg）

M-5：$4\times0.1\times0.36\times2\times78.5\approx22.61$（kg）

预埋铁件的工程量$=(12.65+9.42+8.24+10.05+22.61)\times7=440.79$（kg）$\approx0.441$（t）

$\phi$12 钢筋（$\rho$=0.888kg/m）

M-1：2×(0.3+0.36×2+0.012×6.25×2)×0.888≈2.08（kg）

M-2：2×(0.25+0.36×2+0.012×6.25×2)×0.888≈1.99（kg）

M-3：2×(0.25+0.36×2+0.012×6.25×2)×0.888≈1.99（kg）

预埋铁件的工程量=(2.08+1.99+1.99)×7=42.42（kg)≈0.042（t）

$\phi$18 钢筋（$\rho$=2.000kg/m）

M-4：2×3×(0.4−0.01×2)×2.000=4.56（kg）

M-5：4×3×(0.4−0.01×2)×2.000=9.12（kg）

预埋铁件的工程量=(4.56+9.12)×7=95.76（kg)≈0.096（t）

# 第六节　金属结构工程工程量计算

## 一、钢网架清单工程量计算实例

**计算实例**　如图 5-32 所示的钢网架结构，计算钢网架的工程量（8mm 厚钢板的理论

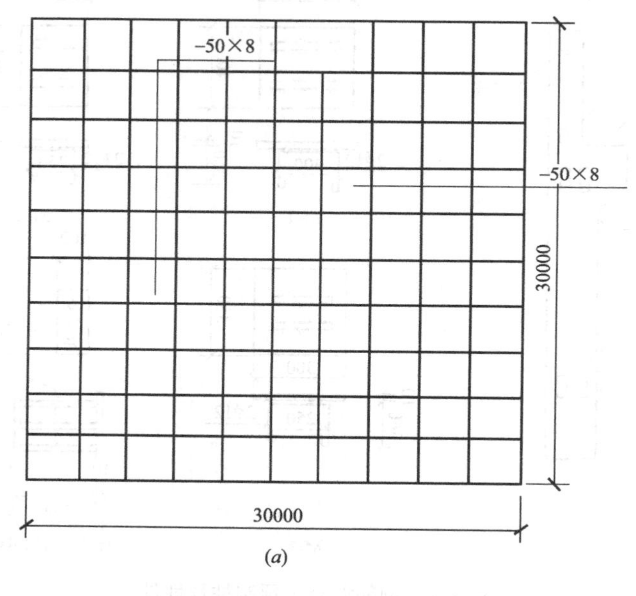

(a)

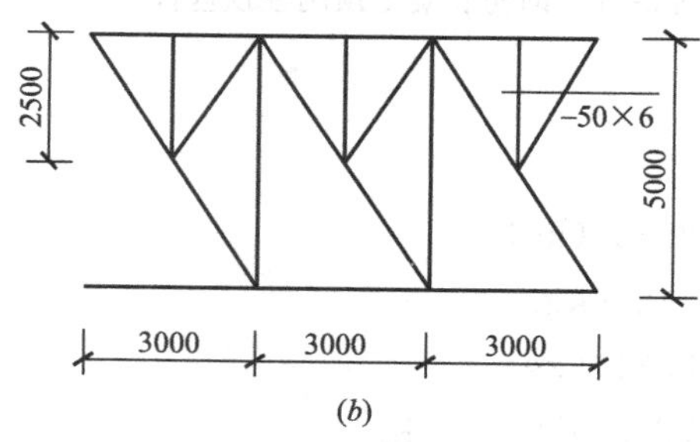

(b)

图 5-32　钢网架示意图

(a) 网架的总平面布置图；(b) 每个网格的正面及侧立面图

质量为 62.8kg/m$^2$，6mm 厚钢板的理论质量为 47.1kg/m$^2$）。

工程量计算过程及结果：

横向上下弦杆件工程量＝62.8×0.05×30×2×11＝2072.4≈2.072（t）

横向腹杆工程量$=47.1\times0.05\times[(\sqrt{5^2+3^2}+2.5+\sqrt{2.5^2+1.5^2})\times10+5\times11]\times10$

＝3944.63（kg）≈3.945（t）

纵向上下弦杆件工程量＝62.8×0.05×30×2×11＝2072.4≈2.072（t）

纵向腹杆工程量$=47.1\times0.05\times[(\sqrt{5^2+3^2}+2.5+\sqrt{2.5^2+1.5^2})\times10+5\times11]\times10$

＝3944.63（kg）≈3.945（t）

钢网架的工程量＝2.072＋3.945＋2.072＋3.945＝12.034（t）

## 二、钢屋架、钢托架、钢桁架、钢架桥清单工程量计算实例

**计算实例 1** 某工程钢屋架，如图 5-33 所示（上弦钢材单位理论质量为 7.398kg，下弦钢材单位理论质量为 1.58kg，立杆钢材、斜撑钢材和檩托钢材单位理论为 3.77kg，连接板单位理论质量为 62.8kg），计算钢屋架工程量。

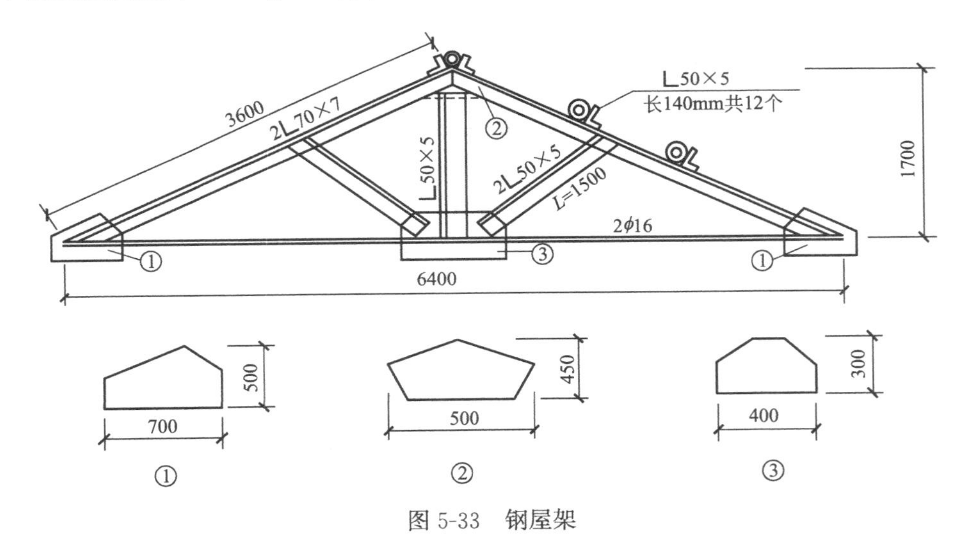


图 5-33 钢屋架

工程量计算过程及结果：

杆件质量＝杆件设计图示长度×单位理论质量

上弦质量＝3.60×2×2×7.398≈106.53（kg）

下弦质量＝6.4×2×1.58≈20.22（kg）

立杆质量＝1.70×3.77≈6.41（kg）

斜撑质量＝1.50×2×2×3.77＝22.62（kg）

檩托质量＝0.14×12×3.77≈6.33（kg）

多边形钢板质量＝最大对角线长度×最大宽度×面密度

①号连接板质量＝0.7×0.5×2×62.80＝43.96（kg）

②号连接板质量＝0.5×0.45×62.80＝14.13（kg）

③号连接板质量＝0.4×0.3×62.80≈7.54（kg）

钢屋架的工程量＝106.53＋20.22＋6.41＋22.62＋6.33＋43.96＋14.13＋7.54
＝227.74（kg）≈0.228（t）

**计算实例2** 某工程采用的钢托架示意图如图5-34所示，求该钢托架的清单工程量（∟125×12的单位理论质量为22.696kg/m；∟110×14的单位理论质量为22./809kg/m；∟110×8的单位理论质量为13.532kg/m；6mm厚钢板的理论质量为47.1kg/m²；4mm厚钢板的理论质量为31.4kg/m²）。

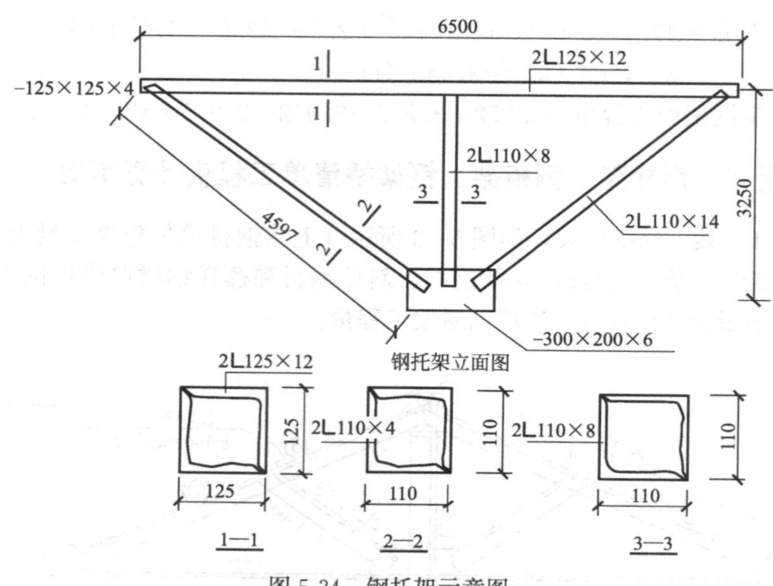


图5-34 钢托架示意图

工程量计算过程及结果：

上弦杆的工程量＝22.696×6.5×2≈295.05（kg）≈0.295（t）

斜向支撑杆的工程量＝22.809×4.597×4≈419.41（kg）≈0.419（t）

竖向支撑杆的工程量＝13.532×3.25×2≈87.96（kg）≈0.088（t）

连接板的工程量＝47.1×0.2×0.3＝2.826（kg）≈0.003（t）

塞板的工程量＝31.4×0.125×0.125×2≈0.98（kg）≈0.001（t）

钢托架的清单工程量＝0.295＋0.419＋0.088＋0.003＋0.001＝0.806（t）

## 三、钢柱清单工程量计算实例

**计算实例** 某钢柱结构图，如图5-35所示，（[32钢材单位质量43.25kg，角钢∟100mm×8mm单位质量12.276kg，角钢∟140mm×10mm单位质量21.488kg，钢板—12mm单位质量94.20kg），计算25根钢柱的工程量。

工程量计算过程及结果：

（1）该柱主体钢材采用[32。

柱高：

0.14＋(1＋0.1)×3＝3.44（m），

2根，则槽钢重：

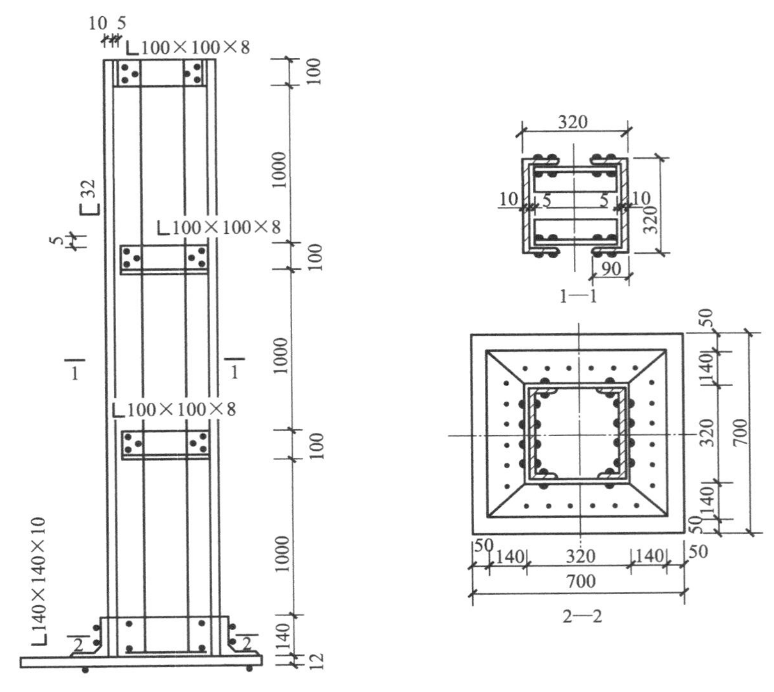


图 5-35　钢柱结构图

43.25×3.44×2=297.56（kg）

（2）水平杆角钢L 100mm×8mm。

角钢长：

0.32−(0.005+0.01)×2=0.29m，

6 块，则重为：

12.276×0.29×6≈21.36（kg）

（3）底座角钢L 140mm×10mm。

21.488×0.32×4≈27.50（kg）

（4）底座钢板 — 12mm。

94.20×0.7×0.7≈46.16（kg）

1 根钢柱的工程量=297.56+21.36+27.50+46.16=392.58（kg）

20 根钢柱的总工程量=392.58×25=9814.50（kg）≈9.815（t）

## 四、钢梁清单工程量计算实例

**计算实例**　某工程采用的钢吊车梁示意图如图 5-36 所示，计算其清单工程量（L 110×10 的单位理论质量为 16.69kg/m；5mm 厚钢板的理论质量为 39.2kg/m$^2$）。

工程量计算过程及结果：

轨道的工程量=16.69×10×2=333.8（kg）≈0.334（t）

加强板的工程量=39.2×0.05×1.5×9=26.46（kg）≈0.026（t）

钢吊车梁的清单工程量=0.334+0.026=0.360（t）

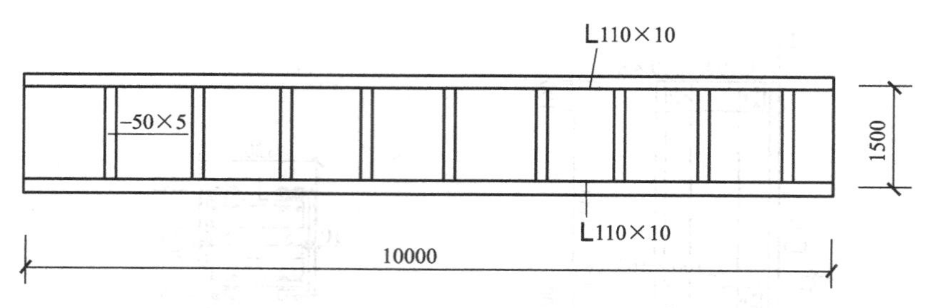


图 5-36 钢吊车梁示意图

## 五、钢板楼板、墙板清单工程量计算实例

**计算实例 1** 某压型钢板楼板，如图 5-37 所示，计算钢板楼板的工程量。

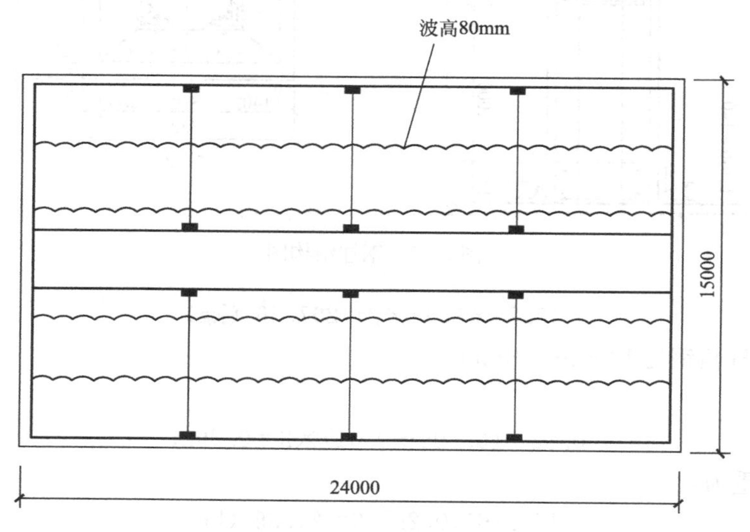


图 5-37 楼板平面图

工程量计算过程及结果：

$$钢板楼板的工程量=24\times15=360.00\ (m^2)$$

**计算实例 2** 某压型钢板墙板，如图 5-38 所示，计算钢板墙板的工程量。

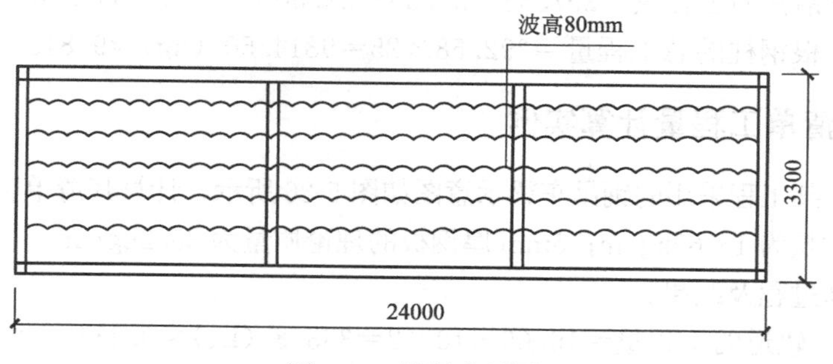


图 5-38 墙板布置图

工程量计算过程及结果：

钢板墙板的工程量＝24×3.3＝79.20（$m^2$）

## 六、钢构件清单工程量计算实例

**计算实例 1** 某厂房上柱间支撑，如图 5-39 所示，共 6 组，∟63×6 单位长度理论质量为 5.72kg，— 8 钢板的单位面积质量为 62.8kg。计算柱间钢支撑的工程量。

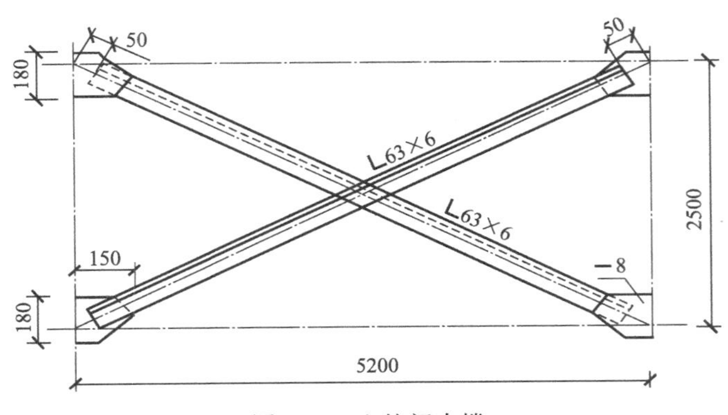


图 5-39 上柱间支撑

工程量计算过程及结果：

(1) 杆件质量＝杆件设计图示长度×单位理论质量

∟63×6 角钢质量＝$(\sqrt{5.2^2+2.5^2}-0.05\times2)\times5.72\times2=64.86$（kg）

(2) 多边形钢板质量＝最大对角线长度×最大宽度×面密度

— 8 钢板质量＝0.18×0.15×62.8×4≈6.78（kg）

钢支撑的工程量＝(64.86＋6.78)×6＝429.84（kg）≈0.430（t）

**计算实例 2** 某踏步式钢梯，如图 5-40 所示，计算该钢梯工程量（钢材 — 180mm×6mm 单位长度质量为 8.48kg，钢材 — 200mm×5mm 单位长度质量为 7.85kg，∟110mm×10mm 单位长度质量为 16.69kg，∟200mm×125mm×16mm 单位长度质量为 39.045kg，∟50mm×5mm 单位长度质量为 3.77kg，∟56mm×5mm 单位长度质量为 4.251kg）。

工程量计算过程及结果：

① 钢梯边梁，扁钢 — 180 mm×6 mm，$l$＝4.16m，2 块；单位长度质量为 8.48kg。

8.48×4.16×2≈70.55（kg）

② 钢踏步，— 200mm×5mm，$l$＝0.7m，9 块，单位长度质量为 7.85kg。

7.85×0.7×9≈49.46（kg）

③ ∟110mm×10mm，$l$＝0.12m，2 根，单位长度质量为 16.69kg。

16.69×0.12×2≈4.01（kg）

④ ∟200mm×125mm×16mm，$l$＝0.12m，4 根，单位长度质量为 39.045kg。

39.045×0.12×4≈18.74（kg）

⑤ ∟50mm×5mm，$l$＝0.62m，6 根，单位长度质量为 3.77kg。

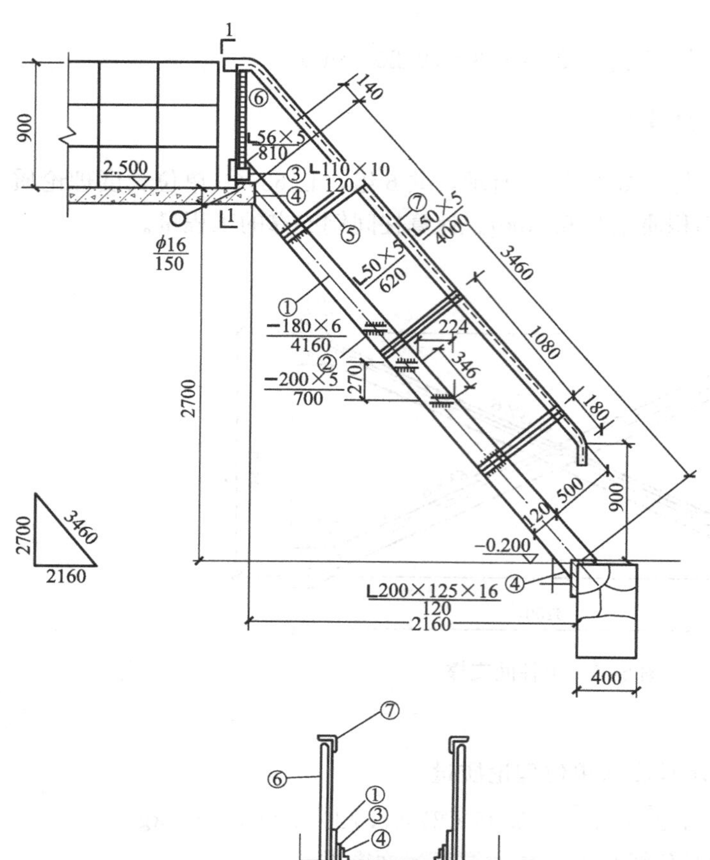


| 钢筋(板) | 根(块)数 |
| --- | --- |
| ①−180mm×6mm | 2 |
| ②−200mm×5mm | 9 |
| ③L110mm×10mm | 2 |
| ④L200mm×125mm×16mm | 4 |
| ⑤L50mm×5mm(0.62m) | 6 |
| ⑥L56mm×5mm | 2 |
| ⑦L50mm×5mm(4.0m) | 2 |

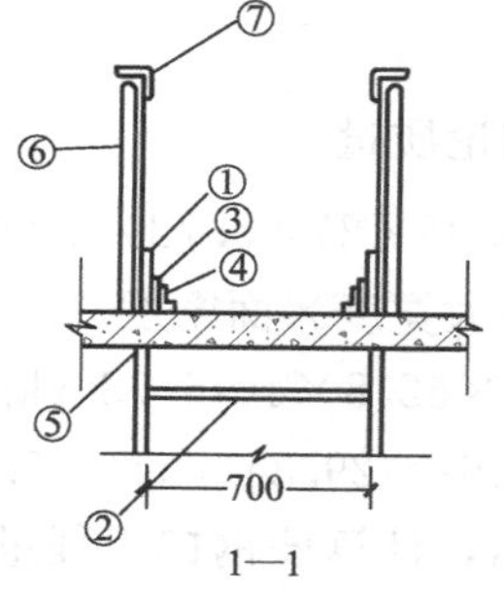


图 5-40 踏步式钢梯

3.77×0.62×6≈14.02（kg）

⑥∟56mm×5mm，$l$=0.81m，2 根，单位长度质量为 4.251kg。

4.251×0.81×2≈6.89（kg）

⑦∟50mm×5mm，$l$=4.0m，2 根，单位长度质量为 3.77kg。

3.77×4×2≈30.16（kg）

钢材的工程量=70.55+49.46+4.01+18.74+14.02+6.89+30.16
=193.83（kg）
≈0.194（t）

## 七、金属制品清单工程量计算实例

**计算实例** 某工程采用塑料成品雨篷，雨篷长 8m，两边各有 0.1m 不与墙面接触，计算此雨篷的清单工程量。

工程量计算过程及结果：

成品雨篷的清单工程量＝8－0.1×2＝7.8（m）

# 第七节　木结构工程工程量计算

## 一、木屋架清单工程量计算实例

**计算实例**　某杉方木屋架，如图 5-41 所示，跨度 12m，共 12 榀，木屋架刷底油一遍、调合漆两遍，计算木屋架工程量。

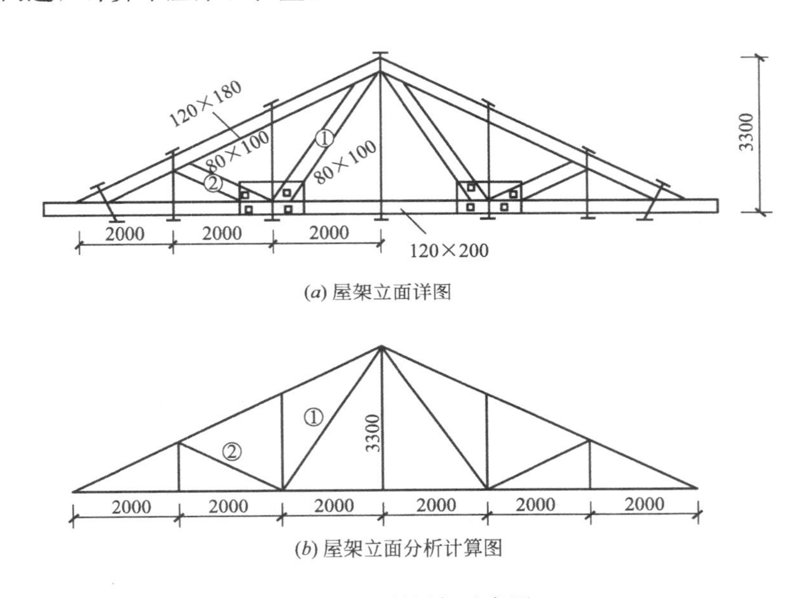


(a) 屋架立面详图

(b) 屋架立面分析计算图

图 5-41　某屋架示意图

工程量计算过程及结果：

木屋架的工程量＝12（榀）

## 二、木构件清单工程量计算实例

**计算实例 1**　某工程方杉木柱，如图 5-42 所示，尺寸为 300mm×350mm，高 4.5m，计算该方木柱工程量。

工程量计算过程及结果：

木桩的工程量＝0.3×0.35×4.5≈0.47（$m^3$）

**计算实例 2**　某住宅楼木楼梯，如图 5-43 所示（标准层），尺寸为 300mm×150mm，计算木楼梯工程量。

工程量计算过程及结果：

木楼梯的工程量＝(3.6－0.24)×（3.3＋1.7)＝16.80（$m^2$）

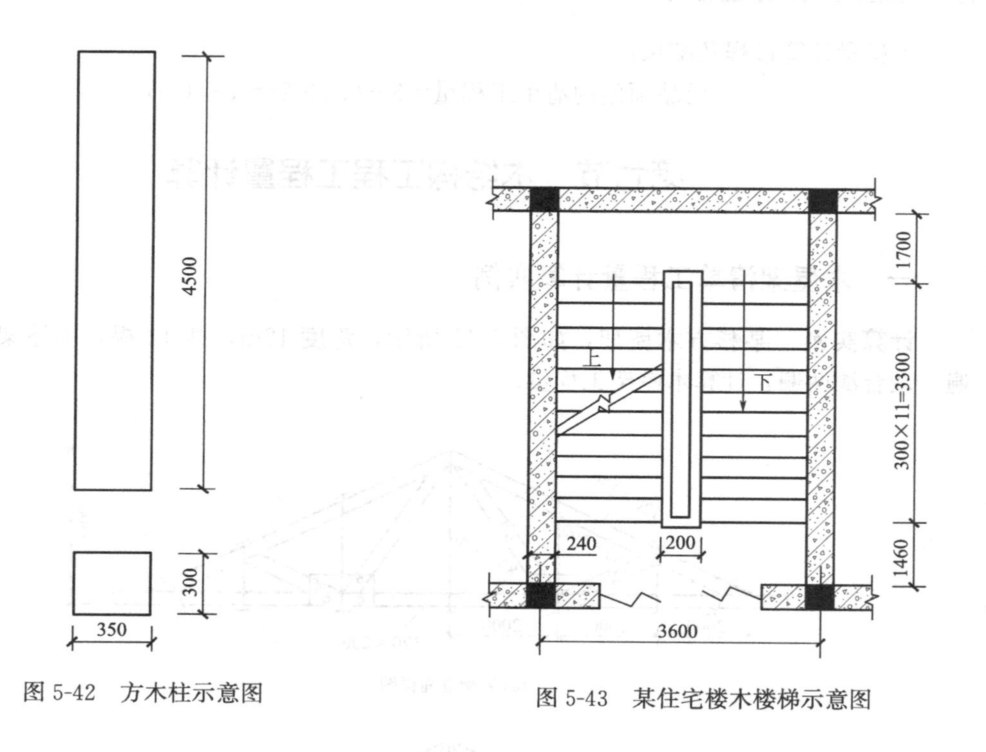


图 5-42　方木柱示意图

图 5-43　某住宅楼木楼梯示意图

# 第八节　屋面及防水工程工程量计算

## 一、瓦、型材及其他屋面清单工程量计算实例

**计算实例**　某金属压型板屋面，如图 5-44 所示，檩距为 7m，计算该型材屋面的工程量。

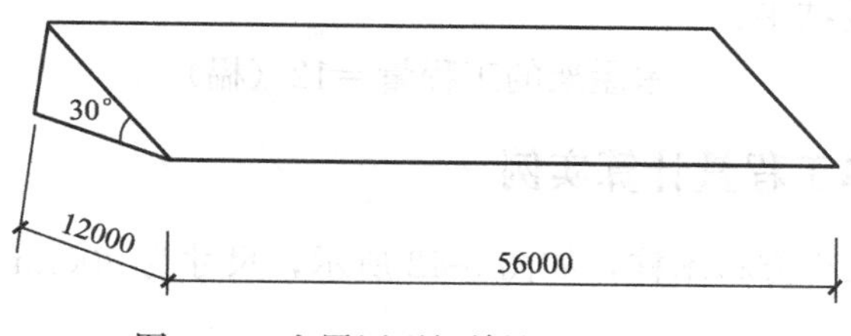


图 5-44　金属压型板单坡屋面示意图

工程量计算过程及结果：

$$\text{金属压型板屋面的工程量}=56\times12\times\frac{2\sqrt{3}}{3}=775.96\ (\text{m}^2)$$

## 二、屋面防水及其他工程清单工程量计算实例

**计算实例 1**　某屋面卷材防水工程，如图 5-45 所示，计算不保温二毡三油一砂屋面卷材防水的工程量。

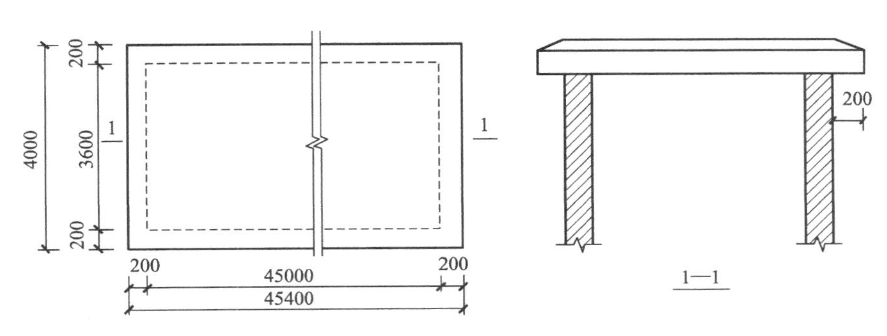


图 5-45　平面层防水工程

工程量计算过程及结果：

屋面卷材防水的工程量＝4.0×45.4＝181.60（$m^2$）

**计算实例 2**　某仓库屋面为铁皮排水天沟，如图 5-46 所示，长 15m，计算屋面天沟工程量。

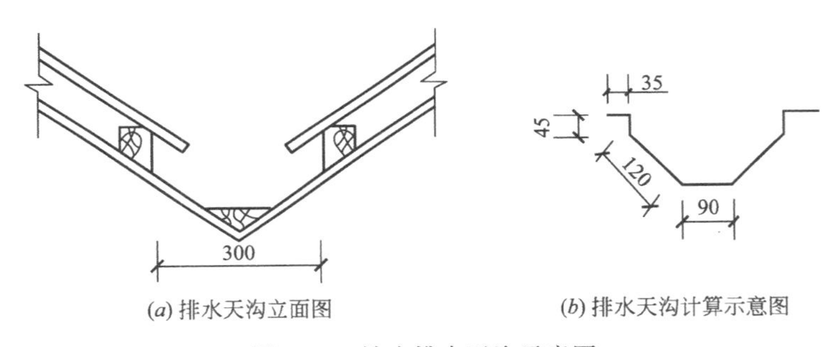


图 5-46　铁皮排水天沟示意图

工程量计算过程及结果：

屋面天沟的工程量＝15×(0.035×2＋0.045×2＋0.12×2＋0.09)＝7.35（$m^2$）

## 三、墙面防水、防潮清单工程量计算实例

**计算实例**　某墙基防水示意图，如图 5-47 所示，采用苯乙烯涂料，计算该墙面涂膜防水的工程量。

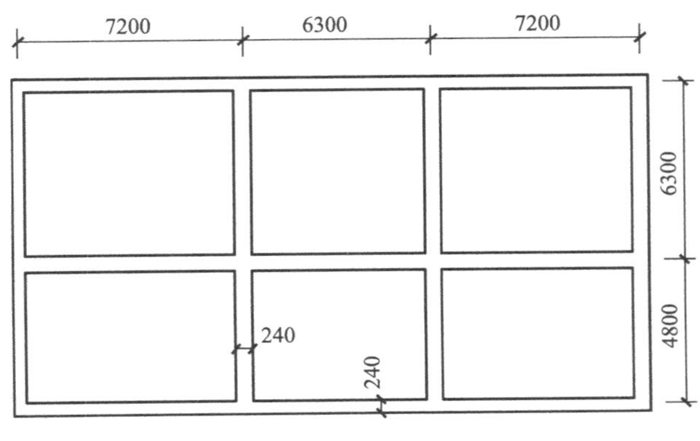


图 5-47　墙基防水示意图

工程量计算过程及结果：

（1）外墙基工程量＝(7.2＋6.3＋7.2＋6.3＋4.8)×2×0.24≈15.26（$m^2$）

（2）内墙基工程量＝[(4.8＋6.3－0.24)×2＋(7.2－0.24)×2＋(6.3－0.24)]×0.24
≈10.01（$m^2$）

（3）涂膜防水的工程量＝15.26＋10.01＝25.27（$m^2$）

## 四、楼（地）面防水、防潮清单工程量计算实例

**计算实例** 某工程室内平面，如图 5-48 所示，计算三毡四油地面卷材防水层的工程量。

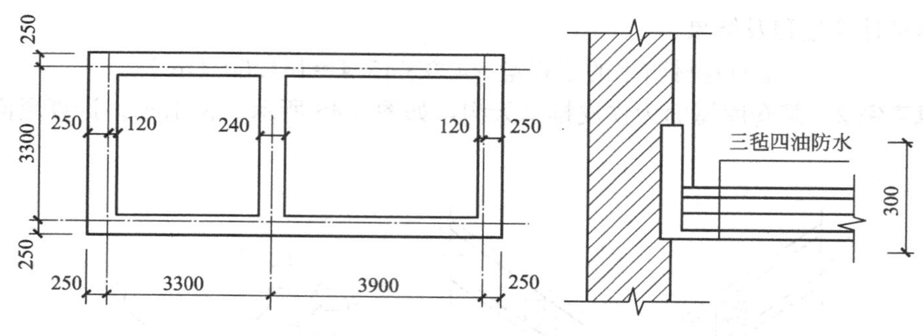


图 5-48 某工程室内平面图

工程量计算过程及结果：

地面卷材防水的工程量＝(3.3－0.12×2)×(3.3－0.12×2)＋(3.9－0.12×2)
×(3.3－0.12×2)
≈20.56（$m^2$）

# 第九节 保温、隔热、防腐工程工程量计算

## 一、保温、隔热清单工程量计算实例

**计算实例 1** 某房屋保温层，如图 5-49 所示，已知保温层最薄处为 60mm，坡度为

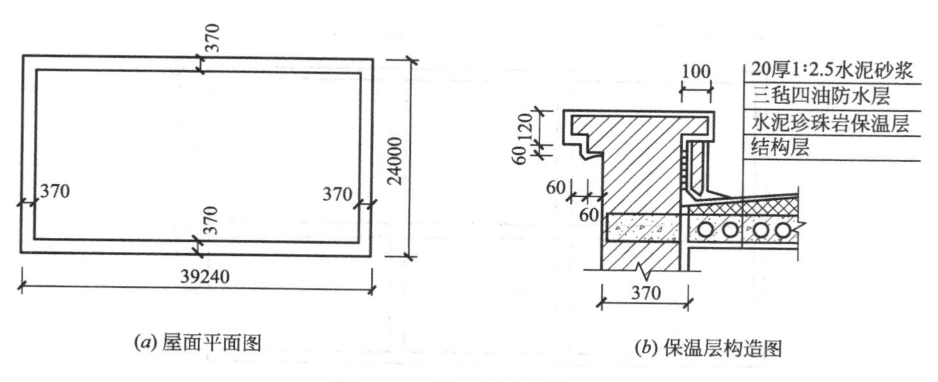


图 5-49 屋面保温层构造

5%。计算保温隔热屋面的工程量。

工程量计算过程及结果：

屋面保温层的工程量＝(39.24－0.37×2)×(24－0.37×2)＝895.51（$m^2$）

**计算实例 2** 某保温方柱，如图 5-50 所示，柱高 3.9m，计算聚苯乙烯泡沫塑料板保温方柱的工程量。

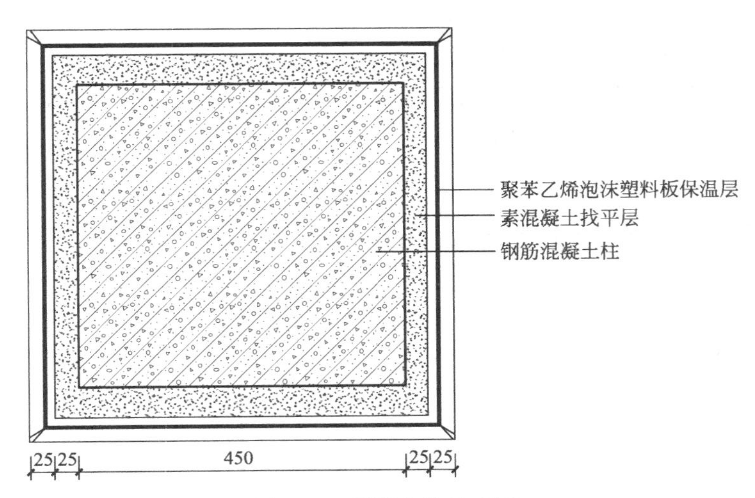


图 5-50 保温方柱示意图

工程量计算过程及结果：

保温方柱中心线展开长度 $L$＝(0.45＋0.025×2＋0.025÷2×2)×4＝2.1（m）

保温方柱的工程量＝2.1×3.9＝8.19（$m^2$）

## 二、防腐面层清单工程量计算实例

**计算实例 1** 某耐酸沥青混凝土地面及踢脚板房屋示意图，如图 5-51 所示，计算防腐混凝土面层的工程量（踢脚板高度为 120mm）。

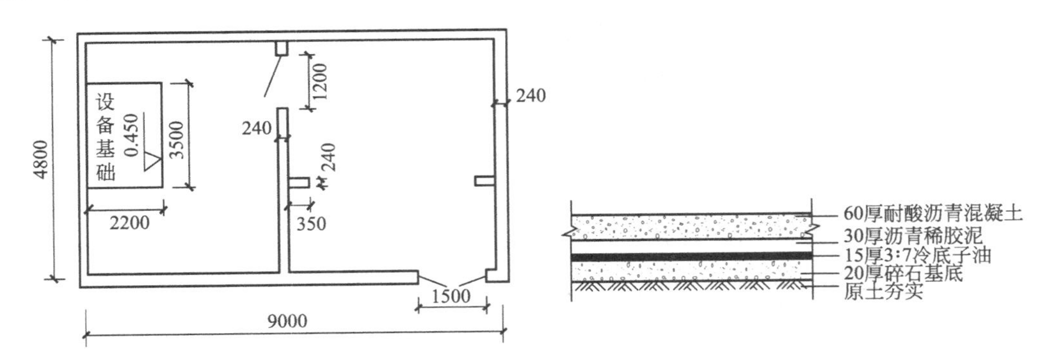


图 5-51 耐酸沥青混凝土地面及踢脚板示意图

工程量计算过程及结果：

防腐混凝土地面的工程量＝(9－0.24)×(4.8－0.24)－2.2×3.5－(4.8－0.24)×0.24＋1.2×0.24－0.35×0.24×2

=39.95−7.7−1.09+0.29−0.17

=31.28（m²）

防腐混凝土踢脚板长度=(9−0.24+4.8−0.24)×2−1.5+0.12×2+2.2×2+(4.8−0.24−1.2)×2+0.35×4

=26.64−1.5+0.24+4.4+6.72+1.4

=37.9（m）

防腐混凝土踢脚板的工程量=37.9×0.12≈4.55（m²）

**计算实例 2** 某仓库防腐地面、踢脚线抹铁屑砂浆，如图 5-52 所示，其厚度 20mm，计算地面、踢脚线防腐砂浆面层的工程量。

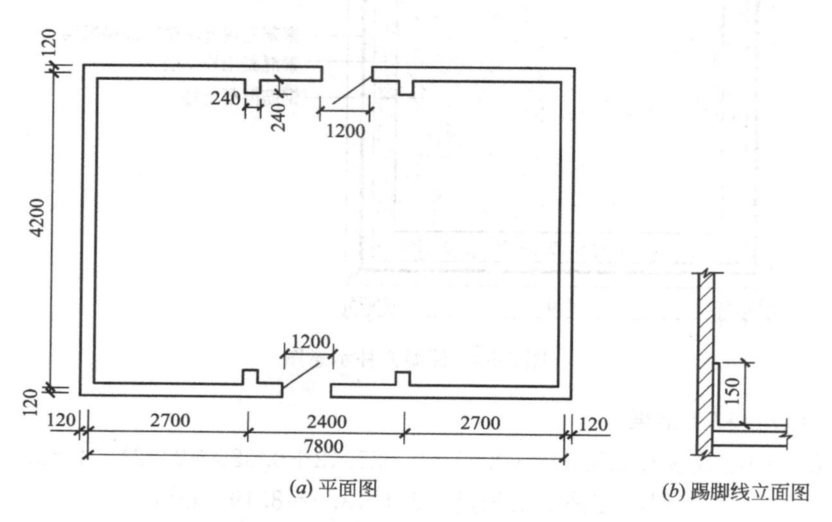


图 5-52 仓库防腐地面、踢脚线尺寸

工程量计算过程及结果：

(1) 防腐地面的工程量=设计图示净长×净宽−应扣面积、耐酸防腐

=(7.8−0.24)×(4.2−0.24)≈29.94（m²）

(2) 防腐踢脚线的工程量=(踢脚线净长+门、垛侧面宽度−门宽)×净高

=[(4.2−0.24+7.8−0.24−1.2)×2+0.24×8+0.12×4]×0.15

=(20.64+1.92+0.48)×0.15

≈3.46（m²）

说明：0.24×8 为 4 个墙垛的侧面长度和，0.12×4 为两扇门的侧面一半长度和。

## 三、其他防腐清单工程量计算实例

**计算实例 1** 某住宅楼面，如图 5-53 所示，地面与踢脚板均为耐酸沥青胶泥卷材隔离层，如图 5-54 所示，计算隔离层的工程量（踢脚板高 120mm）。

工程量计算过程及结果：

地面隔离层工程量=(10.5−0.24)×(7.8−0.24)−0.24×0.35−0.12×0.24×4−(3.6−0.12−0.06)×0.12×2−(7.8−0.24)×0.12−

$(3.6-0.12-0.06)\times0.12\times2-(2.8+2.8-0.12-0.06)$
$\times0.12+5\times0.12\times1$
$=77.5656-0.084-0.1152-0.8208-0.9072-0.8208-0.6504+0.6$
$\approx74.77\ (m^2)$

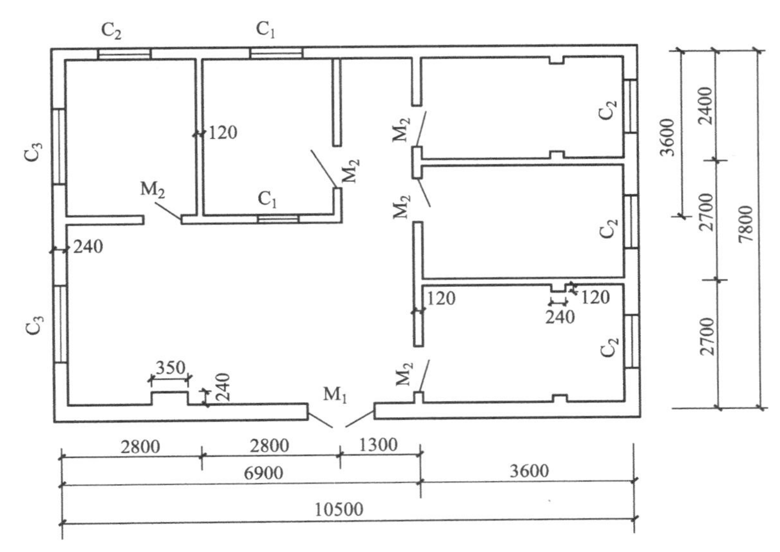


| 门窗符号 | 尺寸规格 |
| --- | --- |
| $M_1$ | 1500×2400 |
| $M_2$ | 1000×1800 |
| $C_1$ | 900×1200 |
| $C_2$ | 1200×1800 |
| $C_3$ | 1500×1800 |

图 5-53　某楼面示意图

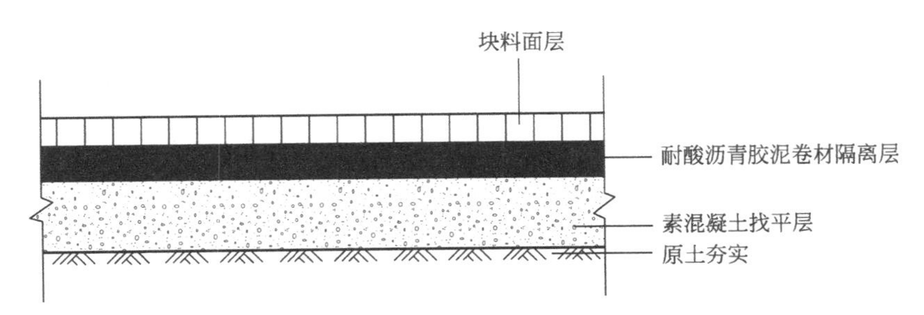


图 5-54　楼面隔离层详图

踢脚板隔离层长度$=[(3.6-0.12-0.06)+(2.7-0.12-0.06)]\times2+$
$[(3.6-0.12-0.06)+(2.7-0.06-0.06)]\times2+$
$[(3.6-0.12-0.06)+(2.4-0.12-0.06)]$
$\times2+[(2.8-0.12-0.06)+(3.6-0.12-0.06)]\times2+$
$[(2.8-0.06-0.06)+(3.6-0.12-0.06)]\times2+$
$[(6.9-0.12-0.06)+(7.8-3.6$
$-0.12-0.06)]\times2+(3.6-0.06)\times2-1.5-5\times1\times2$
$+0.12\times5\times2+0.24\times2+0.12\times8+0.12\times2$
$=11.88+12+11.28+12.08+12.2+21.48+7.08-1.5-10$
$+1.2+0.48+0.96+0.24$
$=79.38\ (m)$

踢脚板隔离层的工程量＝79.38×0.12≈9.53（$m^2$）

**计算实例 2**　某房屋平面图，如图 5-55 所示，内墙面是用过氯乙烯漆耐酸防腐涂料抹灰 25mm 厚，其中底漆一遍，计算防腐涂料的工程量。

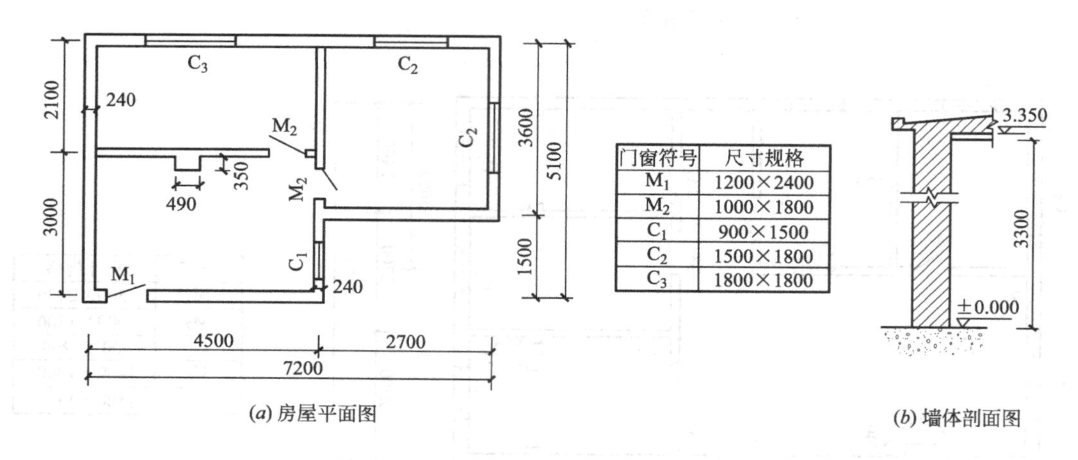


| 门窗符号 | 尺寸规格 |
|---|---|
| $M_1$ | 1200×2400 |
| $M_2$ | 1000×1800 |
| $C_1$ | 900×1500 |
| $C_2$ | 1500×1800 |
| $C_3$ | 1800×1800 |

(a) 房屋平面图　　(b) 墙体剖面图

图 5-55　某墙面示意图

工程量计算过程及结果：

墙面面积＝[(2.1－0.24)×2＋(3－0.24)×2＋(4.5－0.24)×4＋(3.6－0.24)×2＋(2.7－0.24)×2]×3.3
＝(3.72＋5.52＋17.04＋6.72＋4.92)×3.3
＝37.92×3.3
≈125.14（$m^2$）

门窗洞口面积＝1.2×2.4＋1×1.8×2×2＋0.9×1.5＋1.5×1.8×2＋1.8×1.8
＝2.88＋7.2＋1.35＋5.4＋3.24
＝20.07（$m^2$）

砖垛展开面积＝0.35×2×3.3＝2.31（$m^2$）

防腐涂料的工程量＝125.14－20.07＋2.31＝107.38（$m^2$）

## 第十节　措施项目工程量计算

**计算实例**　如图 5-56 所示，计算其基础模板的工程量。

工程量计算过程及结果：

外墙基础下阶模板工程量＝[(4.2×2＋0.4×2)×2×0.3＋(5.4＋0.4×2)×2×0.3＋(4.2－0.4×2)×4×0.3＋(5.4－0.4×2)×2×0.3]($m^2$)＝16.08（$m^2$）

外墙基础上阶模板工程量＝[(4.2×2＋0.2×2)×2×0.2＋(5.4＋0.2×2)×2×0.2＋(4.2－0.2×2)×4×0.2＋(5.4－0.2×2)×2×0.2]($m^2$)＝10.88（$m^2$）

内墙基础下阶模板工程量＝(5.4－0.4×2)×2×0.3($m^2$)＝2.76($m^2$)

内墙基础上阶模板工程量＝(5.4－0.2×2)×2×0.2($m^2$)＝2($m^2$)

基础模板工程量＝(16.08＋10.88＋2.76＋2)($m^2$)＝31.72($m^2$)

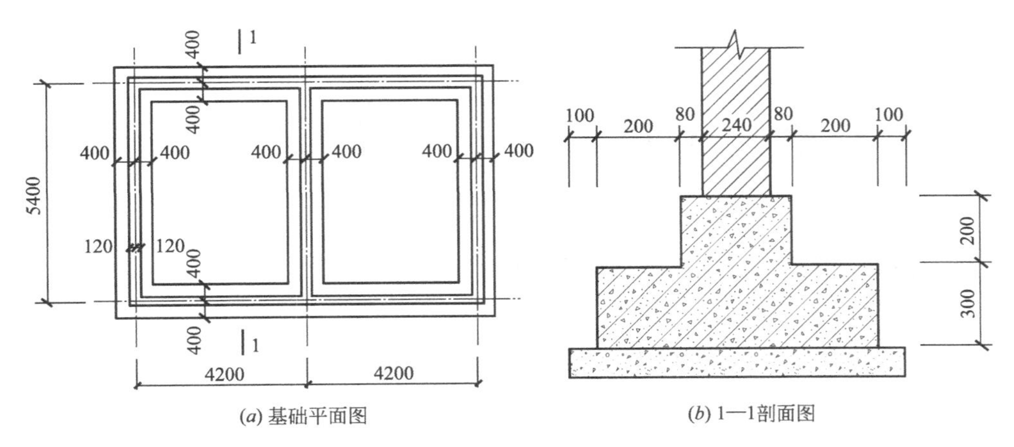

(a) 基础平面图 (b) 1—1剖面图

图 5-56 基础平面及剖面图

措施费

扫码观看本视频

# 第六章　土建工程工程量清单的编制

**学习目标**　熟悉土建工程工程量清单编制。

## 第一节　工程量清单的内容

### 一、统一的格式

（1）封面。
（2）填表须知。
（3）总说明。
（4）分部分项工程量清单。
（5）措施项目清单。
（6）其他项目清单。
（7）零星工作项目表。

### 二、填表须知

（1）工程量清单及其计价格式中所有要求签字、盖章的地方，必须由规定的单位和人员签字、盖章。

（2）不得删除或涂改工程量清单及其价格形式中的任何内容。

（3）投标人应按工程量清单计价格式的要求填报所有需要填报的单价和合价，未填报的视为此项费用已包含在工程量清单的其他单价和合价中。

### 三、填写规定

（1）工程量清单应由招标人填写。

（2）招标人可根据情况对填表须知进行补充规定。

（3）总说明应写明：工程概况；工程招标和分包范围；工程量清单编制依据；工程质量、材料、施工等的特殊要求；招标人自行采购材料名称、规格型号、数量等；其他项目清单中投标人部分的（包括预留金、材料购置费等）金额数量；其他需要说明的问题。

## 第二节　分部分项工程工程量清单的编制

### 一、编制性质

分部分项工程量清单是不可调整的闭口清单，投标人对招标文件提供的分部分项工程量清单必须逐一计价，对清单内所编列内容不允许作任何更改变动。投标人如果认为清单内容有不妥或遗漏，只能通过质疑的方式由清单编制人作统一的修改更正，并将修改后的工程量清单发往所有投标人。

## 二、编制规则

（1）分部分项工程量清单应根据计价规范的统一项目编码、项目名称、计量单位和工程量计算规则进行编制。

（2）分部分项工程量的项目编码，1～9位应按计价规范的规定设置；10～12位应根据拟建工程的工程量清单项目名称由其编制人设置，并应自001起顺序编制。

（3）分部分项工程量的项目名称应按计价规范的项目名称与项目特征并结合拟建工程的实际确定。

（4）分部分项工程量清单的计量单位应按计价规范规定的计量单位确定。

（5）分部分项工程量应按计价规范规定的工程量计算规则计算。

## 三、编制依据

（1）计价规范。

（2）招标文件。

（3）设计文件。

（4）拟用施工组织设计和施工技术方案。

## 四、工程量计算

（1）熟悉图纸，才能结合统一项目划分正确的分部分项工程工程量，同时要了解施工组织设计和施工方案。例如，土方的余土是外运还是回填。

（2）按照工程量计算规则，准确计算工程量。

（3）按统一计量单位列出工程量清单报价表，同时分项工程名称规格须与现行计价依据所列内容一致。

# 第三节　措施项目清单的编制

## 一、编制性质

（1）措施项目是完成分部分项工程而必须发生的生产活动和资源耗用的保证项目。

（2）措施项目内涵广泛，从施工技术措施、设置措施、施工中各种保障措施到环保、安全、文明施工等。措施项目清单为可调整清单。投标人对招标文件中所列项目，可根据企业自身特点作适当的变更增减。投标人要对拟建工程可能发生的措施项目和措施费作通盘考虑。

（3）措施项目清单一经报出，即被认为是包括了所有应该发生的措施项目全部费用。如报出清单中没有列项，且施工中必须发生的项目，业主可认为已经综合在分部分项工程量清单的综合单价中，投标人不得以任何借口索赔与调整。

## 二、编制规则

（1）措施项目清单应根据拟建工程的具体情况，参照计价规范列项。

（2）编制措施项目清单，出现计价规范中未列项目，编制人可作补充。

## 三、编制依据

（1）拟建工程的施工组织设计。

（2）拟建工程的施工技术方案。

（3）拟建工程的规范与竣工验收规范。

（4）招标文件与设计文件。

# 第四节　其他项目清单的编制

## 一、编制性质

其他项目清单是指分部分项工程量清单、措施项目清单所包含的内容以外，因招标人的特殊要求而发生的与拟建工程有关的其他费用项目和相应数量的清单。

其他项目清单包括：暂列金额、暂估价（包括材料暂估单价、工程设备暂估单价、专业工程暂估价）、计日工、总承包服务费。

## 二、编制规则

（1）暂列金额根据工程特点按有关计价规定估算。

（2）暂估价中的材料、工程设备暂估单价应根据工程造价信息或参照市场价格估算，列出明细表；专业工程暂估价应分不同专业，按有关计价规定估算，列出明细表。

（3）计日工应列出项目名称、计量单位和暂估数量。

（4）总承包服务费应列出服务项目及其内容。

## 三、编制依据

（1）拟建工程的施工组织设计。

（2）拟建工程的施工技术方案。

（3）拟建工程的规范与竣工验收规范。

（4）招标文件与设计文件。

# 第七章　土建工程工程量清单计价

学习目标　熟悉土建工程工程量清单计价。

## 第一节　工程量清单计价概述

### 一、工程量清单计价的概念

工程量清单计价是指投标人按照招标文件的规定，根据工程量清单所列项目，参照工程量清单计价依据计算的全部费用。

### 二、工程量清单计价的作用

#### （一）满足市场经济条件下竞争的需要

招投标过程就是竞争的过程，招标人提供工程量清单，投标人根据自身情况确定综合单价，利用单价与工程量逐项计算每个项目的合价，再分别填入工程量清单表内，计算出投标总价。单价成了决定性的因素，定高了不能中标，定低了又要承担过大的风险。单价的高低直接取决于企业管理水平和技术水平的高低，这种局面促成了企业整体实力的竞争，有利于我国建设市场的快速发展。

#### （二）有利于提高工程计价效率

采用工程量清单计价方式，避免了传统计价方式下招标人与投标人在工程量计算上的重复工作，各投标人以招标人提供的工程量清单为统一平台，结合自身的管理水平和施工方案进行报价，促进了各投标人企业定额的完善和工程造价信息的积累和整理，体现了现代工程建设中快速报价的要求。

#### （三）提供一个平等的竞争条件

采用施工图预算来投标报价，由于设计图纸的缺陷，不同施工企业的人员理解不一，计算出的工程量也不同，报价就更相去甚远，也容易产生纠纷。而工程量清单报价就为投标者提供了一个平等竞争的条件，相同的工程量，由企业根据自身的实力来填不同的单价。投标人的这种自主报价，使得企业的优势体现到投标报价中，可在一定程度上规范建筑市场秩序，确保工程质量。

#### （四）有利于工程款的拨付和工程造价的最终结算

中标后，业主要与中标单位签订施工合同，中标价就是确定合同价的基础，投标清单上的单价就成了拨付工程款的依据。业主根据施工企业完成的工程量，可以很容易地确定进度款的拨付额。工程竣工后，根据设计变更、工程量增减等，业主也很容易确定工程的最终造价，可在某种程度上减少业主与施工单位之间的纠纷。

## 三、工程量清单计价的适用范围

计价规范适用于建设工程发承包及其实施阶段的计价活动。使用国有资金投资的建设工程发承包，必须采用工程量清单计价；非国有资金投资的建设工程，宜采用工程量清单计价；不采用工程量清单计价的建设工程，应执行计价规范中除工程量清单等专门性规定外的其他规定。

国有资金投资的项目包括全部使用国有资金（含国家融资资金）投资或国有资金投资为主的工程建设项目。

（1）国有资金投资的工程建设项目包括：

① 使用各级财政预算资金的项目。

② 使用纳入财政管理的各种政府性专项建设资金的项目。

③ 使用国有企事业单位自有资金，并且国有资产投资者实际拥有控制权的项目。

（2）国家融资资金投资的工程建设项目包括：

① 使用国家发行债券所筹资金的项目。

② 使用国家对外借款或者担保所筹资金的项目。

③ 使用国家政策性贷款的项目。

④ 国家授权投资主体融资的项目。

⑤ 国家特许的融资项目。

（3）国有资金（含国家融资资金）为主的工程建设项目是指国有资金占投资总额50%以上，或虽不足50%但国有投资者实质上拥有控股权的工程建设项目。

## 四、工程量清单计价的基本原理

工程量清单计价的基本原理：按照工程量清单计价规范规定，在各相应专业工程计量规范规定的工程量清单项目设置和工程量计算规则基础上，针对具体工程的施工图纸和施工组织设计计算出各个清单项目的工程量，根据规定的方法计算出综合单价，并汇总各清单合价得出工程总价。

（1）分部分项工程费＝Σ(分部分项工程量×综合单价)

（2）措施项目费＝Σ(措施项目工程量×综合单价)

（3）其他项目费＝暂列金额＋暂估价＋计日工＋总承包服务费

（4）单位工程报价＝分部分项工程费＋措施项目费＋其他项目费＋规费＋税金

（5）单项工程报价＝Σ单位工程报价

（6）建设项目总报价＝Σ单项工程报价

公式中，综合单价包括人工费、材料费、施工机具使用费、企业管理费和利润以及一定范围内的风险费用。风险费用是隐含于已标价工程量清单综合单价中，用于化解发承包双方在工程合同中约定内容和范围内的市场价格波动风险的费用。

工程量清单计价活动涵盖施工招标、合同管理，以及竣工交付全过程，主要包括：编制招标工程量清单、招标控制价、投标报价、确定合同价、进行工程计量与价款支付、合同价款的调整、工程结算和工程计价纠纷处理等活动。

## 五、建设工程造价的组成

**（一）单价的构成**

（1）定额计价采用定额子目基价，定额子目基价只包括定额编制的人工费、材料费、机械费、管理费，并不包括利润和各种风险带来的影响。

（2）工程清单采用综合单价，它包括人工费、材料费、机械费、管理费和利润，且各项费用均由投标人根据企业自身情况并考虑各种风险因素自行编制。

**（二）建设工程造价的组成**

采用工程量清单计价，建设工程造价由分部分项工程费、措施项目费、其他项目费和规费、税金组成。

（1）分部分项工程费是指为完成分部分项工程量所需的实体项目费用。

（2）措施项目费是指分部分项工程费以外，为完成该工程项目施工，发生于该工程施工前和施工过程中技术、生活、安全等方面的非工程实体项目所需的费用。

（3）其他项目费是指分部分项工程费和措施项目费以外，该工程项目施工中可能发生的其他费用。它包括暂列金额、暂估价、计日工及总承包服务费。

（4）规费和税金是指按规定列入建筑安装工程造价的规费和税金。

工程量清单计价应采用综合单价法。综合单价不仅适用于分部分项工程量清单，还适用于措施项目和其他项目清单。

# 第二节　工程量清单计价的组成

## 一、分部分项工程项目清单与计价表

其格式见表7-1，在分部分项工程量清单的编制过程中，由招标人负责前六项内容填列，金额部分在编制招标控制价或投标报价时填列。

**分部分项工程和单价措施项目清单与计价表**　　**表7-1**

工程名称：　　标段：　　第　页　共　页

| 序号 | 项目编码 | 项目名称 | 项目特征描述 | 计量单位 | 工程量 | 金额 | | |
|---|---|---|---|---|---|---|---|---|
| | | | | | | 综合单价 | 合价 | 其中：暂估价 |
| | | | | | | | | |

## 二、措施项目清单与计价表

措施项目中可以计算工程量的项目清单宜采用分部分项工程量清单的方式编制，列出项目编码、项目名称、项目特征、计量单位和工程量计算规则（表7-1）；不能计算工程量的项目清单，以“项”为计量单位进行编制（表7-2）。

总价措施项目清单与计价表 表 7-2

工程名称： 标段： 第 页 共 页

| 序号 | 项目编码 | 项目名称 | 计算基础 | 费率(%) | 金额(元) | 调整费率(%) | 调整后金额(元) | 备注 |
|---|---|---|---|---|---|---|---|---|
| | | 安全文明施工费 | | | | | | |
| | | 夜间施工增加费 | | | | | | |
| | | 二次搬运费 | | | | | | |
| | | 冬雨期施工增加费 | | | | | | |
| | | 已完工程及设备保护费 | | | | | | |
| | | … | | | | | | |
| | | 合计 | | | | | | |

编制人（造价人员）： 复核人（造价工程师）：

## 三、其他项目清单与计价汇总表

其他项目清单宜按照表 7-3 的格式编制，出现未包含在表格中内容的项目，可根据工程实际情况补充。

其他项目清单与计价汇总表 表 7-3

| 序号 | 项目名称 | 金额(元) | 结算金额(元) |
|---|---|---|---|
| 1 | 暂列金额 | | |
| 2 | 暂估价 | | |
| 2.1 | 材料(工程设备)暂估价/结算价 | — | |
| 2.2 | 专业工程暂估价/结算价 | | |
| 3 | 计日工 | | |
| 4 | 总承包服务费 | | |
| 5 | 索赔与现场签证 | | |
| | 合计 | | |

## 四、规费、税金项目计价表

规费、税金项目计价见表 7-4。

**规费、税金项目计价表** **表 7-4**

工程名称： 标段： 第 页 共 页

| 序号 | 项目名称 | 计算基础 | 计算基数 | 计算费率(%) | 金额(元) |
|---|---|---|---|---|---|
| 1 | 规费 | 定额人工费 | | | |
| 1.1 | 社会保障费 | 定额人工费 | | | |
| (1) | 养老保险费 | 定额人工费 | | | |
| (2) | 失业保险费 | 定额人工费 | | | |
| (3) | 医疗保险费 | 定额人工费 | | | |
| (4) | 工伤保险费 | 定额人工费 | | | |
| (5) | 生育保险费 | 定额人工费 | | | |
| 1.2 | 住房公积金 | 定额人工费 | | | |
| 1.3 | 工程排污费 | 按工程所在地环境保护部门收取标准，按实计入 | | | |
| | | | | | |
| 2 | 税金 | 分部分项工程费＋措施项目费＋其他项目费＋规费－按规定不计税的工程设备金额 | | | |
| | 合计 | | | | |

编制人（造价人员）： 复核人（造价工程师）：

# 第三节　工程量清单计价的应用

## 一、招标控制价

招标控制价是招标人根据国家或省级、行业建设主管部门颁发的有关计价依据和办法，以及拟定的招标文件和招标工程量清单，编制的招标工程的最高限价。国有资金投资的工程建设项目应实行工程量清单招标，并应编制招标控制价，招标控制价应由具有编制能力的招标人或受其委托具有相应资质的工程造价咨询人编制。

## 二、投标价

投标价是由投标人按照招标文件的要求，根据工程特点，并结合企业定额及企业自身的施工技术、装备和管理水平，依据有关规定自主确定的工程造价，是投标人投标时报出的过程合同价，是投标人希望达成工程承包交易的期望价格，它不能高于招标人设定的招标控制价。

## 三、合同价款的确定与调整

合同价是在工程发、承包交易过程中，由发、承包双方在施工合同中约定的工程造价。采用招标发包的工程，其合同价格应为投标人的中标价。在发、承包双方履行合同的过程中，当国家的法律、法规、规章及政策发生变化时，国家或省级、行业建设主管部门或其授权的工程造价管理机构据此发布工程造价调整文件，合同价款应当进行调整。

### 四、竣工结算价

竣工结算价是由发、承包双方依据国家有关法律、法规和标准规定，按照合同约定确定的，包括在履行合同过程中按合同约定进行的工程变更、索赔和价款调整，是承包人按合同约定完成了全部承包工作后，发包人应付给承包人的合同总金额。

## 第四节　建筑工程综合计算实例

某地要建一座办公楼，采用框架结构，三层，混凝土为泵送商品混凝土，内外前均为加气混凝土砌块墙，外墙厚 250mm，内墙厚 200mm，M10 混合砂浆。施工图纸如图 7-1～图 7-4 所示，已知条件：

(1) 现浇混凝土（XB1）混凝土为 C25；板保护厚度为 15mm；通常钢筋搭接长度为 $25d$；下部钢筋锚固长度为 150mm；不考虑钢筋理论重量与实际重量的偏差。

(2) 该工程 DJ01 独立基础土石方采用人工开挖，三类土；设计室外地坪为自然地坪；挖出的土方自卸汽车（载重 8t）运至 500m 处存放，灰土在土方堆放处拌和；基础施工完成后，用 2∶8 灰土回填；合同中没有人工工资调整的约定；也不考虑合用工材料的调整。

(3) 基础回填灰土所需生石灰全部由招标人供应，按 120/t 计算，工提供 5.92t，并由招标人至距回填中心 500m 处；模板工程另行发包，估算价 20000 元；暂列金额 10000 元；招标人供应材料按 0.5%计取总承包服务费，另行发包项目按 2%计取总承包服务费；厨房设备由承包人提供，按 3 万元计算。

根据上述已知的条件采用工料单价法试算：

(1) 根据图纸及已知条件采用工料单价法完成以下计算：XB1 钢筋工程量、XB1 混凝土工程量、XB1 模板工程量。

(2) 采用工料单价法计算图 7-1～图 7-4 中 1# 钢筋混凝土楼梯的工程量。

(3) 根据已知条件和图纸采用工料单价法计算：

① DJ01 独立基础的挖土方、回填 2∶8 灰土、运输工程量；

② DJ01 独立基础挖土方及其运输的工程造价（措施项目中只计算安全生产、文明施工费）；

③ DJ01 独立基础挖土方、回填 2∶8 灰土、运输的工程造价（不计算措施费）。

(4) 根据已知条件（3）编制 DJ01 独立基础的挖土方、回填 2∶8 灰土的工程量清单及分部分项工程量清单。

(5) 根据上述已知条件和计算结果，计算回填土的综合单价并完成表 7-12～表 7-18。

**解：**

(1) DJ01 独立基础的挖土方、回填 2∶8 灰土、运输工程量，见表 7-5。

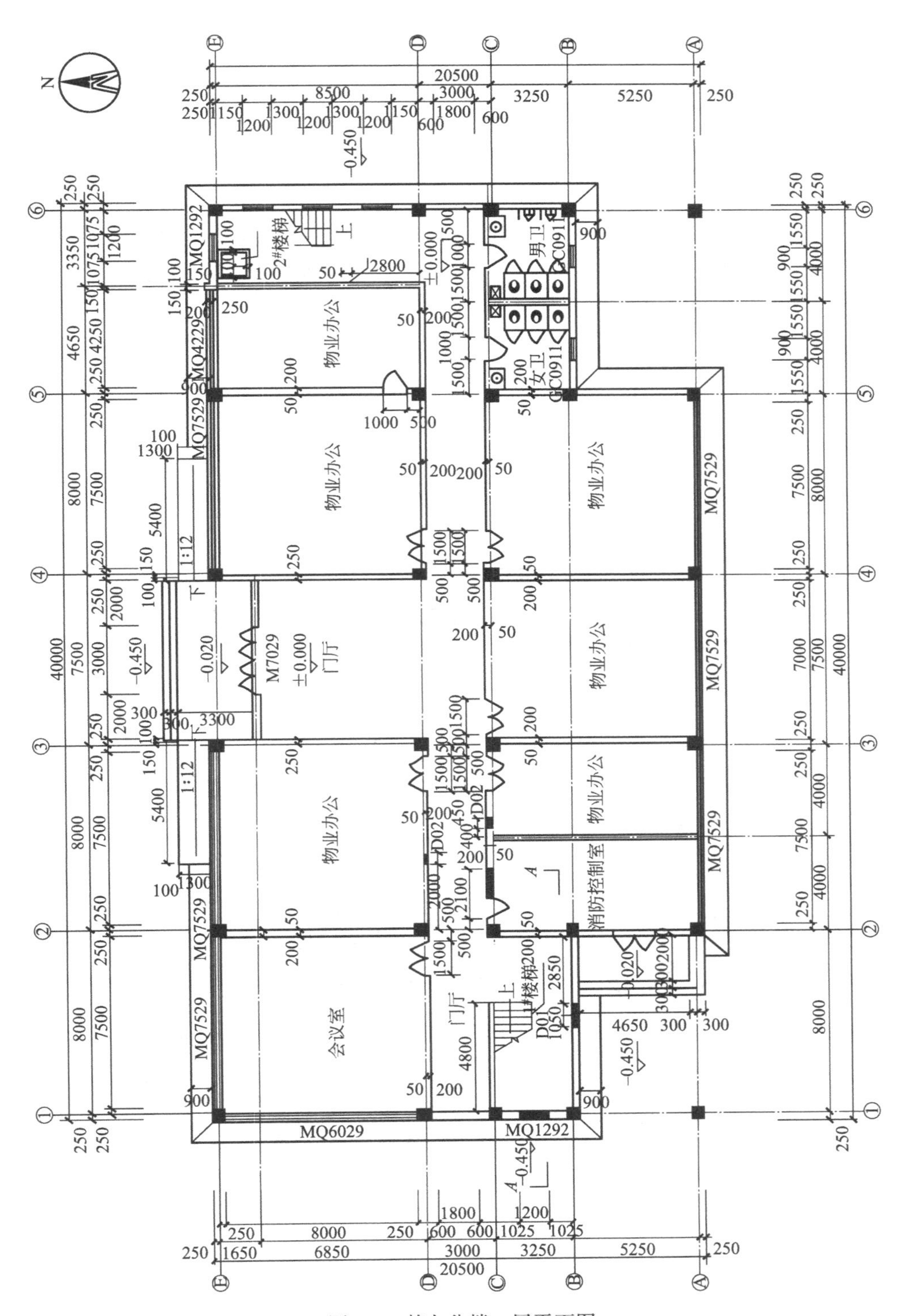


图 7-1　某办公楼一层平面图

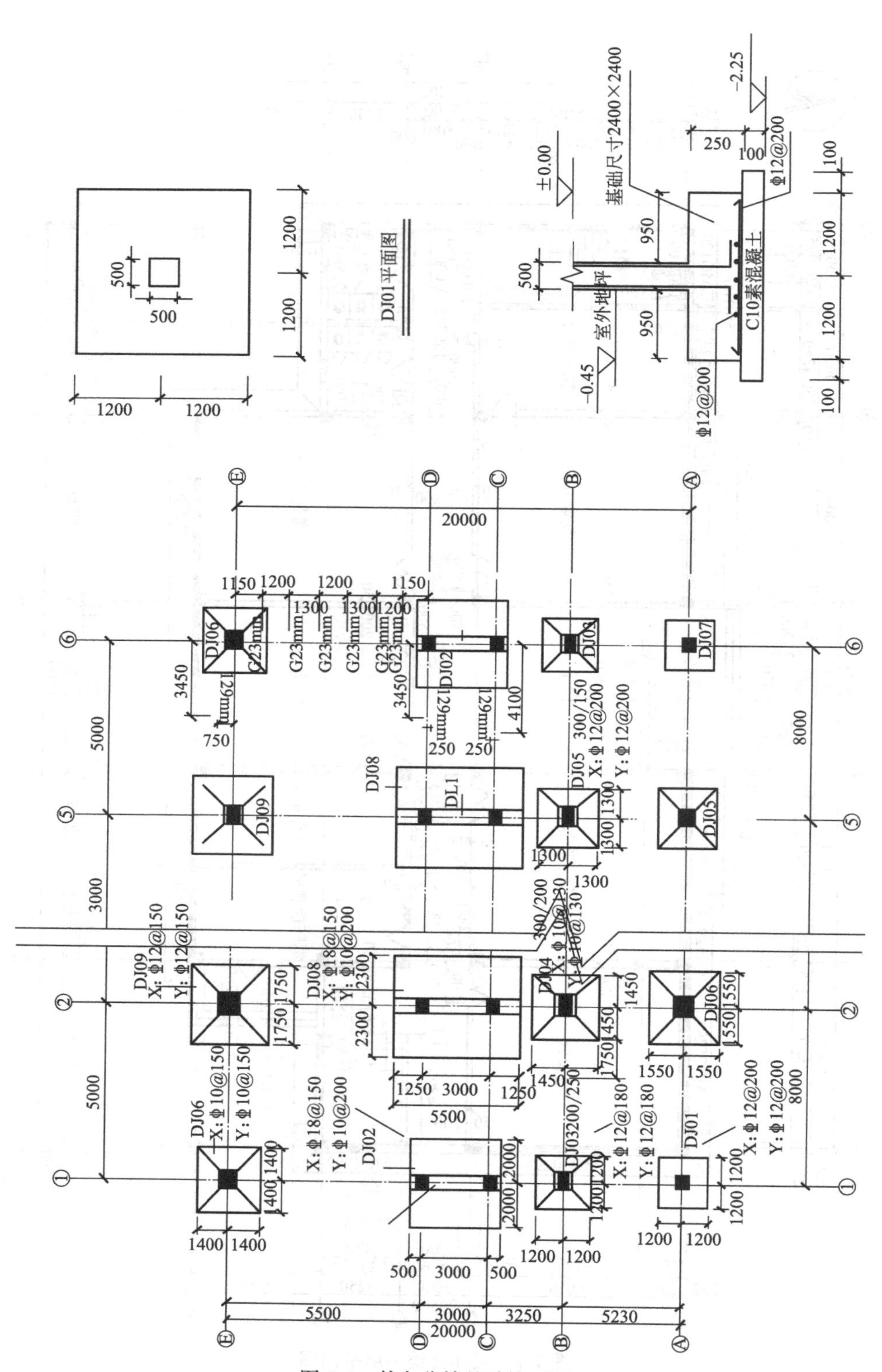


图 7-2 某办公楼基础施工图

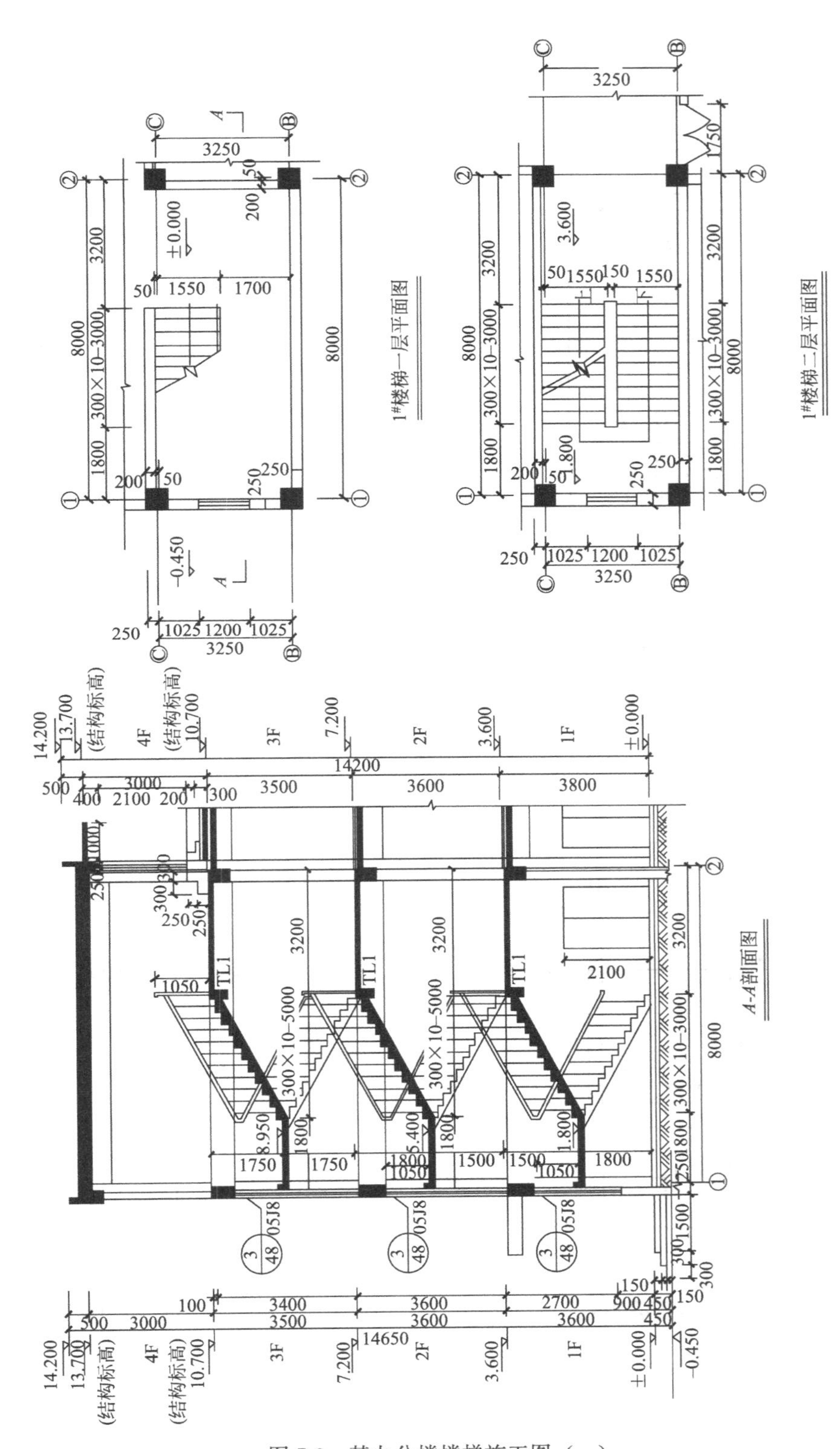


图 7-3 某办公楼楼梯施工图（一）

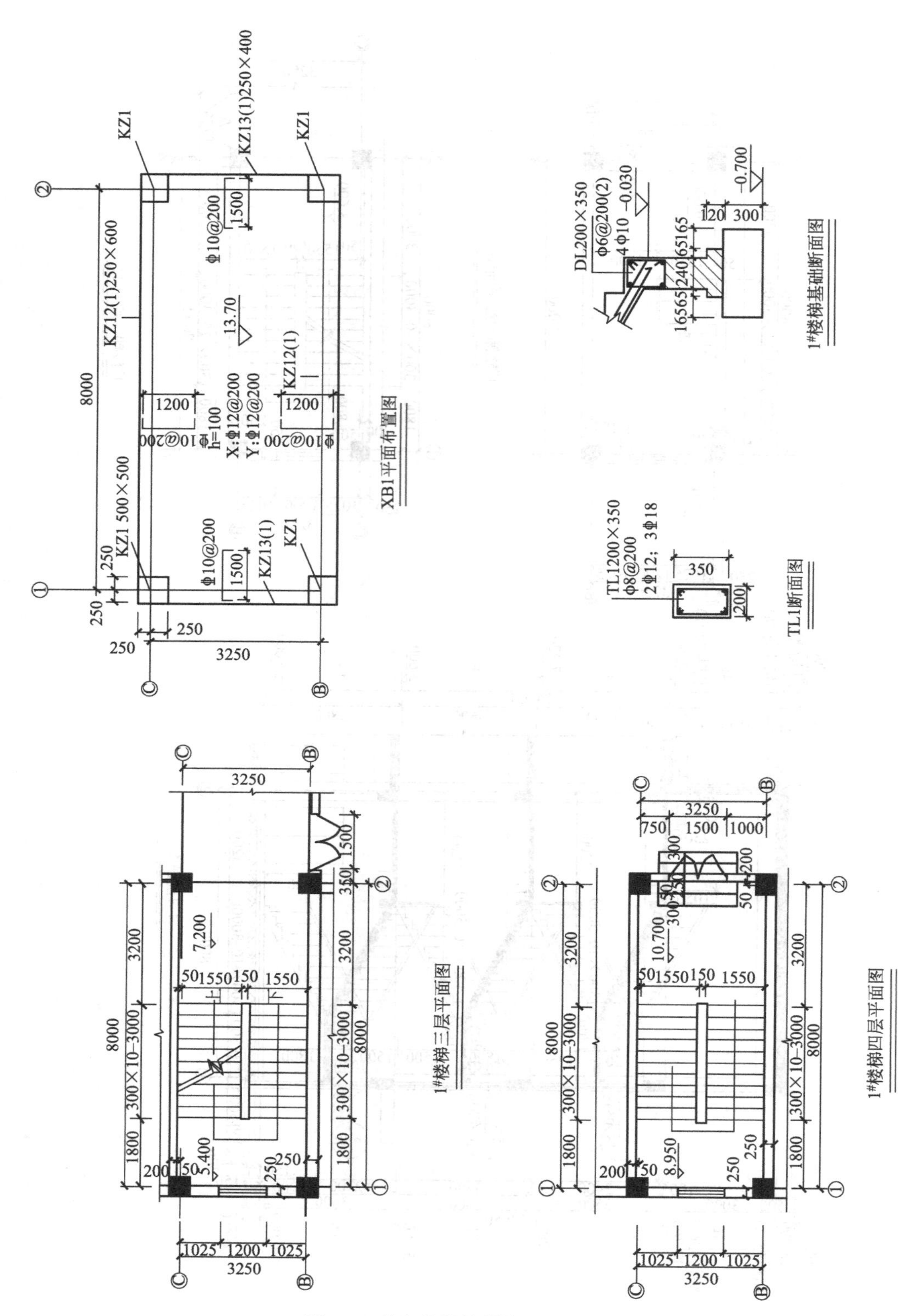


图 7-4　某办公楼楼梯施工图（二）

**工程量计算表** **表 7-5**

| 序号 | 项目名称 | 计算过程 | 单位 | 结果 |
|---|---|---|---|---|
| | | 一、钢筋工程 | | |
| 1 | XB1 下部钢筋：<br>(1)*X* 方向<br>3 级直径 12 | 单根长度：$l_1$=8+0.15×2+25×0.012 | m | 8.6 |
| | | 根数：$n_1$=(3.25−0.05×2)÷0.2+1 | 根 | 17 |
| | | 总长：8.6×17 | m | 146.2 |
| | | 重量：146.2×0.888 | kg | 129.83 |
| | (2)*Y* 方向<br>3 级直径 12 | 单根长度：$l_2$=3.25+0.15×2 | m | 3.55 |
| | | 根数：$n_2$=(8−0.05×2)÷0.2+1 | 根 | 41 |
| | | 总长：3.55×41 | m | 145.55 |
| | | 重量：145.55×0.888 | kg | 129.25 |
| | (3)小计 | (129.83+129.25)×1.03 | t | 0.227 |
| 2 | XB1 负筋<br>(1)*X* 方向<br>3 级直径 10 | 单根长度：$l_3$=1.5+27×0.01 | m | 1.7 |
| | | 根数：$n_3$=[(3.25+0.05×2)÷0.2+1]×2 | 根 | 34 |
| | | 总长：1.77×34 | m | 60.18 |
| | (2)*Y* 方向<br>3 级直径 10 | 重量：60.18×0.617 | kg | 37.13 |
| | | 单根长度：$l_4$=1.2+27×0.01 | m | 1.47 |
| | | 根数：$n_4$=[(8−0.05×2)÷0.2+1]×2 | 根 | 82 |
| | | 总长：1.47×82 | m | 120.54 |
| | (3)小计 | 重量：120.54×0.617 | kg | 74.37 |
| | | (37.13+74.37)×1.03 | t | 0.115 |
| | | 二、混凝土工程 | | |
| 1 | XB1 板混凝土工程量 | (8×3.25−0.25×0.25×4)×0.1 | $m^3$ | 2.58 |
| | | 三、模板工程 | | |
| 1 | XB1 模板工程量 | 8×3.25−0.25×0.25×4+(3.25−0.25×2)×0.1×2+(8−0.25×2)×0.1×2 | $m^2$ | 27.80 |

(2) 1# 钢筋混凝土楼梯的工程量，见表 7-6。

**工程量计算表** **表 7-6**

| 序号 | 项目名称 | 计算过程 | 单位 | 结果 |
|---|---|---|---|---|
| 1 | 1# 楼梯工程量<br>(1)一层 | (4.8+0.2)×3.3−0.2×1.6−0.25×0.3−0.25×0.25 | $m^2$ | 16.04 |
| | (2)二层 | 3.3×(4.8+0.2)−0.25×0.3−0.25×0.25 | $m^2$ | 16.36 |
| | (3)三层 | 3.3×(4.8+0.2)−0.25×0.3−0.25×0.25 | $m^2$ | 16.36 |
| 2 | 合计 | 16.04+16.36×2 | $m^2$ | 48.76 |

(3) 根据已知条件和图纸采用工料单价法计算：

① DJ01 独立基础的挖土方、回填 2：8 灰土、运输工程量，见表 7-7。

**DJ01 独立基础的挖土方、回填 2：8 灰土、运输工程量计算表** **表 7-7**

| 序号 | 项目名称 | 计算过程 | 单位 | 结果 |
|---|---|---|---|---|
| 1 | DJ01 挖土方 | 1800<br>KH c 2600 c KH<br>$V=H(a+2c+KH)(b+2c+KH)+\frac{1}{3}K^2H^3$<br>或 $V=\frac{1}{3}H(S_1+S_2+\sqrt{S_1S_2})$<br>$V$——挖土体积；$H$——挖土深度；$K$——放坡系数；<br>$a$——垫层底宽；$b$——垫层底长；$c$——工作面；<br>$\frac{1}{3}K^2H^3$——基坑四角的角锥体积；<br>$S_1$——上底面积；$S_2$——下底面积。 | | |
| | | $H=2.25-0.45$ | m | 1.8 |
| | 2：8 回填土 | $V=1.8\times(2.6+2\times0.3+0.33\times1.8)\times(2.6+2\times0.3+0.33\times1.8)+1/3\times0.33^2\times1.8^3$ | m³ | 26.12 |
| | | 扣垫层：2.6×2.6×0.1 | m³ | 0.68 |
| | | 扣独立基础：2.4×2.4×0.25 | m³ | 1.44 |
| | | 扣柱：0.5×0.5×(1.8−0.1−0.25) | m³ | 0.36 |
| | | 小计：0.68+1.44+0.36 | m³ | 2.48 |
| | 运输工程量 | 回填 2：8 灰土：26.12−2.48 | m³ | 23.64 |
| | | 土方外运 | m³ | 26.12 |
| | | 灰土回运 | m³ | 23.64 |

② DJ01 独立基础挖土方及其运输的工程造价，见表 7-8。

**DJ01 独立基础的挖土方及运输造价表** **表 7-8**

| 序号 | 定额编号 | 项目名称 | 单位 | 数量 | 单位(元) | | | 合价(元) | | |
|---|---|---|---|---|---|---|---|---|---|---|
| | | | | | 小计 | 人工费 | 机械费 | 合计 | 人工费 | 机械费 |
| 1 | A1-4 | DJ01 基础挖土方（三类土） | 100m³ | 0.26 | 1620.09 | 1620.09 | — | 421.22 | 421.22 | — |
| 2 | A1-163 | 自卸汽车（载重 8t）外运土方 500m | 1000m³ | 0.03 | 7901.43 | — | 7901.43 | 237.04 | — | 237.04 |
| 3 | | 小计 | | | | | | 658.26 | 421.22 | 237.04 |
| 4 | | 直接费 | | | | | | 658.26 | | |
| 5 | | 其中：人工费＋机械费 | | | | | | 658.26 | | |
| 6 | | 安全生产、文明施工费 | | 3.55% | | | | 23.37 | — | — |
| 7 | | 合计 | | | | | | 681.63 | | |

续表

| 序号 | 定额编号 | 项目名称 | 单位 | 数量 | 单位(元) | | | 合价(元) | | |
|---|---|---|---|---|---|---|---|---|---|---|
| | | | | | 小计 | 人工费 | 机械费 | 合计 | 人工费 | 机械费 |
| 8 | | 其中:人工费+机械费 | | | | | | 658.26 | | |
| 9 | | 企业管理费 | | 17% | | | | 111.90 | | |
| 10 | | 利润 | | 10% | | | | 65.83 | | |
| 11 | | 规费 | | 25% | | | | 164.57 | | |
| 12 | | 合计 | | | | | | 1023.93 | | |
| 13 | | 税金 | | 9% | | | | 92.15 | | |
| 14 | | 工程造价 | | | | | | 1116.08 | | |

③ DJ01 独立基础的挖土方、回填 2∶8 灰土、运输的工程造价，见表 7-9。

**DJ01 独立基础的挖土方、回填 2∶8 灰土、运输工程造价表　　表 7-9**

| 序号 | 定额编号 | 项目编码 | 单位 | 数量 | 单价(元) | | | 合价(元) | | |
|---|---|---|---|---|---|---|---|---|---|---|
| | | | | | 小计 | 人工费 | 机械费 | 合计 | 人工费 | 机械费 |
| 1 | | 基础挖土方(三类) | $100m^3$ | 0.26 | 1620.09 | 1620.09 | — | 421.22 | 421.22 | — |
| 2 | | 2∶8 灰土回填 | $100m^3$ | 0.24 | 7619.09 | 2434.60 | 250.64 | 1828.58 | 584.30 | 60.15 |
| 3 | | 自卸汽车(载重 8t)外运土方 500m | $1000m^3$ | 0.03 | 7901.43 | — | 7901.43 | 237.04 | — | 237.04 |
| 4 | | 小计 | | | | | | 2486.84 | 1005.52 | 279.19 |
| 5 | | 直接费 | | | | | | 2486.84 | | |
| 6 | | 起重工:人工费+机械费 | | | | | | 1302.71 | | |
| 7 | | 企业管理费 | | 17% | | | | 221.46 | | |
| 8 | | 利润 | | 10% | | | | 130.27 | | |
| 9 | | 规费 | | 25% | | | | 325.68 | | |
| 10 | | 合计 | | | | | | 3164.25 | | |
| 11 | | 税金 | | 9% | | | | 284.78 | | |
| 12 | | 工程造价 | | | | | | 3449.03 | | |

④ DJ01 独立基础的挖土方、回填 2∶8 灰土的工程量清单及分部分项工程量清单，见表 7-10、表 7-11。

**工程量清单计价表　　表 7-10**

| 序号 | 项目名称 | 计算过程 | 单位 | 结果 |
|---|---|---|---|---|
| 1 | 基础挖土方 | 2.6×2.6×1.8 | $m^3$ | 12.17 |
| 2 | 2∶8 灰土回填 | 12.17−2.48 | $m^3$ | 9.69 |

分部分项工程量清单计价表 表 7-11

| 序号 | 项目编码 | 项目名称 | 项目特征 | 计量单位 | 工程数量 | 金额(元) | |
|---|---|---|---|---|---|---|---|
| | | | | | | 综合单价 | 合价 |
| 1 | 010101003001 | 挖基础土方 | (1)三类土<br>(2)钢筋混凝土独立基础<br>(3)C10 混凝土垫层,底面积:6.76m$^2$<br>(4)挖土深度:1.8m<br>(5)弃土运距:500m | m$^3$ | 12.17 | — | — |
| 2 | 010103001001 | 2∶8 灰土基础回填 | (1)2∶8 灰土<br>(2)夯实<br>(3)运距:500m | m$^3$ | 9.69 | — | — |
| — | — | 本页小计 | — | — | — | — | — |
| — | — | 合计 | — | — | — | — | — |

⑤ 回填土的综合单价，见表 7-12～表 7-18。

工程项目总价表 表 7-12

| 序号 | 名称 | 金额(元) |
|---|---|---|
| 1 | 合计 | 43960 |
| 1.1 | 工程费 | 13960 |
| 1.2 | 设备费 | 30000 |
| | | |
| — | 合计 | 43960 |

单位工程费汇总表 表 7-13

| 序号 | 名称 | 计算基数 | 费率(%) | 金额(元) | 其中(元) | | |
|---|---|---|---|---|---|---|---|
| | | | | | 人工费 | 材料费 | 机械费 |
| 1 | 合计 | — | — | 13960 | 520 | 725 | 175 |
| 1.1 | 分部分项工程量清单计价合计 | — | — | 2203.28 | 520.06 | 725.10 | 175.29 |
| 1.2 | 措施项目清单计价合计 | — | — | — | — | — | — |
| 1.3 | 其他项目清单计价合计 | — | — | 10403.55 | — | — | — |
| 1.4 | 规费 | 802.48 | 25 | 200.62 | — | — | — |
| 1.5 | 税金 | 12807.45 | 9 | 1152.67 | — | — | — |
| — | 合计 | — | — | 13960.12 | 520 | 725 | 175 |

**分部分项工程量清单计价与计价表** **表 7-14**

| 序号 | 项目编码 | 项目名称 | 项目特征 | 计量单位 | 工程数量 | 金额(元) | |
|---|---|---|---|---|---|---|---|
| | | | | | | 综合单价 | 合价 |
| 1 | 010103001001 | 2∶8 灰土基础回填 | (1)2∶8 灰土<br>(2)夯实<br>(3)运距:500m | $m^3$ | 9.69 | 227.37 | 2203.28 |
| — | — | 本页小计 | — | — | — | — | 2203.28 |
| — | — | 合计 | — | — | — | — | 2203.28 |

**其他项目清单与计价表** **表 7-15**

| 序号 | 项目名称 | 金额(元) |
|---|---|---|
| 1 | 暂列金额 | 10000 |
| 2 | 暂估价 | — |
| 2.1 | 材料暂估价 | — |
| 2.2 | 设备暂估价 | — |
| 2.3 | 专业工程暂估价 | — |
| 3 | 总承包服务费 | 403.55 |
| 4 | 计日工 | — |
| — | 本页小计 | 10403.55 |
| — | 合计 | 10403.55 |

**总承包服务费计价表** **表 7-16**

| 序号 | 项目名称 | 项目金额(元) | 费率(%) | 金额(元) |
|---|---|---|---|---|
| 1 | 招标人另行发包专业工程 | | | |
| 1.1 | 模板工程 | 20000 | 2 | 400 |
| 1.2 | | | | |
| | 小计 | | | |
| 2 | 招标人供应材料、设备 | | | |
| 2.1 | 生石灰 | 710.4 | 0.5 | 3.55 |
| 2.2 | | | | |
| | 合计 | | | 403.55 |

**招标人供应材料、设备明细表** **表 7-17**

| 序号 | 名称 | 规格型号 | 单位 | 数量 | 单价(元) | 合价(元) | 质量等级 | 供应时间 | 送达地点 | 备注 |
|---|---|---|---|---|---|---|---|---|---|---|
| 1 | 材料 | — | — | — | — | — | — | — | — | |
| | 生石灰 | | t | 5.92 | 120 | 710.4 | — | — | — | |
| | | | | | | | — | — | — | |
| 2 | 设备 | — | — | — | — | — | — | — | — | |
| | 小计 | — | — | — | — | | — | — | — | |
| | 合计 | — | — | — | — | 710.4 | — | — | — | |

**分部分项工程量清单综合单价分析表** **表 7-18**

| 序号 | 项目编码（定额编号） | 项目名称 | 单位 | 数量 | 综合单价（元） | 合价（元） | 综合单价组成(元) | | | |
|---|---|---|---|---|---|---|---|---|---|---|
| | | | | | | | 人工费 | 材料费 | 机械费 | 管理费和利润 |
| | 010103001001 | 2∶8 灰土基础回填<br>(1)2∶8 灰土<br>(2)夯实<br>(3)运距:500m | $m^3$ | 9.69 | 227.37 | 2203.28 | 60.30 | 122.20 | 22.52 | 22.36 |
| 1 | A1-163 | 回运 2∶8 灰土运距 1000m 以内 500m | $1000m^3$ | 0.02 | 7901.43 | 158.03 | | | 158.03 | 39.51 |
| 2 | A1-42 | 2∶8 灰土基础回填 | $100m^3$ | 0.24 | 7619.09 | 1828.58 | 584.30 | 1184.12 | 60.15 | 161.11 |
| | | 小计 | | | | 1986.61 | 584.30 | 1184.12 | 218.18 | 200.62 |
| | | 直接费 | | | | 1986.61 | | | | |
| | | 其中:人+机 | | | | 802.48 | | | | |
| | | 管理费和利润 | | | | 216.67 | | | | |
| | | 合计 | | | | 2203.28 | | | | |

清单定额计价
第一集

扫码观看本视频

清单定额计价
第二集

扫码观看本视频

清单定额计价
第三集

扫码观看本视频

清单定额计价
第四集

扫码观看本视频

清单定额计价
第五集

扫码观看本视频

清单定额计价
第六集

扫码观看本视频

# 第八章　土建工程计价定额

学习目标　了解工程计价定额。

## 第一节　预算定额

### 一、预算定额的概念

预算定额，是在正常的施工条件下，完成一定计量单位合格分项工程和结构构件所需消耗的人工、材料、机械台班数量及相应费用标准。

### 二、预算定额的作用

（1）预算定额是编制施工图预算、确定建筑安装工程造价的基础。

（2）预算定额是编制施工组织设计的依据。

（3）预算定额是工程结算的依据。

（4）预算定额是施工单位进行经济活动分析的依据。

（5）预算定额是编制概算定额的基础。

（6）预算定额是合理编制招标控制价、投标报价的基础。

### 三、预算定额基价的编制

预算定额基价就是预算定额分项工程或结构构件的单价，包括人工费、材料费和机械台班使用费，也称工料单价或直接工程费单价。

分项工程预算定额基价的计算公式：

分项工程预算定额基价＝人工费＋材料费＋机械使用费

人工费＝∑(现行预算定额中人工工日用量×人工日工资单价)

材料费＝∑(现行预算定额中各种材料耗用量×相应材料单价)

机械使用费＝∑(现行预算定额中机械台班用量×机械台班单价)

预算定额基价是根据现行定额和当地的价格水平编制的，具有相对的稳定性。但是为了适应市场价格的变动，在编制预算时，必须根据工程造价管理部门发布的调价文件对固定的工程预算单价进行修正。修正后的工程单价乘以根据图纸计算出来的工程量，就可以获得符合实际市场情况的工程的直接工程费。

某预算定额基价的编制过程见表 8-1。求其中定额子目 3—1 的定额基价。

**解：**定额人工费＝25.73×11.790＝303.36（元）

定额材料费＝110.82×2.36＋12.70×52.36＋2.06×2.50＝931.65（元）

定额机械台班费＝49.11×0.393＝19.30（元）

定额基价＝303.36＋931.65＋19.30＝1254.31（元）

**某预算定额基价表（单位：$10m^3$）** **表 8-1**

| 定额编号 | | | | 3-1 | | 3-2 | | 3-4 | |
|---|---|---|---|---|---|---|---|---|---|
| 项目 | | 单位 | 单价(元) | 砖基础 | | 混水砖墙 | | | |
| | | | | | | 1/2 砖 | | 1 砖 | |
| | | | | 数量 | 合价 | 数量 | 合价 | 数量 | 合价 |
| 基价 | | | | 1254.31 | | 1438.86 | | 1323.51 | |
| 其中 | 人工费 | | | 303.36 | | 518.20 | | 413.74 | |
| | 材料费 | | | 931.65 | | 904.70 | | 891.35 | |
| | 机械费 | | | 19.30 | | 15.96 | | 18.42 | |
| 综合工日 | | 工日 | 25.73 | 11.790 | 303.36 | 20.140 | 518.20 | 16.080 | 413.74 |
| 材料 | 水泥砂浆 M5 | $m^3$ | 93.92 | | | 1.950 | 183.14 | 2.250 | 211.32 |
| | 水泥砂浆 M10 | $m^3$ | 110.82 | 2.360 | 261.52 | | | | |
| | 标准砖 | 百块 | 12.70 | 52.36 | 664.97 | 56.41 | 716.41 | 53.14 | 674.88 |
| | 水 | $m^3$ | 2.06 | 2.500 | 5.15 | 2.500 | 5.15 | 2.500 | 5.15 |
| 机械 | 灰浆搅拌机 200L | 台班 | 49.11 | 0.393 | 19.30 | 0.325 | 15.96 | 0.375 | 18.42 |

## 第二节 概算定额

### 一、概算定额的概念

概算定额是在预算定额基础上，确定完成合格的单位扩大分项工程或单位扩大结构构件所需消耗的人工、材料和施工机械台班的数量标准及其费用标准。概算定额又称扩大结构定额。

### 二、概算定额的作用

（1）是初步设计阶段编制概算、扩大初步设计阶段编制修正概算的主要依据。

（2）是对设计项目进行技术经济分析比较的基础资料之一。

（3）是建设工程主要材料计划编制的依据。

（4）是控制施工图预算的依据。

（5）是施工企业在准备施工期间，编制施工组织总设计或总规划时，对生产要素提出需要量计划的依据。

（6）是工程结束后，进行竣工决算和评价的依据。

（7）是编制概算指标的依据。

### 三、概算定额基价的编制

概算定额基价和预算定额基价一样，都只包括人工费、材料费和机械费。是通过编制扩大单位估价表所确定的单价，用于编制设计概算。概算定额基价和预算定额基价的编制方法相同。概算定额基价按下列公式计算：

概算定额基价＝人工费＋材料费＋机械费

人工费＝现行概算定额中人工工日消耗量×人工单价

材料费＝∑(现行概算定额中材料消耗量×相应材料单价)

机械费＝∑(现行概算定额中机械台班消耗量×相应机械台班单价)

表 8-2 为某现浇钢筋混凝土柱概算定额基价表示形式。

**现浇钢筋混凝土柱概算基价（计量单位：$10m^3$）** **表 8-2**

工程内容：模板制作、安装、拆除，钢筋制作、安装，混凝土浇捣、抹灰、刷浆。

| 定额编号 | | | 3002 | 3003 | 3004 | 3005 | 3006 |
|---|---|---|---|---|---|---|---|
| 项目 | | | 现浇钢筋混凝土柱 | | | | |
| | | | 矩形 | | | | |
| | | | 周长 1.5m 以内 | 周长 2.0m 以内 | 周长 2.5m 以内 | 周长 3.0m 以内 | 周长 3.0m 以外 |
| | | | $m^3$ | $m^3$ | $m^3$ | $m^3$ | $m^3$ |
| 工、料、机名称(规格) | | 单位 | 数量 | | | | |
| 人工 | 混凝土工 | 工日 | 0.8187 | 0.8187 | 0.8187 | 0.8187 | 0.8187 |
| | 钢筋工 | 工日 | 1.1037 | 1.1037 | 1.1037 | 1.1037 | 1.1037 |
| | 木工(装饰) | 工日 | 4.7676 | 4.0832 | 3.0591 | 2.1798 | 1.4921 |
| | 其他工 | 工日 | 2.0342 | 1.7900 | 1.4245 | 1.1107 | 0.8653 |
| 材料 | 泵送预拌混凝土 | $m^3$ | 1.0150 | 1.0150 | 1.0150 | 1.0150 | 1.0150 |
| | 木模板成材 | $m^3$ | 0.0363 | 0.0311 | 0.0233 | 0.0166 | 0.0144 |
| | 工具式组合钢模板 | kg | 9.7087 | 8.3150 | 6.2294 | 4.4388 | 3.0385 |
| | 扣件 | 只 | 1.1799 | 1.0105 | 0.7571 | 0.5394 | 0.3693 |
| | 零星卡具 | kg | 3.7354 | 3.1992 | 2.3967 | 1.7078 | 1.1690 |
| | 钢支撑 | kg | 1.2900 | 1.1049 | 0.8277 | 0.5898 | 0.4037 |
| | 柱箍、梁夹具 | kg | 1.9579 | 1.6768 | 1.2563 | 0.8952 | 0.6128 |
| | 钢丝 $18^{\#}$～$22^{\#}$ | kg | 0.9024 | 0.9024 | 0.9024 | 0.9024 | 0.9024 |
| | 水 | $m^3$ | 1.2760 | 1.2760 | 1.2760 | 1.2760 | 1.2760 |
| | 圆钉 | kg | 0.7475 | 0.6402 | 0.4796 | 0.3418 | 0.2340 |
| | 草袋 | $m^2$ | 0.0865 | 0.0865 | 0.0865 | 0.0865 | 0.0865 |
| | 成型钢筋 | t | 0.1939 | 0.1939 | 0.1939 | 0.1939 | 0.1939 |
| | 其他材料费 | % | 1.0906 | 0.9579 | 0.7467 | 0.5523 | 0.3916 |
| 机械 | 汽车式起重机 5t | 台班 | 0.0281 | 0.0241 | 0.0180 | 0.0129 | 0.0088 |
| | 载重汽车 4t | 台班 | 0.0422 | 0.0361 | 0.0271 | 0.0193 | 0.0132 |
| | 混凝土输送泵车 $75m^3/h$ | 台班 | 0.0108 | 0.0108 | 0.0108 | 0.0108 | 0.0108 |
| | 木工圆锯机 $\phi$500mm | 台班 | 0.0105 | 0.0090 | 0.0068 | 0.0048 | 0.0033 |
| | 混凝土振捣器插入式 | 台班 | 0.1000 | 0.1000 | 0.1000 | 0.1000 | 0.1000 |

# 第三节　概算指标

## 一、概算指标的概念

建筑安装工程概算指标通常是以单位工程为对象，以建筑面积、体积或成套设备装置的台或组为计量单位而规定的人工、材料、机械台班的消耗量标准和造价指标。

## 二、概算指标的作用

（1）概算指标可以作为编制投资估算的参考。

（2）概算指标是初步设计阶段编制概算书，确定工程概算造价的依据。

（3）概算指标中的主要材料指标可以作为匡算主要材料用量的依据。

（4）概算指标是设计单位进行设计方案比较、设计技术经济分析的依据。

（5）概算指标是编制固定资产投资计划，确定投资额和主要材料计划的主要依据。

（6）概算指标是建筑企业编制劳动力、材料计划、实行经济核算的依据。

# 第四节　投资估算指标

## 一、投资估算指标的概念

工程建设投资估算指标以独立的建设项目、单项工程或单位工程为对象，综合项目全过程投资和建设中的各类成本和费用，反映出其扩大的技术经济指标，既是定额的一种表现形式，又不同于其他的计价定额。

## 二、投资估算指标的内容

投资估算指标是确定和控制建设项目全过程各项投资支出的技术经济指标，其范围涉及建设前期、建设实施期和竣工验收交付使用期等各个阶段的费用支出，内容因行业不同而各异，一般可分为建设项目综合指标、单项工程指标和单位工程指标三个层次。表 8-3 为某住宅项目的投资估算指标示例。

**建设项目投资估算指标**　　表 8-3

<table>
<tr><td colspan="9">一、工程概况（表一）</td></tr>
<tr><td>工程名称</td><td>住宅楼</td><td colspan="2">工程地点</td><td>××市</td><td>建筑面积</td><td colspan="2">4549m²</td></tr>
<tr><td>层数</td><td>七层</td><td>层高</td><td>3.00m</td><td>檐高</td><td>21.60m</td><td>结构类型</td><td>砖混</td></tr>
<tr><td>地耐力</td><td>130kPa</td><td colspan="2">地震烈度</td><td>7 度</td><td>地下水位</td><td colspan="2">－0.65m、－0.83m</td></tr>
</table>

<table>
<tr><td rowspan="5">土建部分</td><td colspan="2">地基处理</td><td></td></tr>
<tr><td colspan="2">基础</td><td>C10 混凝土垫层，C20 钢筋混凝土带形基础，砖基础</td></tr>
<tr><td rowspan="2">墙体</td><td>外</td><td>一砖墙</td></tr>
<tr><td>内</td><td>一砖、1/2 砖墙</td></tr>
<tr><td colspan="2">柱</td><td>C20 钢筋混凝土构造柱</td></tr>
</table>

续表

| | | | |
|---|---|---|---|
| 土建部分 | 梁 | | C20钢筋混凝土单梁、圈梁、过梁 |
| | 板 | | C20钢筋混凝土平板，C30预应力钢筋混凝土空心板 |
| | 地面 | 垫层 | 混凝土垫层 |
| | | 面层 | 水泥砂浆面层 |
| | 楼面 | | 水泥砂浆面层 |
| | 屋面 | | 块体刚性屋面，沥青铺加气混凝土块保温层，防水砂浆面层 |
| | 门窗 | | 木胶合板门(带纱)，塑钢窗 |
| | 装饰 | 天棚 | 混合砂浆、105涂料 |
| | | 内粉 | 混合砂浆、水泥砂浆、106涂料 |
| | | 外粉 | 水刷石 |
| 安装 | 水卫(消防) | | 给水镀锌钢管，排水塑料管，坐式大便器 |
| | 电气照明 | | 照明配电箱，PVC塑料管暗敷，穿铜芯绝缘导线，避雷网敷设 |

二、每平方米综合造价指标(表二)　单位：元/$m^2$

| 项目 | 综合指标 | 直接工程费 | | | | 取费(综合费) |
|---|---|---|---|---|---|---|
| | | 合价 | 其中 | | | |
| | | | 人工费 | 材料费 | 机械费 | 三类工程 |
| 工程造价 | 530.39 | 407.99 | 74.69 | 308.13 | 25.17 | 122.40 |
| 土建 | 503.00 | 386.92 | 70.95 | 291.80 | 24.17 | 116.08 |
| 水卫(消防) | 19.22 | 14.73 | 2.38 | 11.94 | 0.41 | 4.49 |
| 电气照明 | 8.67 | 6.35 | 1.36 | 4.39 | 0.60 | 2.32 |

三、土建工程各分部占直接工程费的比例及每平方米直接费(表三)

| 分部工程名称 | 占直接工程费(%) | 元/$m^3$ | 分部工程名称 | 占直接工程费(%) | 元/$m^3$ |
|---|---|---|---|---|---|
| ±0.00以下工程 | 13.01 | 50.40 | 楼地面工程 | 2.62 | 10.13 |
| 脚手架及垂直运输 | 4.02 | 15.56 | 屋面及防水工程 | 1.43 | 5.52 |
| 砌筑工程 | 16.90 | 65.37 | 防腐、保温、隔热工程 | 0.65 | 2.52 |
| 混凝土及钢筋混凝土工程 | 31.78 | 122.95 | 装饰工程 | 9.56 | 36.98 |
| 构件运输及安装工程 | 1.91 | 7.40 | 金属结构制作工程 | | |
| 门窗及木结构工程 | 18.12 | 70.09 | 零星项目 | | |

四、人工、材料消耗指标(表四)

| 项目 | 单位 | 每100$m^2$消耗量 | 材料名称 | 单位 | 每100$m^2$消耗量 |
|---|---|---|---|---|---|
| 一、定额用工 | 工日 | 382.06 | 二、材料消耗(土建工程) | | |
| 土建工程 | 工日 | 363.83 | 钢材 | 吨 | 2.11 |
| | | | 水泥 | 吨 | 16.76 |
| 水卫(消防) | 工日 | 11.60 | 木材 | $m^3$ | 1.80 |
| | | | 标准砖 | 千块 | 21.82 |
| 电气照明 | 工日 | 6.63 | 中粗砂 | $m^3$ | 34.39 |
| | | | 碎(砾)石 | $m^3$ | 26.20 |

# 第九章　土建工程全过程工程造价管理

学习目标　了解工程造价在施工各个阶段的管理。

## 第一节　建设前期阶段工程造价的管理

### 一、投资估算

**（一）投资估算的含义**

投资估算是在投资决策阶段，以方案设计或可行性研究文件为依据，按照规定的程序、方法和依据，对拟建项目所需总投资及其构成进行的预测和估计；是在研究并确定项目的建设规模、产品方案、技术方案、工艺技术、设备方案、厂址方案、工程建设方案以及项目进度计划等的基础上，依据特定的方法，估算项目从筹建、施工直至建成投产所需全部建设资金总额并测算建设期各年资金使用计划的过程。

**（二）投资估算的作用**

（1）项目建议书阶段的投资估算，是项目主管部门审批项目建议书的依据之一，也是编制项目规划、确定建设规模的参考依据。

（2）项目可行性研究阶段的投资估算，是项目投资决策的重要依据，也是研究、分析、计算项目投资经济效果的重要条件。当可行性研究报告被批准后，其投资估算额将作为设计任务书中下达的投资限额，即建设项目投资的最高限额，不得随意突破。

（3）项目投资估算是设计阶段造价控制的依据，投资估算一经确定，即成为限额设计的依据，用以对各设计专业实行投资切块分配，作为控制和指导设计的尺度。

（4）项目投资估算可作为项目资金筹措及制订建设贷款计划的依据，建设单位可根据批准的项目投资估算额，进行资金筹措和向银行申请贷款。

（5）项目投资估算是核算建设项目固定资产投资需要额和编制固定资产投资计划的重要依据。

（6）投资估算是建设工程设计招标、优选设计单位和设计方案的重要依据。在工程设计招标阶段，投标单位报送的投标书中包括项目设计方案、项目的投资估算和经济性分析，招标单位根据投资估算对各项设计方案的经济合理性进行分析、衡量、比较，在此基础上，择优确定设计单位和设计方案。

**（三）投资估算编制程序**

投资估算编制程序，如图 9-1 所示。

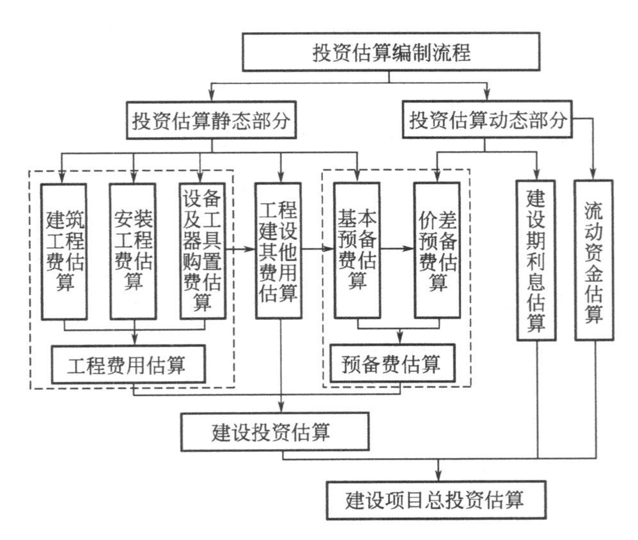


图 9-1　投资估算的编制程序

## 二、设计概算

### (一) 设计概算构成

概算的构成如图 9-2 所示。

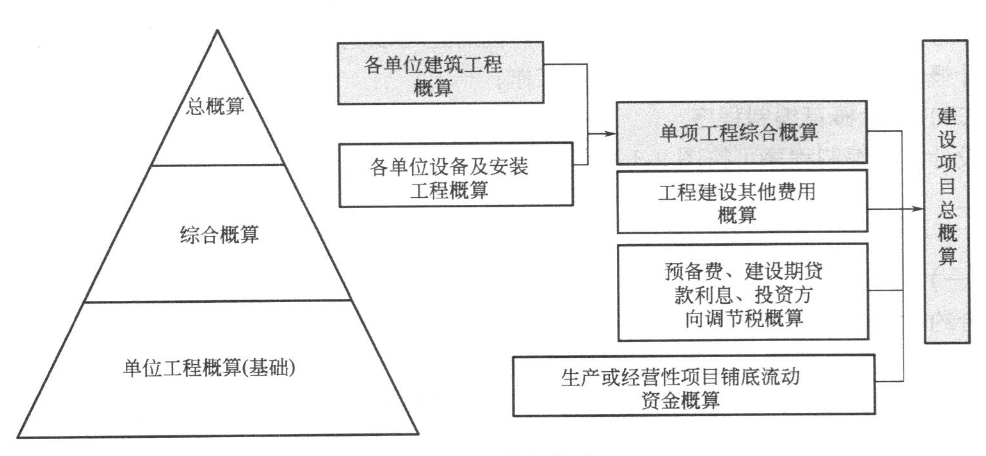


图 9-2　概算的构成

### (二) 设计概算的作用

(1) 设计概算是编制固定资产投资计划、确定和控制建设项目投资的依据。设计概算投资应包括建设项目从立项、可行性研究、设计、施工、试运行到竣工验收等的全部建设资金。按照国家有关规定，编制年度固定资产投资计划，确定计划投资总额及其构成数额，要以批准的初步设计概算为依据，没有批准的初步设计文件及其概算，建设工程不能列入年度固定资产投资计划。

设计概算一经批准，将作为控制建设项目投资的最高限额。在工程建设过程中，年度固定资产投资计划安排、银行拨款或贷款、施工图设计及其预算、竣工决算等，未经规定程序批准，都不能突破这一限额，确保对国家固定资产投资计划的严格执行和有效控制。

（2）设计概算是控制施工图设计和施工图预算的依据。经批准的设计概算是建设工程项目投资的最高限额。设计单位必须按批准的初步设计和总概算进行施工图设计，施工图预算不得突破设计概算，设计概算批准后不得任意修改和调整；如需修改或调整时，须经原批准部门重新审批。竣工结算不能突破施工图预算，施工图预算不能突破设计概算。

（3）设计概算是衡量设计方案技术经济合理性和选择最佳设计方案的依据。设计部门在初步设计阶段要选择最佳设计方案，设计概算是从经济角度衡量设计方案经济合理性的重要依据。因此，设计概算是衡量设计方案技术经济合理性和选择最佳设计方案的依据。

（4）设计概算是编制招标控制价（招标标底）和投标报价的依据。以设计概算进行招投标的工程，招标单位以设计概算作为编制招标控制价（标底）及评标定标的依据。承包单位也必须以设计概算为依据，编制投标报价，以合适的投标报价在投标竞争中取胜。

（5）设计概算是签订建设工程合同和贷款合同的依据。《合同法》中明确规定，建设工程合同价款是以设计概、预算价为依据，且总承包合同不得超过设计总概算的投资额。银行贷款或各单项工程的拨款累计总额不能超过设计概算。如果项目投资计划所列支投资额与贷款突破设计概算时，必须查明原因，之后由建设单位报请上级主管部门调整或追加设计概算总投资。凡未批准之前，银行对其超支部分不予拨付。

（6）设计概算是考核建设项目投资效果的依据。通过设计概算与竣工决算对比，可以分析和考核建设工程项目投资效果的好坏，同时还可以验证设计概算的准确性，有利于加强设计概算管理和建设项目的造价管理工作。

### （三）设计概算编制程序

设计概算编制程序可按图 9-3 进行。

## 三、合约规划管理

### （一）合约规划作用

合约规划有三大作用：指导采购招标、前置成本控制、保障权责落地。

1. 项目预算范围内指导采购招标和合同签订

在项目总体预算已经明确的情况下，到底项目开发过程需要签订多少合同、有多少需要采购招标？如果没有清晰的规划，会导致项目实施无序且难以决策。引入合约规划管理，可以在项目预算范围内，基于成本估算、成本测算、专业造价咨询机构或历史成本数据沉淀，提前规划项目需要签订的合同，明确合约关系与承包范围，便于采购招标与合同签订工作能够更有序地开展。

2. 合约规划明确合同金额，有效前置成本控制

项目成本按科目管控体系下，如果某科目下需要签订 3 份合同，有可能前面 2 份合同签订的金额已超出预计金额，但因为没有超出科目成本总额，在第 3 份合同签订时才发现超额的情况，而这时进行成本管控为时已晚。所以在项目预算范围内，通过合约规划明确单个合同预计要签订的金额，在每份合同签订时进行成本金额的对比和管控，实现成本有效控制前置。

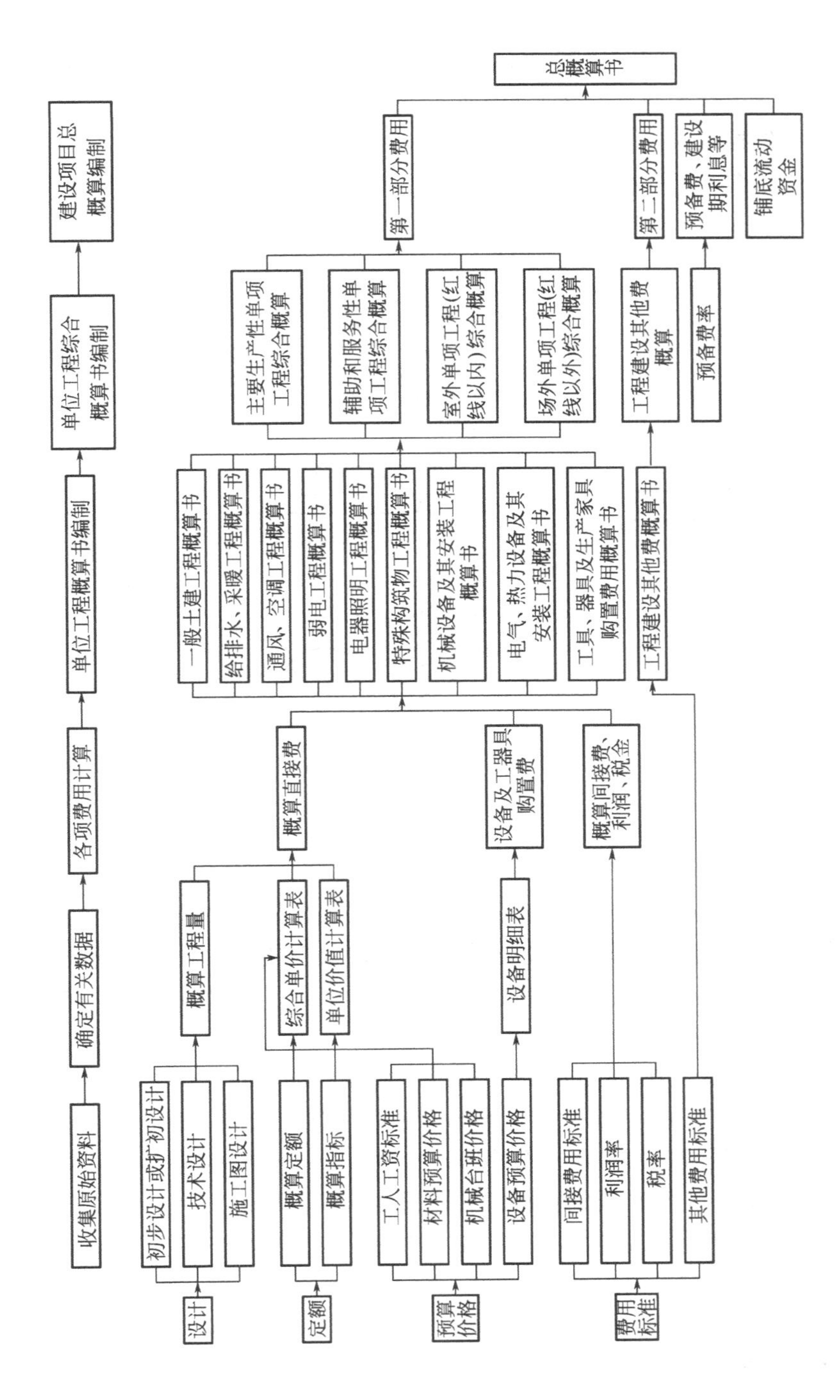


图 9-3 设计概算编制程序

3. 合约规划明确项目合同范围，保障权责落地

一般情况下合同签订有相应的审批权限，特别是跨区域发展的房地产企业。譬如某企业规定300万元以上的合同需要招标并经集团审批，但部分城市公司可能会将原本400万元的1个合同肢解为2个合同，化整为零，规避招标和集团审批，这样便导致集团既定的权责流程失效。而通过合约规划管理，明确项目的合同承包范围、数量和金额，可规避权责漏洞，避免成本失控。

合约规划作用如图9-4所示。

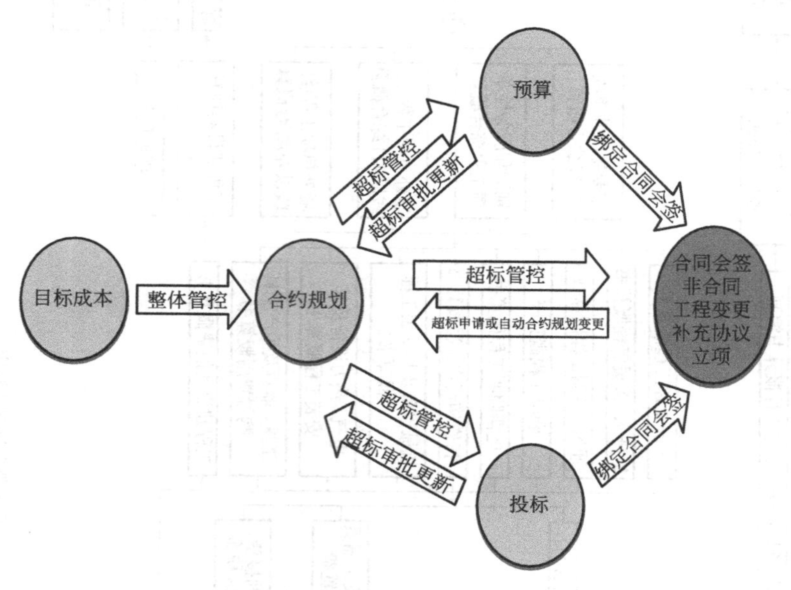


图9-4　合约规划作用

### （二）合约规划编制

合约规划是指将目标成本按照“自上而下、逐级分解”的方式分解为合同大类，进而指导从招投标到最终工程结算整个过程的合同签订及变更的一种管控手段。“合约规划”将成本控制任务具体转化为对合同的严格管控，实现了对“项目动态成本”的有效管控。

合约规划不是成本部一个部门的事情，需要所有业务部门的全员参与，需由项目经理牵头，组织成本、采购、工程等各相关业务部门的人员共同参与。比如，在合约体系上，采购部门需事先规划合同要分多少类、分多少个合同、每个合同的范围、采购方式、商务条件等；标段划分上，由工程部规划样板区和非样板区以及场地安排、每类合同的发包范围和预计进场时间等；然后由成本部将目标成本中相对应的费项归集到对应的合同中，确定出该项合同在采购时控制的目标成本。

开展合约规划管理，首先应编制合约规划，具体编制步骤有四个：

（1）工作分解：对常规房地产工程项目工作范围内和项目开发周期内的工程工作按照WBS方式进行分解，形成常规状态下可独立成为合同的合同基准单元。

（2）确定合约管理模式：根据企业的发展规模、内部管理能力和自身优势，确定企业基本的项目合约管理模式，如大总包管理、平行分包管理等。

（3）合同分类组合：按照合同基准单元，根据产品形态和相关因素组合转化为该产品形态下标准化的合同分类，形成标准合同分类清单，明确合同范围。

（4）与成本科目对应并分解目标成本：将合同清单与成本科目对应，并将目标成本分解至各合同，形成各合同的成本控制目标。

**（三）合约规划实施**

合约规划编制完成后，可基于合约规划进行成本控制，主要通过两个方式实现：

第一，通过合约规划控制定标金额和签约金额。基于目标成本分解的每个合同的目标成本，应作为招标定标时该合同的控制价，控制严格的企业，超出目标控制价的标将作为废标，控制宽松的企业，超出目标控制价的投标价要特别提示，如果定标金额超出控制价，则走特殊审批渠道。

第二，通过合约规划控制动态成本。合同签约、变更签证发生时将合同与合约规划、动态成本进行关联，实现动态成本的准确控制，关联的方式有如下情况：

（1）通过将未签约的合约规划目标成本作为动态成本的待发生成本一部分。

（2）合同签约后，将合约规划目标成本剩余的金额，一部分作为未签约的金额计入规划余量，一部分作为合同的预计变更签证预留给合同使用，剩余部分可视为节省金额，导致动态成本降低。

将合约规划与动态成本关联是合约规划较为高阶的应用，受制于目标成本的准确性、合约规划的规范性和成本人员的专业度、责任心，合约规划的编制并控制招标采购等业务娴熟后可考虑运用合约规划控制动态成本。

## 第二节　招标投标阶段工程造价的管理

### 一、招标工程量清单的编制

招标工程量清单是招标人依据国家标准、招标文件、设计文件以及施工现场实际情况编制的，随招标文件发布供投标报价的工程量清单，包括对其的说明和表格。编制招标工程量清单，应充分体现“量价分离”的“风险分担”原则。招标阶段，由招标人或其委托的工程造价咨询人根据工程项目设计文件，编制出招标工程项目的工程量清单，并将其作为招标文件的组成部分。招标工程量清单的准确性和完整性由招标人负责；投标人应结合企业自身实际、参考市场有关价格信息完成清单项目工程的组合报价，并对其承担风险。招标工程量清单的编制内容如下：

**（一）分部分项工程量清单编制**

分部分项工程量清单所反映的是拟建工程分项实体工程项目名称和相应数量的明细清单，招标人负责包括项目编码、项目名称、项目特征、计量单位和工程量在内的五项内容。

**（二）措施项目清单编制**

措施项目清单指为完成工程项目施工，发生于该工程施工准备和施工过程中的技术、生活、安全、环境保护等方面的项目清单，措施项目分单价措施项目和总价措施项目。

措施项目清单的编制需考虑多种因素，除工程本身的因素外，还涉及水文、气象、环境、安全等因素。措施项目清单应根据拟建工程的实际情况列项，若出现《建设工程工程量清单计价规范》GB 50500—2013 中未列的项目，可根据工程实际情况补充。项目清单的设置要考虑拟建工程的施工组织设计、施工技术方案、相关的施工规范与施工验收规范，招标文件中提出的某些必须通过一定的技术措施才能实现的要求，设计文件中一些不足以写进技术方案的但是要通过一定的技术措施才能实现的内容。

一些可以精确计算工程量的措施项目可采用与分部分项工程量清单编制相同的方式，编制“分部分项工程和单价措施项目清单与计价表”。而有一些措施项目费用的发生与使用时间、施工方法或者两个以上的工序相关并大都与实际完成的实体工程量的大小关系不大，如安全文明施工、冬雨期施工、已完工程设备保护等，应编制“总价措施项目清单与计价表”。

**（三）其他项目清单的编制**

其他项目清单是应招标人的特殊要求而发生的与拟建工程有关的其他费用项目和相应数量的清单。工程建设标准的高低、工程的复杂程度、工程的工期长短、工程的组成内容、发包人对工程管理要求等都直接影响其具体内容。当出现未包含在表格中的内容的项目时，可根据实际情况补充。其中：

（1）暂列金额是指招标人暂定并包括在合同中的一笔款项。

（2）暂估价是招标人在招标文件中提供的用于支付必然要发生但暂时不能确定价格的材料、工程设备的单价以及专业工程的金额。

（3）计日工是为了解决现场发生的零星工作或项目的计价而设立的。

（4）总承包服务费是为了解决招标人在法律法规允许的条件下，进行专业工程发包以及自行采购供应材料、设备时，要求总承包人对发包的专业工程提供协调和配合服务，对供应的材料，设备提供收、发和保管服务以及对施工现场进行统一管理，对竣工资料进行统一汇总整理等发生并向承包人支付的费用。

**（四）规费税金项目清单的编制**

规费税金项目清单应按照规定的内容列项，当出现规范中没有的项目，应根据省级政府或有关部门的规定列项。税金项目清单除规定的内容外，如国家税法发生变化或增加税种，应对税金项目清单进行补充。规费、税金的计算基础和费率均应按国家或地方相关部门的规定执行。

**（五）工程量清单总说明的编制**

工程量清单编制总说明包括以下内容：

（1）工程概况。

（2）工程招标及分包范围。

（3）工程量清单编制依据。

（4）工程质量、材料、施工等的特殊要求。

（5）其他需要说明的事项。

**（六）招标工程量清单汇总**

在分部分项工程量清单、措施项目清单、其他项目清单、规费和税金项目清单编制完成以后，经审查复核，与工程量清单封面及总说明汇总并装订，由相关责任人签字和盖章，形成完整的招标工程量清单文件。

## 二、招标控制价的编制

《招标投标法实施条例》规定，招标人可以自行决定是否编制标底，一个招标项目只能有一个标底，标底必须保密。同时规定，招标人设有最高投标限价的，应当在招标文件中明确最高投标限价或者最高投标限价的计算方法，招标人不得规定最低投标限价。

### （一）编制招标控制价的规定

（1）国有资金投资的工程建设项目应实行工程量清单招标，招标人应编制招标控制价，并应当拒绝高于招标控制价的投标报价，即投标人的投标报价若超过公布的招标控制价，则其投标作为废标处理。

（2）招标控制价应由具有编制能力的招标人或受其委托、具有相应资质的工程造价咨询人编制。工程造价咨询人不得同时接受招标人和投标人对同一工程的招标控制价和投标报价的编制。

（3）招标控制价应在招标文件中公布，对所编制的招标控制价不得进行上浮或下调。在公布招标控制价时，除公布招标控制价的总价外，还应公布各单位工程的分部分项工程费、措施项目费、其他项目费、规费和税金。

（4）招标控制价超过批准的概算时，招标人应将其报原概算审批部门审核。这是由于我国对国有资金投资项目的投资控制实行的是设计概算审批制度，国有资金投资的工程原则上不能超过批准的设计概算。

（5）投标人经复核认为招标人公布的招标控制价未按照《建设工程工程量清单计价规范》GB 50500—2013 的规定进行编制的，应在招标控制价公布后 5 天内向招标投标监督机构和工程造价管理机构投诉。工程造价管理机构受理投诉后，应立即对招标控制价进行复查，组织投诉人、被投诉人或其委托的招标控制价编制人等单位人员对投诉问题逐一核对。当招标控制价复查结论与原公布的招标控制价误差大于±3%时，应责成招标人改正。当重新公布招标控制价时，若重新公布之日起至原投标截止期不足 15 天的应延长投标截止期。

### （二）招标控制价的编制依据

招标控制价的编制依据是指在编制招标控制价时需要进行工程量计量、价格确认、工程计价的有关参数、率值的确定等工作时所需的基础性资料，主要包括：

（1）现行国家标准《建设工程工程量清单计价规范》GB 50500—2013 与专业工程计量规范。

（2）国家或省级、行业建设主管部门颁发的计价定额和计价办法。

（3）建设工程设计文件及相关资料。

（4）拟定的招标文件及招标工程量清单。

（5）与建设项目相关的标准、规范、技术资料。

（6）施工现场情况、工程特点及常规施工方案。

（7）工程造价管理机构发布的工程造价信息；工程造价信息没有发布的，参照市场价。

（8）其他的相关资料。

### （三）招标控制价的计价程序

建设工程的招标控制价反映的是单位工程费用，各单位工程费用是由分部分项工程费、措施项目费、其他项目费、规费和税金组成。单位工程招标控制价计价程序见表 9-1。

建设单位工程招标控制价计价程序（施工企业投标报价计价程序）表　　表 9-1

工程名称：　　　　　　　　标段：　　　　　　　　第　页　共　页

| 序号 | 汇总内容 | 计算方法 | 金额(元) |
|---|---|---|---|
| 1 | 分部分项工程 | 按计价规定计算/(自主报价) | |
| 1.1 | | | |
| 1.2 | | | |
| 2 | 措施项目 | 按计价规定计算/(自主报价) | |
| 2.1 | 其中:安全文明施工费 | 按规定标准估算/(按规定标准计算) | |
| 3 | 其他项目 | | |
| 3.1 | 其中:暂列金额 | 按计价规定估算/(按招标文件提供金额计列) | |
| 3.2 | 其中:专业工程暂估价 | 按计价规定估算/(按招标文件提供金额计列) | |
| 3.3 | 其中:计日工 | 按计价规定估算/(自主报价) | |
| 3.4 | 其中:总承包服务费 | 按计价规定估算/(自主报价) | |
| 4 | 规费 | 按规定标准计算 | |
| 5 | 税金(扣除不列入计税范围的工程设备金额) | (1+2+3+4)×规定税率 | |
| | 招标控制价/(投标报价)<br>合计=1+2+3+4+5 | | |

由于投标人（施工企业）投标报价计价程序与招标人（建设单位）招标控制价计价程序具有相同的表格，为便于对比分析，此处将两种表格合并列出，其中表格栏目中斜线后带括号的内容用于投标报价，其余为通用栏目。

## 三、投标报价的编制

### （一）投标报价的编制程序

投标报价是投标人响应招标文件要求所报出的，在已标价工程量清单中标明的总价，它是依据招标工程量清单所提供的工程数量，计算综合单价与合价后所形成的。为使得投标报价更加合理并具有竞争性，通常投标报价的编制应遵循一定的程序，如图 9-5 所示。

### （二）投标总价组成

投标报价的编制过程，应首先根据招标人提供的工程量清单编制分部分项工程和措施项目计价表、其他项目计价表、规费、税金项目计价表，计算完毕之后，汇总得到单位工程投标报价汇总表，再层层汇总，分别得出单项工程投标报价汇总表和工程项目投标总价汇总表，投标总价的组成如图 9-6 所示。在编制过程中，投标人应按招标人提供的工程量清单填报价格。填写的项目编码、项目名称、项目特征、计量单位、工程量必须与招标人提供的一致。

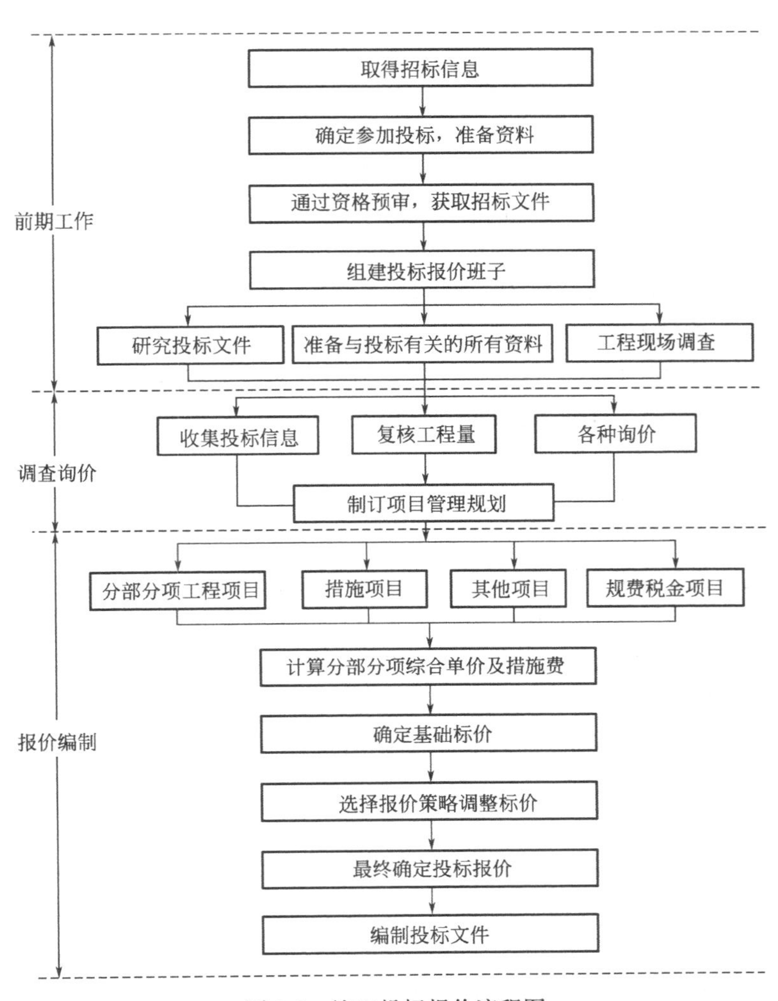


图 9-5　施工投标报价流程图

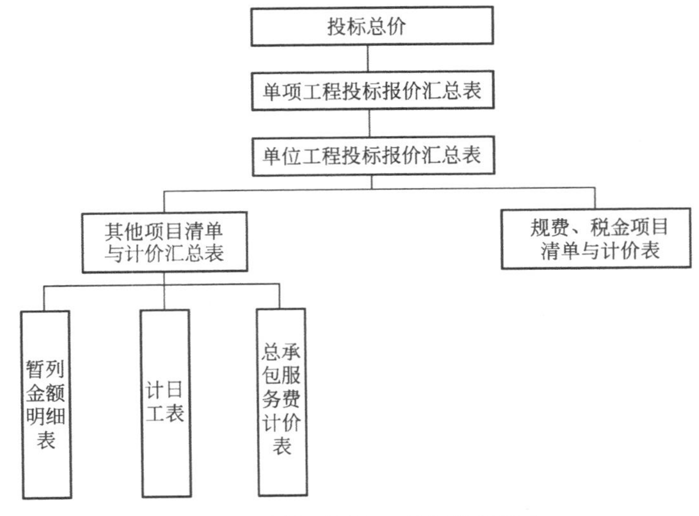


图 9-6　建设项目施工投标总价组成

## 四、合同价款的约定

### （一）签约合同价与中标价的关系

签约合同价是指合同双方签订合同时在协议书中列明的合同价格，对于以单价合同形式招标的项目，工程量清单中各种价格的总计即为合同价。合同价就是中标价，因为中标价是指评标时经过算术修正的，并在中标通知书中申明招标人接受的投标价格。法理上，经公示后招标人向投标人所发出的中标通知书（投标人向招标人回复确认中标通知书已收到），中标的中标价就受到法律保护，招标人不得以任何理由反悔。这是因为，合同价格属于招投标活动中的核心内容，根据《招投标法》第四十六条有关“招标人和中标人应当……按照招标文件和中标人的投标文件订立书面合同，招标人和中标人不得再行订立背离合同实质性内容的其他协议”之规定，发包人应根据中标通知书确定的价格签订合同。

### （二）合同价款约定的规定和内容

1.合同签订的时间及规定

招标人和中标人应当在投标有效期内并在自中标通知书发出之日起30天内，按照招标文件和中标人的投标文件订立书面合同。中标人无正当理由拒签合同的，招标人取消其中标资格，其投标保证金不予退还；给招标人造成的损失超过投标保证金数额的，中标人还应当对超过部分予以赔偿。发出中标通知书后，招标人无正当理由拒签合同的，招标人向中标人退还投标保证金；给中标人造成损失的，还应当赔偿损失。招标人与中标人签订合同后5个工作日内，应当向中标人和未中标的投标人退还投标保证金及银行同期存款利息。

2.合同价款类型的选择

实行招标的工程合同价款应由发承包双方依据招标文件和中标人的投标文件在书面合同中约定。合同约定不得违背招、投标文件中关于工期、造价、质量等方面的实质性内容。招标文件与中标人投标文件不一致的地方，以投标文件为准。

不实行招标的工程合同价款，在发承包双方认可的合同价款基础上，由发承包双方在合同中约定。

根据《建筑工程施工发包与承包计价管理办法》（住建部第16号令），实行工程量清单计价的建筑工程，鼓励发承包双方采用单价方式确定合同价款；建设规模较小、技术难度较低、工期较短的建设工程，发承包双方可以采用总价方式确定合同价款；紧急抢险、救灾以及施工技术特别复杂的建设工程，发承包双方可以采用成本加酬金方式确定合同价款。

3.合同价款约定的内容

合同价款的有关事项由发承包双方约定，一般包括合同价款约定方式、预付工程款、工程进度款、工程竣工价款的支付和结算方式，以及合同价款的调整情形等。发承包双方应当在合同中约定，发生下列情形时合同价款的调整方法：

（1）法律、法规、规章或者国家有关政策变化影响合同价款的。

（2）工程造价管理机构发布价格调整信息的。

（3）经批准变更设计的。

（4）发包人更改经审定批准的施工组织设计造成费用增加的。

（5）双方约定的其他因素。

# 第三节　施工阶段工程造价的管理

## 一、工程变更管理

工程变更、现场签证的管理原则“以事前控制为主”。

施工过程中为加强造价控制，在施工方案、设计变更、工程洽商等正式发布之前，通常需要对不同方案进行测算。测算的主要目的是了解不同方案的造价高低，并提出相关建议，为建设单位正确决策提供支持。

工程变更发生后，造价管理人员主要审查：施工方案、设计变更、工程洽商签字盖章是否齐全，各方签署意见是否一致；索赔程序与时间是否符合要求；做好现场调研，所签内容与施工现场实际情况比较是否存在偏差；施工单位费用索赔报价是否符合合同约定、现行计价方法；材料设备价格是否合理；索赔费用与原测算造价分析对比。

## 二、工程款支付管理

（1）工程计量支付的审核内容有：本周期已完成工程的价款；累计已经完成的工程价款；累计已经支付的工程价款；本周期已完成计日工金额；应增加和扣减的变更金额；应增加和扣减的索赔金额；应抵扣的工程预付款；应扣减的质量保证金；根据合同应增加和扣减的其他金额；本付款周期实际应支付的工程价款。

（2）相关合同约定的进度款支付条件具备后，由工作承担单位依据合同约定中有关进度款支付条件，提出书面进度款支付申请（包括依据条款、工作进展、计算过程和申请额度），经造价咨询部门审核后，由咨询人员填写《进度款支付审批表》。

（3）工程预付款、进度款支付流程

1）工程预付款支付流程

① 施工单位提交预付款《工程款支付申请表》给预算专员，施工单位项目经理要签字确认。

② 预算办根据合同约定的预付比例审核预付款，签署预付款《工程款支付申请表》然后交给财务部。

③ 财务部再次复核后，交给总经理和董事长审批，然后将审核审批通过的《工程款支付申请表》交给出纳安排付款。

2）工程进度款支付流程

① 施工单位先向工程部提交进度款《工程款支付申请表》，要求附上已完工程的预算书，一式三份（工程部、预算办、财务部各一份），施工单位项目经理要签字。

② 工程部审核当月完成的部位及项目及相关工程量，审核完毕由工程部经理签字后交到预算专员。

③ 预算专员审核已完成工程量，并审核工程预算价，确定当月完成工程造价，根据合同约定，审批工程款，然后预算专员签字确认。（注：预算办要求提供电子版预算书时，施工单位要积极配合）

④ 预算专员将进度款《工程款支付申请表》上交财务部审核。

⑤ 财务部审核无误后，将进度款《工程款支付申请表》交由总经理和董事长审批。

⑥ 施工单位根据审核审批通过的进度款《工程款支付申请表》中的金额开具当地建安发票，发票需按进度款《工程款支付申请表》中的工程项目分别填开。

⑦ 施工单位将审核审批通过的进度款《工程款支付申请表》以及相同金额的建安发票上交到财务部，财务部再次复核《工程款支付申请表》的金额是否与发票金额一致，以及核对发票的各项内容后，交到出纳处办理该款项的转付。

⑧ 其他注意事项：

施工单位要提供开户信息并加盖公章，开户信息内容有：单位名称、合同编号、开户名称、行号、账号、开户行。

工程预算书要按单位工程分开，并且设备基础的土建工程与房屋的土建工程要分开。

## 三、工程款审核管理

（1）工程预付款审核：预付款＝合同金额×预付％

（2）工程进度款审核：由施工单位编制上报，工程部技术经理签署意见的已完工程进度报表，经预算经理审核，双方确认，并核对有关合同条款无误。工程进度款＝合同金额×已审核进度％；检验是否超付：合同金额－合同金额×已审进度％－已付金额＜合同金额×(1－下浮％)×(1－保修金％)

（3）工程结算款审核：根据预算部已审核工程结算。工程结算款＝结算总价－下浮价－保修金（或扣留金额）－预付款－进度款－甲供料款－扣款

（4）保修的审核：在合同规定之保修期满后，经使用部门核实无质量问题时方可办理。保修金＝(结算价－下浮价)×保修％－扣款

（5）设备款的审核：材料设备款的支付，主办人必须附上相应送料单、入库单、施工单位领用单及材料设备发票，再根据合同审核支付，工程结束后，按实结算，若发生新增加材料设备，必须经设计单位签认后给予结算。

（6）零星工程款的审核：零星工程即无合同的工程按实结算后给予付款。

## 四、分包结算管理

### （一）施工总承包人与施工分包人结算

根据合同的相对性，总承包人与分包人直接进行结算。分包合同的价款计价方式和确定形式与总包合同无任何连带关系。在这种情况下，分包工程结算先后经过两个阶段：发包人与施工总承包人进行结算阶段、施工总承包人与分包人结算阶段。

（1）先由发包人与施工总承包人进行结算时，如果没有特别约定，发包人与施工总承包人结算价款应包括分包工程项目的结算价款，而分包工程项目的工程价款中应包含分包应该包括由总承包人支付给分包人的工程价款。

（2）再由施工总承包人与分包人结算时，根据分包合同规定，有施工总承包人与分包人进行分包工程价款的结算。由于工程造价不仅具有专业性特点，更具有契约性特点。因此如果总包合同和分包合同对工程价款的计价方式、确定形式、变更程序等约定不同，往往会使总承包人与发包人结算得到的工程价款与总承包人与分包人结算支付的工程价款不

一致，从而使总承包人不仅得到该分包工程项目的管理费，还会得到二者的工程价款的差价。

**（二）发包人与分包人直接结算**

为了避免由于工程造价契约性造成的分包工程价款的差价由总承包人取得，在总承包人要求发包人同意其分包情况下，发包人往往会以发包人与分包人直接结算为条件，来决定是否同意其分包，由此产生了发包人直接结算的情况。总承包人按分包工程价款的百分率取得总包管理费。

## 五、沟通管理

管理学之父彼得鲁克说过："管理就是沟通沟通再沟通"。可见，沟通在管理中的重要性是不言而喻的。

工程项目是基于工程项目实施者和利益关系人紧密协作完成特定任务的过程，在此过程中不仅涉及工程项目实施者内部的分工协作，还涉及工程项目利益关系人（业主、总承包方、分承包方、监理单位、主管部门）之间的分工协作。工程造价管理工作是否能顺利进行、是否能按既定目标进行，沟通工作是非常重要的辅助手段。

实际造价管理工作中，建设单位在检查项目阶段成果时，往往会指出曾经提出的某个要求没有包含在其中，而这个要求早就以口头的方式告知过造价管理项目组的成员，但作为造价管理者的你却一无所知，而那位成员解释说把这点忘记了；或者，造价管理项目组的行动和业主的需求发生了偏差，造成了造价文件重新调整；或者，发生某项变更或洽商时，未通知造价管理人员，也未到现场实际考查，导致签发工程量或价格不准确；或者，由于分包方未按照图施工，造成经济损失；或者，由于设计、采购、设备、安装各专业组之间的配合不好，导致工期拖延；等等。这些问题产生的原因都与缺乏有效的沟通有关。

因此，造价管理人员必须加强与本公司上下级之间、项目组合作成员之间的内部沟通协作。并且与建设项目各参与方保持良好的沟通，发现问题时及时沟通，及时掌握项目进展过程中的动态信息；定期与建设单位、施工单位、监理单位等相关人员进行工作交流，尤其是与作为造价咨询业务的委托方（一般为建设单位）保持沟通渠道畅通，并对工作中遇到的问题进行及时协商，明白委托方的要求以及合同规定，才能更好地做好造价管理。

## 六、材料设备管理

材料设备是建筑工程的整体物质基础，此项费用控制的好坏直接关系到工程整体造价的高低，并且材料设备质量性能的优劣直接影响着工程的进度和整体质量。对于工程材料的合理控制，直接关系到工程项目的整体造价，还关系到承发包双方的经济利益。尤其是对甲供材料的控制、材料设备价格的确定对工程造价控制具有重要的意义。

## 七、台账管理

工程项目领域实行台账管理制度，各个专业都要建立相应的台账，作为项目管理的重要手段。建立并维护好项目台账是进行全过程造价控制的重要手段。造价管理人员在项目组建初始阶段就应及时建立各类台账，与造价管理有关的台账有：合同台账、工程变更台账、工程款支付台账、结算台账等。通过掌握工程造价动态信息，确保工程造价始终处于可控、能控、在控的良性循环状态。

## 第四节　竣工验收阶段工程造价的管理

### 一、竣工结算

工程竣工结算是指工程项目完工并经竣工验收合格后，发承包双方按照施工合同的约定对所完成的工程项目进行的工程价款的计算、调整和确认。工程竣工结算分为单位工程竣工结算、单项工程竣工结算和建设项目竣工总结算，其中，单位工程竣工结算和单项工程竣工结算也可看作是分阶段结算。

**（一）工程竣工结算的编制依据**

工程竣工结算由承包人或受其委托具有相应资质的工程造价咨询人编制，由发包人或受其委托具有相应资质的工程造价咨询人核对。工程竣工结算编制的主要依据有：

（1）建设工程工程量清单计价规范。

（2）工程合同。

（3）发承包双方实施过程中已确认的工程量及其结算的合同价款。

（4）发承包双方实施过程中已确认调整后追加（减）的合同价款。

（5）建设工程设计文件及相关资料。

（6）投标文件。

（7）其他依据。

**（二）工程竣工结算的计价原则**

在采用工程量清单计价的方式下，工程竣工结算的编制应当规定的计价原则如下：

（1）分部分项工程和措施项目中的单价项目应依据双方确认的工程量与已标价工程量清单的综合单价计算；如发生调整的，以发承包双方确认调整的综合单价计算。

（2）措施项目中的总价项目应依据合同约定的项目和金额计算；如发生调整的，以发承包双方确认调整的金额计算，其中安全文明施工费必须按照国家或省级、行业建设主管部门的规定计算。

（3）其他项目应按下列规定计价：

① 计日工应按发包人实际签证确认的事项计算；

② 暂估价应按发承包双方按照《建设工程工程量清单计价规范》GB 50500—2013 的相关规定计算；

③ 总承包服务费应依据合同约定金额计算，如发生调整的，以发承包双方确认调整的金额计算；

④ 施工索赔费用应依据发承包双方确认的索赔事项和金额计算；

⑤ 现场签证费用应依据发承包双方签证资料确认的金额计算；

⑥ 暂列金额应减去工程价款调整（包括索赔、现场签证）金额计算，如有余额归发包人。

（4）规费和税金应按照国家或省级、行业建设主管部门的规定计算。规费中的工程排污费应按工程所在地环境保护部门规定标准缴纳后按实列入。

此外，发承包双方在合同工程实施过程中已经确认的工程计量结果和合同价款，在竣工结算办理中应直接进入结算。

### （三）竣工结算的审核

（1）国有资金投资建设工程的发包人，应当委托具有相应资质的工程造价咨询企业对竣工结算文件进行审核，并在收到竣工结算文件后的约定期限内向承包人提出由工程造价咨询企业出具的竣工结算文件审核意见；逾期未答复的，按照合同约定处理，合同没有约定的，竣工结算文件视为已被认可。

（2）非国有资金投资的建筑工程发包人，应当在收到竣工结算文件后的约定期限内予以答复，逾期未答复的，按照合同约定处理，合同没有约定的，竣工结算文件视为已被认可；发包人对竣工结算文件有异议的，应当在答复期内向承包人提出，并可以在提出异议之日起的约定期限内与承包人协商；发包人在协商期内未与承包人协商或者经协商未能与承包人达成协议的，应当委托工程造价咨询企业进行竣工结算审核，并在协商期满后的约定期限内向承包人提出由工程造价咨询企业出具的竣工结算文件审核意见。

（3）发包人委托工程造价咨询机构核对竣工结算的，工程造价咨询机构应在规定期限内核对完毕，核对结论与承包人竣工结算文件不一致的，应提交给承包人复核，承包人应在规定期限内将同意核对结论或不同意见的说明提交工程造价咨询机构。工程造价咨询机构收到承包人提出的异议后，应再次复核，复核无异议的，发承包双方应在规定期限内在竣工结算文件上签字确认，竣工结算办理完毕；复核后仍有异议的，对于无异议部分办理不完全竣工结算；有异议部分由发承包双方协商解决，协商不成的，按照合同约定的争议解决方式处理。

承包人逾期未提出书面异议的，视为工程造价咨询机构核对的竣工结算文件已经承包人认可。

（4）承包人对发包人提出的工程造价咨询企业竣工结算审核意见有异议的，在接到该审核意见后一个月内，可以向有关工程造价管理机构或者有关行业组织申请调解，调解不成的，可以依法申请仲裁或者向人民法院提起诉讼。

## 二、竣工决算

### （一）建设项目竣工决算的概念

项目竣工决算是指所有项目竣工后，项目单位按照国家有关规定在项目竣工验收阶段编制的竣工决算报告。竣工决算是以实物数量和货币指标为计量单位，综合反映竣工项目从筹建开始到项目竣工交付使用为止的全部建设费用、建设成果和财务情况的总结性文件，是竣工验收报告的重要组成部分，竣工决算是正确核定新增固定资产价值、考核分析投资效果、建立健全经济责任制的依据，是反映建设项目实际造价和投资效果的文件。竣工决算是建设工程经济效益的全面反映，是项目法人核定各类新增资产价值、办理其交付使用的依据。竣工决算是工程造价管理的重要组成部分，做好竣工决算是全面完成工程造价管理目标的关键性因素之一。通过竣工决算，既能够正确反映建设工程的实际造价和投资结果，又可以通过竣工决算与概算、预算的对比分析，考核投资控制的工作成效，为工程建设提供重要的技术经济方面的基础资料，提高未来工程建设的投资效益。

项目竣工时，应编制建设项目竣工财务决算。建设周期长、建设内容多的项目，单项工程竣工，具备交付使用条件的，可编制单项工程竣工财务决算。建设项目全部竣工后应编制竣工财务总决算。

**（二）建设项目竣工决算的作用**

（1）建设项目竣工决算是综合全面地反映竣工项目建设成果及财务情况的总结性文件，它采用货币指标、实物数量、建设工期和各种技术经济指标综合、全面地反映建设项目自开始建设到竣工为止全部建设成果和财务状况。

（2）建设项目竣工决算是办理交付使用资产的依据，也是竣工验收报告的重要组成部分。建设单位与使用单位在办理交付资产的验收交接手续时，通过竣工决算反映了交付使用资产的全部价值，包括固定资产、流动资产、无形资产和其他资产的价值。及时编制竣工决算可以正确核定固定资产价值并及时办理交付使用，可缩短工程建设周期，节约建设项目投资，准确考核和分析投资效果。

（3）为确定建设单位新增固定资产价值提供依据。在竣工决算中，详细地计算了建设项目所有的建安费、设备购置费、其他工程建设费等新增固定资产总额及流动资金，可作为建设主管部门向企业使用单位移交财产的依据。

（4）建设项目竣工决算是分析和检查设计概算的执行情况，考核建设项目管理水平和投资效果的依据。竣工决算反映了竣工项目计划、实际的建设规模、建设工期以及设计和实际的生产能力，反映了概算总投资和实际的建设成本，同时还反映了所达到的主要技术经济指标。通过对这些指标计划数、概算数与实际数进行对比分析，不仅可以全面掌握建设项目计划和概算执行情况，而且可以考核建设项目投资效果，为今后制订建设项目计划，降低建设成本，提高投资效果提供必要的参考资料。

**（三）竣工决算的内容**

建设项目竣工决算应包括从筹集到竣工投产全过程的全部实际费用，即包括建筑工程费、安装工程费、设备工器具购置费用及预备费等费用。根据财政部、国家发改委和住房和城乡建设部的有关文件规定，竣工决算是由竣工财务决算说明书、竣工财务决算报表、工程竣工图和工程竣工造价对比分析四部分组成。其中竣工财务决算说明书和竣工财务决算报表两部分又称建设项目竣工财务决算，是竣工决算的核心内容。

## 第五节　其他工程造价的管理

### 一、工程造价鉴定

建筑工程是一种特殊的产品，产生纠纷的原因很多，导致了工程造价司法鉴定的复杂性。建筑市场承包商之间竞争十分激烈，垫资承包、阴阳合同、拖欠工程款、现场乱签证、工程质量低劣等社会现象在诉讼活动中全部折射出来，鉴定难度大。近几年来，因建筑工程造价纠纷问题而引起的民事诉讼案件逐年增多，因而也就出现了诉讼中的工程造价司法鉴定问题。

工程造价司法鉴定是指依法取得有关工程造价司法鉴定资格的鉴定机构和鉴定人受司法机关或当事人委托，依据国家的法律、法规以及中央和省、自治区及直辖市等地方政府颁布的工程造价定额标准，针对某一特定建设项目的施工图纸及竣工资料来计算和确定某一工程价值并提供鉴定结论的活动。

工程造价司法鉴定既是工程造价咨询业务技术性工作，同时也是司法审判工作的重要证据，因此，工程司法鉴定的工作程序必然具有两者结合的特点。

## 二、工程审计

工程审计是依据国家《审计法》等相关规定，对工程概、预算在执行中是否超支，有无隐匿资金、截留基建收入和投资包干结余，以及有无以投资包干结余的名义私分基建投资的违纪行为等。审计是以基建项目为标的，以会计师、审计师为主要从业人员。工程审计包括工程造价审计和竣工财务决算审计两大类型。

造价审计一般是对单项、单位工程的造价进行审核，其审计过程与乙方的决算编制过程基本相同，即按照工程量套定额，这由造价工程师完成。

对于建设单位来说，由于造价审计只是审核单项、单位工程的合同造价，一个建设项目总的支出是由很多单项、单位工程组成的，而且还有很多支出，比如前期开发费用、工程管理杂费等是不需要造价审计的，所以还要有一个竣工财务决算审计，就是将造价工程师审定的和未经造价工程师审核的所有支出加在一起，审查其是否有不合理支出，是否有挤占建设成本和计划外建设项目的现象等，来确定一个建设项目的总的造价。

# 第十章　CAD2018 图形导入识别

**学习目标**　掌握 CAD 软件导入识别的操作。

## 一、CAD 草图的导入

### （一）导入

第一步：单击导航栏“CAD 识别”下的“CAD 草图”。如图 10-1 所示。

第二步：单击“导入 CAD 图”按钮，在导入 CAD 图形对话框中，选中要导入的 CAD 图，如选上“XX 工程”，右边出现要导入的图形。这个图形可以放大。如图 10-2 所示。

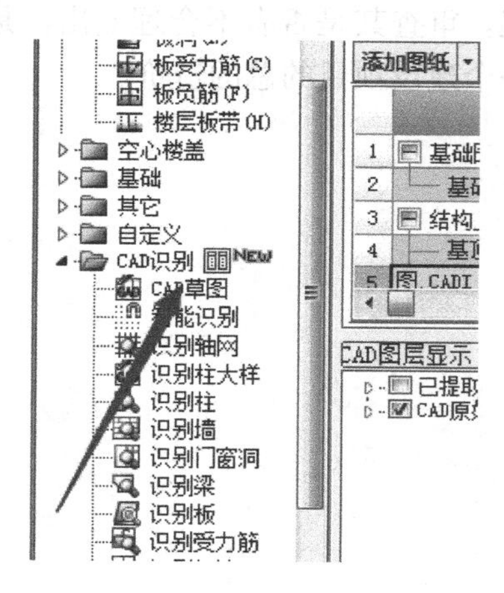


图 10-1　导航栏

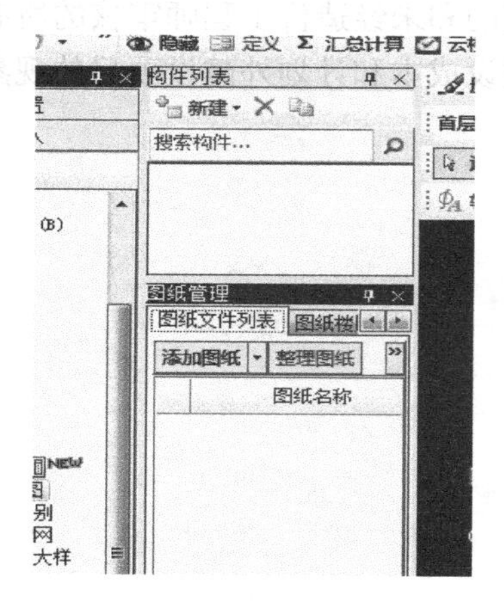


图 10-2　CAD 对话框

第三步：在下面文件名栏中出现：XX 结构，单击“打开”。如图 10-3 所示。

第四步：当出现“请输入原图比例”对话框，软件设置为 1∶1，单击“确定”。这样 XX 结构的 CAD 图就导过来了。如图 10-4 所示。

### （二）保存 CAD 图

一个工程存在多个楼层、多种构件类型的 CAD 图在一起，为了方便导图，需要把各个楼层“单独拆分”出来，这时就要逐个把要用到的楼层图单独导出为一个独立文件，再利用这些文件识别。其方法：

（1）单击菜单栏中的“CAD 识别”，再单击“导出选中的 CAD 图形”，然后在绘图区域“拉框选择”想要导出的图。

（2）单击“右键”确定，弹出“另存为”对话框。

（3）在“另存为”的对话框中的“文件名”栏中，输入“文件名”如桩基图，单击“保存”。

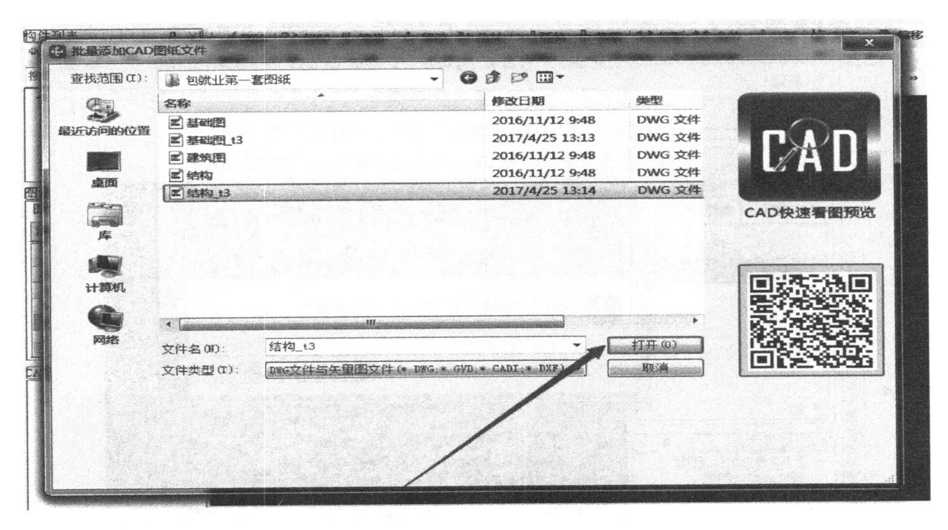


图 10-3　文件栏

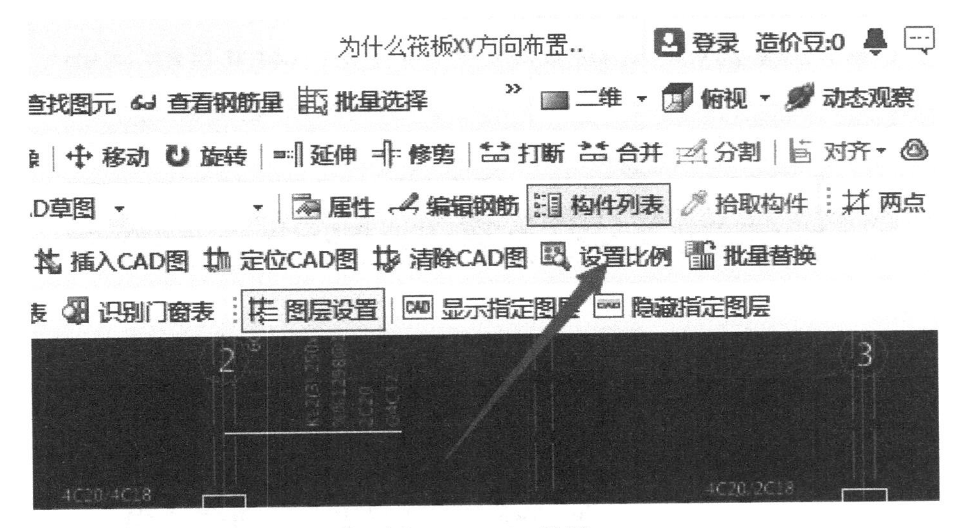


图 10-4　CAD 导图

(4) 在弹出的“提示”对话框时，单击“确定”，完成导出保存拆分 CAD 图的操作。

**(三) 清除 CAD 图**

全部图纸导出保存后，单击“清除 CAD 图”按钮，这时，就可把全部原来的 CAD 图清理了。如图 10-5 所示。

**(四) 提取拆分的 CAD 图**

第一步：首先切换到“基础层”，单击“导入 CAD 图”，弹出“导入 CAD 图形”对话框。

第二步：选择“基础图”，单击“打开”，在弹出的“请输入原图比例”对话框，软件设置为 1∶1，单击“确定”。这样，基础图就显示出来了。如图 10-6、图 10-7 所示。

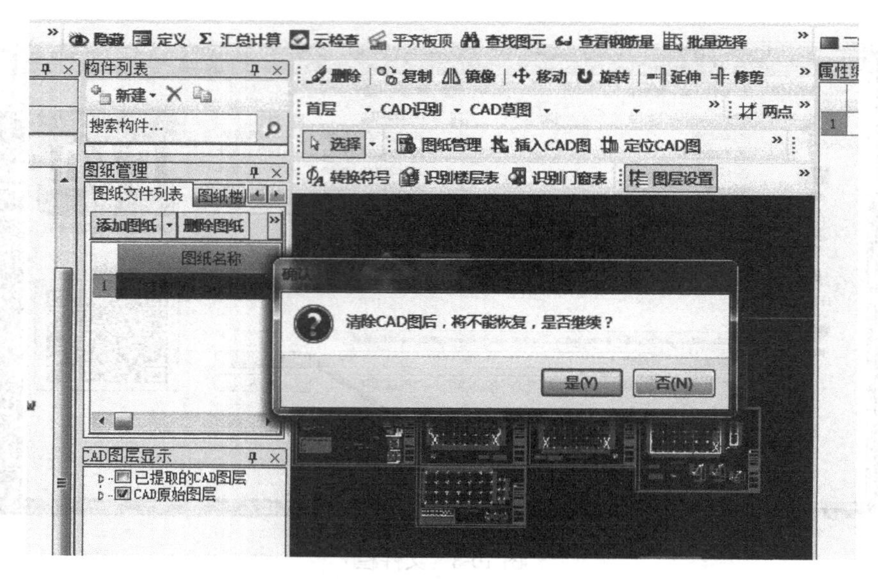


图 10-5　清除 CAD

图 10-6　拆分 CAD（一）

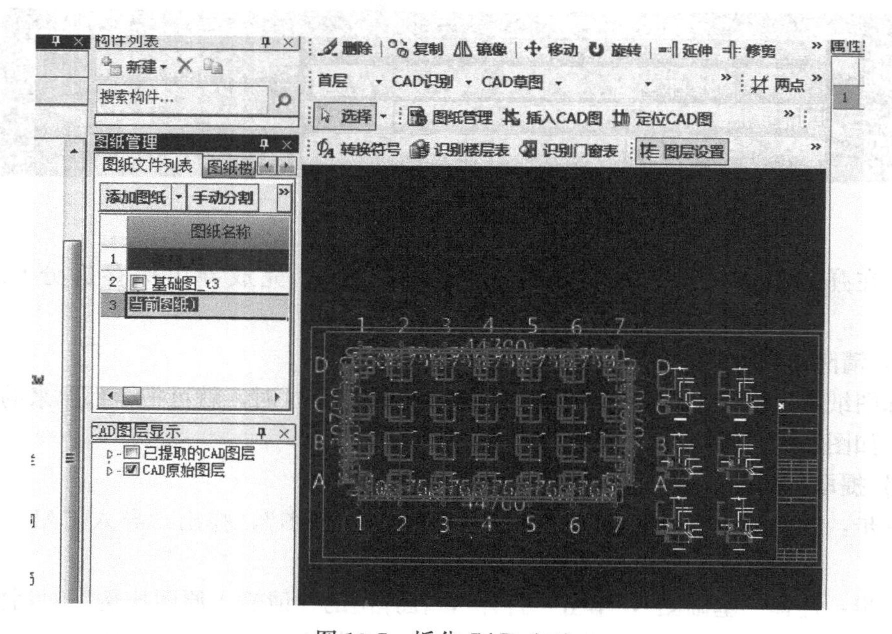


图 10-7　拆分 CAD（二）

## 二、轴网的导入识别

第一步：点击“导航”条下的“CAD 识别”，单击“识别轴网”。如图 10-8 所示。

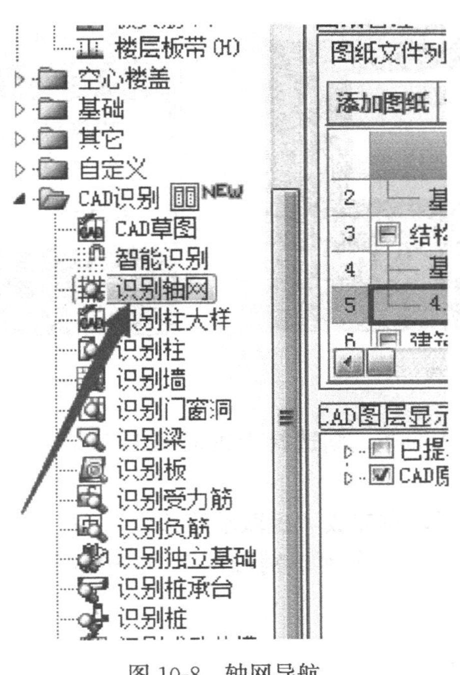


图 10-8　轴网导航

第二步：单击绘图工具栏中的“提取轴线边线”，再单击“图层设置”按钮，点击“选择相同图层的 CAD 图元”或“选择相同颜色的 CAD 图元”。如图 10-9 所示。

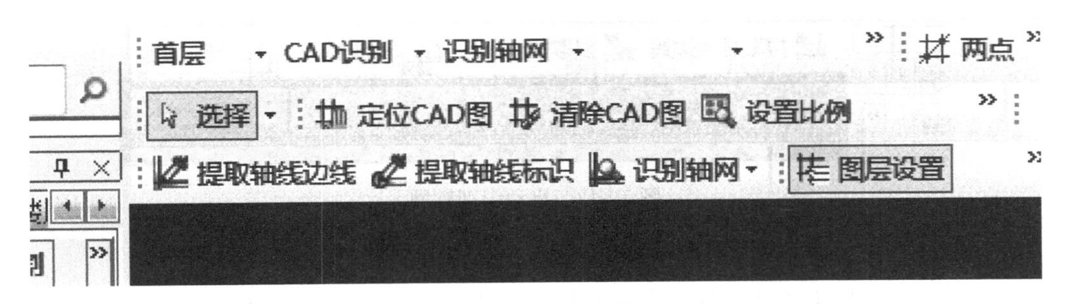


图 10-9　轴线边线

第三步：单击需要提取的轴线（此过程中也可以点选或框选需要提取的 CAD 图元）。如图 10-10 所示。具体步骤如下：

（1）点击“右键”确认选择，则选择上的轴线自动消失，并存放在“已提取的 CAD 图层”中。

（2）单击绘图工具栏中的“提取轴线标识”，再单击“图层设置”按钮，点击“选择相同图层的 CAD 图元”或“选择相同颜色的 CAD 图元”。如图 10-11 所示。

（3）单击需要提取的轴线标识（此过程中也可以点选或框选需要提取的 CAD 图元）。

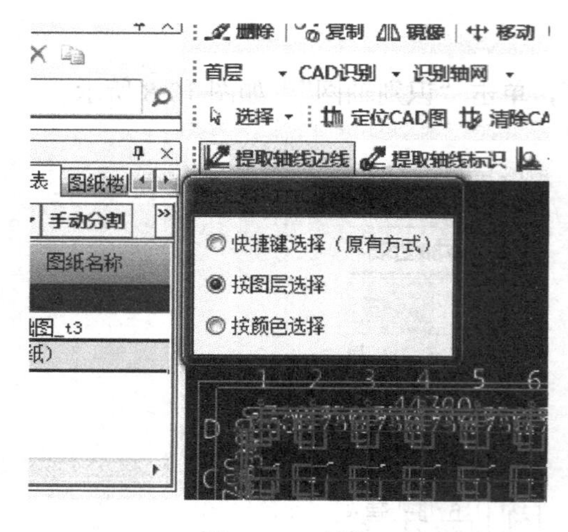


图 10-10　轴线

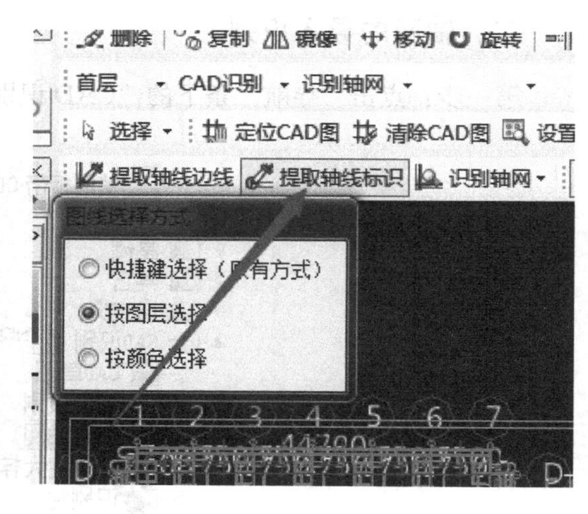


图 10-11　轴线

（4）点击“右键”确认选择，则选择上的轴线自动消失，并存放在“已提取的 CAD 图层”中。

第四步：自动识别轴网，在完成“提取轴线边线”和“提取轴线标识”的操作后，单击菜单栏“CAD 识别”，单击“自动识别轴网”，这样整个轴网就被识别了。如图 10-12 所示。

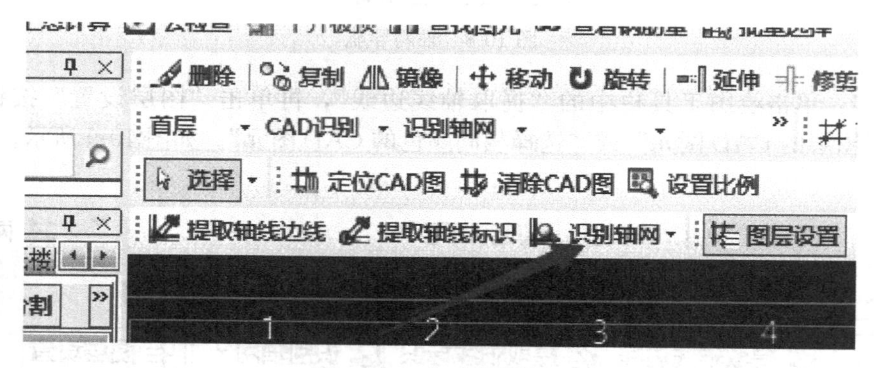


图 10-12　自动识别轴网

第五步：在轴网识别后，有时会出现部分轴线没有轴线标识。

（1）单击导航栏中的“轴线”选择“辅助轴线”。如图 10-13 所示。

（2）单击“修改轴号”按钮。如图 10-14 所示。

（3）单击左键，选择没有“轴号”的轴线，弹出“请输入轴号”对话框。如图 10-15 所示。

（4）在“请输入轴号”对话框中的“轴号栏”里输入相应的“轴号”，如：1、2、3……

（5）单击“确定”，这样没有轴线标识的轴线就有了标识。

第六步：合并两个轴网：有时一栋房屋太长，CAD 图把它分两部分画，导过来之后如何把它合并成一个轴网。

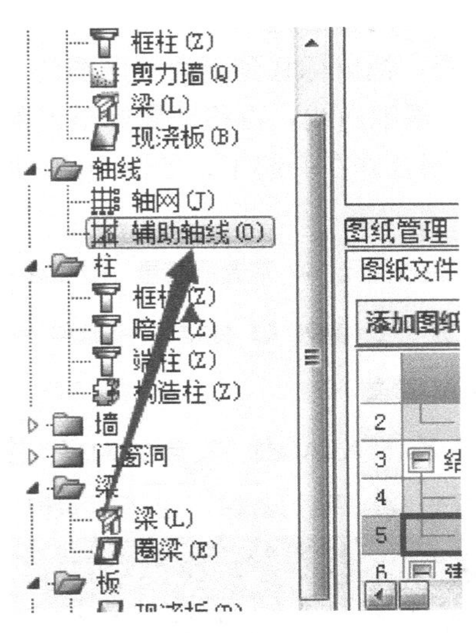


图 10-13　辅助轴线

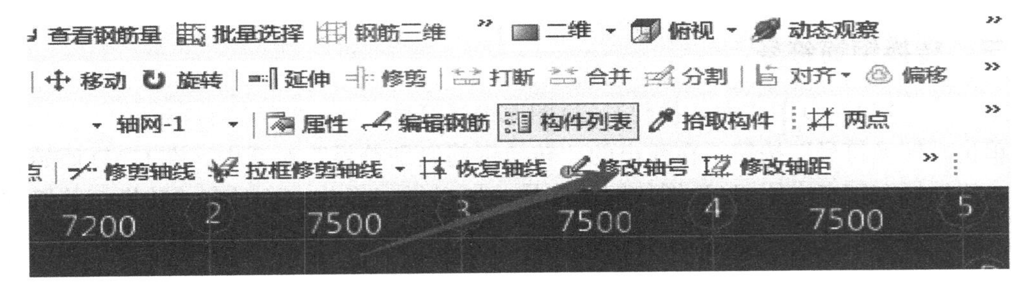


图 10-14　修改轴号

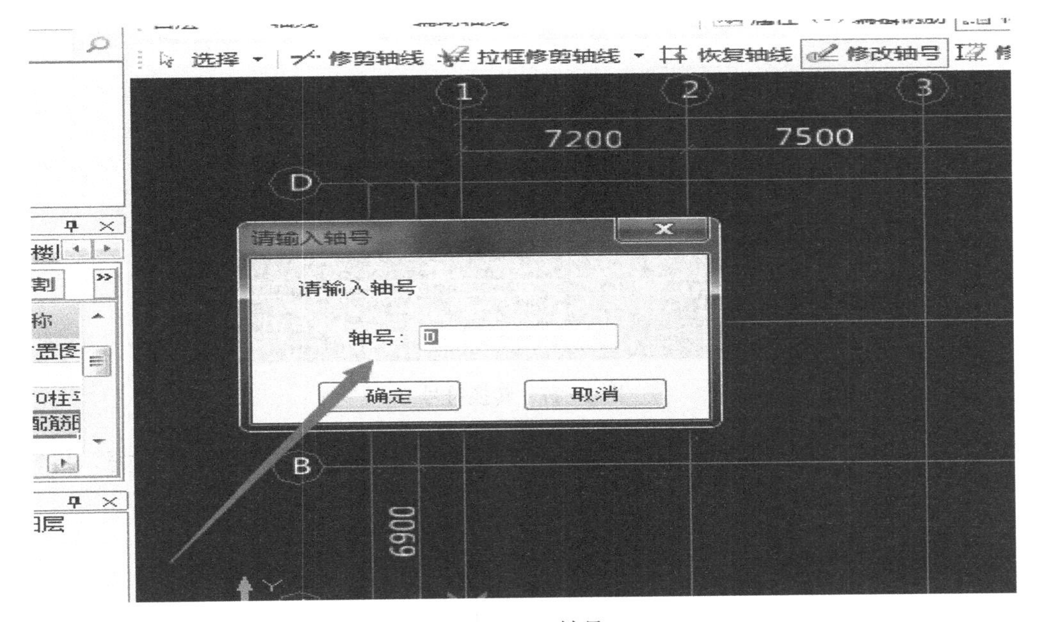


图 10-15　轴号

可以用“重新定位 CAD 图”的方法把两个轴网合并。

在导入进来的 CAD 轴网图，把鼠标移到下面轴网图的 10 轴与 1 轴交点（即第二个轴网起始点），单击左键，出现一根细白线，再移动鼠标至识别完的上面轴网的 10 轴与 1 轴交点，单击左键，这样两个轴网合并在一起了。如图 10-16 所示。

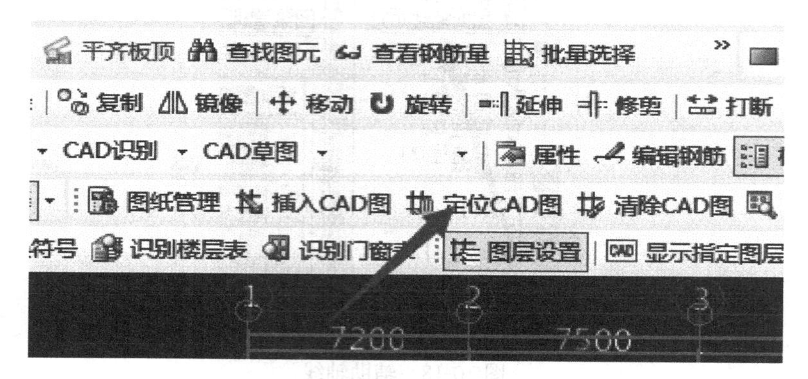


图 10-16 图层设置

## 三、转换钢筋符号

第一步：把 CAD 图放大，找到 CAD 图原钢筋符号，如：3%%13116。

单击“转换符号”按钮，在弹出的“转换钢筋级别符号”对话中，在 CAD 原始符号栏内，用鼠标左键点击原 CAD 图的钢筋符号，如 3%%13116，这时在“转换钢筋级别符号”对话中的 CAD 原始符号栏内，出现了转换钢筋符号形式。如图 10-17、图 10-18 所示。

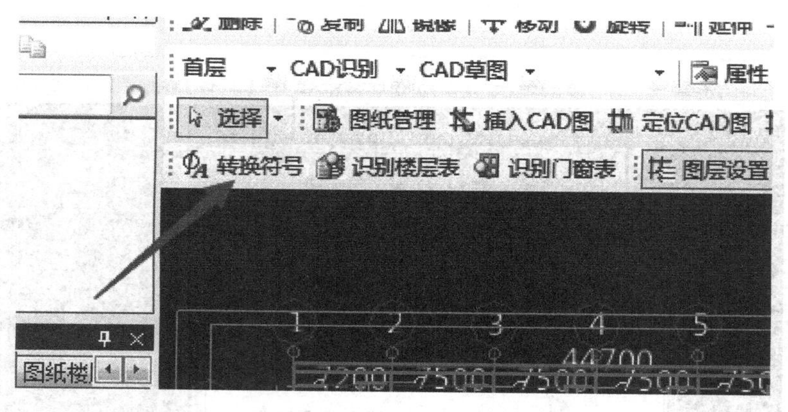


图 10-17 转换符号

第二步：单击“转换”，弹出的“确认”框中，单击“是”。一次转换不完，再转换，直至全部转换完毕，单击结束。如图 10-19 所示。

## 四、柱表的导入识别

第一步：在“CAD”草图中识别柱表。导入柱表后单击“识别柱表”按钮，左键框选

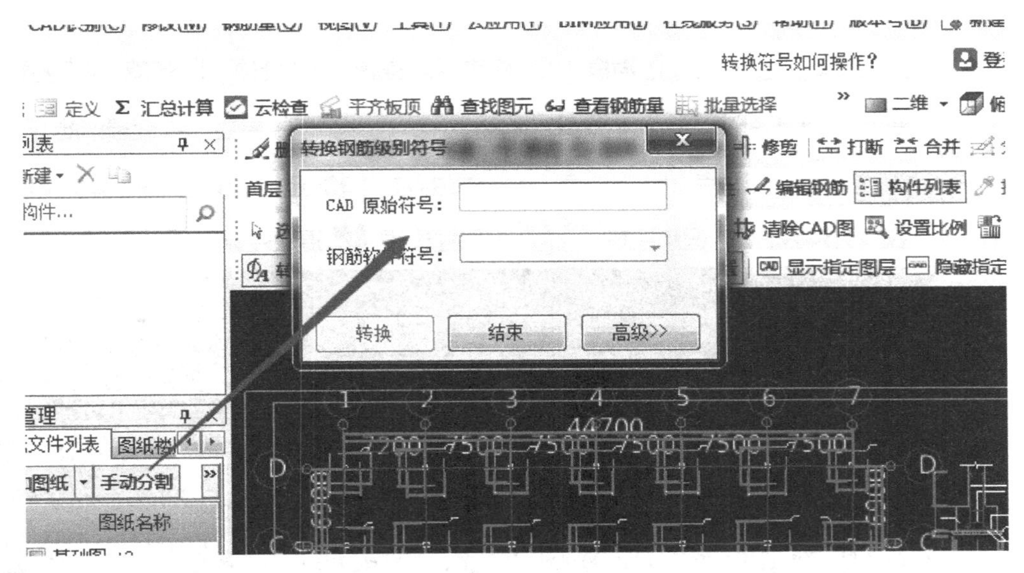


图 10-18　符号栏

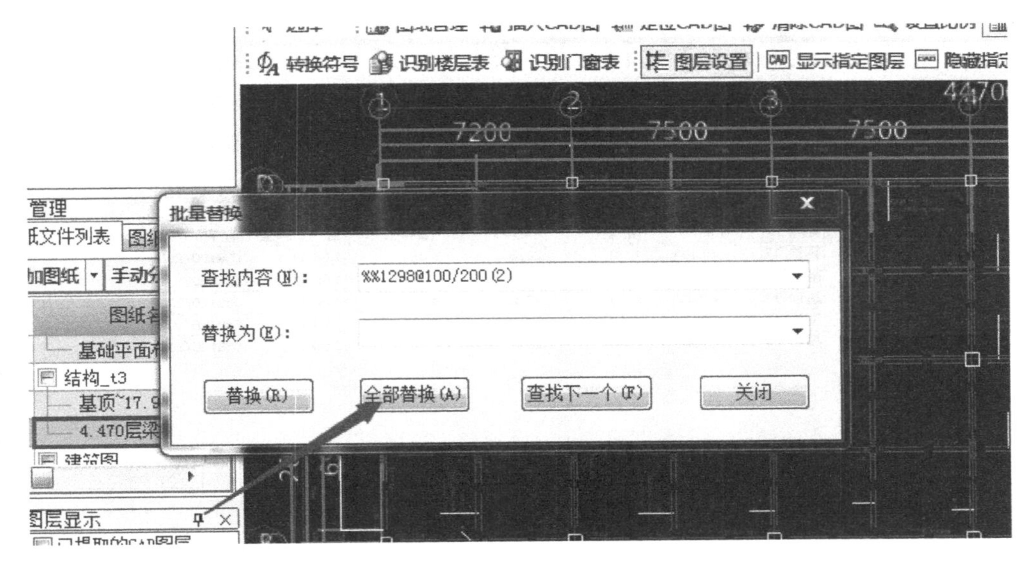


图 10-19　替换栏

“柱表”，单击右键“确认”。这时会弹出“识别柱表——选择对应列”对话框。如图 10-20 所示。

第二步：然后在柱表的第一行的空白行中，单击左键，右边出现“对勾”。如图 10-21 所示。

第三步：单击“对勾”，选择：柱号、标高、b＊h、b1、b2、h1、h2、角筋、b 边一侧、h 边一侧、箍筋类型号、箍筋，选定后单击“确定”，在弹出的“确定”框中，单击“确定”。

第四步：单击“生成构件”，弹出“确认”表，单击“确定”，弹出“提示构件生成成

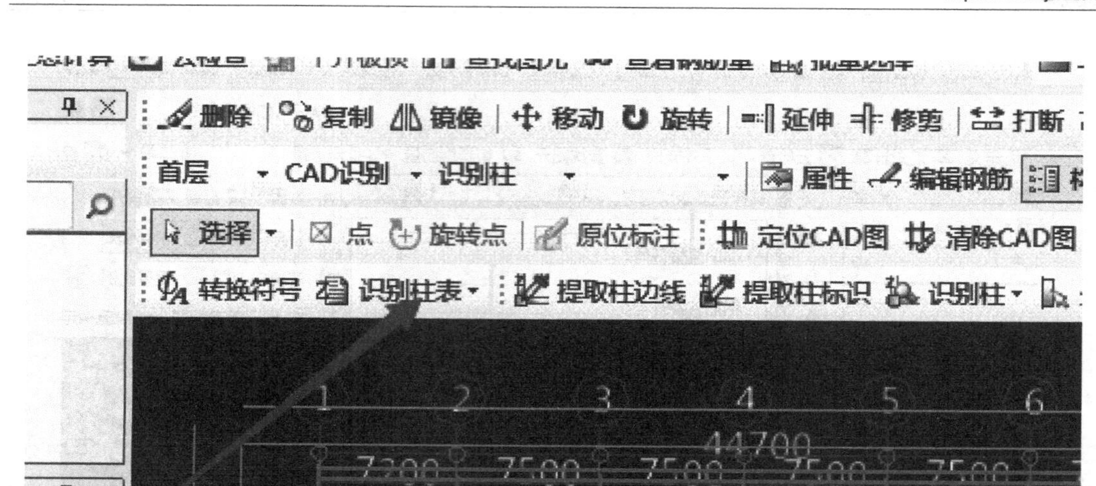


图 10-20 CAD 草图——识别柱表

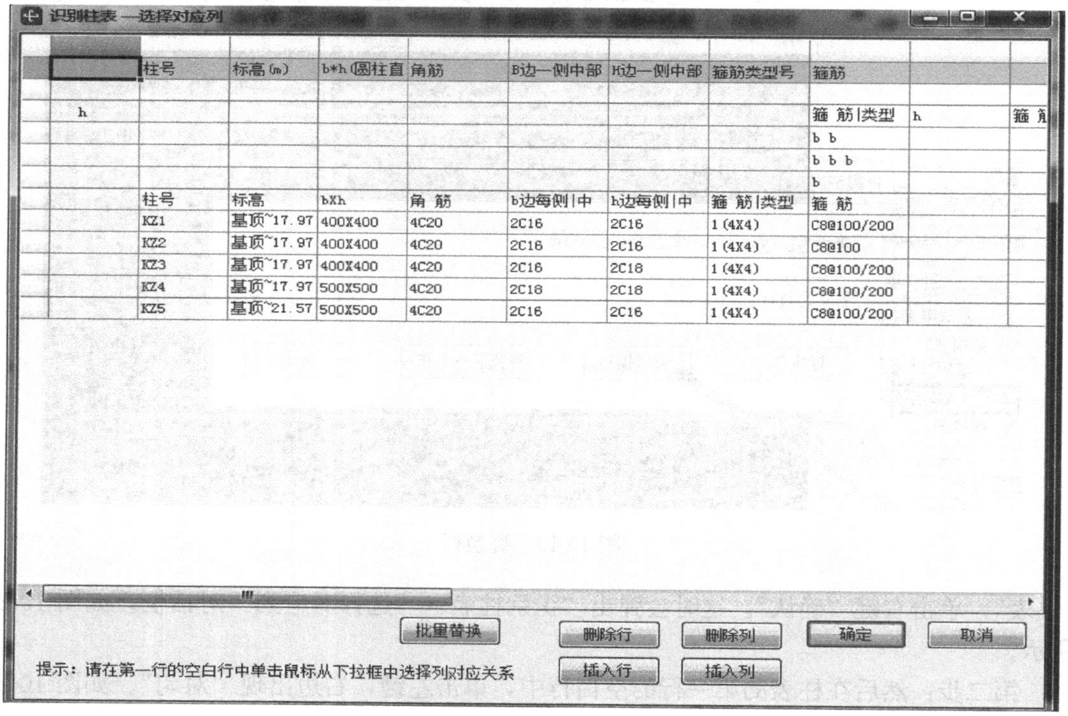

识别柱表—选择对应列

| | 柱号 | 标高(m) | b*h(圆柱直 | 角筋 | B边一侧中部 | H边一侧中部 | 箍筋类型号 | 箍筋 | | |
|---|---|---|---|---|---|---|---|---|---|---|
| h | | | | | | | | 箍 筋\|类型 | h | 箍 筋 |
| | | | | | | | | b b | | |
| | | | | | | | | b b b | | |
| | | | | | | | | b | | |
| | 柱号 | 标高 | bXh | 角 筋 | b边每侧\|中 | h边每侧\|中 | 箍 筋\|类型 | 箍 筋 | | |
| | KZ1 | 基顶~17.97 | 400X400 | 4C20 | 2C16 | 2C16 | 1(4X4) | C8@100/200 | | |
| | KZ2 | 基顶~17.97 | 400X400 | 4C20 | 2C16 | 2C16 | 1(4X4) | C8@100 | | |
| | KZ3 | 基顶~17.97 | 400X400 | 4C20 | 2C16 | 2C18 | 1(4X4) | C8@100/200 | | |
| | KZ4 | 基顶~17.97 | 500X500 | 4C20 | 2C18 | 2C18 | 1(4X4) | C8@100/200 | | |
| | KZ5 | 基顶~21.57 | 500X500 | 4C20 | 2C16 | 2C16 | 1(4X4) | C8@100/200 | | |

批量替换　删除行　删除列　确定　取消

提示：请在第一行的空白行中单击鼠标从下拉框中选择列对应关系　插入行　插入列

图 10-21 识别柱表

功”，单击“确定”。如图 10-22、图 10-23 所示。

第五步：在该“柱列表”中，单击“新建柱”，在图 10-24 中出现 KZ-1 柱，可填柱的数据。也可在该“柱列表”中，单击“新建柱层”，在图中出现 2.2～5.25 的柱层，复制。

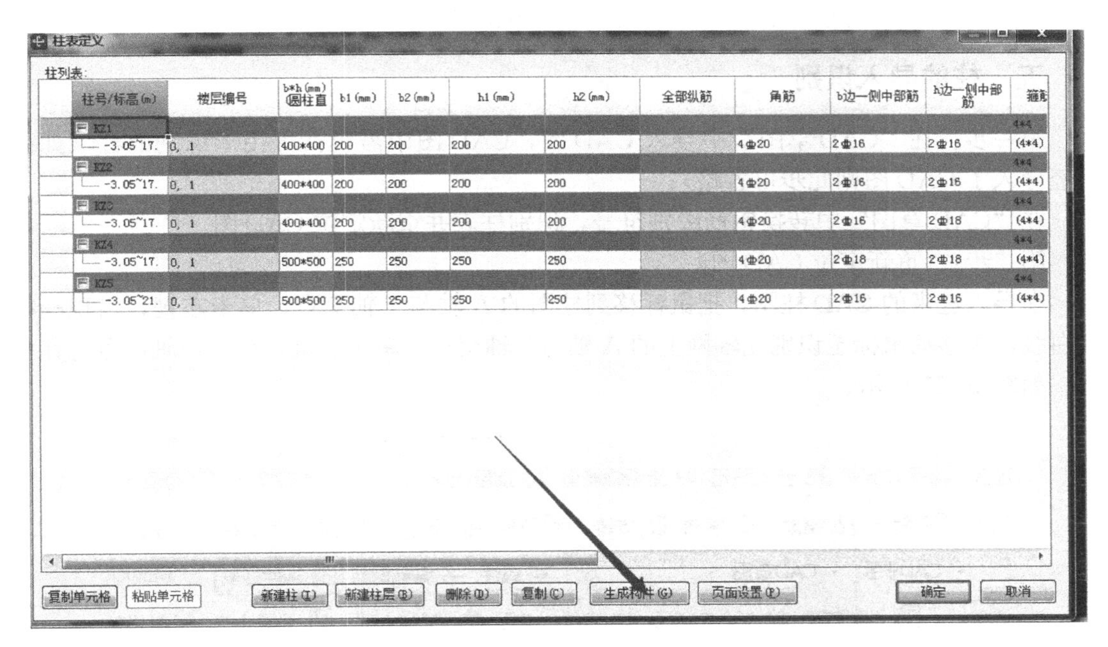


图 10-22 生成构件图

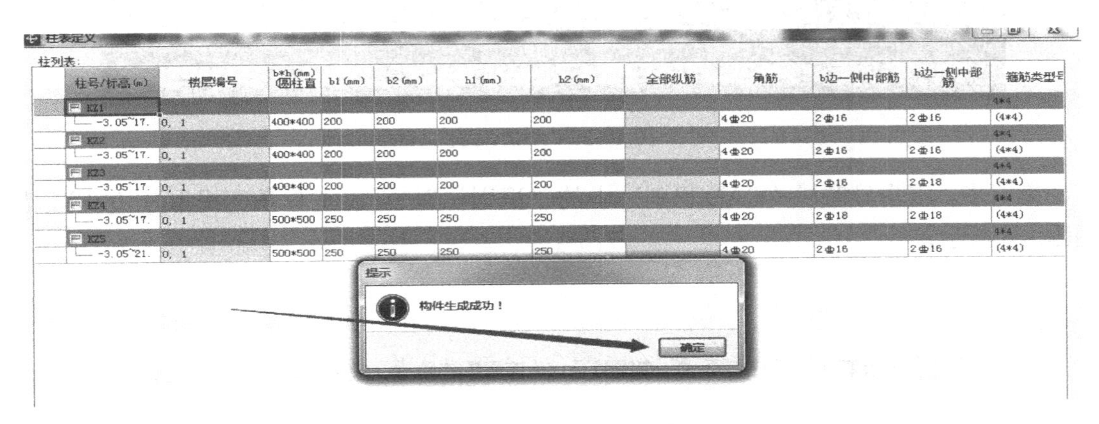


图 10-23 构件生成确定

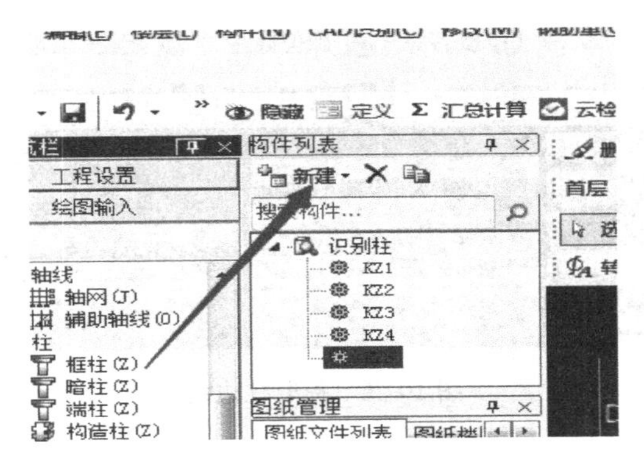


图 10-24 新建柱层

第六步：识别“连梁表”、识别“门窗表”方法同上。

## 五、柱的导入识别

第一步：在“CAD 草图”中导入 CAD 图，CAD 图中需包括可用于识别的柱（如果已经导入了 CAD 图则此步可省略）。

在“CAD 草图”中转换钢筋级别符号，识别柱表并重新定位 CAD 图。

第二步：（重新定位 CAD 图）

在导入进来的 CAD 柱图，把鼠标移到柱图的 A 轴与 1 轴交点，单击左键，出现一根细白线，再移动鼠标至识别完轴网上的 A 轴与 1 轴交点，单击左键，柱图与轴网重合在一起。如图 10-25 所示。

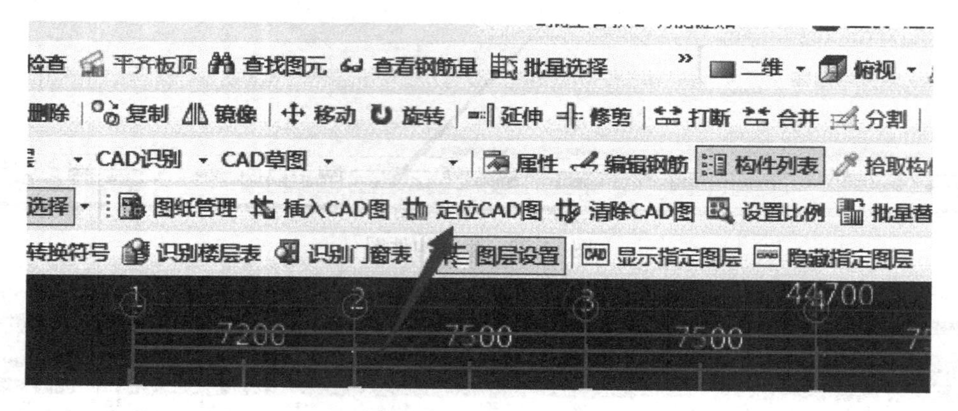


图 10-25　图层设置

第三步：点击导航栏“CAD 识别”中的“识别柱”，点击工具条“提取柱边线”。如图 10-26 所示。

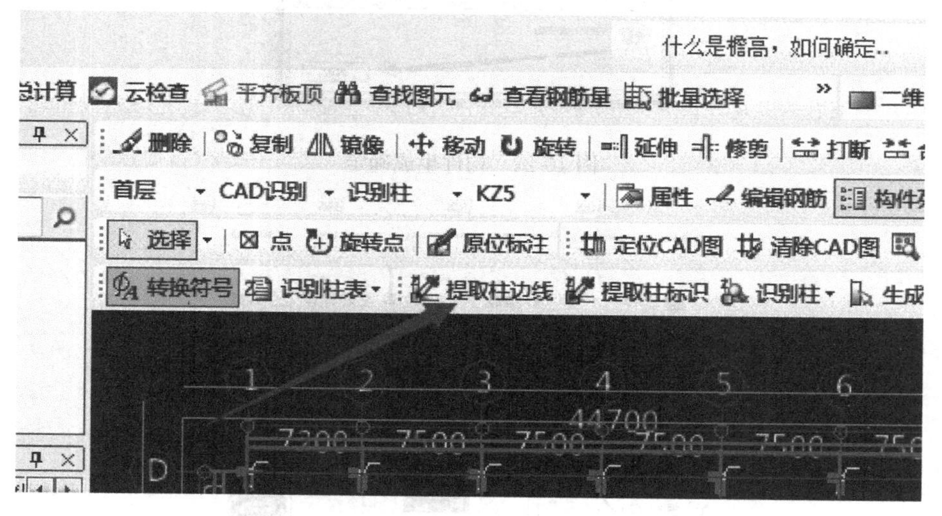


图 10-26　提取柱边线

第四步：单击“图层设置”按钮，利用“选择相同图层的 CAD 图元”（Ctrl＋左键）

或“选择相同颜色的 CAD 图元”（Alt+左键）的功能选中需要提取的柱 CAD 图元，（一定要单击上柱边线）此过程中也可以点选或框选需要提取的 CAD 图元，点击鼠标右键确认选择，则选择的 CAD 图元自动消失，并存放在“已提取的 CAD 图层”中。如图 10-27 所示。

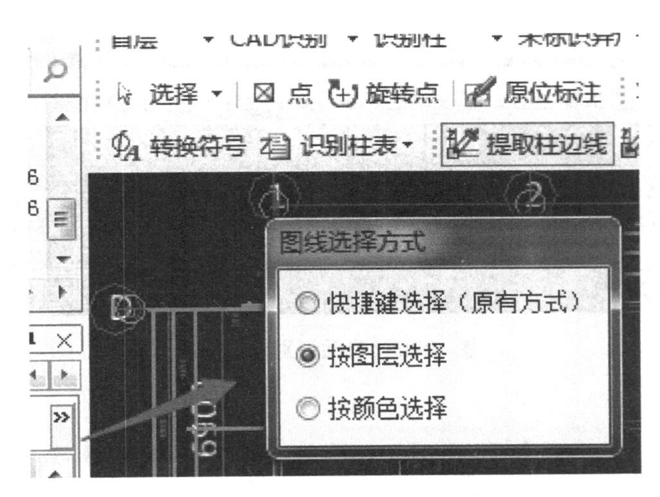


图 10-27　提取的 CAD 图层

第五步：点击绘图工具条“提取柱标识”；选择需要提取的柱标识 CAD 图元，点击鼠标，右键确认选择。如图 10-28 所示。

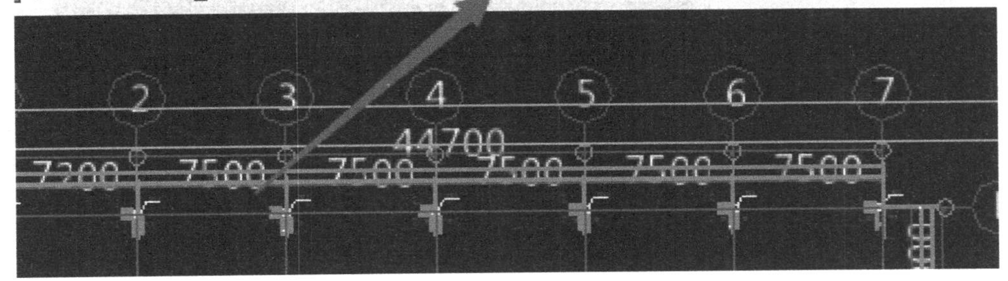


图 10-28　提取柱标识

第六步：检查提取的柱边线和柱标识是否准确，如果有误还可以使用“画 CAD 线”和“还原错误提取的 CAD 图元”功能对已经提取的柱边线和柱标识进行修改。

点击工具条“自动识别柱”下的“自动识别柱”，则提取的柱边线和柱标识被识别为软件的柱构件，并弹出识别成功的提示。如图 10-29、图 10-30 所示。

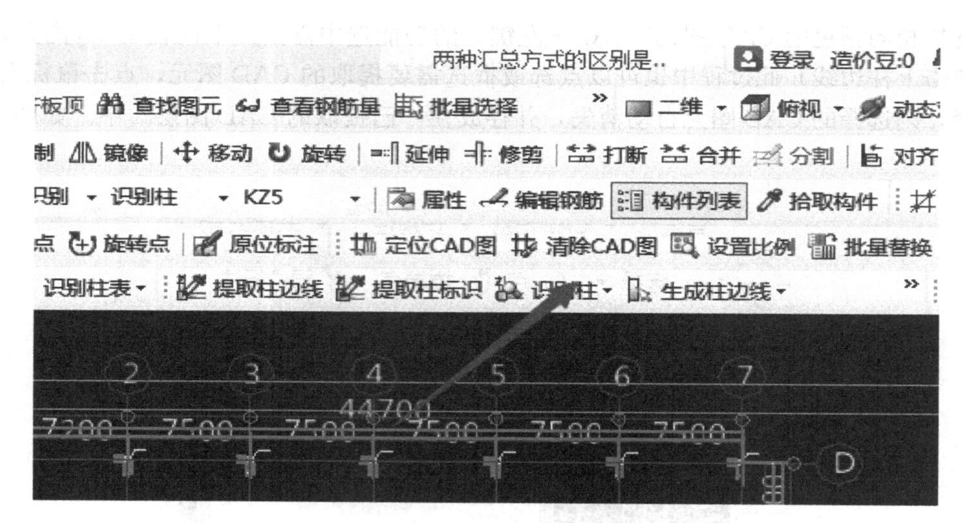


图 10-29　自动识别柱（一）

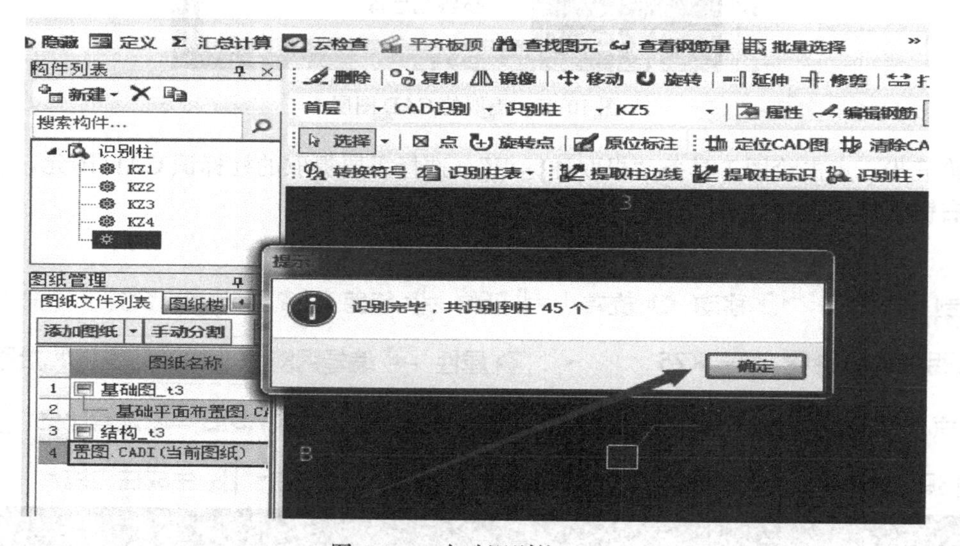


图 10-30　自动识别柱（二）

第七步：如果不重新定位 CAD 图，导入的构件图元有可能就会与轴线偏离；门窗表通常情况在建筑施工图总说明部分，柱表通常在柱平面图中，连梁表在剪力墙平面图中。

如果有的层柱子导不过来，如基础层的柱子、桩、承台都是一种颜色，没有柱子边线，就无法导入柱子，这时可以用复制的方法把首层的柱子复制到基础层来。

## 六、墙的导入识别

### （一）提取墙边线

第一步：导入 CAD 图，CAD 图中需包括可用于识别的墙（如果已经导入了 CAD 图则此步可省略）。

第二步：点击导航栏“CAD 识别”下的“识别墙”。如图 10-31 所示。

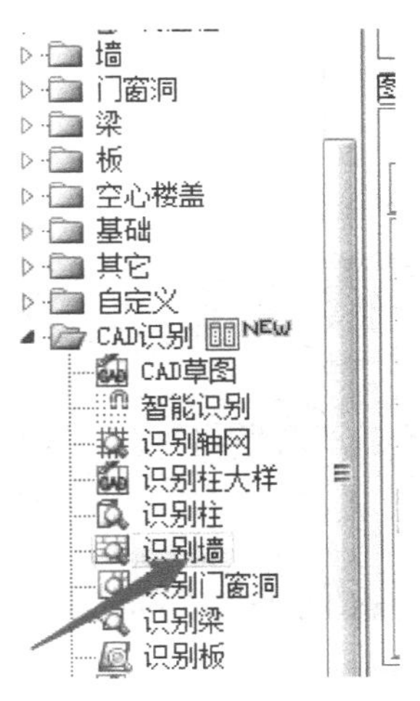


图 10-31 识别墙

第三步：点击工具条“提取墙边线”。如图 10-32 所示。

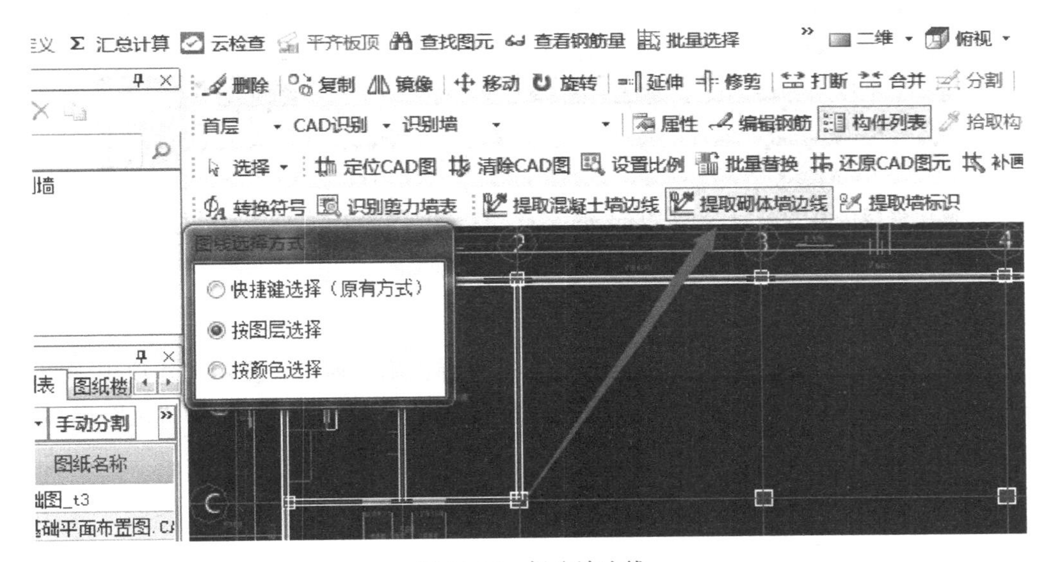


图 10-32 提取墙边线

第四步：利用“选择相同图层的 CAD 图元”或“选择相同颜色的 CAD 图元”的功能选中需要提取的墙边线 CAD 图元，点击鼠标右键确认选择。

**(二) 读取墙厚**

第一步：点击绘图工具条“读取墙厚”，此时绘图区域显示刚刚提取的墙边线。

第二步：按鼠标左键选择墙的两条边线，然后点击右键将弹出“创建墙构件”窗口，窗口中已经识别了墙的厚度，并默认了钢筋信息，只需要输入墙的名称，并修改钢筋信息等参数，点击“确认”则墙构件建立完毕。如图 10-33、图 10-34 所示。

第三步：重复第二步操作，读取其他厚度的墙构件。

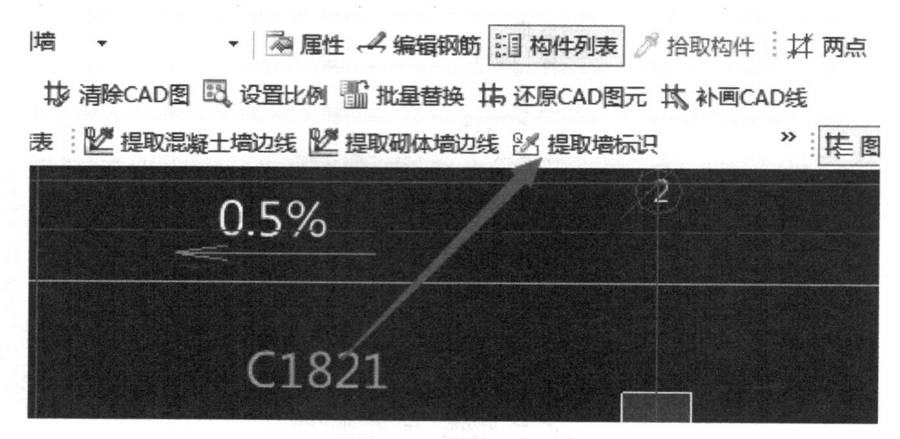


图 10-33　读取墙厚（一）

图 10-34　读取墙厚（二）

（三）识别墙

第一步：点击工具条中的“识别”按钮，软件弹出确认窗口，提示“建议识别墙前先画好柱，此时识别出的墙的端头会自动延伸到柱内，是否继续”，点击“是”即可。如图 10-35 所示。

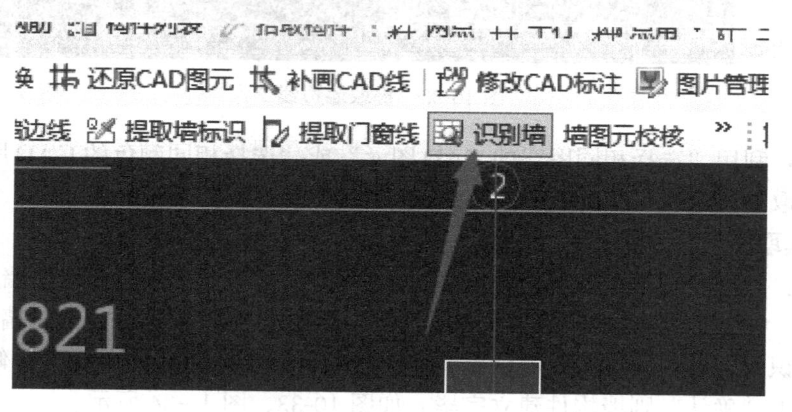


图 10-35　识别墙

第二步：点击“退出”，退出自动识别命令。

## 七、门窗的导入识别

### （一）提取门窗标识

第一步：在 CAD 草图中导入 CAD 图，CAD 图中需包括可用于识别的门窗，识别门窗表（如果已经导入了 CAD 图则此步可省略）。

第二步：点击导航栏“CAD 识别”下的“识别门窗洞”。

第三步：点击工具条中的“提取门窗标识”。

第四步：利用“选择相同图层的 CAD 图元”或“选择相同颜色的 CAD 图元”的功能，选中需要提取的门窗标识 CAD 图元，点击鼠标右键确认选择。如图 10-36 所示。

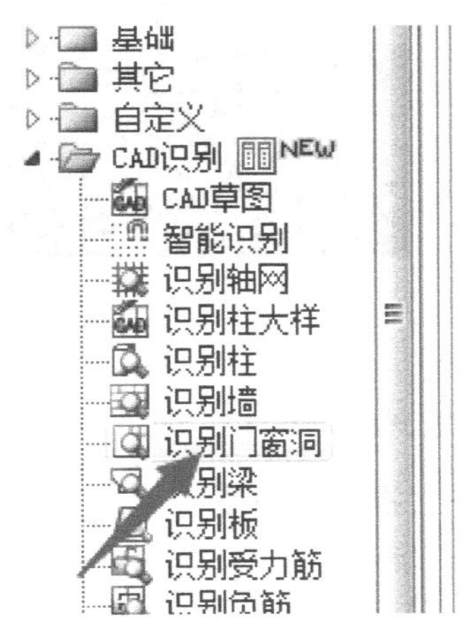


图 10-36　识别门窗表

### （二）提取墙边线

第一步：点击绘图工具条“提取墙边线”。

第二步：利用“选择相同图层的 CAD 图元”或“选择相同颜色的 CAD 图元”的功能，选中需要提取的墙边线 CAD 图元，点击鼠标右键确认选择。如图 10-37 所示。

图 10-37　提取墙边线

### （三）自动识别门窗

第一步：点击“设置 CAD 图层显示状态”或按“F7”键打开“设置 CAD 图层显示状态”窗口，将已提取的 CAD 图层中门窗标识、墙边线显示，将 CAD 原始图层隐藏。

第二步：检查提取的门窗标识和墙边线是否准确，如果有误还可以使用“画 CAD 线”和“还原错误提取的 CAD 图元”功能对已经提取的门窗标识和墙边线进行修改。

第三步：点击工具条“自动识别门窗”下的“自动识别门窗”，则提取的门窗标识和墙边线被识别为软件的门窗构件，并弹出识别成功的提示。如图 10-38 所示。

在识别门窗之前一定要确认已经绘制了墙并建立了门窗构件（提取 CAD 图中的门窗表）。

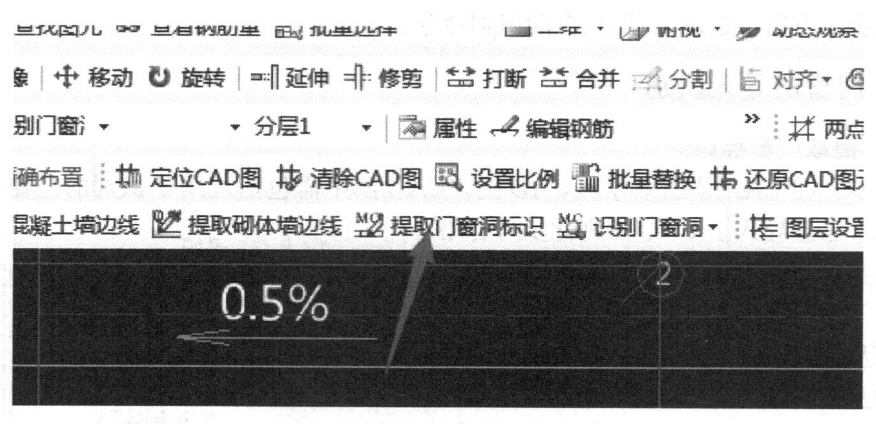

图 10-38 自动识别门窗标识

## 八、梁的导入识别

### （一）提取梁边线

第一步：在 CAD 草图中导入 CAD 图，CAD 图中需包括可用于识别的梁（如果已经导入了 CAD 图则此步可省略）。

第二步：点击导航栏中的“CAD 识别”下的“识别梁”。如图 10-39 所示。

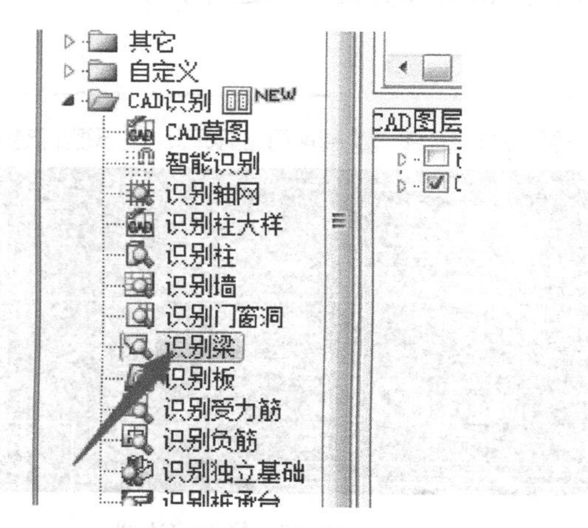


图 10-39 识别梁

第三步：点击工具条“提取梁边线”。如图 10-40 所示。

第四步：利用“选择相同图层的 CAD 图元”或“选择相同颜色的 CAD 图元”的功能，选中需要提取的梁边线 CAD 图元。

### （二）自动提取梁标注

第一步：点击工具条中的“提取梁标注”下的“自动提取梁标注”。

第二步：利用“选择相同图层的 CAD 图元”或“选择相同颜色的 CAD 图元”的功能，选中需要提取的梁标注 CAD 图元，包括集中标注和原位标注；也可以利用“提取梁集中标注”“和提取梁原位标注”分别进行提取。如图 10-41 所示。

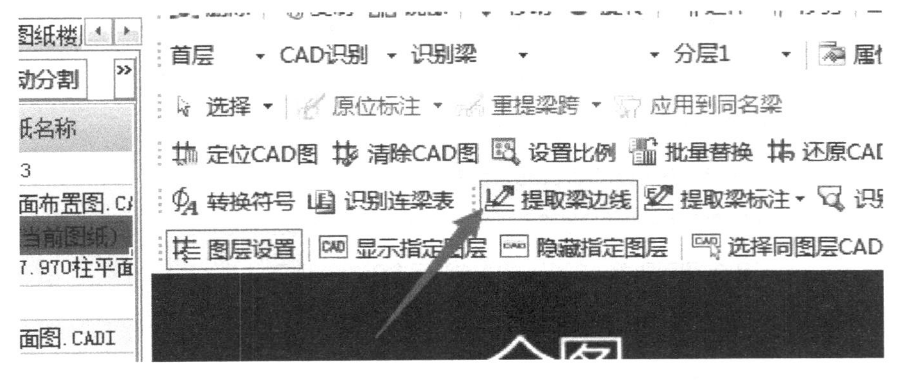


图 10-40　提取梁边线

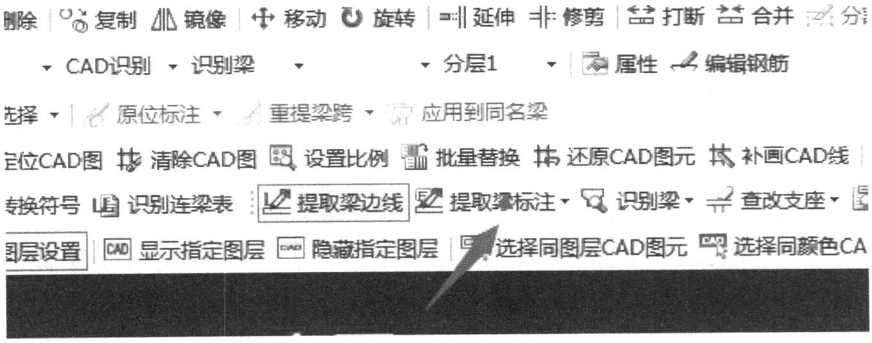

图 10-41　提取梁标注

## (三) 自动识别梁

点击工具条中的“识别梁”按钮选择“自动识别梁”，即可自动识别梁构件（建议识别梁之前先画好柱构件，这样识别梁跨更为准确）。如图 10-42 所示。

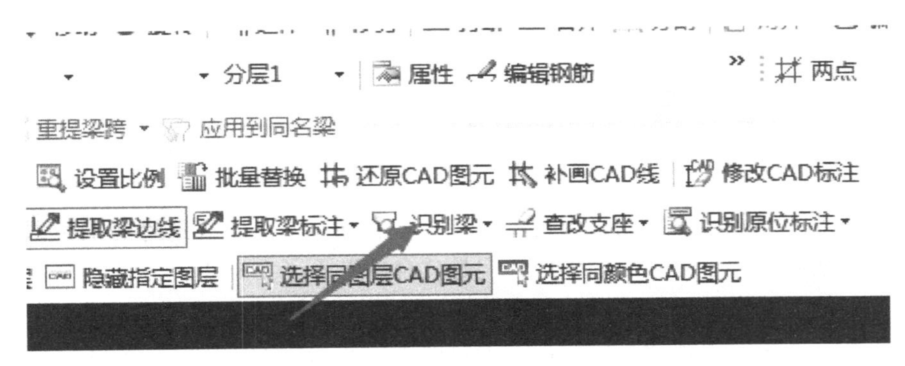


图 10-42　识别梁

## (四) 识别原位标注

第一步：点击工具条中的“识别原位标注”按钮，选择“单构件识别梁原位标注”。

第二步：鼠标左键选择需要识别的梁，右键确认即可识别梁的原位标注信息，依次类推则可以识别其他梁的原位标注信息。如图 10-43 所示。

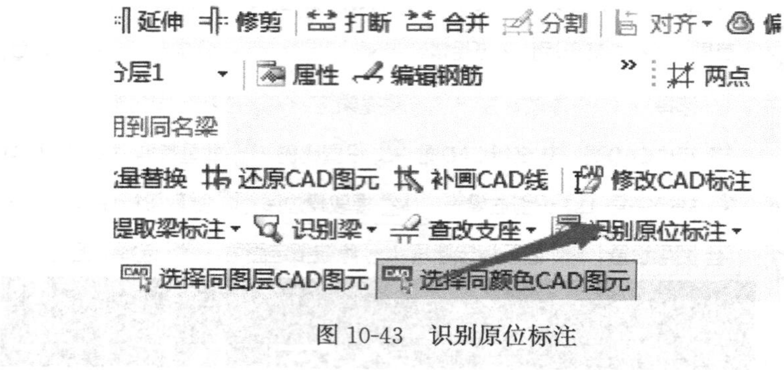

图 10-43　识别原位标注

在导入梁时，有的层的梁没有完全导入过来，没有导入过来的梁，可用定义梁的方法，按照 CAD 图上的标注梁的编号、尺寸、配筋，重新定义，然后就在这张电子版图纸（梁是灰蓝的就是没识别过的）所标注的位置画上即可。

在导入梁时，有的梁没有完全导入到位，也就说还差点到头。

解决的方法是：单击“延伸”按钮，单击要把梁延伸到位置的轴线，轴线变色，再单击要“延伸的梁”，这时这根梁就延伸到位了。用同样的方法把所有没完全导入到位的梁全部画好。

识别完梁后，还要进行“重提梁跨”的操作，把梁每跨的截面尺寸、支座、上部、下部、吊筋、箍筋的加筋逐一在表格中输入或修改准确，才能计算汇总钢筋工程量。这时如果没有蓝图，可以把这一层的梁图，重新再导入进来，识别过来的梁图与 CAD 梁图虽然相距一段距离，可不用去管它，把这两张图放大或缩小，就能把 CAD 梁图中的梁的信息记住，输入到“重提梁跨”中的表格里去。如图 10-44 所示。

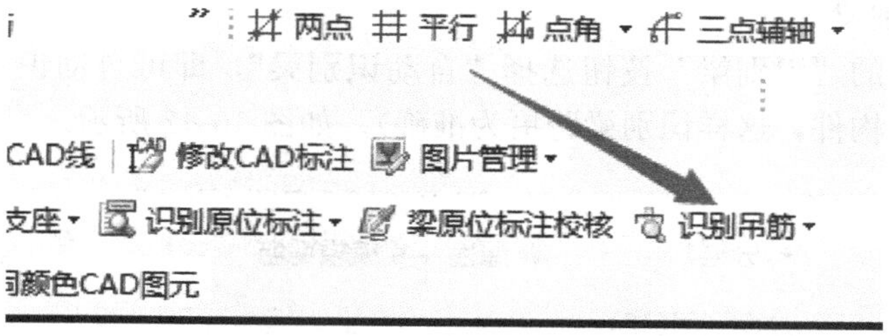

图 10-44　识别吊筋

在进行“重新提取梁跨”的操作时，发现的个别梁本来是二、三跨的梁，识别后变成单跨梁了。这就需要“合并”梁的操作，但是“合并”不了。检查时发现，识别的梁表面上看是连成一体了，实际上却是没连起来。

解决的办法：单击“延伸”按钮，单击要把梁延伸到位置的轴线，轴线变色，再单击要“延伸的梁”，这时这根梁就延伸到位了。再按“合并”梁的操作，把二、三跨的单梁合并成一根梁然后再选择“设置支座”，用重新设置支座的操作方法设置好梁的支座。如图 10-45 所示。

识别梁后发现有的梁长度不够，即梁不完整。如有一根梁 TL1＝3000mm，识别后才 1200mm。

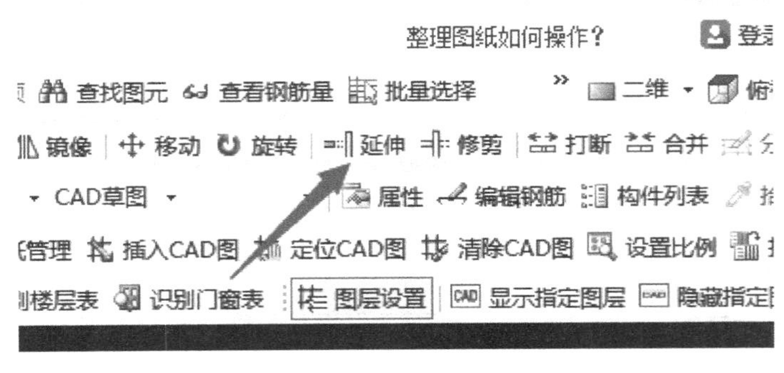


图 10-45　延伸

解决的办法是：首先把“CAD 识别”转入到“梁”的界面。按照施工图纸标注的“梁的信息”定义好梁，然后在画图界面选择上这根梁。

单击“点加长度”按钮，单击这根梁的中间轴线交点，移动鼠标向上或向下的一个轴线“交点”然后单击，这时有一段梁就画上了，并同时弹出了“点加长度设置”对话框，在“长度”栏可以输入这根梁的从“中间轴线交点”到“上一交点”的长度值，在“反向延伸长度”栏输入梁长 3000 减去上一段梁的长度值。如图 10-46 所示。

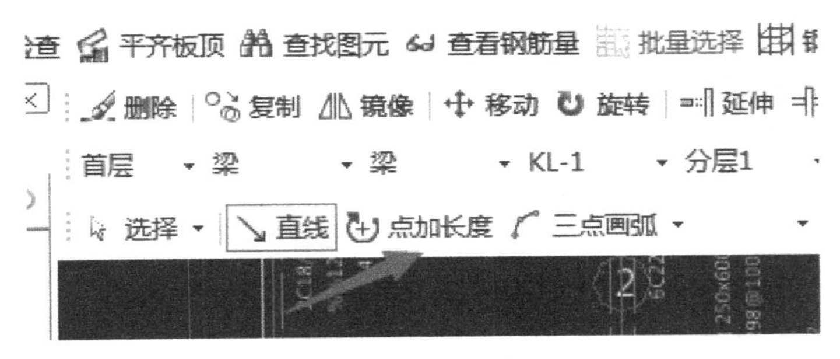


图 10-46　长度设置

如果此梁还是偏轴的，可把“轴线距左边距离”的方块里挑上勾，并在右边栏里填入“轴线距左边距离”的偏移值，单击“确定”，这样识别不完整的 TL1 梁就画好了。

## 九、画板筋

由于软件在识别板的受力筋与负筋时，速度比较慢，还不如直接“画筋”快，因此，可采取先画板后画筋的方法。

当软件识别完梁后，把这层梁图，转换成要画板的图，方法是，单击“导航栏”中的“板”，选择“现浇板”，点“定义”按钮。如图 10-47、图 10-48 所示。

单击“CAD 草图”，单击导入“CAD 图”按钮，选择二层板配筋，当打开后，先看布板情况，即在哪个轴线分块及板的厚度，然后就定义“板”，定义后就按照图纸的标注把这一层的板全部画上。

这张 CAD 板的配筋图，在完成画板任务后，就再看配筋情况，包括受力筋和负筋。这两种配筋，一是要看在哪块板上，二是要看配筋的型号及间距。当定义这两种钢筋时，

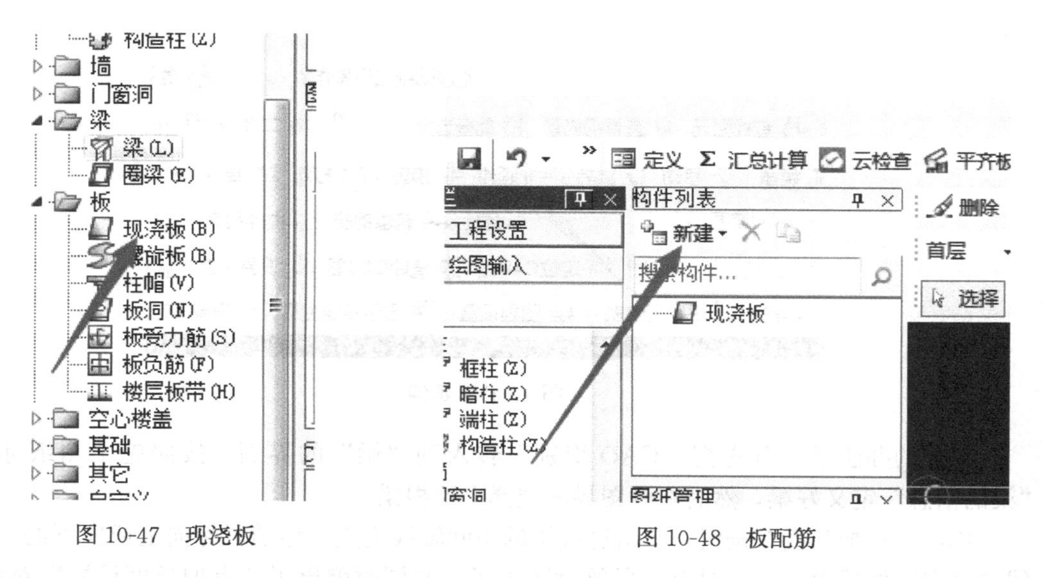


图 10-47　现浇板　　　　图 10-48　板配筋

最好是从这一层的左上开始，一块板、一条梁的定义，一个轴距一个轴距的定义，然后就一块板、一条梁、一个轴距布筋。

最好是对照现有蓝图定义板、受力筋和负筋。也可在识别板的受力筋和负筋之前，为了更快地进行识别，可以按照图纸的标注，先定义“板”，然后把板布置上，再从板上识别钢筋就比重新定义钢筋，再一根一根地去画快多了。从板上识别受力筋和负筋的方法就按照下面的步骤进行。

## 十、受力钢筋的导入识别

### （一）提取钢筋线

第一步：点击导航栏“CAD 识别”下的“识别受力筋”。如图 10-49 所示。

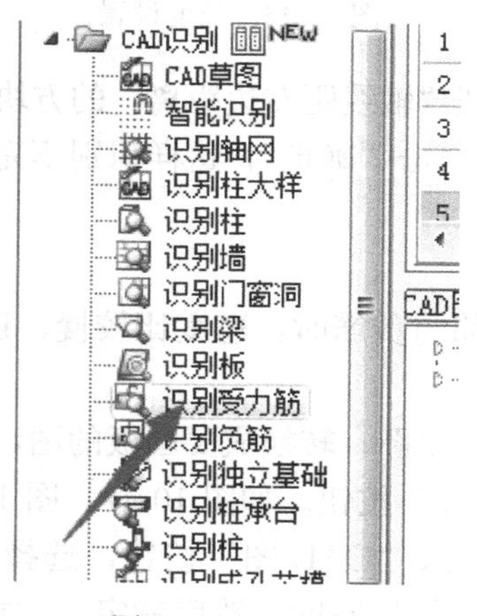


图 10-49　导航栏

第二步：点击工具条“提取钢筋线”。如图 10-50 所示。

第三步：利用“选择相同图层的 CAD 图元”或“选择相同颜色的 CAD 图元”的功

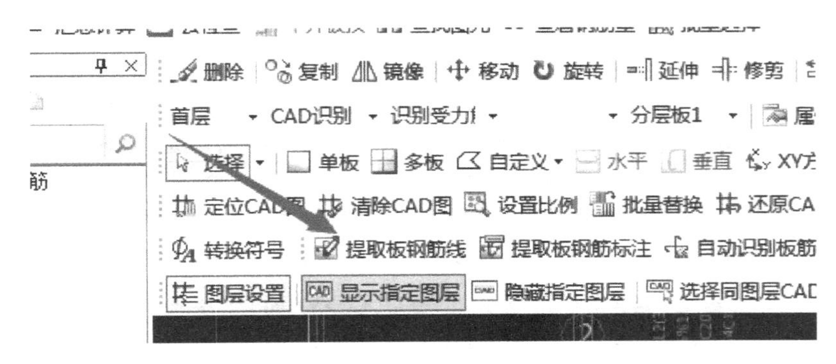


图 10-50　工具条

能，选中需要提取的任一一根受力钢筋线 CAD 图元，这时这一层的所有受力筋变“蓝”，点击鼠标右键确认选择，这一层的所有受力筋变“无”。

**（二）提取钢筋标注**

第一步：点击工具条“提取钢筋标注”。如图 10-51 所示。

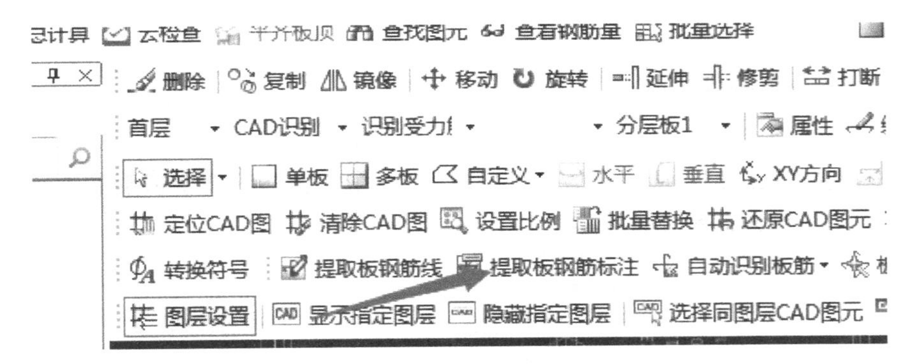


图 10-51　提取钢筋标注

第二步：利用“选择相同图层的 CAD 图元”或“选择相同颜色的 CAD 图元”的功能，选中需要提取的任一一根钢筋标注 CAD 图元，如 A10@130，所有受力筋变蓝，点击鼠标右键确认选择，这一层的所有受力筋标注变“无”。

**（三）识别受力钢筋**

“识别受力筋”功能可以将提取的钢筋线和钢筋标注识别为受力筋，其操作前提是已经提取了钢筋线和钢筋标注，并完成了绘制板的操作。

操作方法：

点击工具条上的“识别受力筋”按钮，弹出“受力筋信息”窗口，这时工具栏中的“单板”和“水平”或“垂直”按钮是打开可用的，可单击第一块板中的“水平”或“垂直”的“受力筋”，这时此根受力筋变“蓝”并同时把“受力筋信息”自动输入到弹出“受力筋信息”窗口，如果施工电子版图没有标注“受力筋”的信息，就根据蓝图的标注和说明，把受力筋的信息输入到“受力筋信息”栏，单击“确定”。弹出“受力筋信息”窗口变白不可用。

再单击这块板中的“水平”或“垂直”受力筋，这根受力筋变“黄”，这样这一根受力筋就识别完了。如图 10-52 所示。

为什么筏板XY方向布置.. 登录 造价豆:0
检查 平齐板顶 查找图元 查看钢筋量 批量选择 » 二维 俯视 动态观察
删除 复制 镜像 移动 旋转 延伸 修剪 打断 合并 分割 对齐
CAD识别 识别受力 分层板1 属性 编辑钢筋 » 两点
选择 单板 多板 自定义 水平 垂直 XY方向 平行边布置受力筋 放射筋
定位CAD图 清除CAD图 设置比例 批量替换 还原CAD图元 补画CAD线 修改CAD标注
转换符号 提取板钢筋线 提取板钢筋标注 自动识别板筋 板筋校核 识别板受力筋
图层设置 显示指定图层 隐藏指定图层 选择同图层CAD图元 选择同颜色CAD图元

图 10-52 自动识别板筋

识别完第一块板的第一根受力筋后，再单击第二根受力筋，用上述方法依次可识别其他板的受力筋。

## 十一、板负筋的导入识别

提取钢筋线：

第一步：在 CAD 草图中导入 CAD 图，CAD 图中需包括可用于识别的板负筋（如果已经导入了 CAD 图则此步可省略）。

第二步：点击导航栏“CAD 识别”下的“识别负筋”。如图 10-53 所示。

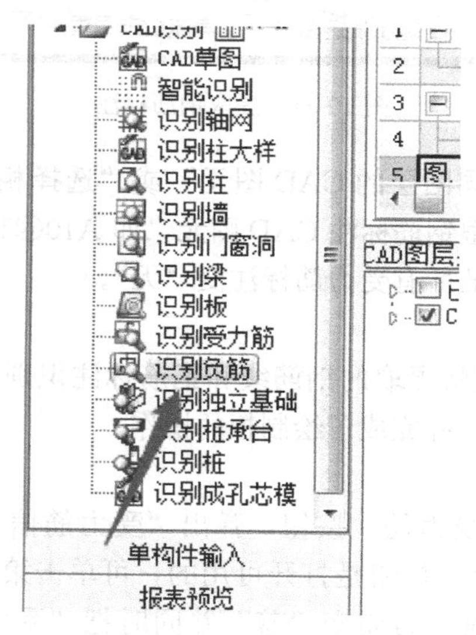


图 10-53 导航栏

第三步：点击工具条中的“提取钢筋线”。如图 10-54 所示。

第四步：利用“选择相同图层的 CAD 图元”或“选择相同颜色的 CAD 图元”的功

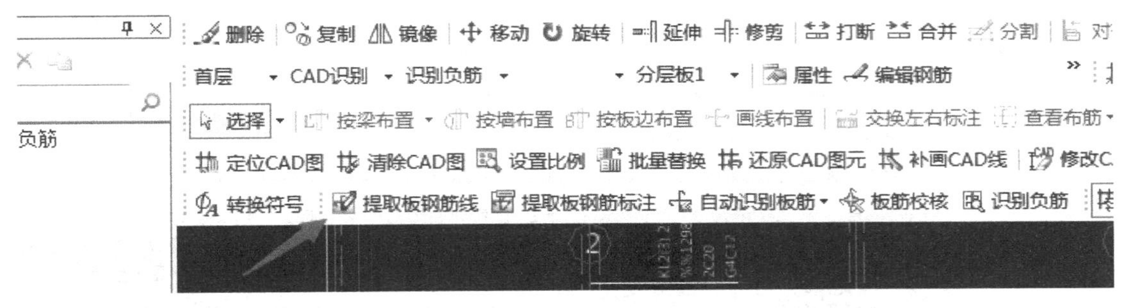

图 10-54　提取钢筋线

能，选中需要提取的任一一根负筋，右键确认，所有负筋变无。如图 10-55 所示。

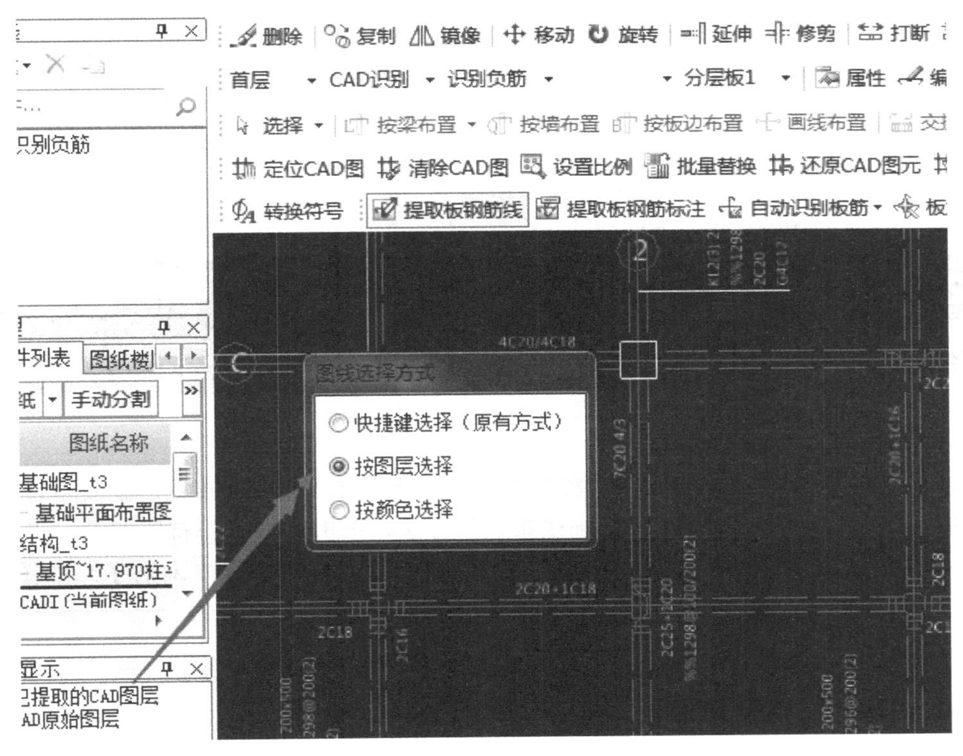


图 10-55　图层选择

第五步：点击工具条中的“提取钢筋标注”。如图 10-56 所示。

第六步：选择需要提取的钢筋标注 CAD 图元，如负筋标注，A10@130，右键确认，所有负筋标注变无。

第七步：点击工具条上的“识别负筋”按钮，弹出“负筋信息”窗口，这时可从左边第一块板“单击”第一根“负筋”，这根负筋变蓝，并把这根负筋的标注信息自动输入到“负筋信息”窗口中的有关表格里，如果表格中的左、右标注数值需要修改，可以按照施工图纸的说明和负筋的标注进行“修改”，修改后，可单击“确定”按钮。如图 10-57 所示。

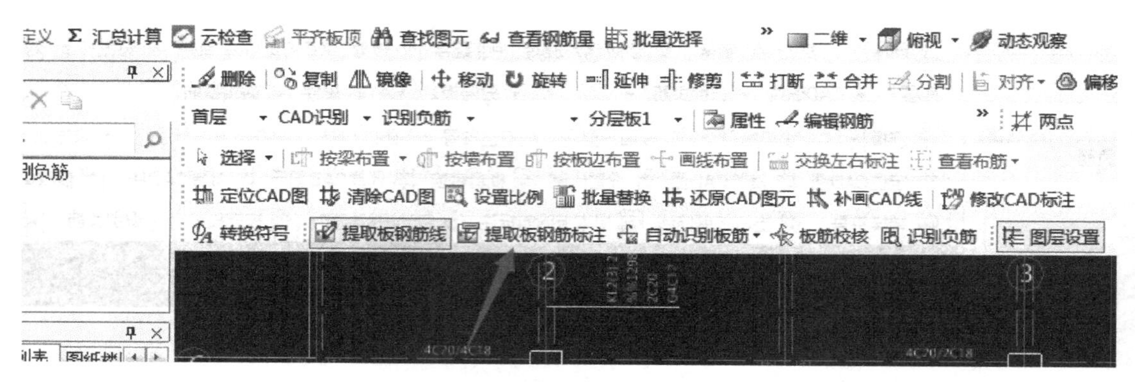


图 10-56　工具条

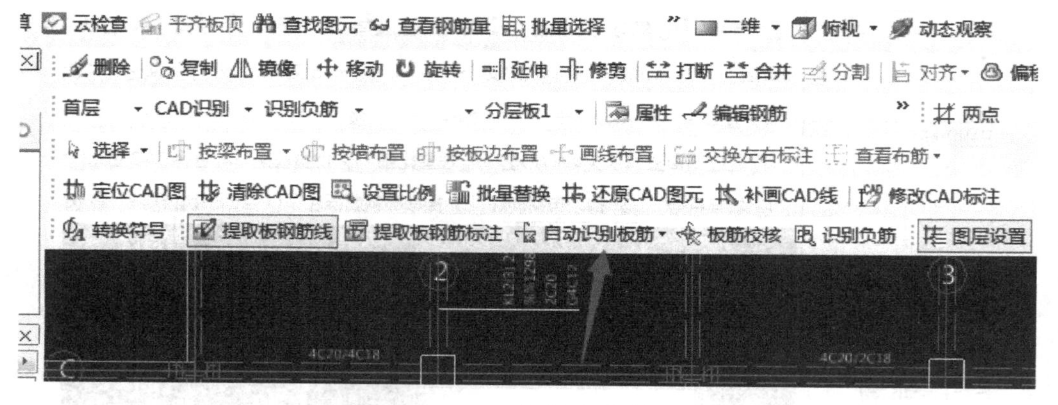


图 10-57　自动识别板筋

这时“负筋”的四种布置方法“按梁布置、按墙布置、按板边布置、画线布置”可任选一种，我们选择“画线布置”，用画线布置的方法，单击这根负筋布置的第一点后，移动鼠标至第二点，这样第一根“负筋”变黄，就说明这根负筋被识别了。如图 10-58 所示。

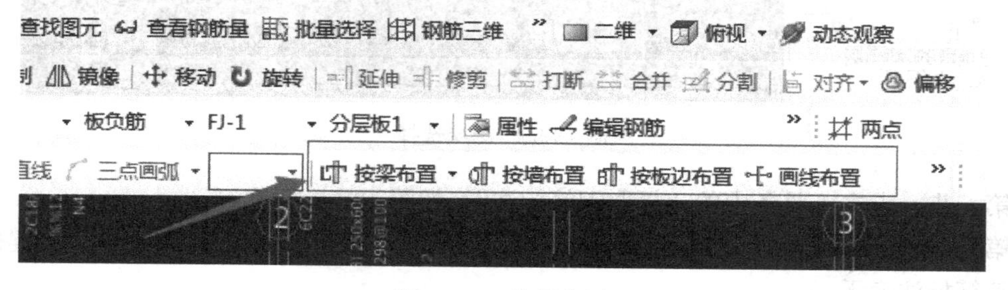


图 10-58　按梁布置

识别完第一根负筋后，可单击第二根负筋，用上述方法依次可识别其他板的负筋。

CAD 图形导入软件后拆分的详细步骤是：

第一步：选择上要拆分的混凝土构件，如一根梁。

第二步：单击“打断”按钮，再单击要打断的位置，这时会弹出“是否在指定的位置打断”布面，单击“是”，单击右键确认。如图 10-59 所示。

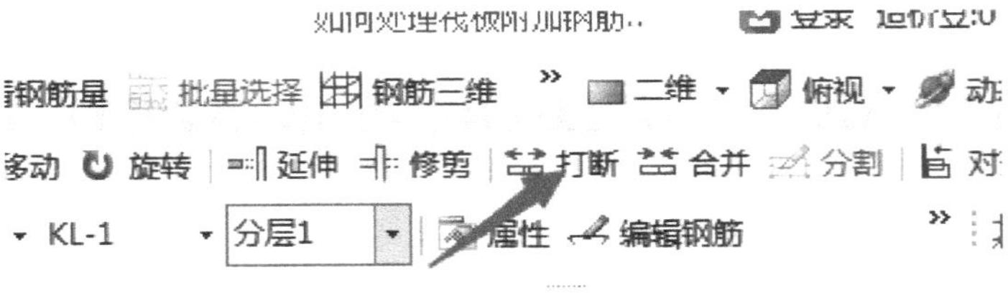

图 10-59 打断梁

# 第十一章　广联达钢筋算量软件实操

**学习目标**　熟练运用广联达软件进行钢筋算量。

## 第一节　钢筋算量软件概述

### 一、钢筋算量软件的作用

GTJ2018 软件综合考虑了平法系列图集、结构设计规范、施工验收规范以及常见的钢筋施工工艺，能够满足不同的钢筋计算要求。不仅能够完整地计算工程的钢筋总量，而且能够根据工程要求按照结构类型的不同、楼层的不同、构件的不同，计算出各自的钢筋明细量。

GTJ2018 产品通过画图的方式，快速建立建筑物的计算模型，软件根据内置的平法图集和规范实现自动扣减，准确算量。

### 二、钢筋算量软件的应用流程

钢筋算量软件的应用流程如图 11-1 所示。

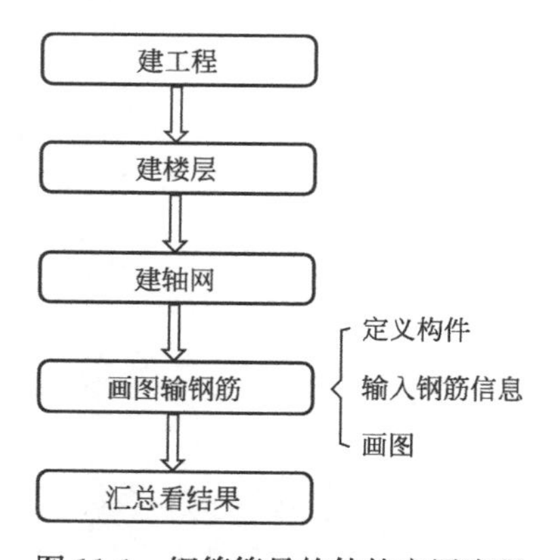


图 11-1　钢筋算量软件的应用流程

## 第二节　钢筋算量软件实操

### 一、新建工程

第一步：输入“工程名称”。如图 11-2 所示。

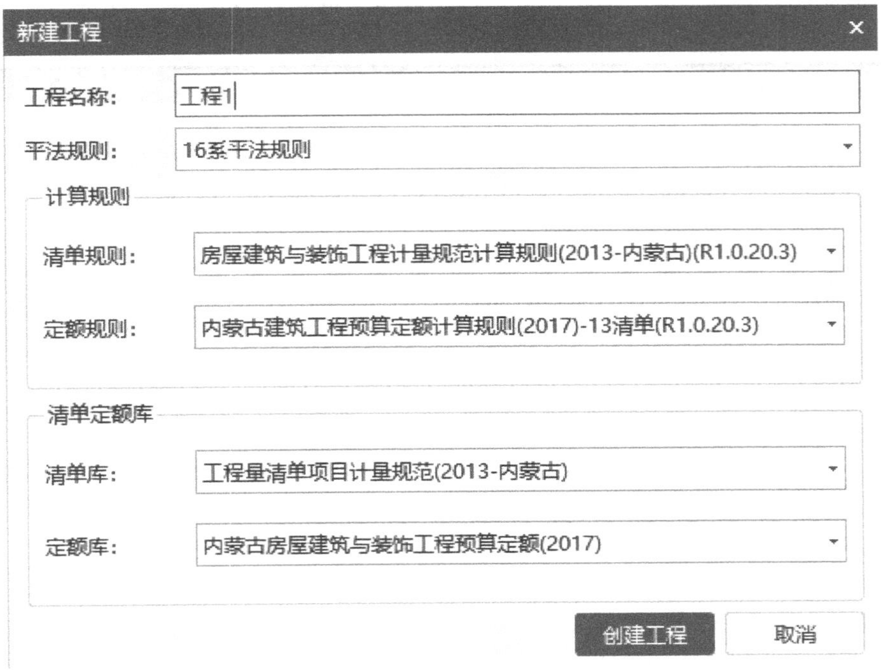

新建工程
工程名称:
工程1
平法规则:
16系平法规则
计算规则
清单规则:
房屋建筑与装饰工程计量规范计算规则(2013-内蒙古)(R1.0.20.3)
定额规则:
内蒙古建筑工程预算定额计算规则(2017)-13清单(R1.0.20.3)
清单定额库
清单库:
工程量清单项目计量规范(2013-内蒙古)
定额库:
内蒙古房屋建筑与装饰工程预算定额(2017)
创建工程
取消

图 11-2　新建工程

第二步：打开工程信息。如图 11-3 所示。

广联达BIM土建计量平台 GTJ2018
开始
工程设置
建模
视图
工具
工程量
云应用
工程信息
楼层设置
计算设置
计算规则
计算设置
比重设置
弯钩设置
损耗设置
基本设置
土建设置
钢筋设置
首层
常用构件类型
轴网
构件列表
图纸管理
新建
删除
搜索构件...
轴网
常用构件类型
轴网(J)
轴线
柱
墙
门窗洞
梁
板
楼梯
装修
土方
基础
其它
自定义
属性列表
属性名称
标高: -0.05~2.95
跨图层选择
折线选择

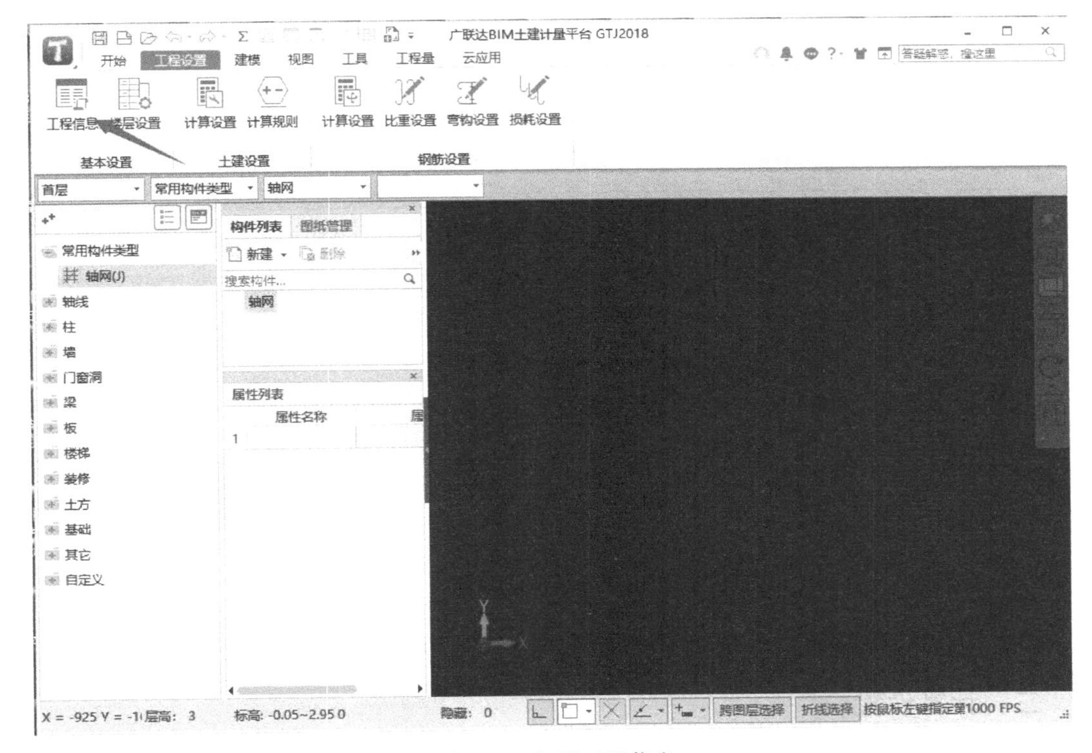

图 11-3　打开工程信息

第三步：根据图纸，填入工程信息、结构形式、设防烈度及檐高。如图 11-4 所示。

工程信息

工程信息 | 计算规则 | 编制信息 | 自定义

| | 属性名称 | 属性值 |
|---|---|---|
| 1 | ⊟ 工程概况: | |
| 2 | 工程名称: | 工程1 |
| 3 | 项目所在地: | |
| 4 | 详细地址: | |
| 5 | 建筑类型: | 居住建筑 |
| 6 | 建筑用途: | 住宅 |
| 7 | 地上层数(层): | |
| 8 | 地下层数(层): | |
| 9 | 裙房层数: | |
| 10 | 建筑面积(m²): | (0) |
| 11 | 地上面积(m²): | (0) |
| 12 | 地下面积(m²): | (0) |
| 13 | 人防工程: | 无人防 |
| 14 | 檐高(m): | 35 |
| 15 | 结构类型: | 框架结构 |
| 16 | 基础形式: | 筏形基础 |
| 17 | ⊟ 建筑结构等级参数: | |
| 18 | 抗震设防类别: | |
| 19 | 抗震等级: | 一级抗震 |
| 20 | ⊟ 地震参数: | |
| 21 | 设防烈度: | 8 |
| 22 | 基本地震加速度（g）: | |
| 23 | 设计地震分组: | |

图 11-4　填写工程信息

第四步：填写计算规则。如图 11-5 所示。

工程信息

工程信息 | 计算规则 | 编制信息 | 自定义

| | 属性名称 | 属性值 |
|---|---|---|
| 1 | 清单规则: | 房屋建筑与装饰工程计量规范计算规则(2013-内蒙古)(R1.0.20.3) |
| 2 | 定额规则: | 内蒙古建筑工程预算定额计算规则(2017)-13清单(R1.0.20.3) |
| 3 | 平法规则: | 16系平法规则 |
| 4 | 清单库: | 工程量清单项目计量规范(2013-内蒙古) |
| 5 | 定额库: | 内蒙古房屋建筑与装饰工程预算定额(2017) |
| 6 | 钢筋损耗: | 不计算损耗 |
| 7 | 钢筋报表: | 全统(2000) |
| 8 | 钢筋汇总方式: | 按照钢筋图示尺寸-即外皮汇总 |

图 11-5　填写计算规则

第五步：填写编制信息。如图 11-6 所示。

## 二、计算设置

第一步：打开计算设置。如图 11-7 所示。

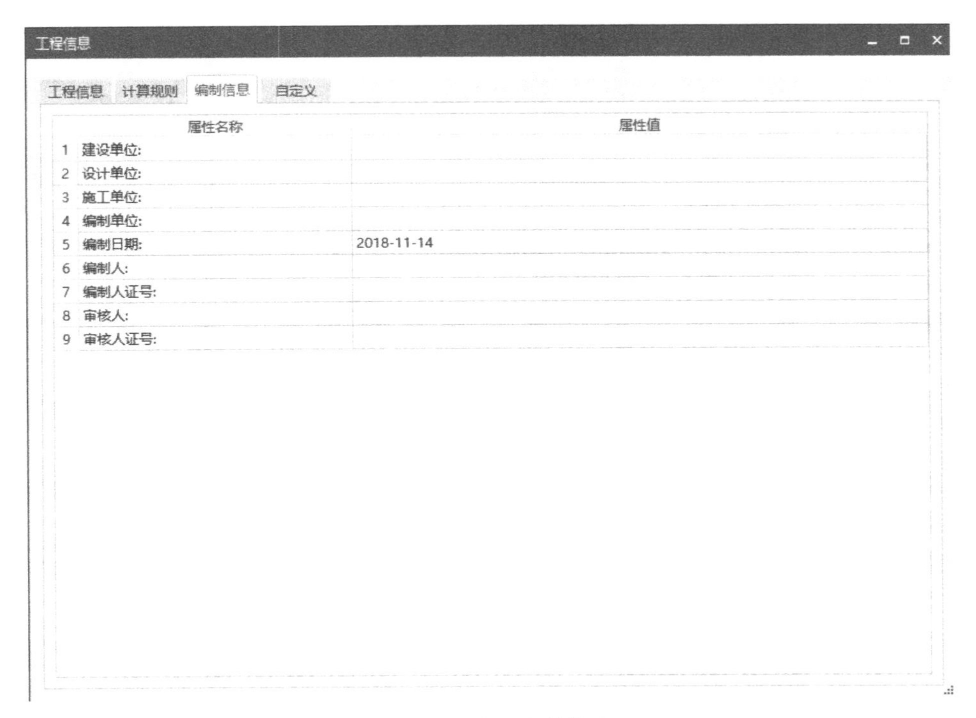


图 11-6 填写编制信息

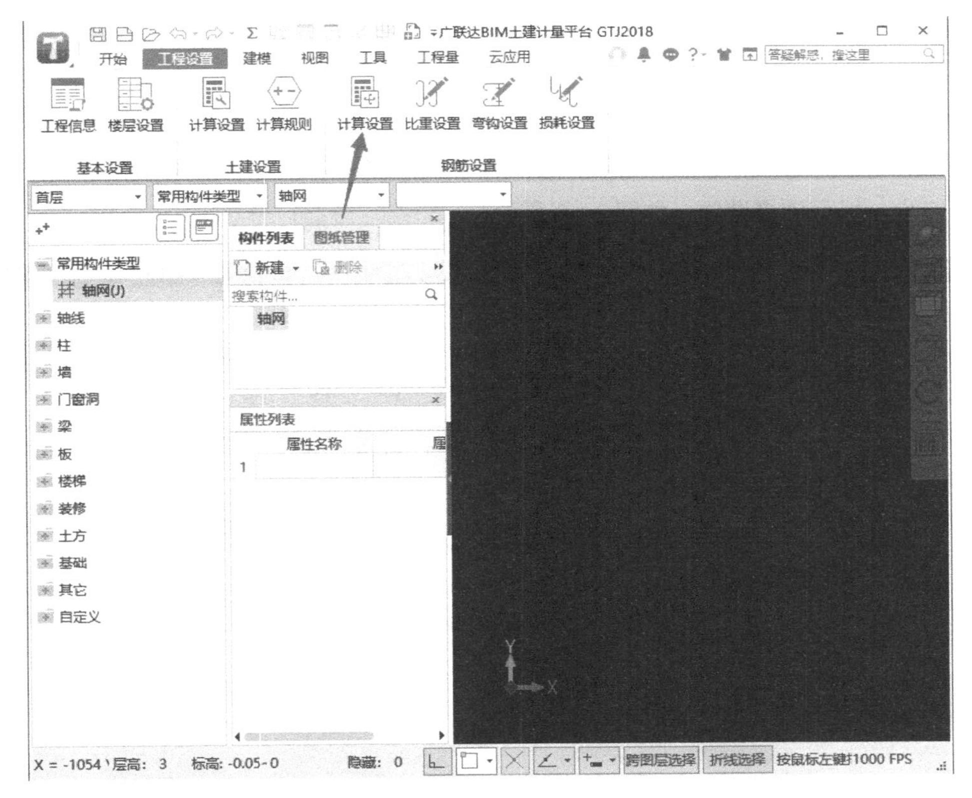


图 11-7 打开计算设置

第二步：填写计算规则。如图 11-8 所示。

计算设置

计算规则 节点设置 箍筋设置 搭接设置 箍筋公式

柱 / 墙柱
剪力墙
人防门框墙
连梁
框架梁
非框架梁
板
基础
基础主梁 / 承台梁
基础次梁
砌体结构
其它

| | 类型名称 | 设置值 |
|---|---|---|
| 1 | 公共设置项 | |
| 2 | 柱/墙柱在基础插筋锚固区内的箍筋数量 | 间距500 |
| 3 | 梁(板)上柱/墙柱在插筋锚固区内的箍筋数量 | 间距500 |
| 4 | 柱/墙柱第一个箍筋距楼板面的距离 | 50 |
| 5 | 柱/墙柱箍筋加密区根数计算方式 | 向上取整+1 |
| 6 | 柱/墙柱箍筋非加密区根数计算方式 | 向上取整-1 |
| 7 | 柱/墙柱箍筋弯勾角度 | 135° |
| 8 | 柱/墙柱纵筋搭接接头错开百分率 | 50% |
| 9 | 柱/墙柱搭接部位箍筋加密 | 是 |
| 10 | 柱/墙柱纵筋错开距离设置 | 按规范计算 |
| 11 | 柱/墙柱箍筋加密范围包含错开距离 | 是 |
| 12 | 绑扎搭接范围内的箍筋间距min(5d,100)中，纵筋d的取值 | 上下层最小直径 |
| 13 | 柱/墙柱螺旋箍筋是否连续通过 | 是 |
| 14 | 柱/墙柱圆形箍筋的搭接长度 | max(lae,300) |
| 15 | 层间变截面钢筋自动判断 | 是 |
| 16 | 柱 | |
| 17 | 柱纵筋伸入基础锚固形式 | 全部伸入基底弯折 |
| 18 | 柱基础插筋弯折长度 | 按规范计算 |
| 19 | 柱基础锚固区只计算外侧箍筋 | 是 |
| 20 | 抗震柱纵筋露出长度 | 按规范计算 |
| 21 | 纵筋搭接范围箍筋间距 | min(5*d,100) |
| 22 | 不变截面上柱多出的钢筋锚固 | 1.2*Lae |
| 23 | 不变截面下柱多出的钢筋锚固 | 1.2*Lae |
| 24 | 非抗震柱纵筋露出长度 | 按规范计算 |
| 25 | 箍筋加密区设置 | 按规范计算 |
| 26 | 嵌固部位设置 | 按设定计算 |
| 27 | 墙柱 | |

导入规则 导出规则 恢复默认值

图 11-8　填写计算规则

第三步：填写搭接设置。如图 11-9 所示。

计算设置

计算规则 节点设置 箍筋设置 搭接设置 箍筋公式

| | 钢筋直径范围 | 连接形式 | | | | | | | | 墙柱垂直筋定尺 | 其余钢筋定尺 |
|---|---|---|---|---|---|---|---|---|---|---|---|
| | | 基础 | 框架梁 | 非框架梁 | 柱 | 板 | 墙水平筋 | 墙垂直筋 | 其它 | | |
| 1 | HPB235,HPB300 | | | | | | | | | | |
| 2 | 3~10 | 绑扎 | 绑扎 | 绑扎 | 绑扎 | 绑扎 | 绑扎 | 绑扎 | 绑扎 | 8000 | 8000 |
| 3 | 12~14 | 绑扎 | 绑扎 | 绑扎 | 绑扎 | 绑扎 | 绑扎 | 绑扎 | 绑扎 | 10000 | 10000 |
| 4 | 16~22 | 直螺纹连接 | 直螺纹连接 | 直螺纹连接 | 电渣压力焊 | 直螺纹连接 | 直螺纹连接 | 电渣压力焊 | 电渣压力焊 | 10000 | 10000 |
| 5 | 25~32 | 套管挤压 | 套管挤压 | 套管挤压 | 套管挤压 | 套管挤压 | 套管挤压 | 套管挤压 | 套管挤压 | 10000 | 10000 |
| 6 | HRB335,HRB335E,HRBF335,HRBF335E | | | | | | | | | | |
| 7 | 3~10 | 绑扎 | 绑扎 | 绑扎 | 绑扎 | 绑扎 | 绑扎 | 绑扎 | 绑扎 | 8000 | 8000 |
| 8 | 12~14 | 绑扎 | 绑扎 | 绑扎 | 绑扎 | 绑扎 | 绑扎 | 绑扎 | 绑扎 | 10000 | 10000 |
| 9 | 16~22 | 直螺纹连接 | 直螺纹连接 | 直螺纹连接 | 电渣压力焊 | 直螺纹连接 | 直螺纹连接 | 电渣压力焊 | 电渣压力焊 | 10000 | 10000 |
| 10 | 25~50 | 套管挤压 | 套管挤压 | 套管挤压 | 套管挤压 | 套管挤压 | 套管挤压 | 套管挤压 | 套管挤压 | 10000 | 10000 |
| 11 | HRB400,HRB400E,HRBF400,HRBF400E,RR... | | | | | | | | | | |
| 12 | 3~10 | 绑扎 | 绑扎 | 绑扎 | 绑扎 | 绑扎 | 绑扎 | 绑扎 | 绑扎 | 8000 | 8000 |
| 13 | 12~14 | 绑扎 | 绑扎 | 绑扎 | 绑扎 | 绑扎 | 绑扎 | 绑扎 | 绑扎 | 10000 | 10000 |
| 14 | 16~22 | 直螺纹连接 | 直螺纹连接 | 直螺纹连接 | 电渣压力焊 | 直螺纹连接 | 直螺纹连接 | 电渣压力焊 | 电渣压力焊 | 10000 | 10000 |
| 15 | 25~50 | 套管挤压 | 套管挤压 | 套管挤压 | 套管挤压 | 套管挤压 | 套管挤压 | 套管挤压 | 套管挤压 | 10000 | 10000 |
| 16 | 冷轧带肋钢筋 | | | | | | | | | | |
| 17 | 4~12 | 绑扎 | 绑扎 | 绑扎 | 绑扎 | 绑扎 | 绑扎 | 绑扎 | 绑扎 | 8000 | 8000 |
| 18 | 冷轧扭钢筋 | | | | | | | | | | |
| 19 | 6.5~14 | 绑扎 | 绑扎 | 绑扎 | 绑扎 | 绑扎 | 绑扎 | 绑扎 | 绑扎 | 8000 | 8000 |

图 11-9　填写搭接设置

## 三、新建楼层

楼层设置部分：

第一步：打开楼层设置。如图 11-10 所示。

图 11-10　打开楼层设置

第二步：各楼层缺省钢筋设置（混凝土标号、钢筋锚固、搭接、各构件保护层）。如图 11-11 所示。

楼层混凝土强度和锚固搭接设置（工程1 首层, -0.05 ~ 2.95 m）

| | 抗震等级 | 混凝土强度等级 | 混凝土类型 | 砂浆标号 | 砂浆类型 | 锚固 HPB235(A)... | 锚固 HRB335(B)... | 锚固 HRB400(C)... | 锚固 HRB500(E)... | 锚固 冷轧带肋 | 锚固 冷轧扭 | 搭接 HPB235(A)... | 搭接 HRB335(B)... | 搭接 HRB400(C)... | 搭接 HRB500(E)... | 搭接 冷轧带肋 | 搭接 冷轧扭 | 保护层 |
|---|---|---|---|---|---|---|---|---|---|---|---|---|---|---|---|---|---|---|
| 垫层 | (非抗震) | C20 | 普通砼(坍... | M5 | 水泥砂浆... | (39) | (38/42) | (40/44) | (48/53) | (45) | (45) | (55) | (53/59) | (56/62) | (67/74) | (63) | (63) | (25) |
| 基础 | (一级抗震) | C20 | 普通砼(坍... | M5 | 水泥砂浆... | (45) | (44/48) | (46/51) | (55/61) | (52) | (45) | (63) | (62/67) | (64/71) | (77/85) | (73) | (63) | (45) |
| 基础梁 / 承台梁 | (一级抗震) | C20 | 普通砼(坍... | | | (45) | (44/48) | (46/51) | (55/61) | (52) | (45) | (63) | (62/67) | (64/71) | (77/85) | (73) | (63) | (45) |
| 柱 | (一级抗震) | C20 | 普通砼(坍... | M5 | 水泥砂浆... | (45) | (44/48) | (46/51) | (55/61) | (52) | (45) | (63) | (62/67) | (64/71) | (77/85) | (73) | (63) | (25) |
| 剪力墙 | (一级抗震) | C20 | 普通砼(坍... | | | (45) | (44/48) | (46/51) | (55/61) | (52) | (45) | (54) | (53/58) | (55/61) | (66/73) | (62) | (54) | (20) |
| 人防门框墙 | (一级抗震) | C20 | 普通砼(坍... | | | (45) | (44/48) | (46/51) | (55/61) | (52) | (45) | (63) | (62/67) | (64/71) | (77/85) | (73) | (63) | (20) |
| 墙柱 | (一级抗震) | C20 | 普通砼(坍... | | | (45) | (44/48) | (46/51) | (55/61) | (52) | (45) | (63) | (62/67) | (64/71) | (77/85) | (73) | (63) | (25) |
| 墙梁 | (一级抗震) | C20 | 普通砼(坍... | | | (45) | (44/48) | (46/51) | (55/61) | (52) | (45) | (63) | (62/67) | (64/71) | (77/85) | (73) | (63) | (25) |
| 框架梁 | (一级抗震) | C20 | 普通砼(坍... | | | (45) | (44/48) | (46/51) | (55/61) | (52) | (45) | (63) | (62/67) | (64/71) | (77/85) | (73) | (63) | (25) |
| 非框架梁 | (非抗震) | C20 | 普通砼(坍... | | | (39) | (38/42) | (40/44) | (48/53) | (45) | (45) | (55) | (53/59) | (56/62) | (67/74) | (63) | (63) | (25) |
| 现浇板 | (非抗震) | C20 | 普通砼(坍... | | | (39) | (38/42) | (40/44) | (48/53) | (45) | (45) | (55) | (53/59) | (56/62) | (67/74) | (63) | (63) | (20) |
| 楼梯 | (非抗震) | C20 | 普通砼(坍... | | | (39) | (38/42) | (40/44) | (48/53) | (45) | (45) | (55) | (53/59) | (56/62) | (67/74) | (63) | (63) | (25) |
| 构造柱 | (一级抗震) | C20 | 普通砼(坍... | | | (45) | (44/48) | (46/51) | (55/61) | (52) | (45) | (63) | (62/67) | (64/71) | (77/85) | (73) | (63) | (25) |
| 圈梁 / 过梁 | (一级抗震) | C20 | 普通砼(坍... | | | (45) | (44/48) | (46/51) | (55/61) | (52) | (45) | (63) | (62/67) | (64/71) | (77/85) | (73) | (63) | (25) |
| 砌体墙柱 | (非抗震) | C15 | 泵送普通抗... | M5 | 水泥砂浆... | (39) | (38/42) | (40/44) | (48/53) | (45) | (45) | (55) | (53/59) | (56/62) | (67/74) | (63) | (63) | (25) |
| 其它 | (非抗震) | C20 | 普通砼(坍... | M5 | 水泥砂浆... | (39) | (38/42) | (40/44) | (48/53) | (45) | (45) | (55) | (53/59) | (56/62) | (67/74) | (63) | (63) | (25) |

图 11-11　填写钢筋内容

第三步：插入楼层。如图 11-12 所示。

第四步：层高、首层标记、底标高。如图 11-13 所示。

第五步：复制到其他楼层（抗震等级、混凝土标号、锚固、搭接、保护层厚度）。如图 11-14 所示。

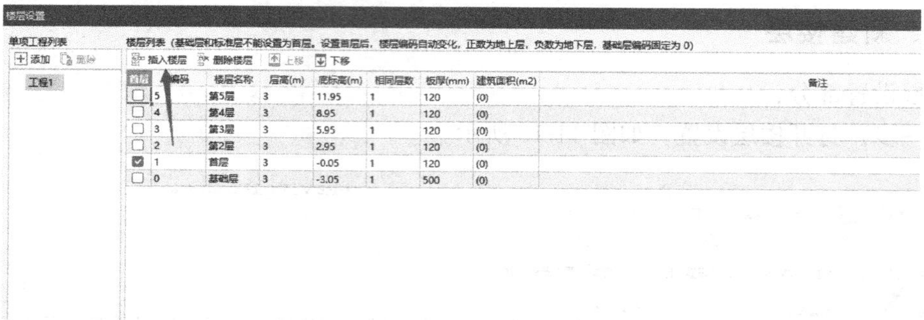

楼层设置

单项工程列表：＋添加　删除　工程1

楼层列表（基础层和标准层不能设置为首层，设置首层后，楼层编码自动变化，正数为地上层，负数为地下层，基础层编码固定为 0）

插入楼层　删除楼层　上移　下移

| 首层 | 编码 | 楼层名称 | 层高(m) | 底标高(m) | 相同层数 | 板厚(mm) | 建筑面积(m2) | 备注 |
|---|---|---|---|---|---|---|---|---|
| ☐ | 5 | 第5层 | 3 | 11.95 | 1 | 120 | (0) | |
| ☐ | 4 | 第4层 | 3 | 8.95 | 1 | 120 | (0) | |
| ☐ | 3 | 第3层 | 3 | 5.95 | 1 | 120 | (0) | |
| ☐ | 2 | 第2层 | 3 | 2.95 | 1 | 120 | (0) | |
| ☑ | 1 | 首层 | 3 | -0.05 | 1 | 120 | (0) | |
| ☐ | 0 | 基础层 | 3 | -3.05 | 1 | 500 | (0) | |

图 11-12　插入楼层

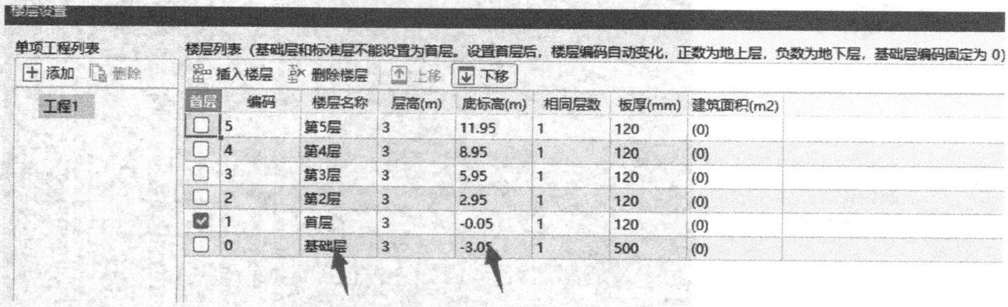

楼层设置

单项工程列表：＋添加　删除　工程1

楼层列表（基础层和标准层不能设置为首层，设置首层后，楼层编码自动变化，正数为地上层，负数为地下层，基础层编码固定为 0）

插入楼层　删除楼层　上移　下移

| 首层 | 编码 | 楼层名称 | 层高(m) | 底标高(m) | 相同层数 | 板厚(mm) | 建筑面积(m2) |
|---|---|---|---|---|---|---|---|
| ☐ | 5 | 第5层 | 3 | 11.95 | 1 | 120 | (0) |
| ☐ | 4 | 第4层 | 3 | 8.95 | 1 | 120 | (0) |
| ☐ | 3 | 第3层 | 3 | 5.95 | 1 | 120 | (0) |
| ☐ | 2 | 第2层 | 3 | 2.95 | 1 | 120 | (0) |
| ☑ | 1 | 首层 | 3 | -0.05 | 1 | 120 | (0) |
| ☐ | 0 | 基础层 | 3 | -3.05 | 1 | 500 | (0) |

图 11-13　层高

楼层混凝土强度和锚固搭接设置（工程1 第5层，11.95 ~ 14.95 m）

| | 抗震等级 | 混凝土强度等级 | 混凝土类型 | 砂浆标号 | 砂浆类型 | 锚固 HPB235(A)... | HRB335(B)... | HRB400(C)... |
|---|---|---|---|---|---|---|---|---|
| 垫层 | (非抗震) | C20 | 普通砼(坍... | M5 | 水泥砂浆... | (39) | (38/42) | (40/44) |
| 基础 | (一级抗震) | C20 | 普通砼(坍... | M5 | 水泥砂浆... | (45) | (44/48) | (46/51) |
| 基础梁 / 承台梁 | (一级抗震) | C20 | 普通砼(坍... | | | (45) | (44/48) | (46/51) |
| 柱 | (一级抗震) | C20 | 普通砼(坍... | M5 | 水泥砂浆... | (45) | (44/48) | (46/51) |
| 剪力墙 | (一级抗震) | C20 | 普通砼(坍... | | | (45) | (44/48) | (46/51) |
| 人防门框墙 | (一级抗震) | C20 | 普通砼(坍... | | | (45) | (44/48) | (46/51) |
| 墙柱 | (一级抗震) | C20 | 普通砼(坍... | | | (45) | (44/48) | (46/51) |
| 墙梁 | (一级抗震) | C20 | 普通砼(坍... | | | (45) | (44/48) | (46/51) |
| 框架梁 | (一级抗震) | C20 | 普通砼(坍... | | | (45) | (44/48) | (46/51) |
| 非框架梁 | (非抗震) | C20 | 普通砼(坍... | | | (39) | (38/42) | (40/44) |
| 现浇板 | (非抗震) | C20 | 普通砼(坍... | | | (39) | (38/42) | (40/44) |
| 楼梯 | (非抗震) | C20 | 普通砼(坍... | | | (39) | (38/42) | (40/44) |
| 构造柱 | (一级抗震) | C20 | 普通砼(坍... | | | (45) | (44/48) | (46/51) |
| 圈梁 / 过梁 | (一级抗震) | C20 | 普通砼(坍... | | | (45) | (44/48) | (46/51) |
| 砌体墙柱 | (非抗震) | C15 | 泵送普通抗... | M5 | 水泥砂浆... | (39) | (38/42) | (40/44) |
| 其它 | (非抗震) | C20 | 普通砼(坍... | M5 | 水泥砂浆... | (39) | (38/42) | (40/44) |

基本锚固设置　复制到其他楼层　恢复默认值(D)　导入钢筋设置　导出钢筋设置

图 11-14　复制到其他楼层（抗震等级、混凝土标号、锚固、搭接、保护层厚度）。

小结：

（1）插入楼层，调整层高。

（2）底标高：首层结构底标高，调整各楼层混凝土标号、锚固、搭接、保护层厚度。
（3）复制到其他楼层。

## 四、新建轴网

第一步：建立正交轴网、辅助轴线、建轴网、常用值直接添加。如图 11-15 所示。

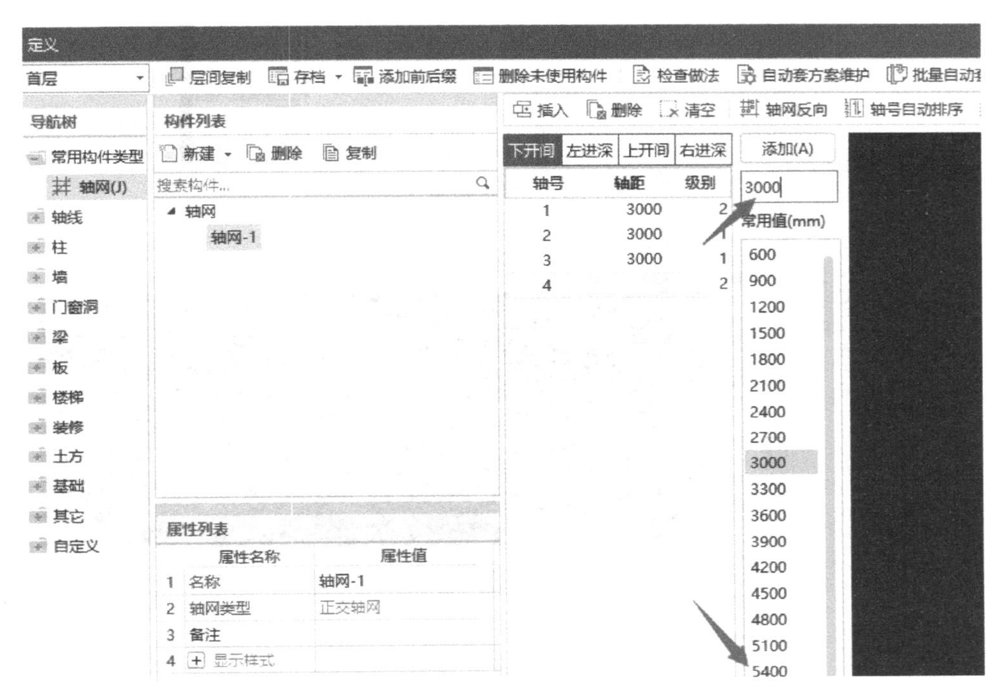

图 11-15　新建轴网

第二步：轴号自动排序、设置插入点。如图 11-16 所示。

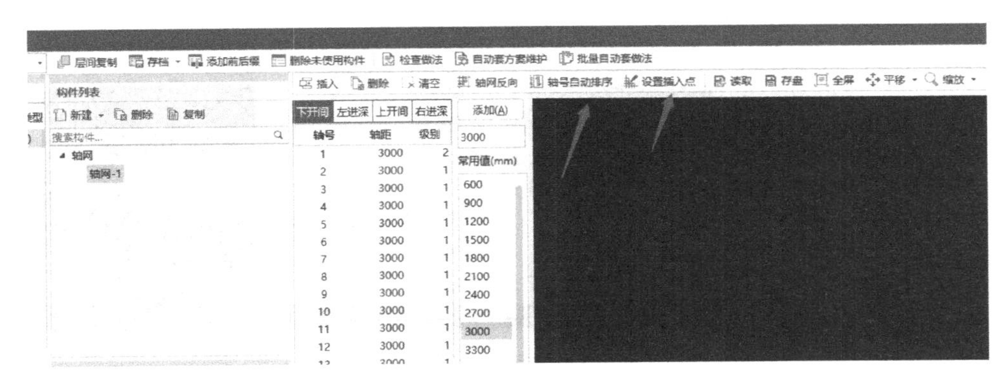

图 11-16　轴号自动排序、设置插入点

第三步：修改轴号、轴距。如图 11-17 所示。
第四步：存盘、读取。如图 11-18 所示。
第五步：辅助轴线（两点、平行、三点辅轴、删除辅轴）。如图 11-19 所示。

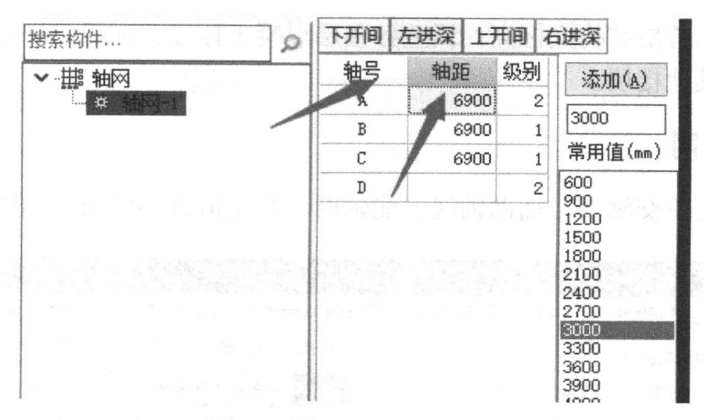


图 11-17 新建轴网（一）

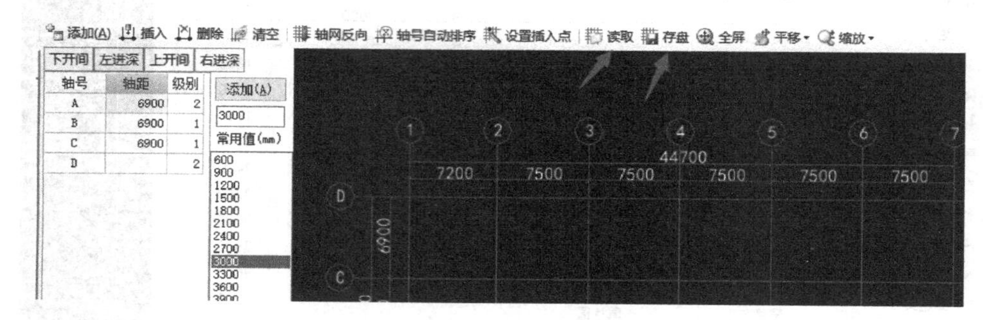


图 11-18 新建轴网（二）

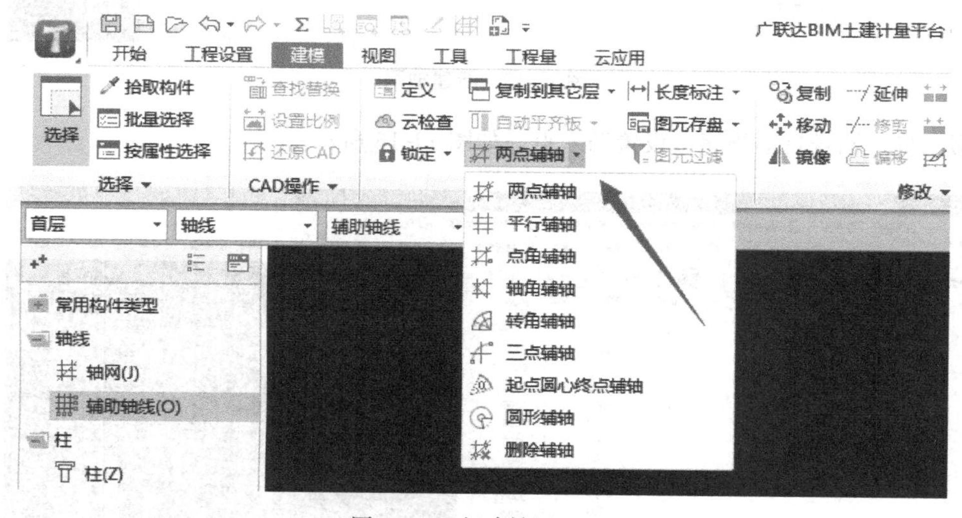


图 11-19 新建轴网（三）

小结：

（1）输入轴距的方法常用值，直接添加。

（2）轴号自动生成；设置插入点；修改轴号，轴距。

（3）辅轴：两点，平行，圆弧。

（4）在任何界面下都可以添加辅助轴线。

钢筋新建过程及轴网第一集

扫码观看本视频

钢筋新建过程及轴网第二集

扫码观看本视频

## 五、柱构件建立及绘制

第一步：柱绘制，黑色字体：私有属性；蓝色字体：公有属性。如图 11-20 所示。

属性编辑

| | 属性名称 | 属性值 | 附加 |
|---|---|---|---|
| 1 | 名称 | KZ1 | |
| 2 | 类别 | 框架柱 | ☐ |
| 3 | 截面编辑 | 否 | |
| 4 | 截面宽(B边)(mm) | 400 | ☑ |
| 5 | 截面高(H边)(mm) | 400 | ☑ |
| 6 | 全部纵筋 | | ☐ |
| 7 | 角筋 | 4⌀20 | ☐ |
| 8 | B边一侧中部筋 | 2⌀16 | ☐ |
| 9 | H边一侧中部筋 | 2⌀16 | ☐ |
| 10 | 箍筋 | ⌀8@100/200 | ☐ |
| 11 | 肢数 | 4*4 | |
| 12 | 柱类型 | (中柱) | ☐ |
| 13 | 其它箍筋 | | |
| 14 | 备注 | | ☐ |
| 15 | + 芯柱 | | |
| 20 | + 其它属性 | | |
| 33 | + 锚固搭接 | | |
| 48 | + 显示样式 | | |

图 11-20 柱构件属性

第二步：构件列表。如图 11-21 所示。

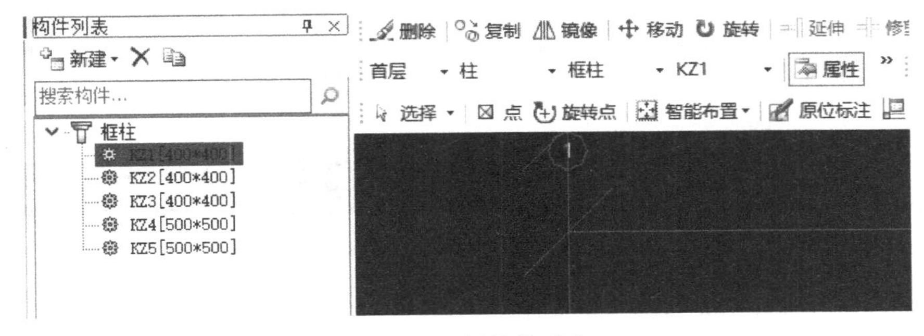


图 11-21 梁构件列表

第三步：偏心柱点（Ctrl＋左键）。图 11-22 所示。

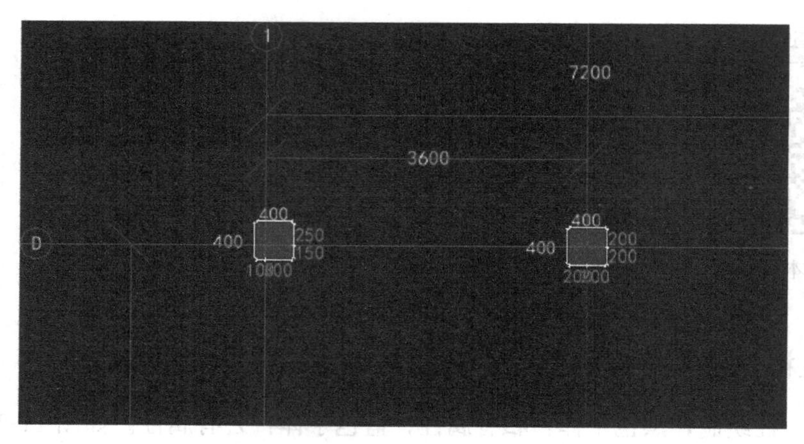


图 11-22　偏心柱

第四步：不在轴线交点处的柱（Shift＋左键）。如图 11-23 所示。

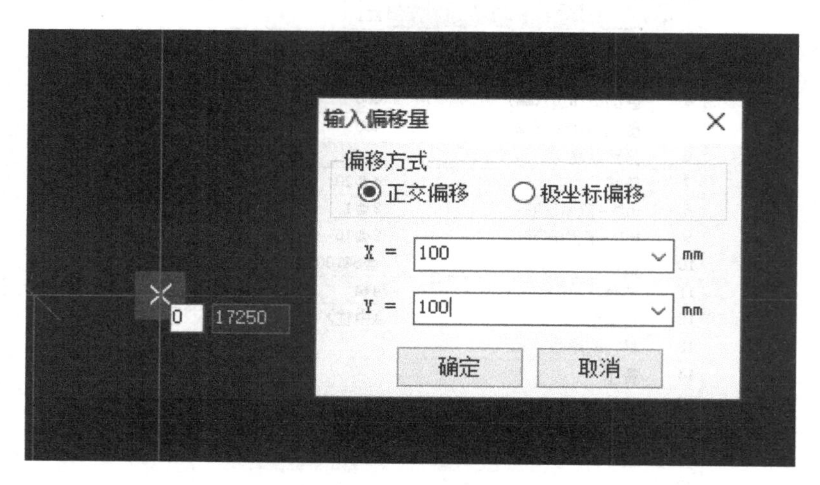


图 11-23　轴线柱

第五步：打开建模删除、复制、镜像、移动、旋转方法。如图 11-24 所示。

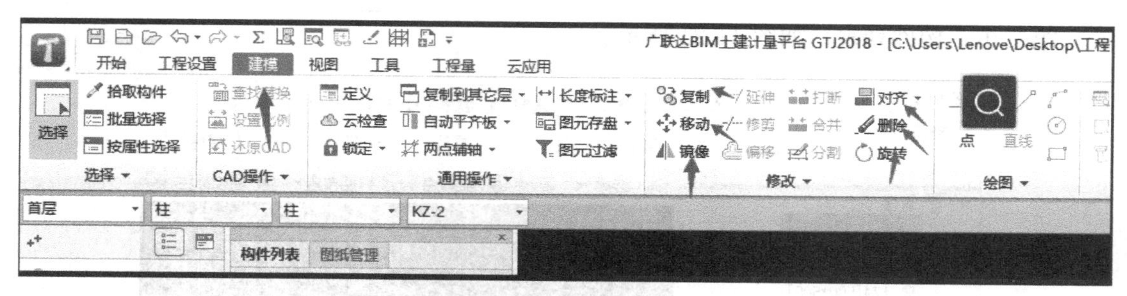


图 11-24　删除、复制、镜像、移动、旋转方法

第六步：修改构件图元名称，可在属性中修改。如图 11-25 所示。

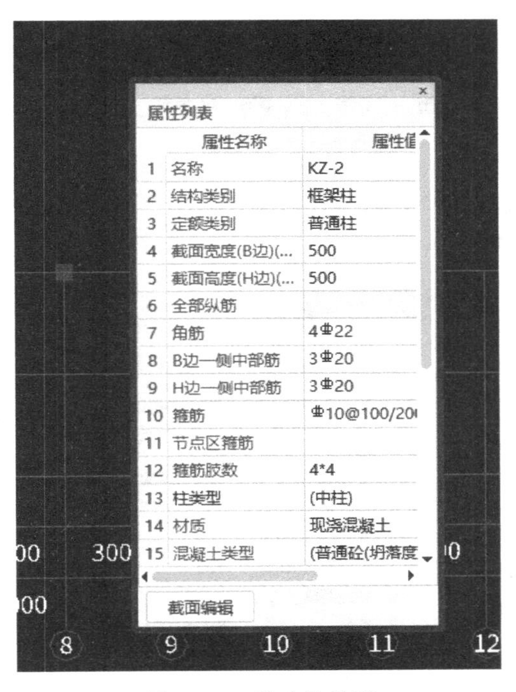


图 11-25　修改构件图

小结：

（1）柱的定义类别、截面信息、纵筋信息、箍筋信息。

（2）画柱（点画、旋转）、偏心住（Ctrl＋左键）Shift＋左键（不在轴线交点处的柱）镜像（中点捕捉）修改构件图元名称。

框架柱

扫码观看本视频

## 六、梁构件建立及绘制

### （一）绘制

建立类别、截面宽度、截面高度、箍筋、上部通常筋、下部通常筋、侧面纵筋。如图 11-26、图 11-27 所示。

### （二）梁原位标注在建模中

（1）支座钢筋。如图 11-28 所示。

（2）吊筋、次梁加筋。如图 11-29 所示。

（3）在建模中重提梁跨、数据复制、应用同名称梁、梁跨数据复制。如图 11-30 所示。

（4）查看钢筋量：汇总后，可查看构件钢筋量。如图 11-31 所示。

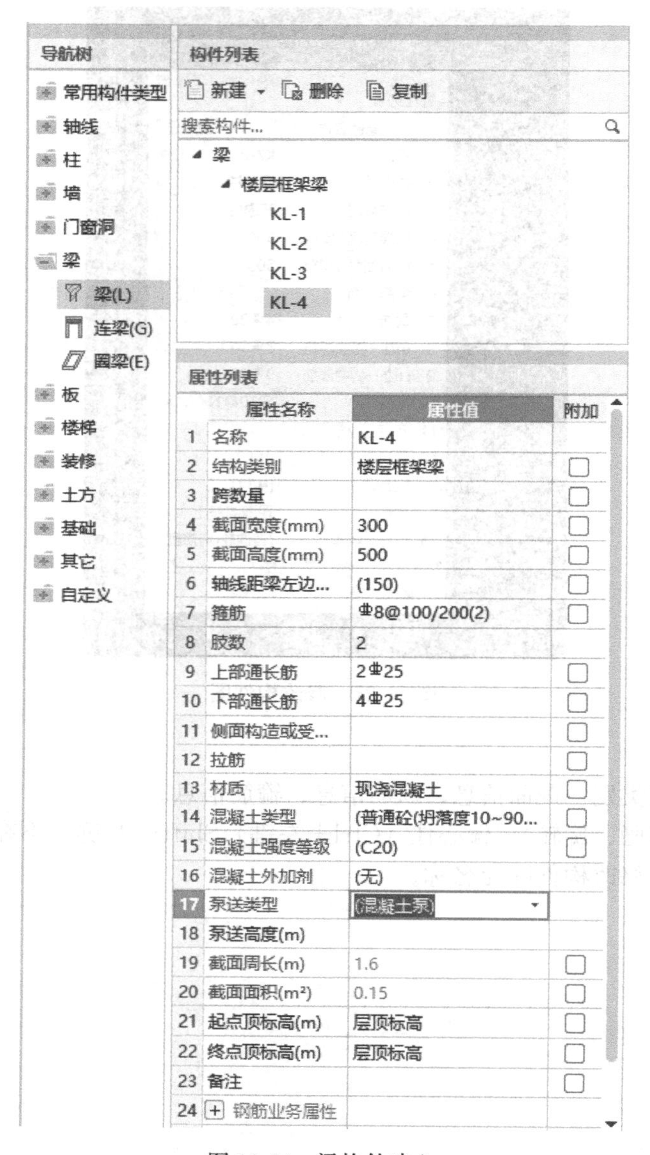


图 11-26　梁构件建立

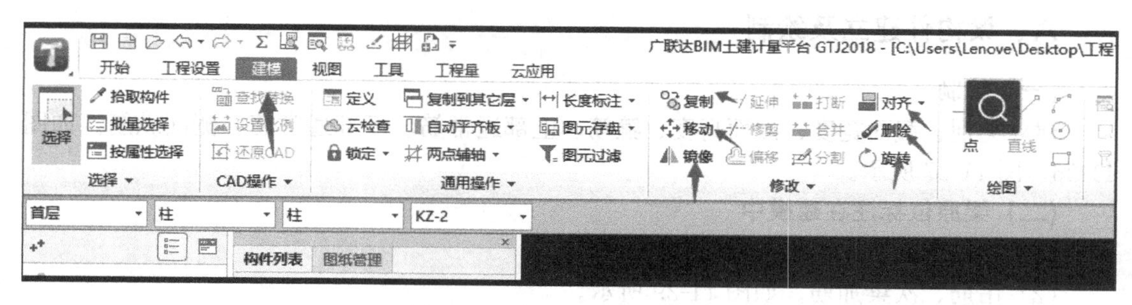


图 11-27　复制、移动、对齐等

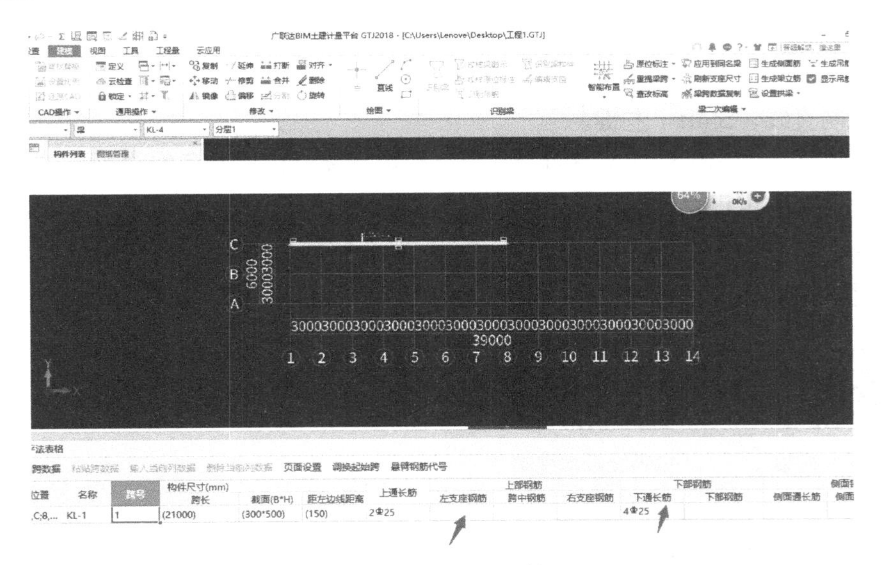

图 11-28 支座钢筋

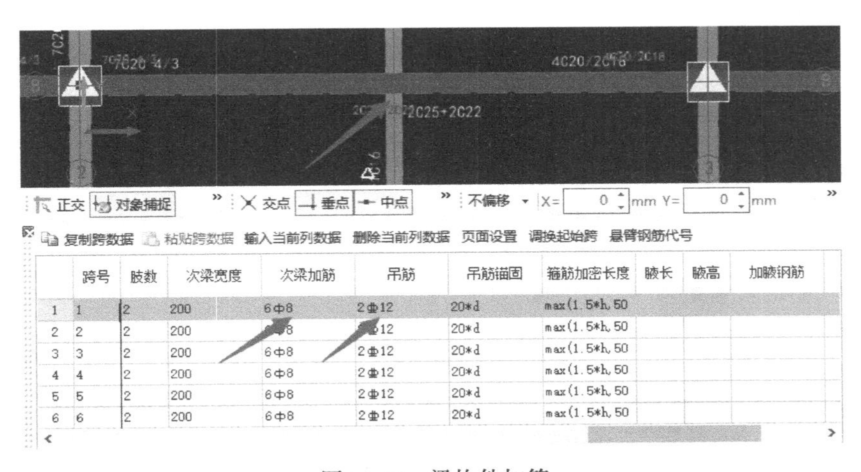

图 11-29 梁构件加筋

图 11-30 重提梁跨

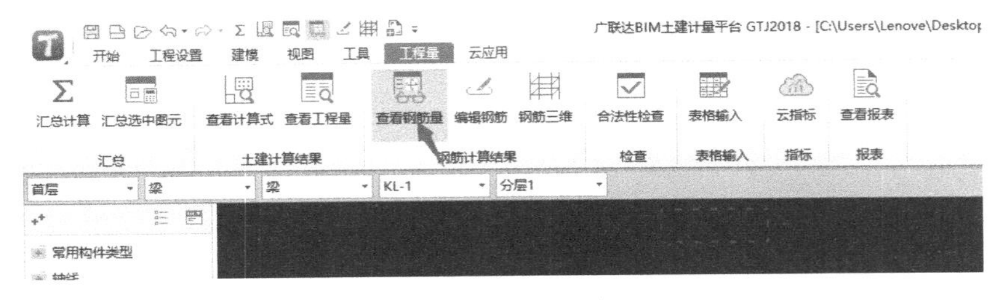

图 11-31 构件钢筋量

小结：

（1）集中标注信息。

（2）绘制直线、Shift＋左键。

（3）原位标注：原位标注信息重新提取梁跨数据复制应用同名称梁。

（4）查看钢筋量：查看钢筋量、编辑钢筋。

框架梁

扫码观看本视频

框架梁

扫码观看本视频

## 七、板及板钢筋构件建立及绘制

### （一）现浇板

（1）定义：厚度、顶标高。如图 11-32 所示。

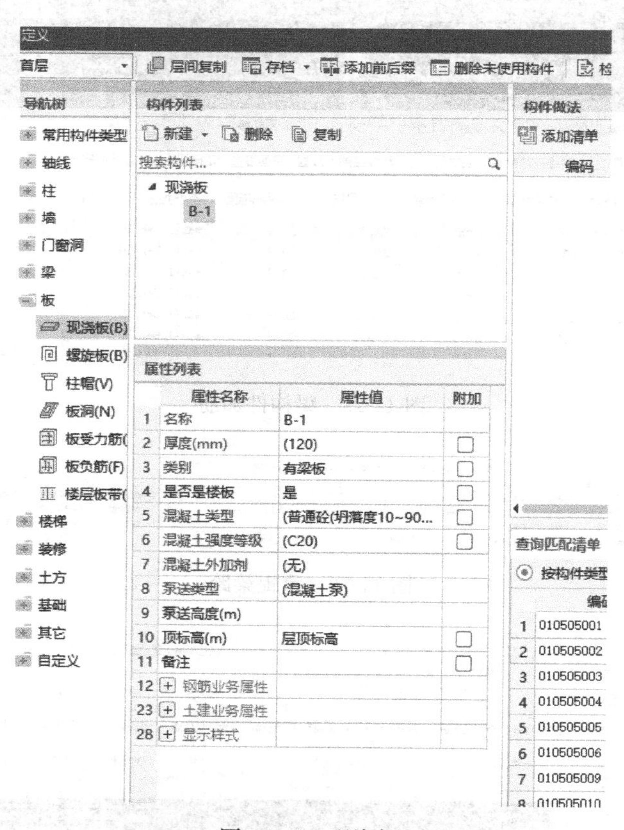


图 11-32　现浇板

（2）绘制：点、直线、智能布置。如图 11-33 所示。

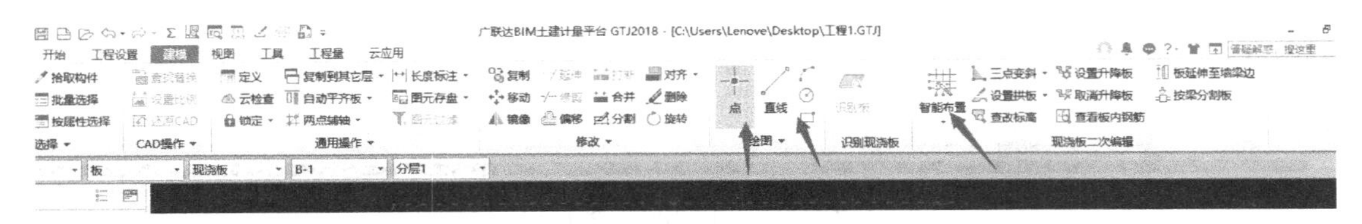


图 11-33　板绘制

## （二）板受力筋

（1）定义：钢筋信息、类别、左右弯折。如图 11-34 所示。

图 11-34　板受力筋

（2）绘制：单板、XY 方向。如图 11-35 所示。

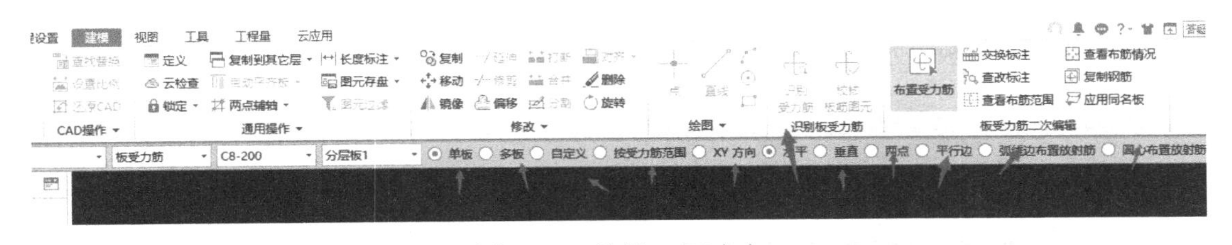


图 11-35　单板、XY 方向

（3）应用到同名称板。如图 11-36 所示。

图 11-36　应用到同名称板

## （三）跨板受力筋

（1）定义：钢筋信息、左右标注、标注长度位置、左右弯折。如图 11-37 所示。

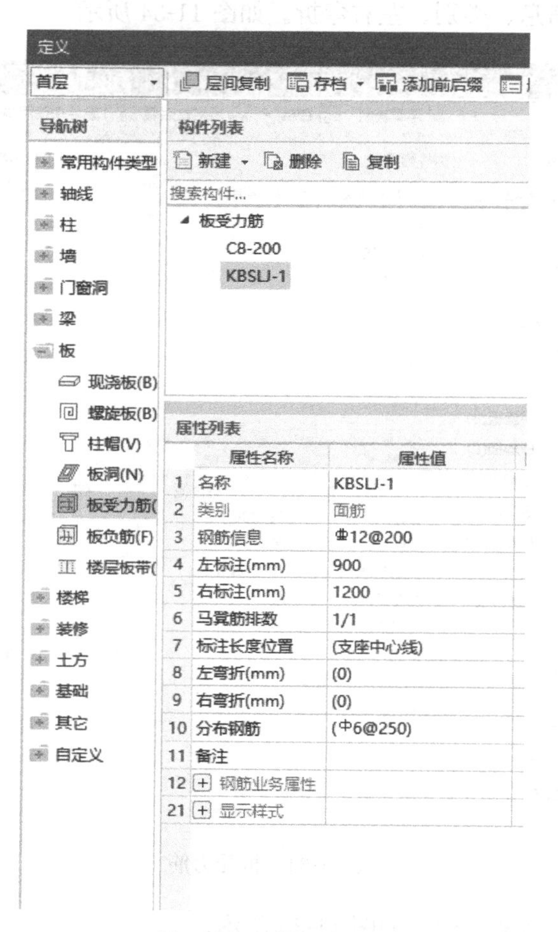


图 11-37　跨板受力筋

（2）绘制：单板、水平、垂直。如图 11-38 所示。

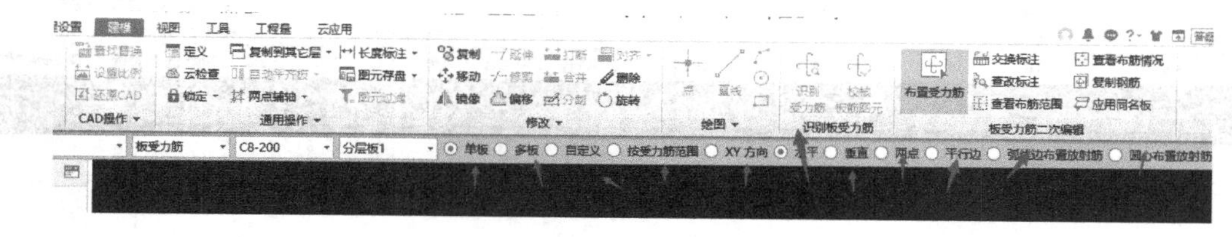

图 11-38　绘制

## （四）板负筋

（1）定义：钢筋信息、左右标注、左右弯折。如图 11-39 所示。

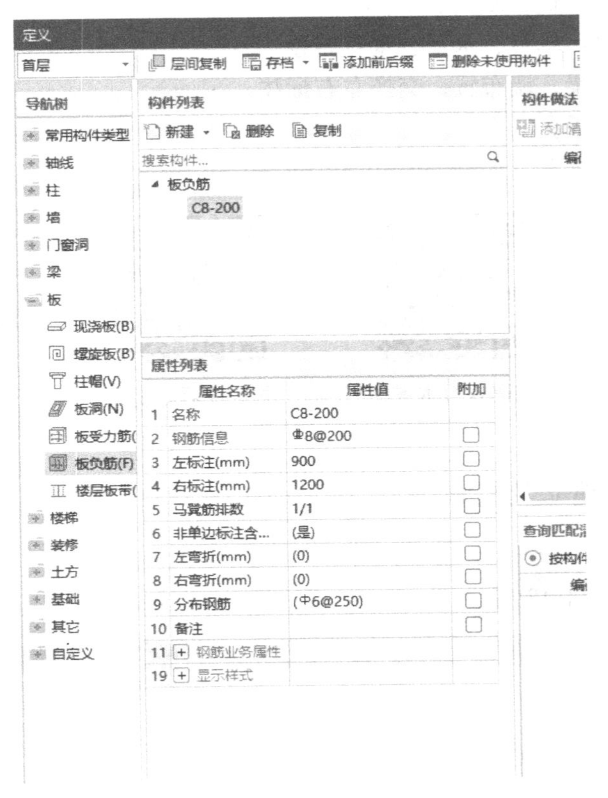

图 11-39　板负筋

（2）绘制：按梁布置、按墙布置、按板边布置。如图 11-40 所示。

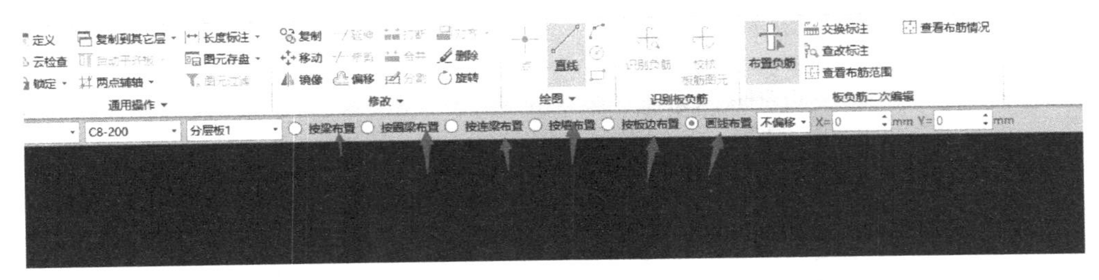

图 11-40　绘制

（3）交换左右标注。如图 11-41 所示。

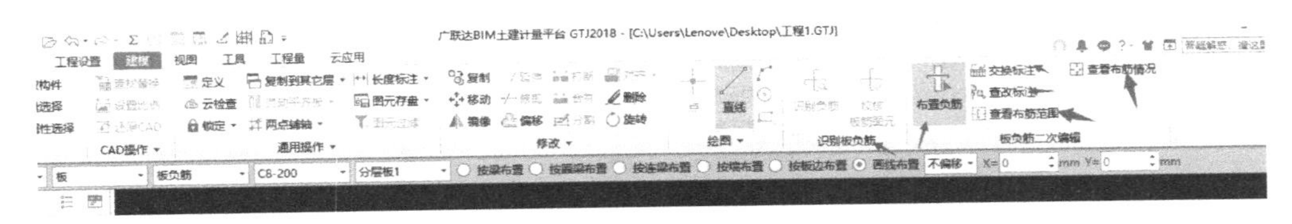

图 11-41　标注

小结：

（1）板：点。

（2）板受力筋：单板、XY 方向布置。

（3）跨板受力筋：单板、水平、垂直布置。

（4）板负筋：按梁、墙布置、交换左右标注。

（5）应用同名称板。

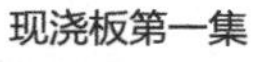
现浇板第一集

扫码观看本视频

现浇板第二集

扫码观看本视频

现浇板第三集

扫码观看本视频

现浇板第四集

扫码观看本视频

## 八、砌体构件建立及绘制

### （一）砌体

（1）定义。如图 11-42 所示。

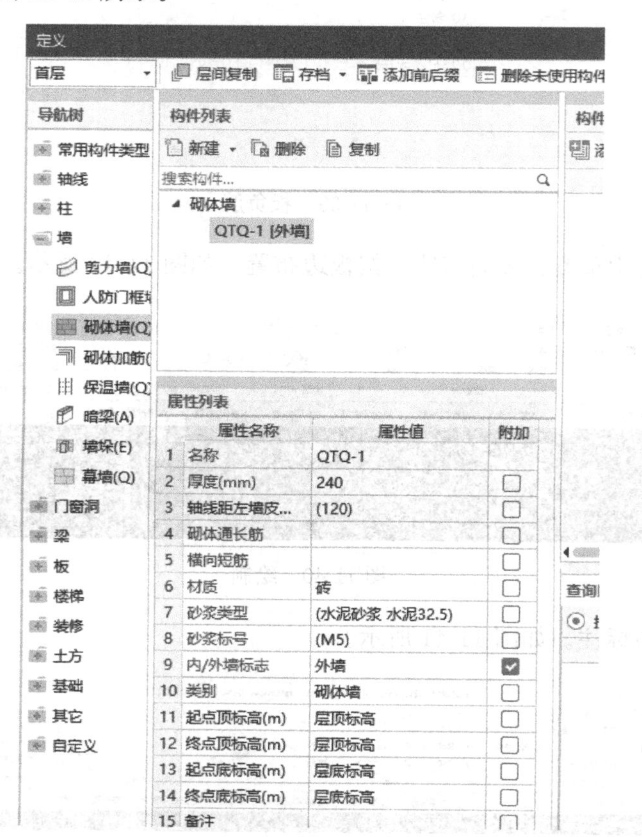

图 11-42　定义砌体

（2）绘制：直线布置。如图 11-43 所示。

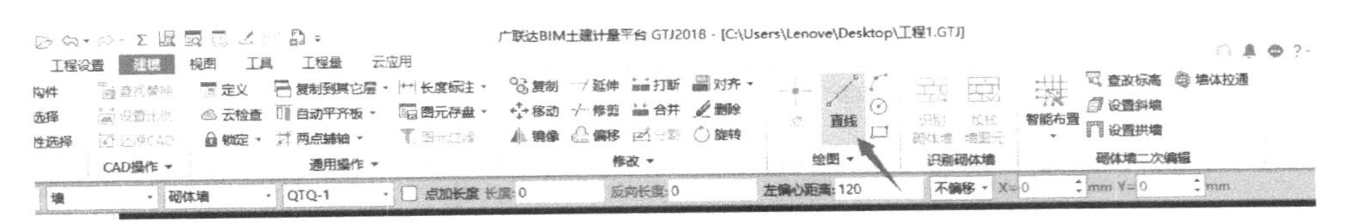

图 11-43　绘制直线布置

## （二）砌体加筋

（1）定义。如图 11-44 所示。

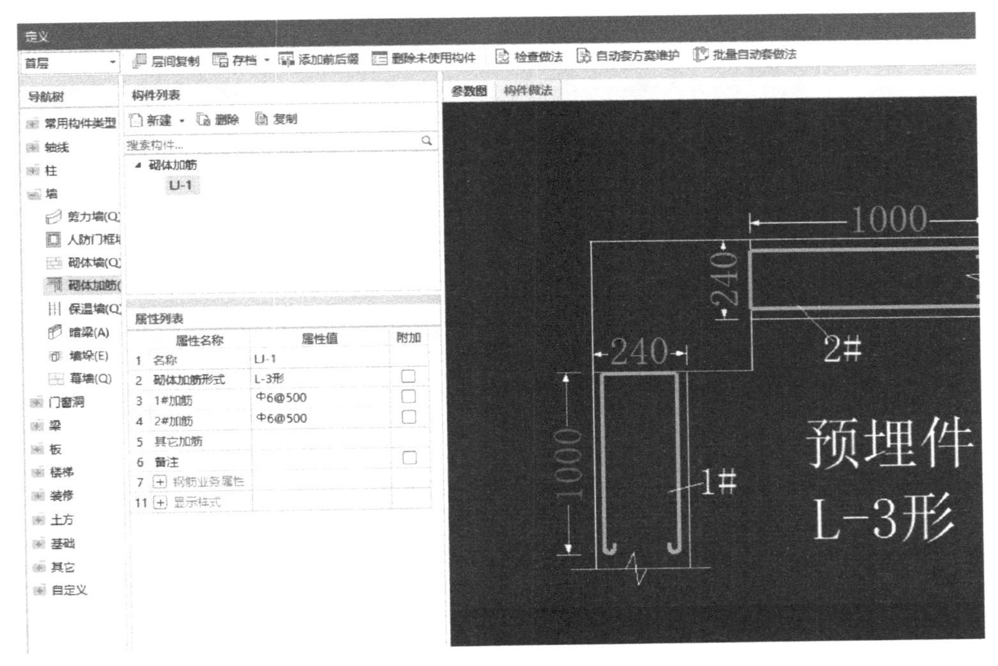


图 11-44　定义砌体加筋

（2）绘制：点、生成砌体加筋。如图 11-45 所示。

图 11-45　点、生成砌体加筋

## （三）门窗洞口

（1）定义：洞口高度、洞口宽度、离地高度。如图 11-46 所示。

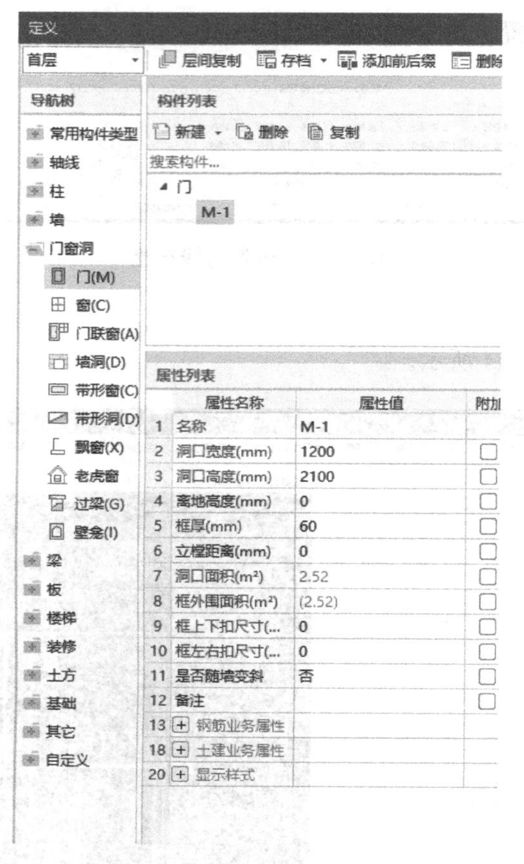

图 11-46　门窗洞口定义

（2）绘制：点、智能布置。如图 11-47 所示。

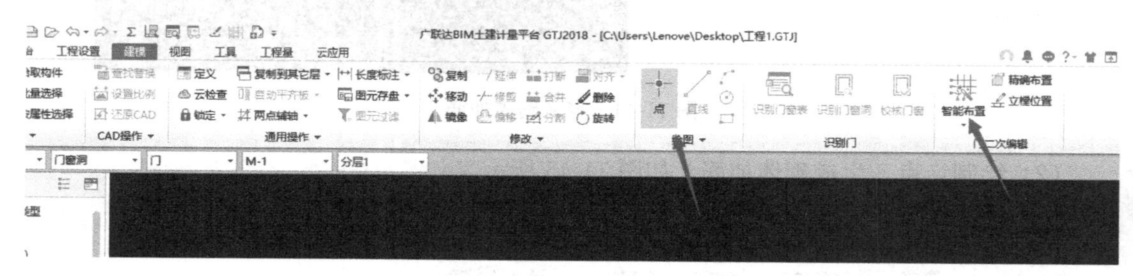

图 11-47　绘制点

墙及门窗

扫码观看本视频

## （四）过梁

（1）定义：纵筋、箍筋。如图 11-48 所示。

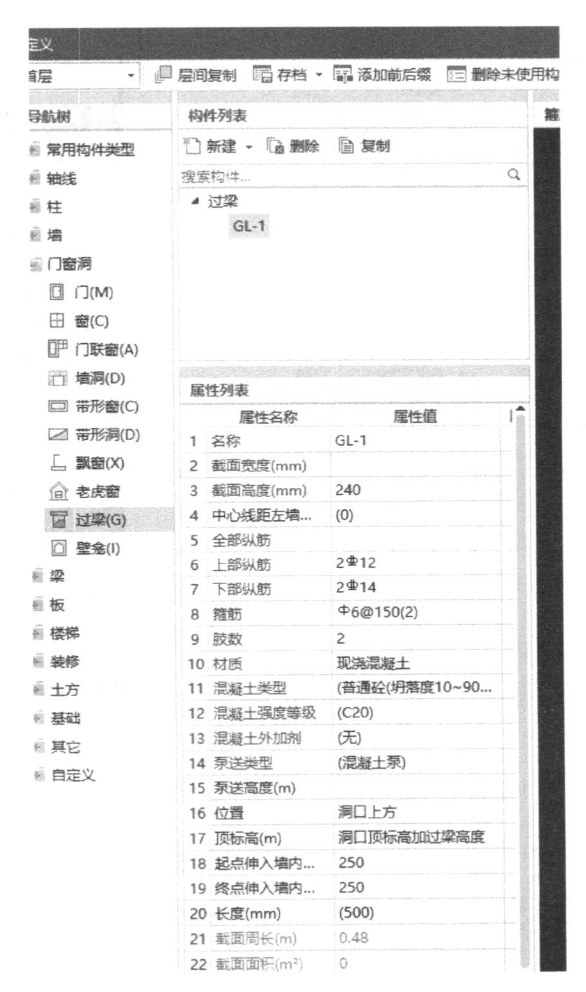

图 11-48　过梁定义

（2）绘制：点、智能布置。如图 11-49 所示。

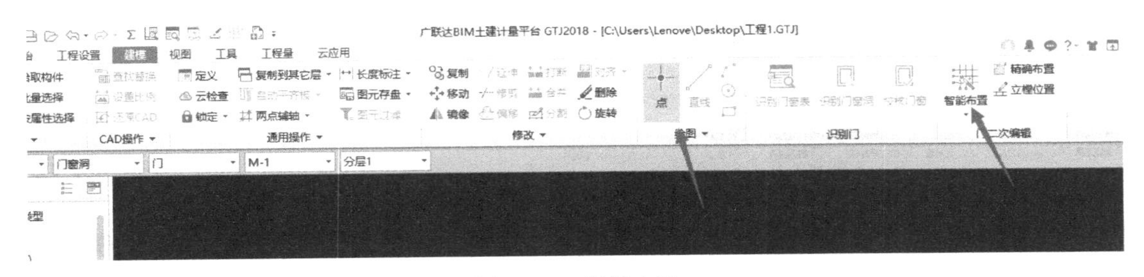

图 11-49　智能布置

## （五）构造柱

（1）定义：截面、纵筋、箍筋。如图 11-50 所示。

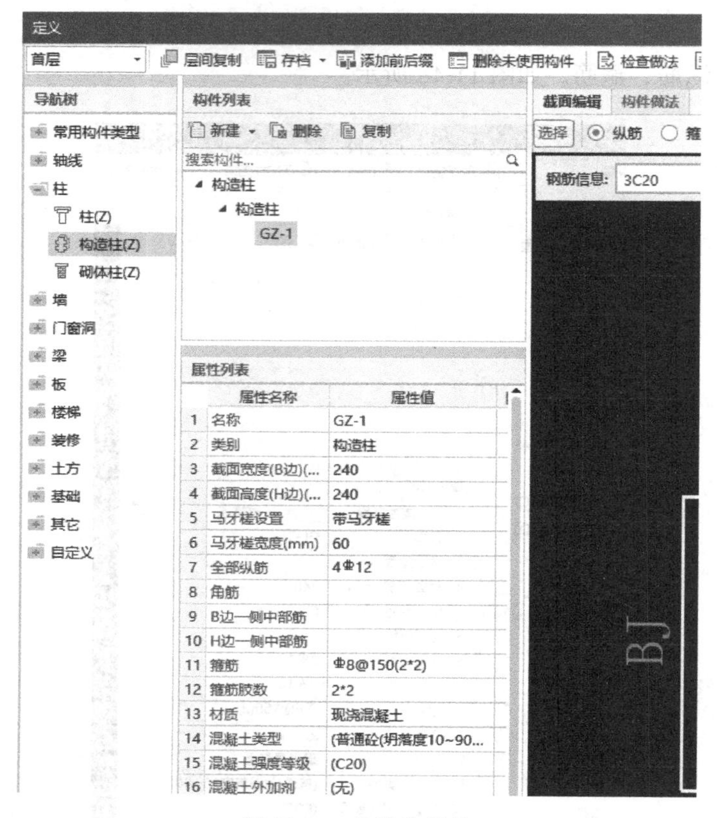


图 11-50　构造柱定义

（2）绘制：点。如图 11-51 所示。

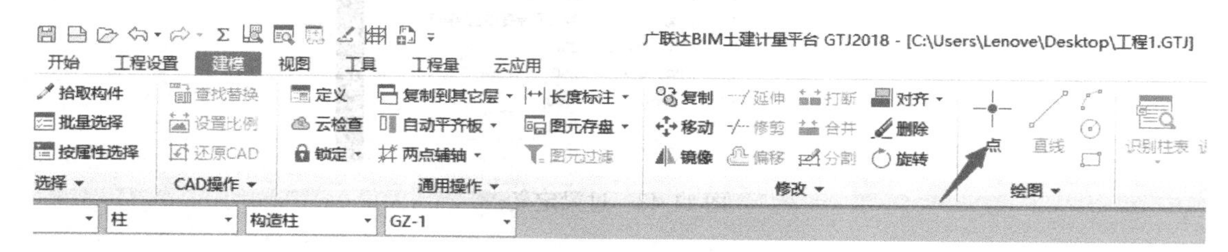


图 11-51　点绘制

（3）自动生成构造柱。如图 11-52 所示。

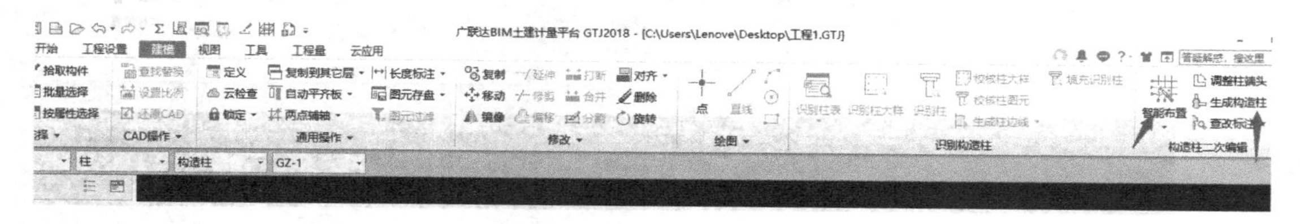


图 11-52　自动生成构造柱

## （六）圈梁

（1）定义：截面、上部钢筋、下部钢筋、箍筋。图 11-53 所示。

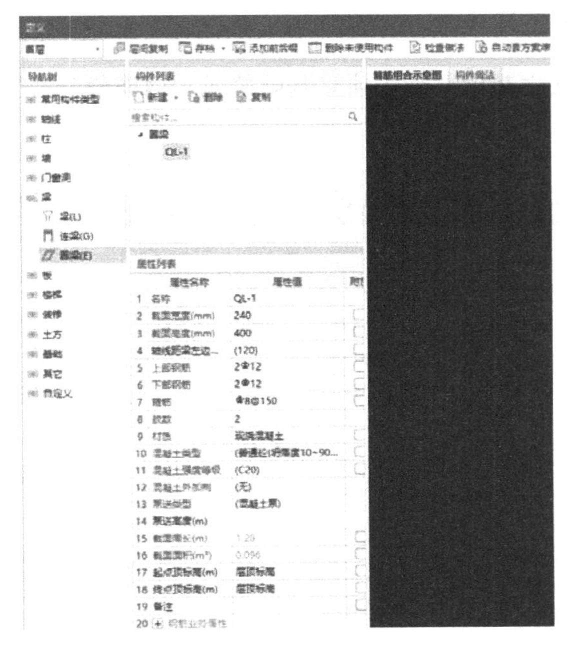

图 11-53 定义圈梁

（2）绘制：直线、智能布置、生成圈梁。如图 11-54 所示。

图 11-54 智能布置

小结：

（1）砌体墙。

（2）砌体加筋。

（3）过梁。

（4）构造柱。

（5）圈梁。

过梁及构造柱
第一集

扫码观看本视频

过梁及构造柱
第二集

扫码观看本视频

## 九、基础构件建立及绘制

（1）定义：新建独立基础、新建独立基础单元、钢筋信息、基础尺寸、标高。如图 11-55 所示。

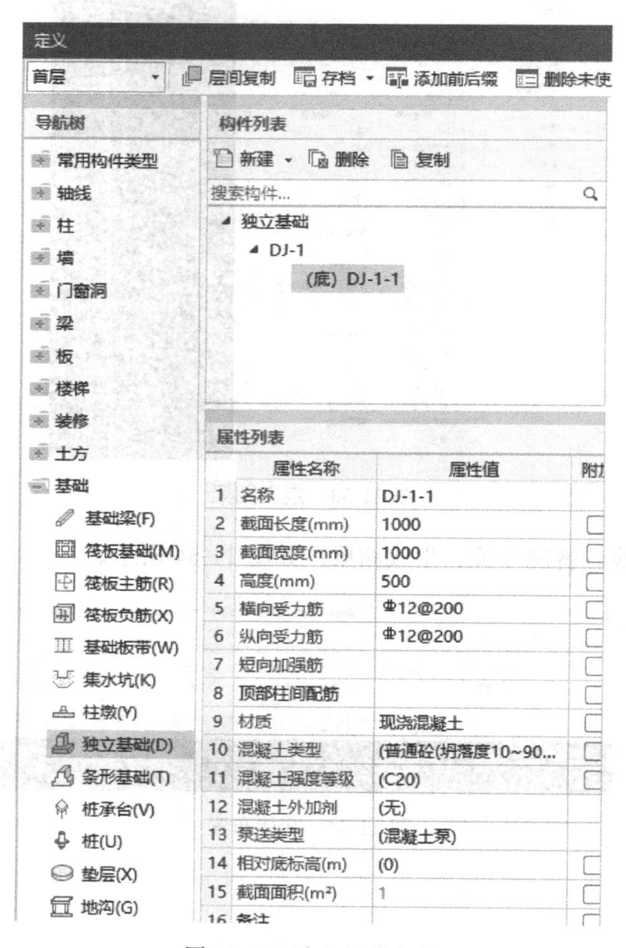


图 11-55　独立基础定义

（2）绘制：点、智能布置。如图 11-56 所示。

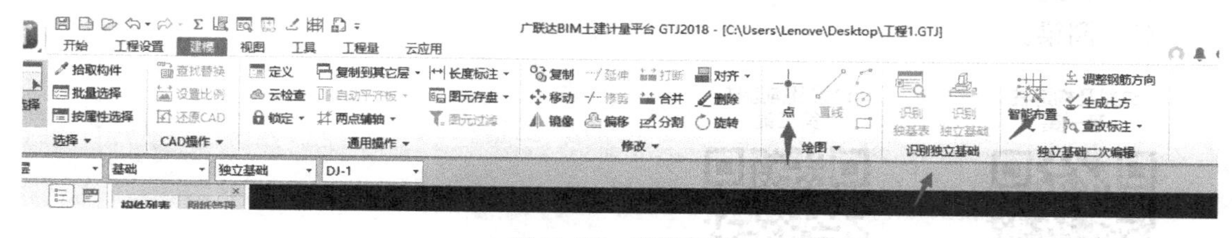


图 11-56　智能布置

小结：

（1）独立基础定义。

（2）独立基础绘制。

独立基础

扫码观看本视频

## 十、楼梯及零星构件建立

楼梯：添加构件参数输入。如图 11-57 所示。

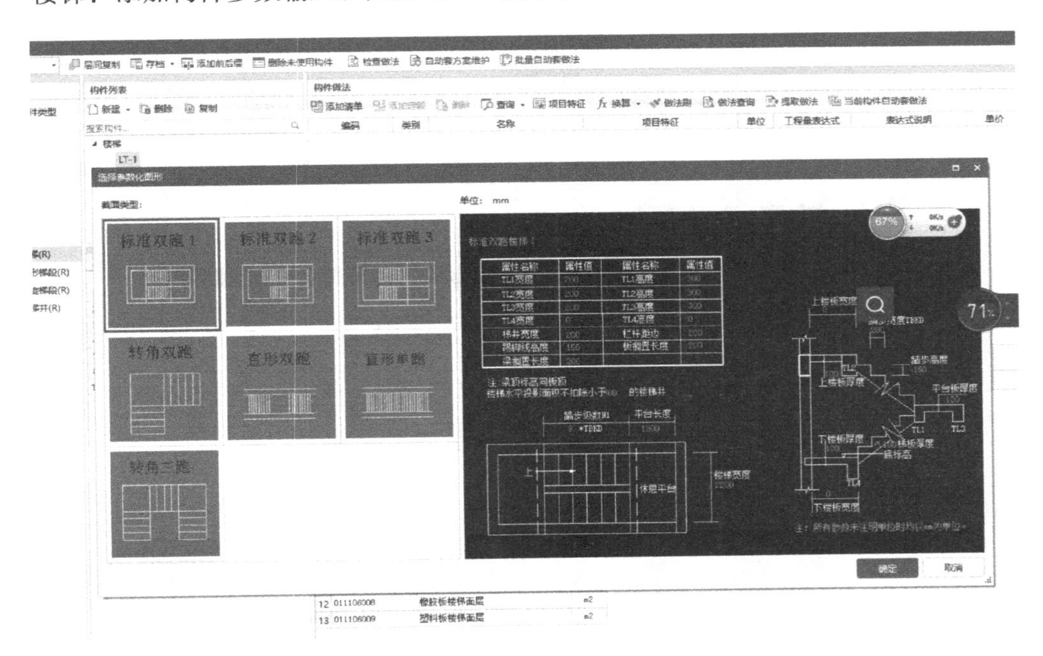


图 11-57　添加构件

小结：

（1）直接输入：阳角放射筋。

（2）参数输入：楼梯。

楼梯钢筋

扫码观看本视频

# 十一、报表汇总及查看

报表汇总，如图 11-58～图 11-62。

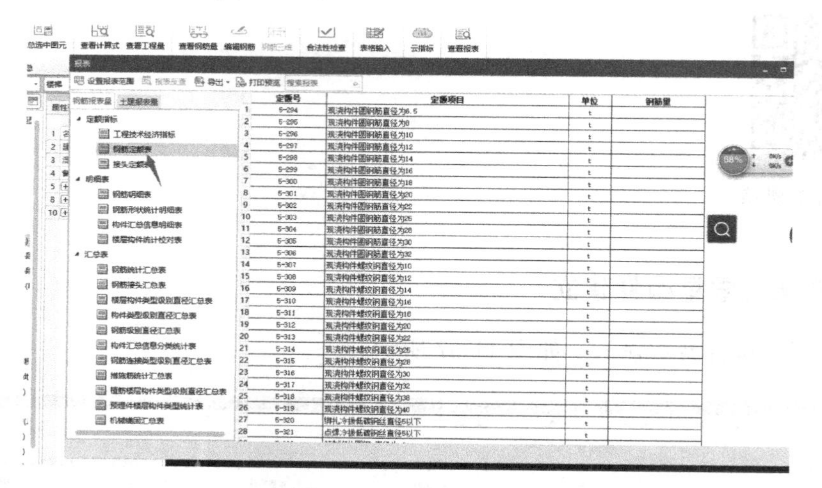

图 11-58　钢筋定额表

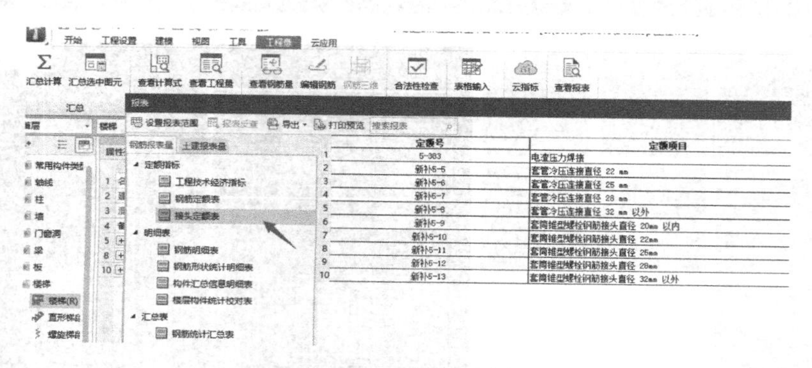

图 11-59　接头定额表

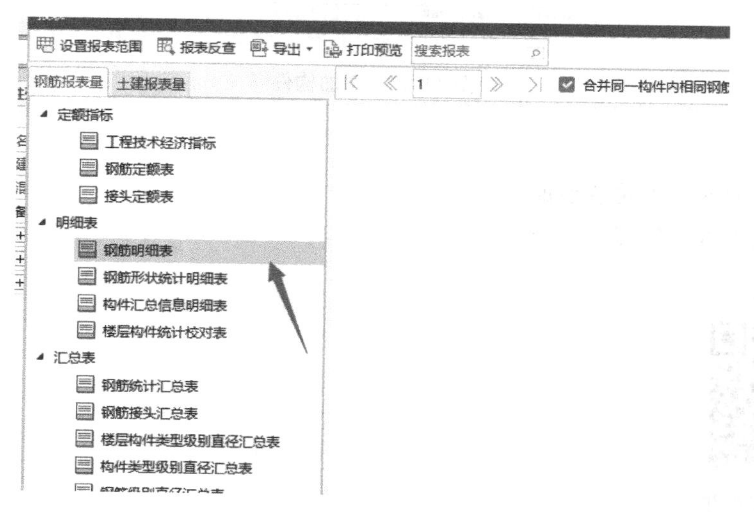


图 11-60　钢筋明细表

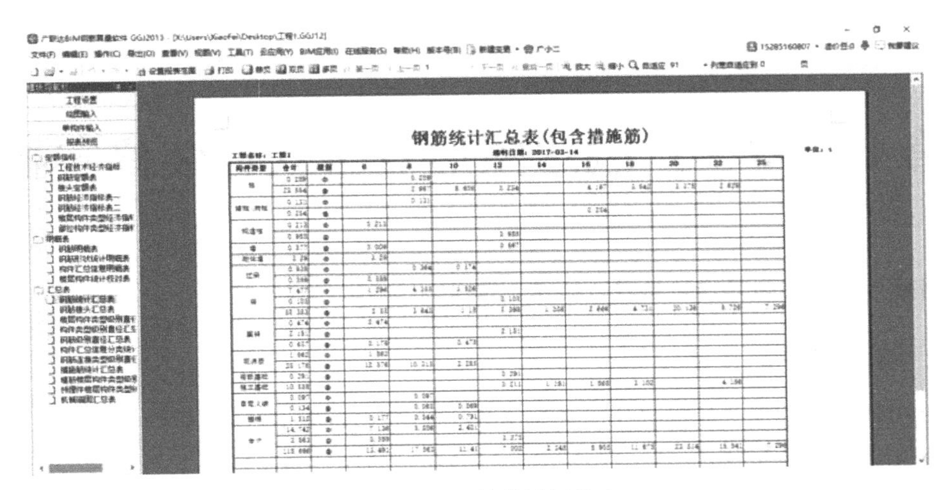


图 11-61　钢筋统计汇总表

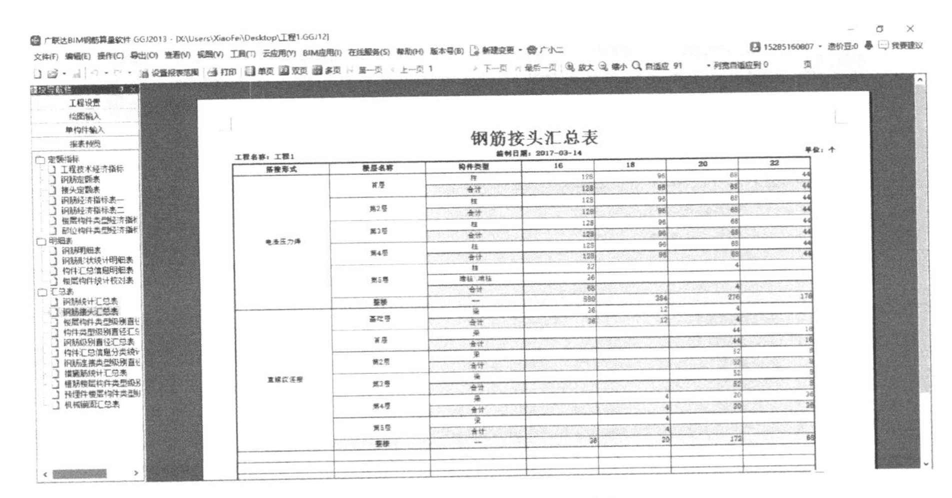


图 11-62　钢筋接头汇总表

广联达土建速算
最新建工程

扫码观看本视频

# 第十二章　广联达图形算量软件装修实操

**学习目标**　熟练运用广联达软件进行图形算量。

## 一、装修构件定义及绘制

内容包括属性定义、构件做法、绘制方法。如图 12-1 所示。

房间装修绘图的步骤：

第一步：属性定义。

第二步：套构件做法。

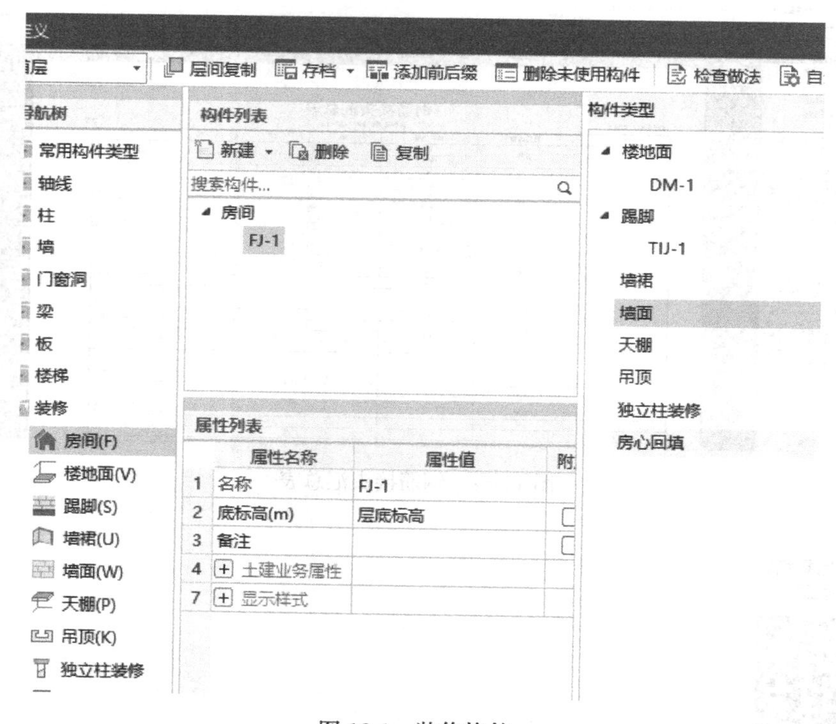


图 12-1　装修构件

构件定义名称如大厅、卫生间、厨房、卧式等。墙裙高度和踢脚线高度可根据图纸尺寸填写。如图 12-2、图 12-3 所示。

块料厚度一般不用输入。所有房间属性定义界面都需根据图纸如实进行输入，如果图纸信息不同，此房间必须单独进行属性定义；所有房间的装修是否相同，不是体现在属性定义界面，而是根据房间套的定额是否相同；房间装修时，厨房与楼梯间需用虚墙来进行分隔房间，这里在讲解房间时需要再次提到虚墙概念，加深对虚墙的认识。

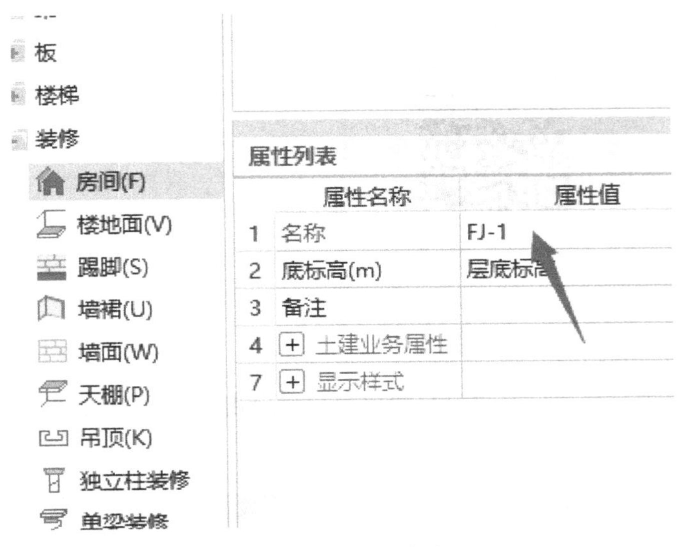


图 12-2 属性名称、高度（一）

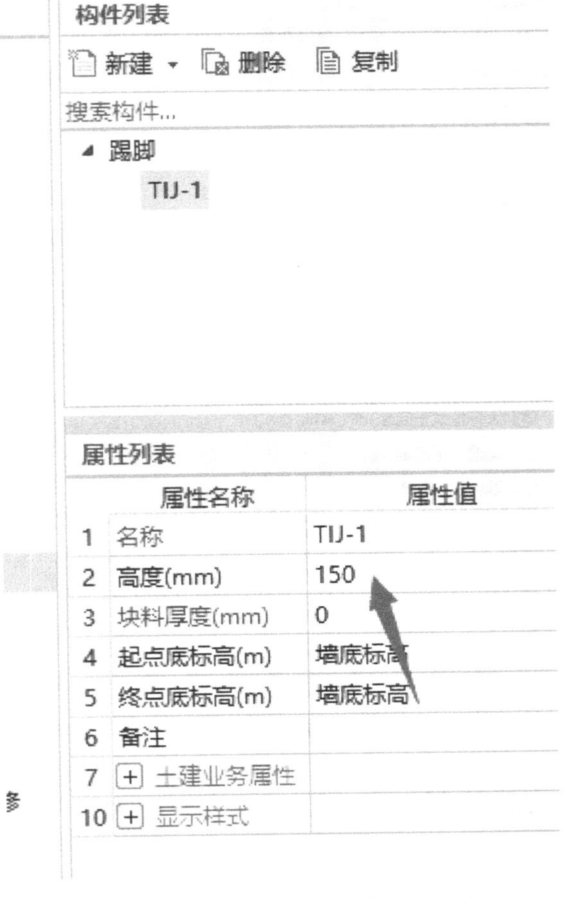


图 12-3 属性名称、高度（二）

房间装饰及
楼梯第一集

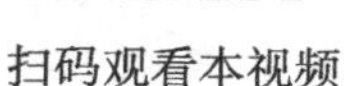


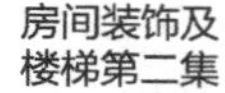

扫码观看本视频

## 二、房心回填构建定义及绘制

将导航栏切换到土方，双击“房心回填土”或点击工具栏上的“定义”按钮，新建房心回填土的名称，编辑工程量清单。如图 12-4 所示。

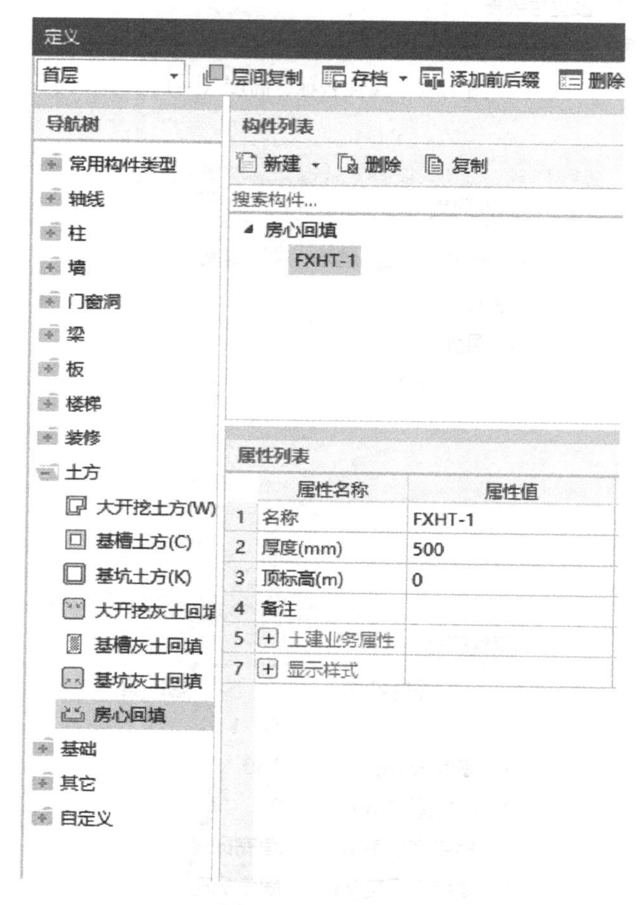


图 12-4　属性编辑

## 三、垫层构建定义及绘制

(1) 属性定义。如图 12-5 所示。

(2) 绘制方式。如图 12-6 所示。

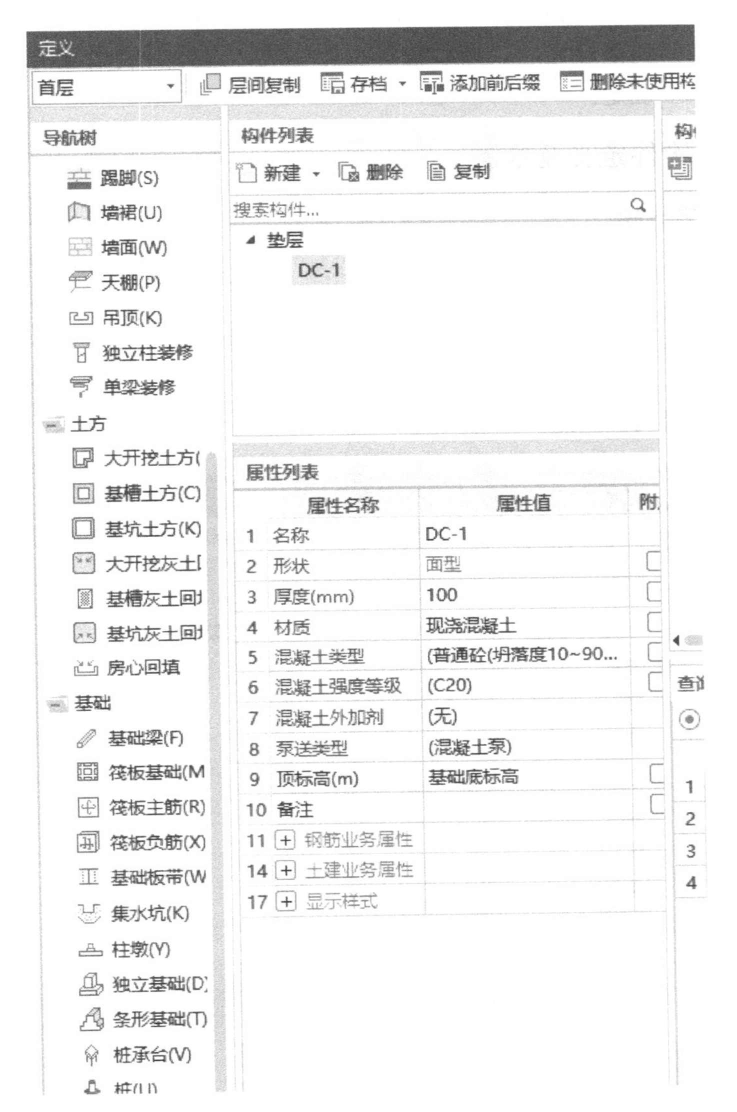

图 12-5 属性定义（一）

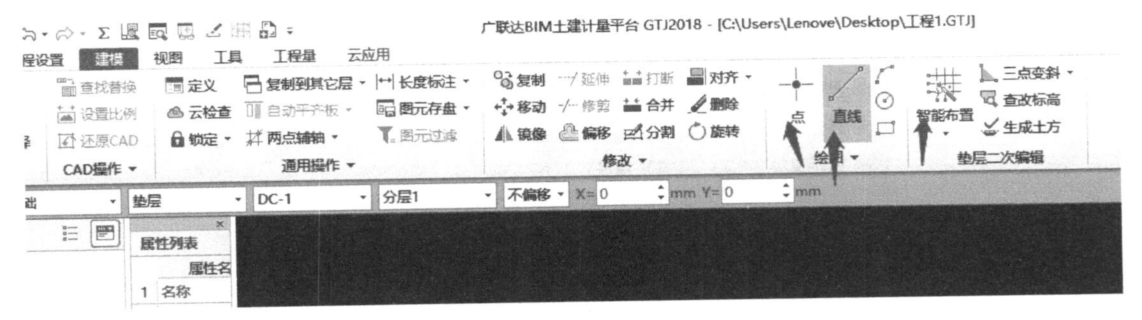

图 12-6 绘制方式（一）

垫层等基础画完后，再到垫层构件界面，筏板和承台等可以选择建立面式垫层，条基础、梁式承台等按线型垫层建立，然后选择智能生成，选择要成垫层的基础，选择基础，右键确定，输入 100 确定。

## 四、土石方构件定义及绘制

### （一）基槽土方开挖

（1）属性定义。

（2）构件做法。

（3）绘制方式。

具体操作如下：

第一步：属性定义。如图 12-7 所示。

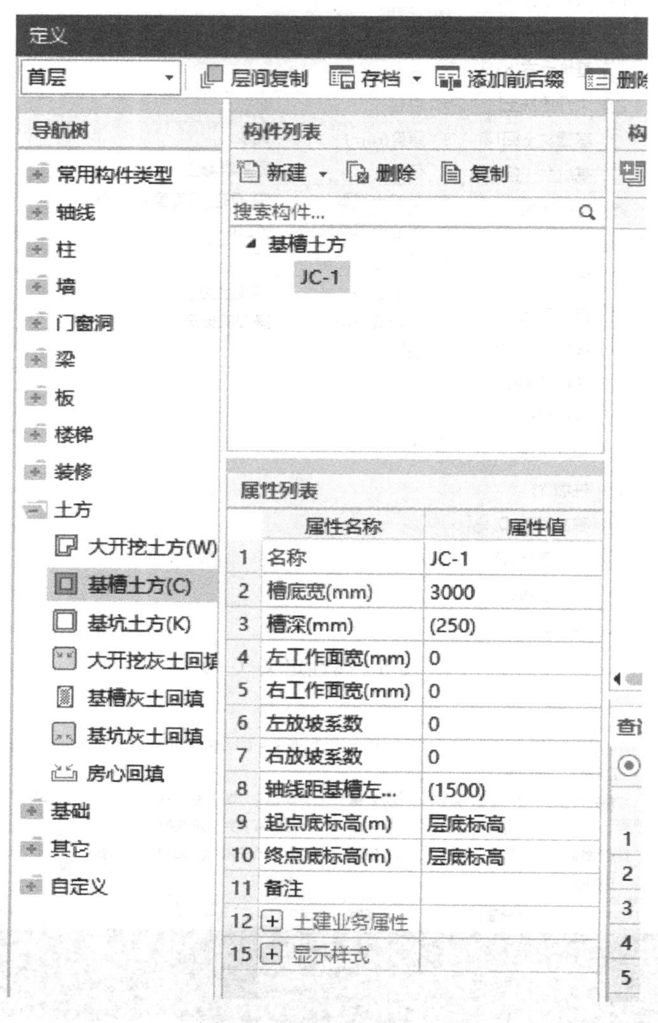


图 12-7　属性定义（二）

第二步：绘制方式。如图 12-8 所示。

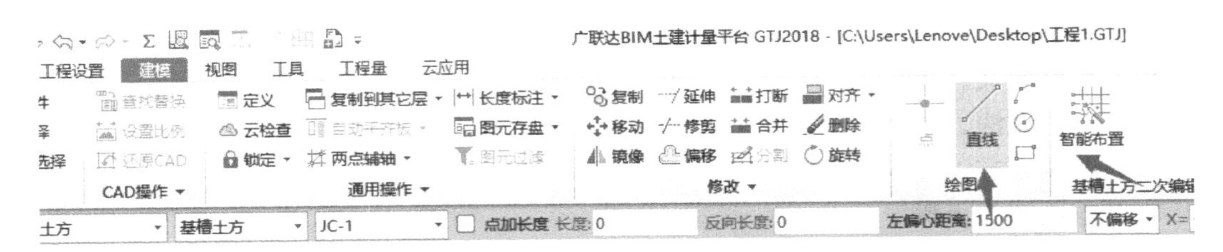


图 12-8　绘制直线

## (二) 基坑土方开挖

(1) 属性定义。如图 12-9 所示。

图 12-9　属性定义 (三)

(2) 绘制方式。如图 12-10 所示。

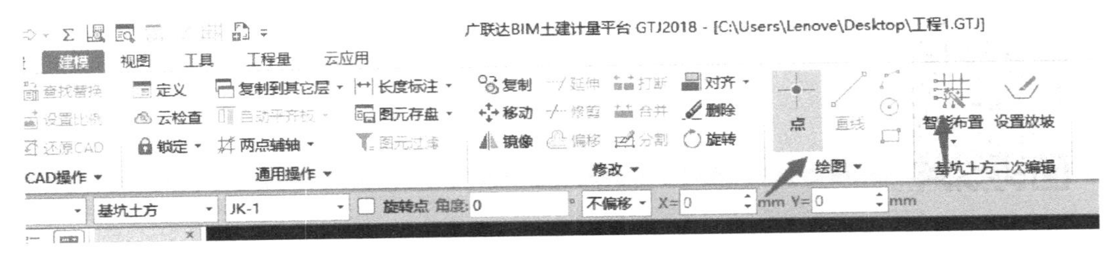


图 12-10　绘制方式 (二)

### （三）大开挖

（1）属性定义。

（2）构件做法。

（3）绘制方式。

大开挖绘图的步骤：

第一步：属性定义。

第二步：套构件做法（略）。

第三步：绘图。

具体操作如图 12-11 所示。

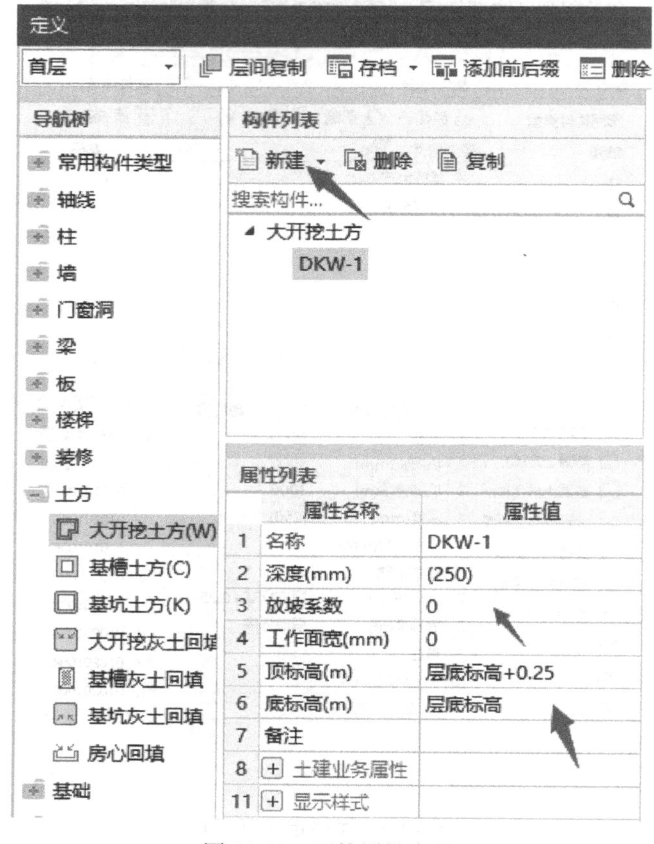


图 12-11　开挖属性定义

基坑，基槽开挖

扫码观看本视频

## 五、屋面构件定义及绘制

（1）属性定义。如图 12-12 所示。

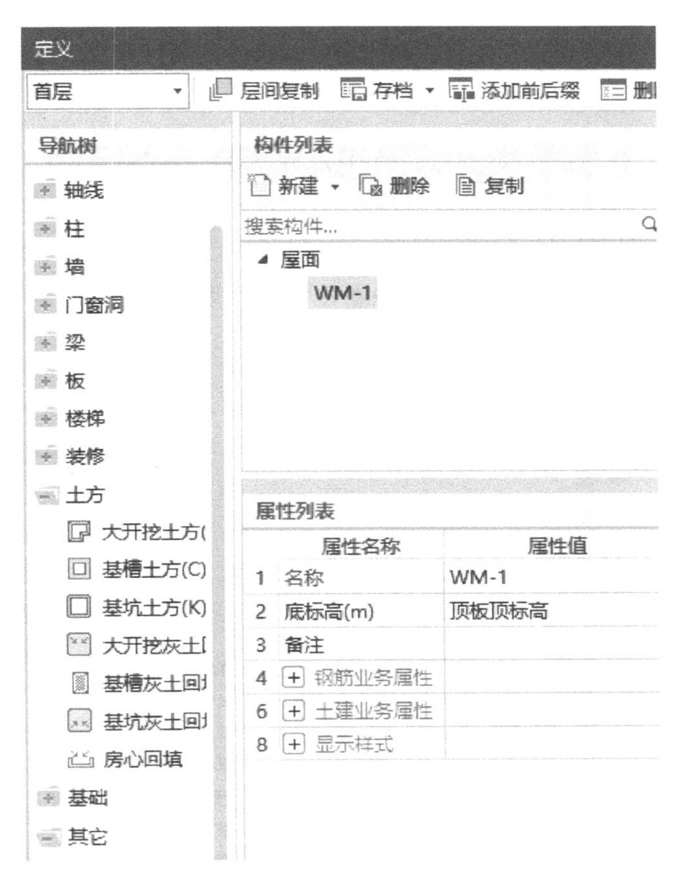


图 12-12　属性定义（四）

（2）构件做法。

（3）绘制方法。

画屋面有两种方法。一种直接按面画，另一种智能布置按外墙进行布置（面的绘制方式），操作如下：

第一种：同板的直接画法相同。

第二种：智能布置，选择智能布置——按外墙内边线布置即可完成绘制。如图 12-13 所示。

图 12-13　智能布置

## 六、台阶、散水构建定义及绘制

台阶：

第一步：台阶的定义与工程量清单编辑。切换首层，将导航栏切换到其他，双击“台阶”或点击工具栏上的“定义”按钮，新建台阶，台阶的属性定义及工程表编辑如图 12-14 所示。

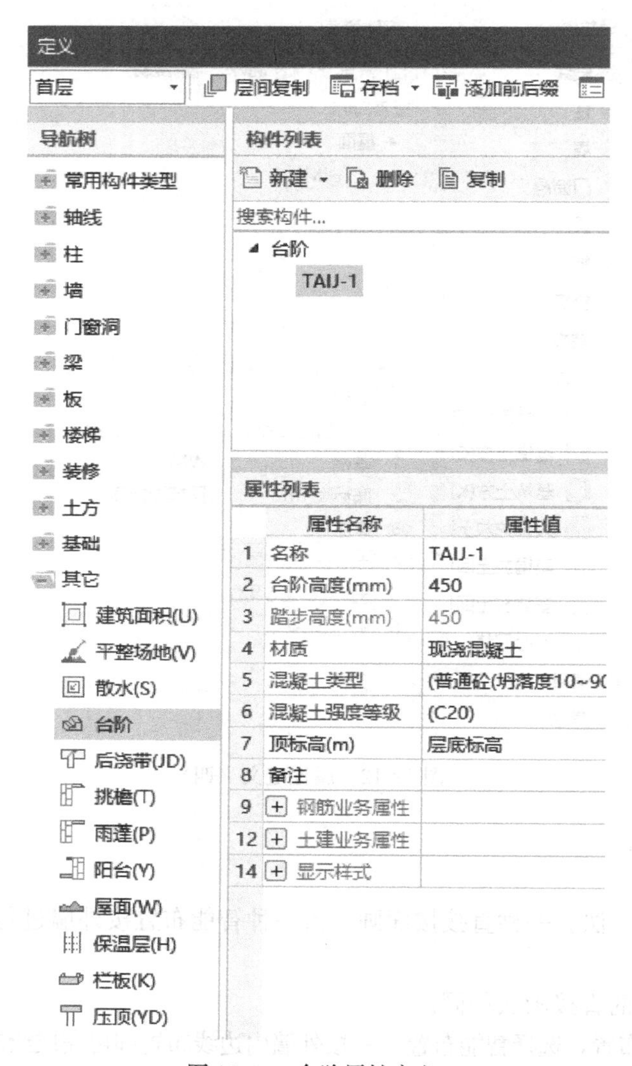


图 12-14　台阶属性定义

第二步：台阶的绘制，点击工具栏上的矩形，按住“Shift＋左键”，再输入需要偏移的偏值。如图 12-15 所示。

## 七、零星构件定义及绘制

### （一）散水

目标：掌握散水的智能布置法。

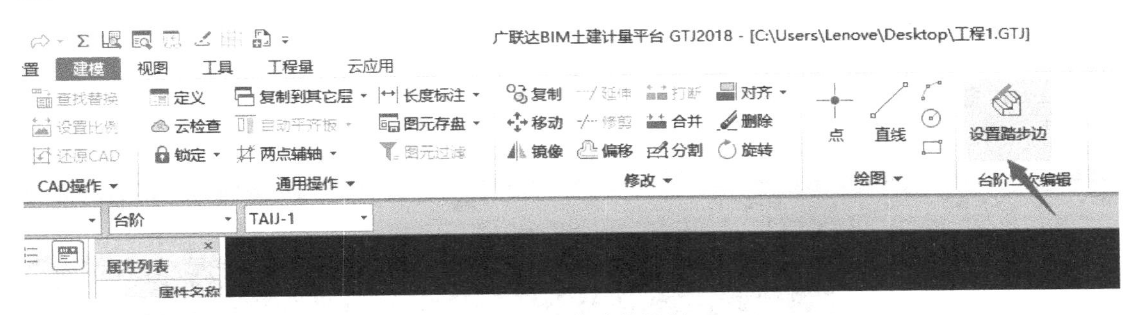

图 12-15 台阶的绘制

内容：

(1) 属性定义。

(2) 构件做法。

(3) 绘制方法。

散水绘图的步骤：

第一步：属性定义。如图 12-16 所示。

第二步：构建做法。如图 12-17 所示。

图 12-16 属性定义（五）

图 12-17 构建做法

第三步：绘制方法。如图 12-18 所示。

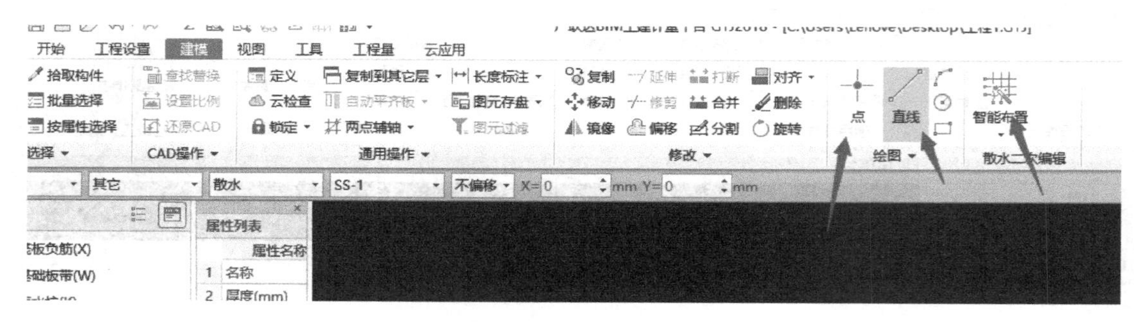


图 12-18　绘制方法（一）

## （二）平整场地

内容：

（1）属性定义。

（2）构件做法。

（3）绘制方法（点式画法）。

具体操作如图 12-19、图 12-20 所示。

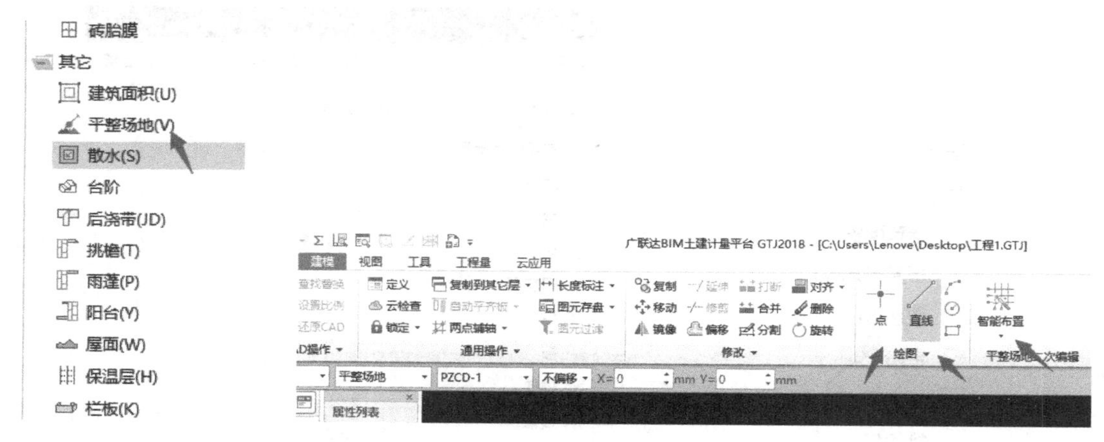


图 12-19　属性定义（六）

图 12-20　绘制方法（二）

土建模型补充

扫码观看本视频

# 八、报表汇总

报表汇总，如图 12-21 所示。

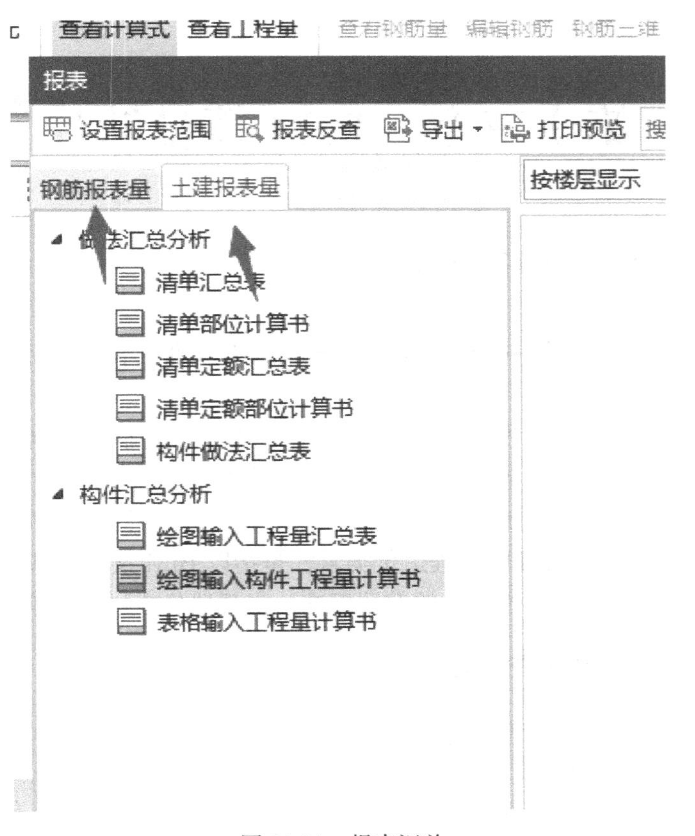
查看计算式
查看工程量
查看钢筋量
编辑钢筋
钢筋三维
报表
设置报表范围
报表反查
导出
打印预览
搜
钢筋报表量
土建报表量
按楼层显示
做法汇总分析
清单汇总表
清单部位计算书
清单定额汇总表
清单定额部位计算书
构件做法汇总表
构件汇总分析
绘图输入工程量汇总表
绘图输入构件工程量计算书
表格输入工程量计算书

图 12-21　报表汇总

# 第十三章　BIM 算量软件

**学习目标**　运用 BIM 软件对算量的操作。

## 第一节　BIM 算量软件概述

随着我国建筑事业的不断发展，建筑企业越来越重视成本的控制，重视造价管理工作。从我国目前工程造价的业务范围来看，工程造价类软件主要针对“量”和“价”两部分业务的设计和应用。而利用 BIM 技术能更高效、精确、协同地实现“量”和“价”的计算、分析和管理。基于 BIM 的工程造价类软件是指以 BIM 技术为基础，基于 BIM 模型和集成的项目各阶段信息，通过统一的数据标准，实现造价全过程的信息管理。

### 一、BIM 工程造价软件概述

美国总承包协会（Associated of General Contractors of America，AGC）在其会员的培训资料中，将 BIM 相关软件分成八大类型（A BIM Tools Matrix)：概念设计和可行性研究、BIM 核心建模软件、BIM 分析软件、加工图和预制加工软件、施工管理软件、算量和计价软件、进度计划软件以及文件共享和协同软件，并列举了共约 60 种 BIM 软件，其中算量和预算软件有 QTO、DProfiler、Innovaya 和 Vico Tzkeoff Manager 四种。而加拿大 BIM 学会（Institute for BIM in Canada，IBC）对欧美国家的 BIM 软件进行统计，共有 79 个相关软件，其中可以在设计阶段使用的软件有 62 个，占总数的八成左右；约 1/3 可以在施工阶段使用，而运营阶段的软件数量不足 9%；其中能用于工程量和造价管理的 BIM 软件包括 Allplan Cost Management 、CostOS BIM、DProfiler、EaglePoing Suite、EcoDesinger、Innovaya Suite、Max—well、OnCenter Software、Planswift、SAGE Suite、Synchro Suit、Tokoman、Vertigraph 共 13 种，大部分集中在施工阶段。

基于 BIM 的工程造价类软件具有传统软件不可比拟的优势和特点。这主要包括：

（1）从功能角度来讲：基于 BIM 的造价类软件应具有模型建立功能或模型导入功能。这是原因，基于 BIM 软件应用要根据项目需求、实施目的、应用范围、软件接口等不同的因素来考虑项目的实施方案和应用范围，并不是每一个项目都要实现 BIM 的全部应用，这就需要基于 BIM 的造价类软件具有基本的建模功能或模型导入功能。

例如，某个项目 BIM 实施仅限于施工阶段，不包括含设计阶段的应用，施工是无法获取设计 BIM 模型的，因此，这就需要施工阶段的 BIM 造价软件能够单独建模或能够导入设计 BIM 模型。

（2）从模型角度来讲：基于 BIM 的造价类软件是基于三维模型的，这个三维模型不是简单传统意义上的立体模型。它是参数化的，多属性参数可以根据要求定义任意构件复杂变化；它是可视化的，是一种能够同构件之间形成互动性和反馈性的可视；它是可关联的，修改模型会导致相关信息自动进行更新，为造价管理提供协调一致的数据信息流程；它是可计算的，结合模型参数和计算规则提供自动化计算功能；它是可交互的，需提供标准化接口，实现上下游模型的互用和共享。

（3）从应用角度来讲：基于 BIM 的造价类软件分别提供了造价管理不同业务、不同角色和不同阶段的应用。造价管理的业务涉及估算、概算、施工图预算、招标控制价、投标报价、变更、计量支付、结算等不同的业务，在这个过程中，没有一家软件可以涵盖全部内容。因此，目前基于 BIM 的造价软件解决的都是某一个具体的业务，同时，各软件之间通过标准化的数据或接口进行关联。

## 二、BIM 算量软件的优势

与传统算量方法相比，BIM 型软件在工程算量方面具有显著优势。BIM 通过建立 3D 关联数据库，可以准确、快速计算并提取工程量，提高工程算量的精度和效率。BIM 遵循面向对象的参数化建模方法，利用模型的参数化特点，在表单域（Field）设置所需条件对构件的工程信息进行筛选，并利用软件自带表单统计功能（Schedule）完成相关构件的工程量统计。而且，BIM 模型能实现即时算量，即设计完成或修改，算量随之完成或修改。

随着工程推进、项目参与者信息量的增加，最初的要求会发生调整和改变，工程变更必然发生，BIM 模型算量的即时性大幅度减少变更算量的响应时间，提高工程算量效率。

综合对比分析，利用施工图设计阶段 BIM 模型进行工程算量的优势主要体现在：

（1）计算能力强，BIM 模型提供了建筑物的实际存在信息，能够对复杂项目的设计进行优化，可以快速提取任意几何形体的相应数据。

（2）计算质量好，可实现构件的精确算量，并能统计构件子项的相关数据，有助于准确估算工程造价。

（3）计算效率高，设计者对 BIM 模型深化设计，造价人员直接进行算量，可实现设计与算量的同步，并且能自动更新并统计变更部分的工程量。

（4）BIM 附带几何对象的属性能力强，如通过设置阶段或分区等属性进行施工图设计进度管理，可确定不同时段或区域的已完工程量，有利于工程造价管理。

## 三、BIM 模型的优势和特点

（1）算量更加高效。建筑工程造价管理中，工程量的计算是工程造价中最烦琐、最复杂的部分。基于 BIM 工程算量将造价工程师从烦琐的机械劳动中解放出来，可以利用建立的三维模型进行实体扣减计算，对于规则或者不规则的构件都可以同样准确计算。可以便捷地统计各个不同专业的工程量。减轻了造价人员的工作强度，节省更多的时间和精力用于更有价值的工作上，如询价、评估风险等，并可以利用节约的时间编制更精确的预算。

（2）计算更加准确。工程量计算是编制工程预算的基础，但计算过程非常烦琐，造价工程师容易因人为原因而导致较多的计算错误。例如：通过二维图纸进行面积往往容易忽略立面面积，跨越多张二维图纸的项目可能被重复计算，线性长度在二维图纸中通常只计算投影长度等。这些人为偏差直接影响着项目造价的准确性。通过基于 BIM 技术进行算量可以使工程量计算工作摆脱人为因素影响，得到更加客观的数据。

（3）更好地应对设计变更。设计变更在现实中频发生，传统的方法又无法很好的应对。首先，我们可以利用BIM技术的模型碰撞检查工具尽可能地减少变更的发生。同时，当变更发生时，利用BIM模型可以把设计变更内容关联到模型中，只要把模型稍加调整，相关的工程量变化就会自动反映出来，不需要重复计算。甚至可以把设计变更引起的造价变化直接反馈给设计师，使他们清楚地了解设计方案的变化对工程造价产生了哪些影响。通过对BIM模型的变更调整，更加直观地计算变更工程量，对造价的管理控制提供有力支撑。

（4）更好地积累数据。工程项目结束后，所有数据要么堆积在仓库，要么不知去向，以后碰到类似项目，如要参考这些数据就很难找到。而且以往工程的造价指标、含量指标，对今后项目工程的估算和审核具有非常大的借鉴价值，造价咨询单位的这些数据为企业核心竞争力。利用BIM模型可以对相关指标进行详细、准确地分析和抽取，并且形成电子资料，方便保存和共享。

## 第二节　国内外优秀的BIM造价软件介绍

### 一、国内优秀的BIM造价软件

国内基于BIM的算量软件已比较成熟，全国范围内已有数十万用户，软件技术已达到国际先进水平，国内主流的算量软件厂商有广联达、鲁班、神机妙算、斯维尔、PKPM等。

从厂商的角度，基于BIM的造价软件应用，主要源于本土化软件的实践。本土软件厂商已逐步实现由传统造价软件向BIM产品体系的转型，产品与服务已经在众多的实际项目中得到实施。

#### （一）广联达软件

广联达造价软件是BIM系列产品中的一部分，与项目管理系统（PM）和数据管理与服务产品（DM）集成，形成面向项目全过程的BIM造价解决方案，主要包括：

广联达造价系列软件包括了土建、钢筋、安装、精装等多个专业，包括基于BIM的工程量计算及组价两大核心业务，支持全国各省市清单、定额计算规则。算量系列软件基于广联达自主知识产权三维图形平台研发，支持参数法、拉伸建模、旋转造型建模等多种的三维建模方式；广联达算量包含成熟的CAD识别建筑技术，充分利用CAD图中的构件位置、名称等信息，高效、准确地完成三维建模。

广联达BIM产品支持国际标准IFC、广联达GFC等BIM标准，土建、钢筋、安装、精装等各专业算量模型可以互联互通，还能实现与碰撞检查、BIM 5D、钢筋放样、变更算量等不同产品的数据接口。随着BIM的普及，广联达逐步推广Revit、ArchiCAD等三维设计产品到广联达算量的模型接口，在部分实际工程中得到了应用。

#### （二）鲁班软件

鲁班软件是国内BIM软件厂商和解决方案提供商，提供了个人岗位级应用，到项目级和企业级应用，形成基于BIM技术的软件系统和解决方案，并且实现与上下游戏软件的数据共享。

鲁班BIM通过创建7D·BIM，即3D实体，ID时间、ID·BBS（投标工序）、ID·EBS（企业定额工序）、ID·WBS（进度工序），以实现建造阶段项目全过程管理，提高精细化管理水平，提高利润、质量和进度，为企业创造价值，打造核心竞争力。

**（三）神机妙算软件**

神机妙算软件采用的是具有自主知识产权的思维图形算量平台，同时软件也采用三维显示技术，查看和检查各构件相互间的三维空间关系，目前软件已形成土建、钢筋算量、标书制作、合同管理、网络计划等多种软件，具有集成化的预算造价能力。

**（四）斯维尔软件**

斯维尔软件提供建设行业全生命周期的BIM软件与解决方案，涵盖工程设计（包括建筑设计、MEP、节能设计、暖通负荷计算、日照分析、采光分析、通风模拟等）、工程造价（三维算量、安装算量、清单计价）、工程管理（项目管理、标书编制、平面图布置）、电子政务等领域，所开发产品之间数据基于三维参数化BIM技术，工作成果可以互联互通。其中斯维尔三维算量、安装算量软件为第四代BIM算量软件，可以承接上游BIM设计软件成果，在一个集成BIM模型里完成建筑、结构、钢筋工程量计算以及水、暖、电设备安装工程量计算，这种基于BIM技术的算量技术可以非常方便地处理工程变更时工程量快速计算的问题。斯维尔“统一BIM建模软件”（uniBIM）可解决国内外主要专业软件BIM模型建立和共享的问题，可将建筑、结构、幕墙、钢结构、给排水、暖通空调、消防、电气、机电设备等专业图纸，分别建立起三维参数化BIM模型，形成各专业模型集成的BIM模型。

## 二、国外优秀的BIM造价软件介绍

**（一）Beck Technology的DProfiler**

Beck Technology公司开发的DProfiler是在概念设计阶段提供成本测算服务成本的BIM造价软件，它使用了来自RSMeans公司的一个面向对象的三维CAD和费用数据库的组合，使用户能根据早期的制图产生出可靠的项目费用结果，并进行决策。早期，DProfiler只是Beck Technologies为Beck集团开发的内部使用的软件，2006年才开始发布对外的商业版本。

**（二）Autodeck公司的QTO**

Quanitity Takeoff（QTO）是Autodeck的算量工具。QTO能整合来自于多方的必要信息，包括建筑信息模型（BIM）工具，比如Revit® Architecture、Revit® Structure、Revit® MEP软件，以及其他工具软件的几何图形、图像和数据等，以创建同步、全面的项目视角。通过自动或者手动测量面积和计算建筑构件，最终可以导出到Excel中，或者发布为DWF格式。

**（三）Trimble的Vico**

2012年11月2日，Trimble公司宣布收购Vico软件公司。Vico是基于5D的BIM软件，主要应用于施工阶段，能利用多种BIM模型，并进行成本与进度计划与管理。

VicoOfiices Suite包括了用于可建性模拟的Vico Constructability Manager；用于施工布局的Vico Layout Manager；用于算量的Vico Takeoff Manager；用于进度和生产管理

的 Vico LBS Manager、Vico Schedule Planner、Vico Production Controller、Vico 4D Manager；用于 5D 成本管理的 Vico Cost Planner 和 Vico Cost Explorer。

**(四) RIB 公司的 ITWO**

RIB 建筑软件有限公司于 1961 年成立于德国“硅谷”斯图加特，是德国乃至全球最大也是最早的建筑软件企业。RIB iTWO 是一款 5D BIM 软件，将传统施工规划与建筑信息模型结合，是项目规划、造价、成本管理和项目控管的重要工具。它弥补了传统建筑流程管理的不足，利用 BIM 模型交互式处理实现了项目从规划到施工全流程整合与同步管理，逐步增强和优化业务流程。iTWO 在欧洲、新加坡有较好的市场表现，进入中国市场已有一段时间，但尚未有太多的实际案例。

**(五) Innovaya 公司的 Visual Esimating**

VisualEsimating 是 Innovaya 公司推出的用于工程造价管理的软件，与 Innovaya 的 Visual Simulation 配合，即可实现 5D 成本管理的功能。Visual Simulation 是最早的基于进度的 BIM 软件之一，项目进度计划可以通过 3D 构件在进度计划安排下的施工过程中体现出来，同时在 Visual Esimating 的配合下，可以实现造价成本与形象进度的同步变化。

## 第三节　BIM 算量软件的应用

工程量计算是编制工程预算的基础，与传统方法的手工计算相比，基于 BIM 的算量功能可以使工程量计算工作摆脱人为因素的影响，得到更加客观的数据。招标和投标各方都可以利用 BIM 模型进行工程量自动计算、统计分析，形成准确的工程量清单。有利于招标方控制造价和投标方报价的编制，提高招投标工作的效率和准确性，并为后续的工程造价管理和控制提高基础数据。

### 一、BIM 算量的步骤

在经过了设计阶段的限额设计与碰撞检查等优化设计手段，设计方案进一步完善。造价工程师可以根据施工图进行施工图预算编制。而工程量的计算是重要的环节之一，可以按照不同专业进行工程量的计算，此时需要利用基于 BIM 的算量软件进行工程量计算，其主要步骤如下：

(1) 算量模型建立。首先需要建立建筑、结构和安装等不同专业算量模型，模型可以如上文所述从设计软件导入模型，也可以重新建立算量模型。模型首先以参数化的构件为基础，包含了构件的物理、空间、几何等信息，这些信息形成工程量计算的基础。

(2) 设置参数。输入工程的一些主要参数，如混凝土构件的混凝土强度等级、室外地坪高等。前者是作为混凝土构件自动套取做法的条件之一，后者是计算挖土方的条件之一。

(3) 在算量模型中针对构件类别套用工程做法。如混凝土、模板、砌体、基础都可以自动套取做法（定额）。再补充输入不能自动套取做法。如装饰做法、门窗定额等。

自动套取是依据构件定义、布置信息及相关设置自动找到相应的定额或者清单做法，并且软件可以根据定义及布置信息自动计算出相关的附加工程量（模板超高、弧形构件系数增加等）。

每个地区的定额库中均设置了自动套定额表，自动套定额表记录着每条定额子目和它可能对应的构建属性、材料、量纲、需求等关系，其中量纲指体积、面积、长度、数量等，需求指子目适应的计算范围、增减量等。软件通过判断三维建筑模型上的构件属性、材料、几何特征，依据自动套定额表完成构件和定额子目的衔接。按清单统计时需套取清单项以及对应消耗量子的实体工程量。

(4) 通过基于 BIM 的工程量计算软件自动计算并汇总工程量，输出工程清单。计算工程量的依据是模型中各构件的截面信息、布置信息、输入的做法、计算规则等。

## 二、BIM 的进度计量和支付

我国现行工程进度款结算有多种方式，如按月结算、竣工结算、分段结算等。施工企业根据实际完成工程量，向业主提供已完成工程量报表和工程价款结算账单，经由业主造价顾问和监理工程师确认，收取。

## 三、BIM 算量基本原理

建筑构造形式千差万别，难以用归纳法对每个具体项目进行验证。以下采用归类方法进行实例验证，即对造价划分的某一类项目做典型实例计算测试，据此推论此类项目的计算效果。在选择测试项目之前，需要先行建立 BIM 分类和造价分类的对应关系，这是因为，BIM 的构件划分思路与国内现行施工图设计阶段的工程造价划分并不一致，前者是按建筑构造功能性单元划分，后者则以建筑施工工种或工作来划分项目，两种分类体系并非简单的一一对应关系，如图 13-1 所示。

### (一) 土石方工程

利用 BIM 模型可以直接进行土石方工程算量。对于平整场地的工程量，可以根据模型中建筑物首层面积计算。挖土方量和回填土量按结构基础的体积、所占面积以及所处的层高进行工程算量。造价人员在表单属性中设定计算公式可提取所需工程量信息。例如，利用 BIM 模型计算某一建筑物中条形基础的挖基槽土方量，已知挖土深度为 1.15m。按照国内工程计量规范中的计算方法，在 BIM 模型的表单属性中设置项目参数和计算公式，使用表单直接统计出建筑物挖基槽土方总量。

### (二) 基础工程

BIM 自带表单功能可以自动统计出基础的工程量，也可以通过属性窗口获取任意位置的基础工程量。大多类型的基础都可按特定的基础族模板建模，若某些特殊基础没有特定的建模方式，可利用软件的基本工具（如梁、板、柱等）变通建模，但需改变这些构件的类别属性，以便与其原建筑类型的元素相区分，利于工程量的数据统计。

### (三) 混凝土工程

BIM 软件能够精确计算混凝土梁、板、柱和墙的工程量且与国内工程计量规范基本一致。对单个混凝土构件，BIM 能直接根据表单得出相应工程量。但对混凝土板和墙进行算量时，其预留孔洞所占体积均被扣除。当梁、板、柱发生交接时，国内计量规范规定三者的扣减优先序为柱＞梁＞板（“＞”表示优先于），即交接处工程量部分，优先计算柱工程量，其次为梁，最后为板工程量。使用 BIM 软件内修改工具中的连接（Join）命令，根据构件类型修正构件位置并通过连接优先序扣减实体交接处重复工程量，优先保留主构件的

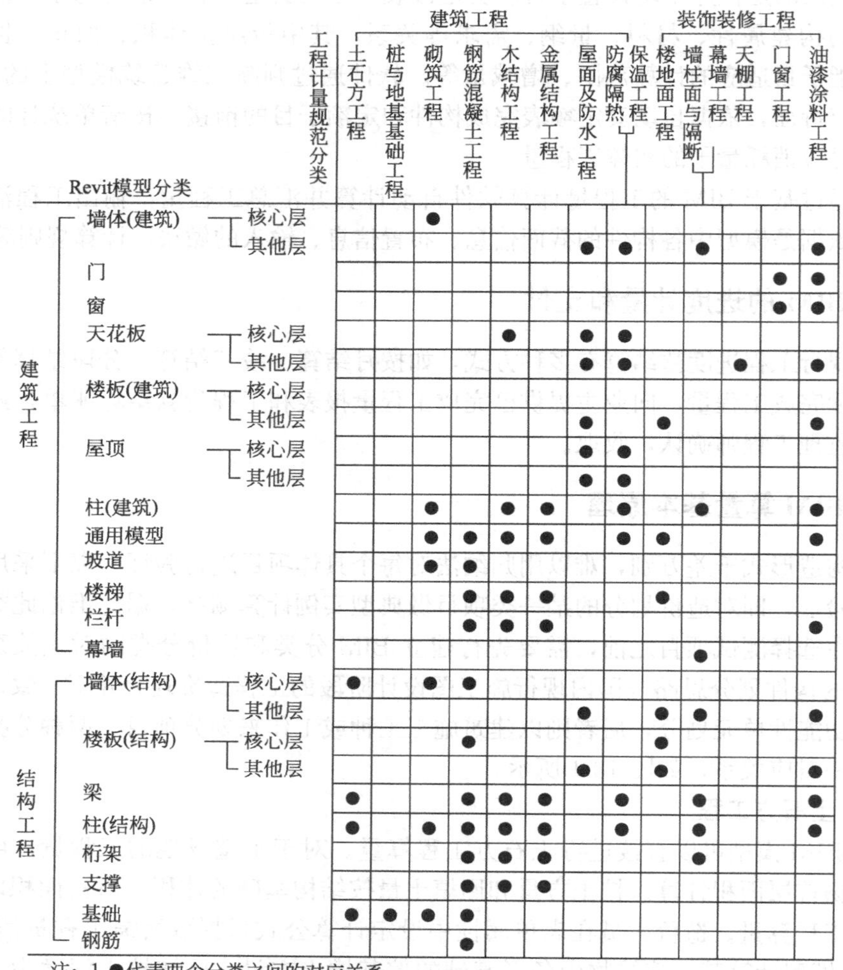

| Revit模型分类 | | | 土石方工程 | 桩与地基基础工程 | 砌筑工程 | 钢筋混凝土工程 | 木结构工程 | 金属结构工程 | 屋面及防水工程 | 防腐隔热保温工程 | 楼地面工程 | 墙柱面与隔断幕墙工程 | 天棚工程 | 门窗工程 | 油漆涂料工程 |
|---|---|---|---|---|---|---|---|---|---|---|---|---|---|---|---|
| | | 工程计量规范分类 | 建筑工程 | | | | | | | | 装饰装修工程 | | | | |
| 建筑工程 | 墙体(建筑) | 核心层 | | | ● | | | | | | | | | | |
| | | 其他层 | | | | | | | ● | ● | | ● | | | ● |
| | 门 | | | | | | | | | | | | | ● | ● |
| | 窗 | | | | | | | | | | | | | ● | ● |
| | 天花板 | 核心层 | | | | | ● | | ● | ● | | | | | |
| | | 其他层 | | | | | | | ● | ● | | | ● | | ● |
| | 楼板(建筑) | 核心层 | | | | | | | | | | | | | |
| | | 其他层 | | | | | | | ● | | ● | | | | ● |
| | 屋顶 | 核心层 | | | | | | | ● | ● | | | | | |
| | | 其他层 | | | | | | | ● | ● | | | | | |
| | 柱(建筑) | | | | ● | | ● | ● | | ● | | ● | | | ● |
| | 通用模型 | | | | ● | ● | ● | ● | | ● | ● | | | | ● |
| | 坡道 | | | | ● | ● | | | | | | | | | |
| | 楼梯 | | | | | ● | ● | ● | | | ● | | | | |
| | 栏杆 | | | | | ● | ● | ● | | | | | | | ● |
| | 幕墙 | | | | | | | | | | | ● | | | |
| 结构工程 | 墙体(结构) | 核心层 | ● | | ● | ● | | | | | | | | | |
| | | 其他层 | | | | | | | ● | | ● | ● | | | ● |
| | 楼板(结构) | 核心层 | | | | ● | | | | | ● | | | | |
| | | 其他层 | | | | | | | ● | | ● | | | | ● |
| | 梁 | | ● | | | ● | ● | ● | | ● | | ● | | | ● |
| | 柱(结构) | | ● | | ● | ● | ● | ● | | ● | | ● | | | ● |
| | 桁架 | | | | | ● | ● | ● | | | | ● | | | |
| | 支撑 | | | | | ● | ● | ● | | | | | | | |
| | 基础 | | ● | ● | ● | ● | | | | | | | | | |
| | 钢筋 | | | | | ● | | | | | | | | | |

注：1.●代表两个分类之间的对应关系。
2.工程中的台阶、勒脚、散水、地沟、明沟、踢脚线等均归入Revit中的通用模型(generic model)。

图 13-1 清单计价与 Revit 软件构件和项目分类对应关系

工程量，将次构件的统计参数修正为扣减后的精确数据，避免了构件工程量统计的虚增或减少。图 13-2 为一梁、板、柱交接处的节点图，使用连接命令设置后自动生成的梁、板、柱体积分别为：$0.192m^3$、$0.307m^3$、$0.320m^3$，即实现了柱＞梁＞板的扣减顺序。

**（四）模板工程**

混凝土模板虽然为非实体工程项目，但却是重要的计量项目。现行 BIM 并没有设置混凝土模板建模专用工具，采用一般建模工具虽然可建立模板模型，但需要耗费大量的时间，因此需要其他途径来提高模板建模效率。可以通过编程 BIM 软件插件解决快速建立模板模型问题，这样就可以在软件内自动提取模板工程量，达到像前述构件在 BIM 软件内一样的算量效果。

**（五）钢筋工程**

BIM 结构设计软件提供了用于为混凝土柱、梁、墙、基础和结构楼板中的钢筋建模的

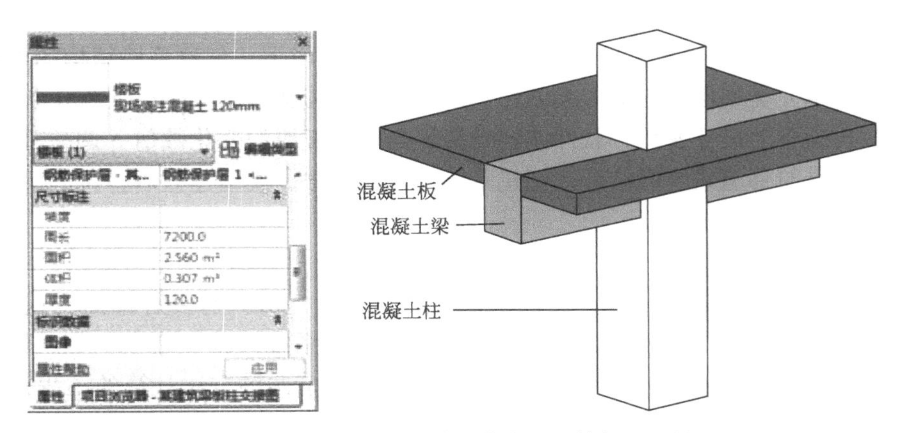


图 13-2 某梁板柱交接处节点图及楼板工程量

工具，可以调入钢筋系统族或创建新的族来选择钢筋类型。计算钢筋质量所需要的长度都是按照考虑钢筋量度差值的精确长度。

**（六）楼梯**

在 BIM 模型内，能直接计算出楼梯的实际踏步高度、深度和踏面数量，还能得出混凝土楼梯的体积。对于楼梯栏杆的算量，可以按照设计图示尺寸对栏杆族进行编辑，进而通过表单统计出栏杆长度。经测试，采用 BIM 内部增强性插件（Buildingbook Extension）来提取楼梯工程量，得到的数据及信息更符合实际需求。

**（七）墙体**

通过设置，BIM 可以精确计算墙体面积和体积。墙体有多种建模方式。一种是在已知结构构件位置和尺寸的情况下，以墙体实际设计尺寸进行建模，将墙体与结构构件边界线对齐，但这种方式有悖常规建筑设计顺序，并且建模效率很低，出现误差的概率较大。另一种方式是直接将墙体设置到楼层建筑或结构标高处，如同结构构件“嵌入”到墙体内，这样可大幅度提升建模速度。

对于嵌入墙体的过梁，可通过共享的嵌入族（Nested Family）的形式将其绑定在门、窗族上方，再将门、窗族载入项目并放置在相应墙体内，此时的墙体工程量就会自动扣除过梁体积，且过梁的体积也能单独计算出来。此外，若墙体在施工过程中发生改变，还可利用阶段（Phase）参数，得出工程变更后的墙体工程量，为施工阶段造价管理带来方便。

**（八）门窗工程**

从 BIM 模型中可以提取门窗工程量和其他门窗构件的附带信息，包括各种型号的门窗数量、尺寸规格、板框材面积、门窗所在墙体的厚度、楼层位置以及其他造价管理和估价所需信息（如供应商等）。此外还可以自动统计出门窗五金配件的数量等详细信息。以门上执手为例，在 BIM 模型中分别建立门和门执手两个族文件，将门执手以共享的嵌入族的方式加载到门族中，门执手即可以单独调取的族形式出现，利用软件自带的表单统计功能，就可得到门执手的相应数量及信息。

**（九）幕墙**

无论是对普通的平面幕墙还是曲面幕墙的工程量计算，BIM 都达到了精确程度，并且还能自动统计出幕墙嵌板（Panel）和框材（Mullion）的数量。在 BIM 建模时，可以通过预置的幕墙系统族或通过自适应族（Adaptive Families）与概念体量（Conceptual Massing）结合，创建出任意形状的幕墙。在概念体量建模环境下，创建幕墙结构的整体形状，可根据幕墙的单元类型使用自适应族创建不同单元板块族文件，每个单元板块都能通过其内置的参数自动驱动尺寸变化，软件能自动计算出单元板块的变化数值并调整其形状及小大。也可将体量与幕墙系统族结合，创建幕墙嵌板和框材。模型建立后，再利用表单统计功能自动计算出其相应工程量。

**（十）装饰工程**

同样，BIM 模型也能自动计算出装饰部分的工程量。BIM 有多种饰面构造和材料设置方法，可通过涂刷方式（Paint），或在楼板和墙体等系统族的核心层（Coreboundary）上直接添加饰面构造层，还可以单独建立饰面构造层。前两种方法计算的工程量不准确，如在楼板核心层上设置构造层，构造层的面积与结构楼板面积相同，显然没有扣除楼板上墙体所占的面积。

为使装饰工程量计算接近实际施工，可用基于面（Facebased）的模板族单独建立饰面层，这种建模方法可以解决模型自身不能为梁、柱覆盖面层的问题，同时通过材料表单（Materialtakeoff）提取准确的工程量。对室内装饰工程量来说，将表单关键词（Schedulekey）与房间布置插件（Roombook Extension）配合使用，可以迅速准确计算出装饰工程量。其计算结果可导入 Excel 中，便于造价人员使用。

# 参考文献

［1］王建茹.工程造价技能实训［M］.北京：中国建筑工业出版社，2013.
［2］袁建新.工程造价实训指导［M］.北京：机械工业出版社，2011.
［3］吴海明.造价员实用手册［M］.北京：中国建筑工业出版社，2017.
［4］筑·匠.建筑工程造价一本就会［M］.北京：化学工业出版社，2016.
［5］张军.工程造价常用公式与数据速查手册［M］.北京：知识产权出版社，2015.
［6］褚振文，赵颜强，张威.建筑工程造价入门［M］.北京：化学工业出版社，2015.
［7］许焕兴.土建工程造价（第三版）［M］.北京：中国建筑工业出版社，2015.
［8］褚振文，肖卓.建筑土建工程造价入门［M］.北京：化学工业出版社，2013.
［9］张建新，徐琳.土建工程造价员速学手册（第三版）［M］.北京：知识产权出版社，2012.
［10］土建工程造价员手工算量与实例精析［M］.北京：中国建筑工业出版社，2015.
［11］申玲，戚建明.工程造价计价（第五版）［M］.北京：知识产权出版社，2018.
［12］王健.造价员速学手册［M］.北京：化学工业出版社，2012.